よくわかる 特殊相対論

前野　昌弘　著

東京図書株式会社

R ⟨日本複写権センター委託出版物⟩
本書を無断で複写複製（コピー）することは、著作権法上の例外を除き、禁じられています。
本書をコピーされる場合は、事前に日本複写権センター（JRRC）の許諾を受けてください。
JRRC ⟨http://www.jrrc.or.jp　eメール：info@jrrc.or.jp　電話：03-3401-2382⟩

はじめに

1 本書について

　「これから物理を勉強するぞ！」と志す物理学徒は、「相対論」という名前に独特の憧れを込めたイメージを持っていることが多いように思う。著者は中学生の頃に都筑卓司氏の講談社ブルーバックス『四次元の世界』などを読み漁って特殊相対論の世界に入門したのだが、その時も、「時間や空間が伸び縮みする」とか「4次元時空の理論である」など、漏れ伝え聞く「相対論」のイメージにわくわくしながら本を手に取った。「相対論がわかるようになったら素晴らしいに違いない」のような漠然とした期待を持っていた。

　一方でその時には「相対論というのはむちゃくちゃ難しいものだ」という気持ちもあって理解できるか不安だった。実は特殊相対論の基幹部分である「Lorentz変換」は難しい計算も無く、ほぼ図解で理解できる（中学生でも可能だ[†1]）。自分が中学生のときを思い出しても、Lorentz変換がどういうものか、相対性とはどういうことなのか、などについては図解と簡単な数式[†2]で理解できたと思う。あのときは「あれ、意外と簡単だ」と思ったものだ。特殊相対論のこの段階までを理解するのに必要なのは柔軟な思考であって計算力は二の次である。その「意外と簡単」な部分は本書で言うと第4章からなので、「相対論の不思議なところをまず知ってわくわくしたい」人はまずは第1章で雰囲気をつ

[†1] 実際、本書にQRコードを載せたり、サポートページからリンクしてあったりする特殊相対論を理解するためのアプリは、小中学生向けに相対論を理解してもらうために作ったものだ。

[†2] Lorentz変換の本質は、$\tilde{x} = \dfrac{1}{\sqrt{1-\frac{v^2}{c^2}}}(x-vt)$ 程度の数式にひるまない数学力があれば理解できる。理解の邪魔をするのは「そんなこと起こるわけ無いでしょ」という固定観念である。

かんでから第4章へと読み進めてもよい。とりあえず計算をガリガリやらずに相対論の不思議さを感じるにはよい方法であろう。第3章は電磁気学についてなのだが、「電磁気学は苦手なので後に回したい」と思う人も多かろう。そういう人は、付属のアニメーションアプリを使いつつ、第4章、第5章という順で読み進んでいけば、偏微分などの大学数学を使わないルートで特殊相対論を理解していくことができると思う[†3]。

　物理学徒には「数式の方が理解できる人」と「図解の方が理解できる人」がいるようである。本書ではその両方に対応すべく図解を多用しているが、さらに「動く図解」も用意している。サポートweb（目次の最後に記載）に収録しているので、活用していただきたい。

　図解や直観による理解はもちろん大切であるから本書もそれを重視しているが、最終的にはもちろん、数学を使った相対論の理解（特に電磁気学も含めた理解）に達して欲しい。

　本書のメインターゲットは「大学などで物理を本格的に勉強する（そのために特殊相対論も勉強する）人」であるので、前提として読者は力学と電磁気学の知識は少しはあるものとする（足りないと思った部分は他の本などで補完して欲しい）。微分や偏微分の計算、および行列の計算にもある程度慣れているものとする[†4]（付録などである程度解説は行うが）。

　「意外と簡単」と思ったとはいえ、当時の私は特殊相対論の重要な部分を理解できてなかった。それは特殊相対論と電磁気学との関わりである。なぜこれが重要な部分かというと（詳しい説明はもちろん本文の中で行うのだが）電磁気学は特殊相対論を含んでいるからである。電磁気学の本質はMaxwell方程式という偏微分方程式で表現されている。そしてその方程式こそが、特殊相対論の理論体系の大事なパーツなのだ。逆に電磁気学は相対論的な考え方なしには不完全であり、電磁気学は特殊相対論なしには完結しないとも言える。以上のことをわかってもらうために、本書では電磁気学的現象を深めに取り上

[†3] 「よくわかる初等力学」と「よくわかる電磁気学」を中学生が読んでいるところは目撃したので、それができる中学生なり高校生なりが本書に挑戦したってもちろんいい。若者が背伸びするのは良いことだ。

[†4] 行列については第2章の2次元、3次元の座標変換のところで（4次元時空のためのウォーミングアップとして）少し使う。偏微分は第3章では電磁気学の理解のために必要となる。どちらも第4章より後ろでは本格的に使っていく。よって上で述べた「まずは第1章で雰囲気をつかんでから第4章へ」の読み方をするときにはとりあえず「行列と偏微分は後から勉強」としておいても構わない。

げている。電磁気学の中で相対論的考え方が必要になった経緯は第3章で示し
たし (→ p36)、第9章以降ではより深く電磁気学と相対論の関係を述べている。さらに
第10章以降では (→ p187) 入門的な本ではあまり触れられていない電磁気学と特殊相対論
についての話題を説明した (→ p231)（この辺りは少々難しい部分になる）。

　電磁気学は物理のなかでも（一つには力学と違って目に見えないことから、も
う一つには偏微分方程式を解く作業のややこしさから）「難しい、わからない」
と言われがちな学問である。だが、そこを理解してこそ、特殊相対論の意義がわ
かってくる。電磁気学との関連を知り、その面白さを知りながら特殊相対論を
勉強して欲しいと思う。

2　本書での書き方のルール

　本書では、少しだけ世間の他の本とは違う表記方法を使っているところがあ
るので、その点をここでまとめておく[†5]。

　まず、相対論でよく使われる「Einstein(アインシュタイン)の規約」を使う場合に「線でつなぐ」
記法を採用している（詳しい内容はp29を見よ）。

　文中に式を書くときは $\boxed{F=ma}$ のように四角でくくって目立つようにした
が、間違えた式をあえて書くときは $\boxed{F=mv}$ (これは間違い) のように灰色の背景とした。こ
の枠が出てきたら「間違った式だぞ」と注意して欲しい。

　微分を表現するdはイタリック体（d）ではなく立体dを使い、dx のように
微分されている文字とつなげて書く。これは dx を「$d \times x$ の掛算記号が省略
されたもの」と勘違い[†6]しないように、という老婆心からである。誤解を受けそ
うな表記はなるべく減らしたい（しかしあまり従来のものと違う表記を使うの
ははばかられる）のでこの書き方を採用している[†7]。

[†5] とはいえ、あまり新奇な書き方をすると他の本を読むときに困るかもしれないので「世間での表記の仕
方」から大きく逸脱しない程度に変えてあるつもりである。

[†6] 「そんな奴はいねぇ！」と言いたくなる気持ちはわかるのだが、実際 $\boxed{\dfrac{dx}{dt}=\dfrac{x}{t}}$ (これは間違い) という計算をする人
はいる。まぁそういう人は、$\dfrac{dx}{dt}$ と書いてあったって $\dfrac{x}{t}$ にしちゃうかもしれないのだが。

[†7] 偏微分記号は単独で ∂ が使われることは無いので誤解は少ないだろうと判断し、つなげてない。

関数の括弧は、（掛算の括弧と区別が付くように[†8]）$f_{(x)}$ のように、薄い灰色で書き、少しだけ小さい文字にする。

本書では四つの変数 $x^0 = ct, x^1 = x, x^2 = y, x^3 = z$ の関数が頻出する。省略なしで書くなら $f_{(x^0, x^1, x^2, x^3)}$ となるが、それを本書では $f_{(x^*)}$ と書く[†9]。$*$ は $0, 1, 2, 3$ のどれかが入るという意味で、x^* が ct, x, y, z（あるいは x^0, x^1, x^2, x^3）の省略形と思ってほしい。

$f_{(x(t))}$ のような関数を t で微分する操作を行うとき、「まず $f_{(x)}$ を x で微分してから、$\dfrac{\mathrm{d}x}{\mathrm{d}t}$ を掛ける」操作を行うものだが、このとき最終結果は $x_{(t)}$ の関数（つまり t の関数）だから「x に $x(t)$ を代入する」操作が必要になる。この操作を本書では $\underbrace{f_{(x)}}_{x=x(t)}$ と表現[†10]して、

$$\frac{\mathrm{d}}{\mathrm{d}t}\left(f_{(x(t))}\right) = \underbrace{\frac{\mathrm{d}f_{(x)}}{\mathrm{d}x}}_{x=x(t)} \frac{\mathrm{d}x_{(t)}}{\mathrm{d}t}$$

と書くことにした。

以上を約束として、本編に進もう。

[†8] これも「そんな奴はいねぇ！」という声が聞こえてきそうだが、$\boxed{\dfrac{\mathrm{d}}{\mathrm{d}x}f(x) = f(1)}$（これは間違い）という式を見たことがある。まぁそういう人は $f_{(x)}$ と書いてあったって（以下略）

[†9] 多くの本で $f(ct,x,y,z)$ を $f(x)$ とか、$f(x^\mu)$ などと省略するが、この表記では $f(x)$ は ct,x,y,z の関数なのか、x だけの関数なのか判別できない。たいていの場合文脈でわかるからよしとされている。

[†10] 多くの本では $\left.f_{(x)}\right|_{x=x(t)}$ と書いているが横幅が小さくなる表記を選んだ。

目 次

はじめに iii
  1 本書について iii
  2 本書での書き方のルール v

第1章 相対論への動機   1
  1.1 「相対論的」な考え方 1
  1.2 電磁気学での「絶対空間」 6
  1.3 特殊相対論の必要性 9

第2章 座標変換と運動方程式   11
  2.1 座標系 11
      2.1.1 基準系と座標系
      2.1.2 座標
      2.1.3 次元
      2.1.4 1次元空間の座標変換
  2.2 Galilei 変換と力学の法則 15
      2.2.1 Galilei 変換
      2.2.2 速度、加速度の Galilei 変換と運動方程式の不変性
      2.2.3 「慣性系」の定義
      2.2.4 絶対空間に対する Mach の批判
  2.3 光の伝搬と Galilei 変換 23
  2.4 2次元の直交座標の間の変換 24
  2.5 添字を使った表現 28
  2.6 運動方程式を不変にする3次元の座標変換 33
  2.7 章末演習問題 35

第3章 電磁気学の相対性   36
  3.1 電磁気学の疑問 36
      3.1.1 電磁波は静止できるのか？
      3.1.2 電磁誘導の疑問
  3.2 Maxwell 方程式を Galilei 変換すると？ 43
      3.2.1 座標系の設定
      3.2.2 Hertz の方程式を導出

- 3.3 エーテル——絶対静止系の存在 ... 47
- 3.4 Hertz の方程式の実験との比較 ... 49
  - 3.4.1 Röntgen-Eichenwald の実験
  - 3.4.2 Fizeau の実験
- 3.5 Trouton-Noble の実験 ... 51
- 3.6 Lorentz の考えから Einstein の相対論へ ... 53
- 3.7 導線のパラドックス：電流に追いつく ... 56
- 3.8 章末演習問題 ... 58

第4章 光速不変から Lorentz 変換へ　　60

- 4.1 光速不変性を満たす座標変換 ... 60
  - 4.1.1 特殊相対性原理
  - 4.1.2 慣性系の満たすべき条件
  - 4.1.3 Lorentz 変換が線形変換であること
  - 4.1.4 Lorentz 変換の導出
  - 4.1.5 係数の決定
- 4.2 Lorentz 変換の式 ... 68
  - 4.2.1 ここまでの結果のまとめ
  - 4.2.2 任意方向に進む光の速さが不変であること
- 4.3 図解から Lorentz 変換を求める ... 70
  - 4.3.1 同時の相対性の図解
  - 4.3.2 時空図グラフで考える Lorentz 変換
- 4.4 光速不変から導かれること——Lorentz 短縮 ... 78
- 4.5 光速不変から導かれること——ウラシマ効果 ... 82
- 4.6 ウラシマ効果の「相対性」に関する疑問 ... 85
- 4.7 Lorentz 変換と「常識」 ... 87
- 4.8 一般の方向の Lorentz 変換 ... 88
  - 4.8.1 Lorentz 変換の別の導き方
- 4.9 章末演習問題 ... 96

第5章 Lorentz 変換と物理現象　　98

- 5.1 速度の合成則 ... 98
  - 5.1.1 一直線上の速度の合成
  - 5.1.2 速度が一直線上でない場合
  - 5.1.3 Fizeau の実験の解釈
- 5.2 相対論的因果律 ... 103
- 5.3 光行差 ... 106
- 5.4 Doppler 効果 ... 108
- 5.5 章末演習問題 ... 112

第6章 Minkowski 空間　　113

- 6.1 4次元の内積と距離 ... 113
  - 6.1.1 4次元距離と広い意味の Lorentz 変換
  - 6.1.2 4次元距離の流儀
  - 6.1.3 時間的／空間的
  - 6.1.4 Minkowski 計量
  - 6.1.5 4次元距離で理解する Lorentz 短縮とウラシマ効果

　　　　6.1.6　世界線の長さと固有時間
　6.2　不変性と共変性 ・・ 120
　　　　6.2.1　スカラー
　　　　6.2.2　共変ベクトルと反変ベクトル
　　　　6.2.3　テンソル
　　　　6.2.4　共変な式
　6.3　Lorentz 変換のテンソルによる表現 ・・・・・・・・・・・・・・・・・・・・・・・・・・・ 129
　6.4　4 元ベクトル ・・・ 132
　6.5　章末演習問題 ・・・ 136

第 7 章　パラドックス　　　　　　　　　　　　　　　　　　　　　**137**

　7.1　双子のパラドックス ・・ 137
　7.2　2 台のロケットのパラドックス ・・・・・・・・・・・・・・・・・・・・・・・・・・・・・・・ 144
　7.3　ガレージのパラドックス ・・・・・・・・・・・・・・・・・・・・・・・・・・・・・・・・・・・・・・ 148
　7.4　章末演習問題 ・・・ 150

第 8 章　相対論的力学　　　　　　　　　　　　　　　　　　　　　**151**

　8.1　Newton 力学を特殊相対論的に再構成する ・・・・・・・・・・・・・・・・・・ 151
　8.2　4 元速度 ・・ 153
　8.3　4 元加速度、4 元運動量と 4 元力 ・・・・・・・・・・・・・・・・・・・・・・・・・・・・・ 155
　　　　8.3.1　4 元加速度
　　　　8.3.2　4 元運動量
　　　　8.3.3　4 元力
　　　　8.3.4　力の Lorentz 変換と Trouton-Noble の実験
　8.4　質量の増大？ ・・・ 162
　8.5　運動量・エネルギーの保存則 ・・・・・・・・・・・・・・・・・・・・・・・・・・・・・・・・・ 166
　8.6　質量とエネルギーが等価なこと ・・・・・・・・・・・・・・・・・・・・・・・・・・・・・・ 169
　　　　8.6.1　非相対論的力学における「質量の保存則」
　　　　8.6.2　相対論的力学における質量の変化と結合エネルギー
　8.7　直角テコのパラドックス ・・・・・・・・・・・・・・・・・・・・・・・・・・・・・・・・・・・・・ 177
　8.8　等加速度運動 ・・・ 182
　8.9　章末演習問題 ・・・ 185

第 9 章　電磁気学の 4 次元記述　　　　　　　　　　　　　　　　**187**

　9.1　電磁場の Lorentz 共変な表現 ・・・・・・・・・・・・・・・・・・・・・・・・・・・・・・・・ 187
　　　　9.1.1　ポテンシャルを使って書いた Maxwell 方程式
　　　　9.1.2　ベクトルポテンシャルの 4 元ベクトル化
　　　　9.1.3　テンソルで書いた Maxwell 方程式
　　　　9.1.4　双対テンソル
　9.2　$c\rho$ が 4 元電流密度の第 0 成分であることの確認 ・・・・・・・・・・・・ 197
　　　　9.2.1　$c\rho$ が Lorentz 変換を受けること
　　　　9.2.2　運動する立方体の電荷密度
　　　　9.2.3　1 個の荷電粒子と電流密度
　　　　9.2.4　曲線運動をする電荷
　　　　9.2.5　複数個の荷電粒子と電流密度
　　　　9.2.6　電荷の連続の式
　9.3　テンソルで書いた Maxwell 方程式 ・・・・・・・・・・・・・・・・・・・・・・・・・・・ 208

- 9.4 Lorentz力の導出 210
- 9.5 電場・磁場のLorentz変換 212
  - 9.5.1 4元ポテンシャルの変換から
  - 9.5.2 電磁場テンソルを使う方法
- 9.6 静電場をLorentz変換する 217
  - 9.6.1 点電荷の電場のLorentz変換
  - 9.6.2 Trouton-Nobleの実験の計算
- 9.7 静磁場をLorentz変換する 220
  - 9.7.1 直線電流のLorentz変換
  - 9.7.2 導線のパラドックスを解く
- 9.8 $F_{\mu\nu}$ の幾何学的意味 224
- 9.9 ゲージ変換 228
- 9.10 章末演習問題 230

第10章 電磁場のエネルギー運動量テンソル　231

- 10.1 真空中の電磁気学におけるエネルギーと運動量 231
  - 10.1.1 テンソルを使わずに
  - 10.1.2 4次元テンソルの表現に直す
  - 10.1.3 エネルギー運動量テンソルの定義
- 10.2 粒子のエネルギー・運動量テンソル 241
- 10.3 応力テンソル 244
  - 10.3.1 運動量の連続の式
  - 10.3.2 物体の移動による運動量の流れ
  - 10.3.3 力による運動量の流れ
- 10.4 角運動量テンソル 250
  - 10.4.1 角運動量テンソルを定義する
  - 10.4.2 応力テンソルで考える直角テコのパラドックス
- 10.5 応力テンソルと電磁力の関係 253
  - 10.5.1 点電荷の受ける静電気力
  - 10.5.2 電流と外部磁場
- 10.6 章末演習問題 258

第11章 相対論的電磁気学に関する話題　259

- 11.1 荷電粒子のまわりの電磁場のエネルギー・運動量 259
  - 11.1.1 点電荷の作る電磁場のエネルギー・運動量
  - 11.1.2 エネルギーの積分
  - 11.1.3 運動量×cの密度の積分
  - 11.1.4 $\frac{4}{3}$ 問題の解決
- 11.2 媒質中の相対論的電磁気学 267
  - 11.2.1 3次元記法での媒質中の電磁気学
  - 11.2.2 4次元記法で考える
  - 11.2.3 運動する分極は磁化を持つ
  - 11.2.4 運動する磁化は分極を持つ
  - 11.2.5 運動する媒質中の関係式
  - 11.2.6 Röntgen-Eichenwaldの実験の考察
- 11.3 電磁輻射 278

　　　　11.3.1　Green 関数
　　　　11.3.2　3＋1次元時空のダランベルシアンの Green 関数
　　　　11.3.3　遅延 Green 関数
　　　　11.3.4　運動する荷電粒子の作るベクトルポテンシャル
　　　　11.3.5　加速運動する電荷の作る電磁場
　11.4　章末演習問題 ･･････････････････････････････････････ 291

おわりに　　　　　　　　　　　　　　　　　　　　　　　　　　292

付録 A　Michelson-Morley の実験　　　　　　　　　　　　　293
　A.1　実験の概要 ･･･ 293
　A.2　実験の目論見としての計算 ･･････････････････････････ 294
　A.3　古い意味の Lorentz 短縮 ･･･････････････････････････ 297
　A.4　章末演習問題 ･･････････････････････････････････････ 298

付録 B　計算技法の補足　　　　　　　　　　　　　　　　　　　299
　B.1　ベクトルと行列 ･････････････････････････････････････ 299
　　　　B.1.1　基底ベクトルとベクトルの表現
　　　　B.1.2　行列の積
　　　　B.1.3　直交座標と極座標の関係
　　　　B.1.4　極座標における運動方程式
　B.2　デルタ関数 ･･ 304
　　　　B.2.1　定義
　　　　B.2.2　性質と公式
　　　　B.2.3　デルタ関数の微分
　　　　B.2.4　3次元のデルタ関数
　B.3　Levi-Civita の記号 ･･･････････････････････････････ 311
　　　　B.3.1　定義
　　　　B.3.2　公式
　　　　B.3.3　Levi-Civita 記号の用途
　　　　B.3.4　変換性
　　　　B.3.5　4次元の Levi-Civita 記号

付録 C　練習問題のヒントと解答　　　　　　　　　　　　　　315
　C.1　ヒント ･･･ 315
　C.2　解答 ･･･ 320

索　引　　　　　　　　　　　　　　　　　　　　　　　　　　　337

[**Web サイトについて**]

- 章末演習問題のヒントと解答は web サイトにあります。これらのダウンロード、および関連するシミュレーションアプリの閲覧は、本書サポート web(http://irobutsu.a.la9.jp/mybook/ykwkrSR/) から行ってください（↓にある QR コードでアクセスできます）。

- 本文中で参照している章末演習問題のヒントと解答のページは、本文のページと区別するため、15w のようにページ番号の後ろに w が付いています。

- 本書で使っている図などがインタラクティブなアニメーションアプリとして利用できます。本書サポート web からリンクする形で収録されているので、学習の手助けにして下さい。

　本書の何箇所かに、上のような QR コードをつけているので、これを使ってアクセスすれば対応するアプリを実行することができます。
　QR を読み取る以外の方法としては、QR コードの下についている文字列（上の場合では mybook/ykwkrSR/index）を_____ としたとき、「http://irobutsu.a.la9.jp/_____.html」（上の場合では「http://irobutsu.a.la9.jp/mybook/ykwkrSR/index.html」）にアクセスして下さい。

第 1 章
相対論への動機

なぜ特殊相対論が必要なのか？——について述べておこう。

1.1 「相対論的」な考え方

　相対論には特殊相対論と一般相対論があり、本書で扱うのは特殊相対論の方であるが、「特殊」とつくから難しいと思ってはいけない。物理ではしばしば、「一般」の方が「特殊」より難しい。相対論の場合も同様で、特殊相対論の方が圧倒的に簡単である。

　「相対論」とは、どのような学問なのか。「相対」の反対は「絶対」である。相対論は「絶対論」の否定として生まれた。この場合の絶対とは、Newton[†1]の言う「絶対空間」の「絶対」である。NewtonはNewton力学を作るとき、宇宙には基準となる座標系[†2]が存在していると考えた。その特別な座標系が張られた空間を絶対空間と呼ぶ。

　Newtonより少し前に、地球を中心とし、太陽がその周りを回っている「天動説」から、太陽を中心とし、地球がその周りを回っている「地動説」への転換（Copernicus的転回と呼ばれる）があった。これは、当時の人が考えていた「絶対静止」の原点が地球から太陽へと移動したことに対応する。この「地球が静止している」という考えは間違いではあるが、当時の感覚では至極当たり前であった。今では太陽は銀河系に属し、銀河系は回転している（銀河中心から見

[†1] Newtonは力学の祖である、イギリスの物理学者。
[†2] 後で違いを説明するが、ここの「座標系」は、正確には「基準系」。
→ p11

れば太陽は移動している）し、さらに銀河系全体もグレートアトラクターと呼ばれる大質量天体[†3]に向かって落下しているという話もある。もはや絶対静止の原点は太陽ではなく、銀河系の中心ですらない。だからと言って、グレートアトラクターが静止していると考えればよいわけでもない。

「静止している中心」が時代とともに更新されていった[†4]。その歴史の中でわかってきたのは、「絶対静止」を考えても意味がない（あるいは絶対静止があったとしても我々には検出できない）ということだ。つまり、

> **絶対静止の否定**
> 「自分は絶対静止している」と主張できるものなど無い

が相対論の主張するところである。

ここで、「この宇宙の中で誰から見ても『こいつは静止している』と認めることができるものは存在しうるか」という問題を考えてみよう。

話を簡単にするため、宇宙には地球とその表面の物体しか無く、地球は自転も公転もしていないとしよう。この孤独な地球の上にあなたが住んでいて、今電車に乗っているとする。電車が加速も減速もせず曲がりもせずにスムースに走っている時、電車の中であなたがする行動（本を読んだりあくびしたり、あるいは電車が空いてて相手がいればキャッチボールだってできる）は、家の中での行動と同じように、何の支障も無くできるはずだ[†5]。

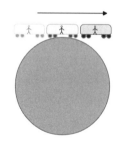

電車が動いているのか、

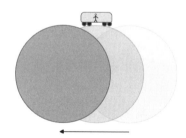

それとも
宇宙全体が逆向きに動いているのか

[†3] グレートアトラクターは、約2億光年向こうにある正体不明の天体で、我々の銀河系を含め、近くの天体はこの天体に向かう移動速度成分を持つ。

[†4] 現在の天文学で使われるもっとも「絶対静止に近い存在」は宇宙背景放射（宇宙に存在するほぼ等方的な温度約3Kの黒体輻射）である。この立場に立つと、太陽は約 370 km/s の速さを持っている。もちろん、この宇宙背景放射も「静止している」とは主張できない。

[†5] 電車が揺れている、などと言うなかれ。それは加速減速のうちだから、今は無いとしている。

この現象を $\begin{cases} 宇宙が止まっていて、電車が等速運動している \\ 電車が止まっていて、宇宙全体が逆向きに等速運動している \end{cases}$ のどちらの考え方で捉えるかは、自由である。どちらで考えても、電車内で起こる物理現象は矛盾無く記述できる。ゆえに、どっちが静止しているのか、判断する方法は無い。

【補足】 ++

> 誤った考え
> 電車はモーターで動かしているから動くのでは？ ─だれも宇宙を動かしてないが？？

と思う人もいるかもしれない。だがそう思った人は、絶対とか相対とか言う前に、Newton力学の理解が足りない。物体が動くのに、力はいらない[†6]。物体の運動を変化させる時（加速度がある時）に力が必要なのだ。

なお、実際の電車は等速運動しているときにもモーターの力が必要だが、それは摩擦・空気抵抗などの運動を妨げる力を　　　　　　　　のように打ち消すためである。電車が止まっている立場でなら、「電車が静止し続けるためには摩擦・空気抵抗などの力をモーターの力で打ち消さなくてはいけない」と考えるべきだ[†7]。

こう聞いても「納得できない。電車は動いて宇宙（あるいは地球）が止まっているという立場しか有り得ない」と考える人は、もう一度運動方程式の持つ意味を勉強し直すことを勧める。

++++++++++++++++++++++++++++++++++++ 【補足終わり】

空気抵抗などを無視して考えるなら、宇宙の全てが整然とある向きに等速運動している限り、誰も力を出す必要は無い。力が必要なのは、「運動の変化」があるときである。次ページの図Aと図Bは、どちらも「モーターの力」によって電車の運動の変化[†8]が起こった様子を時間変化を縦軸（下が過去、上が未来）にして表現したものである[†9]。

[†6] 「物体が運動していたら、そこには力が作用している」というのは、物理教育の世界では有名な「誤概念」で、「MIF誤概念」（MIFは「Motion implies a force」の略）という名前が付けられている。

[†7] 実際に電車を加速するのは地面から電車に作用する力だが、ここではそれを"元々がモーター由来である力"という意味で「モーターの力」と表現する。

[†8] 「作用・反作用の法則があるから、地面（地球）の運動も変化するのでは？」と思った人もいるかもしれない。実はその通りである。しかし地球の質量（約 6×10^{24} kg）が大きすぎるので、その変化は観測できないほどに小さい。次ページの図は地球は静止か等速直線運動しているように描かれているが、実際の地球は極々少しだけ速度変化を起こしている。

[†9] このような時間を縦軸にしたグラフが本書では頻出する。漫画などでは使われる「上が過去、下が未来」と上下が逆順だが、相対論で使う図の時間経過はこのように配置する。

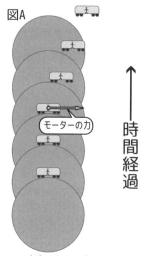
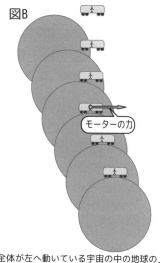

静止している宇宙の中の地球の上で、電車がモーターの力で加速して右に動き出した。

全体が左へ動いている宇宙の中の地球の上で、電車がモーターの力で減速して静止した。

ある時刻で一瞬「モーターの力」が作用して電車が加速または減速する。
図Aでは電車の変化「止まっている→右に動く」に力が使われる。
図Bでは電車の変化「左に動く→止まっている」に力が使われる。
どちらも、物理的に正しい現象である。力は図の右向きであり、
図Aでは「右向きの速度を増やす」ことに
図Bでは「左向きの速度を減らす」ことに　使われている。

運動方程式を使って、ここで出てきた「運動の変化」について考えてみよう。

左図の運動は宇宙が静止している立場で静止している電車 (質量 m) が Δt 秒の間左向きに大きさ F の力を出して地面を押し、同じ大きさの力で地面から右向きに押し返された。電車の速度は V になったとすると、運動方程式は次のようになる。

$$F = m\frac{V-0}{\Delta t} \quad (1.1)$$

と解釈される。

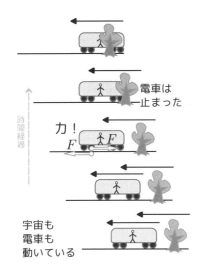

一方、同じ運動を、宇宙全体が最初速さVで左に動いていた立場で考えよう。この立場では最初電車が左に速さVで走っていることになる。この場合の解釈は、

> 宇宙も電車も、最初$-V$の速度で走っていた(マイナス符号は逆向きを表す)。大きさFで右向きの力がΔt秒の間作用したので、電車は静止した。
> $$F = m\frac{0-(-V)}{\Delta t} \quad (1.2)$$
> という式が成立している。

となる。この二つの記述を表す式は結局は同じ式(1.1)と(1.2)となる。つまりどちらの状況でも運動方程式は成立するから、どちらが正しいかを問うことに意味は無い。**どちらも正しい**のである。

どちらの記述でも同じになる理由は、運動方程式が「加速度」すなわち「単位時間あたりの速度の変化」で書かれていて、速度そのものには無関係だからである。また、もう一つ、Newtonの運動の第1法則（慣性の法則）も**「力を及ぼされていない物体は静止または等速直線運動を続ける」**というものだから、「何が静止しているか」を判定することはできない。

この事実は、大変有り難いことである。力学の問題を解く時、いちいち「静止しているのは何か」を見定めなくてはいけないとしたらどうだろう？ ── 運動方程式を立てるたびに、地球の自転公転、太陽の固有運動、銀河系の回転、銀河系の運動を全部考慮に入れなくてはいけないなんて、とてつもなく面倒だろう[10]。そういうことを気にせずに「座標原点を床の上に置いて」などと適当な位置に原点を設定し、その原点がどんな運動をしていたかを気にしないで問題を解くことができるのは、運動方程式が加速度で書かれているおかげである。

逆にこのありがたい性質のおかげで「地球は太陽の周りを回っている」が直観的に納得しづらいものになっている[11]。天動説から地動説への転換の時、「太

---

[10] 厳密に考えると、自転公転などの回転運動は「遠心力」や「Coriolisの力」などの効果を生むので、考慮する必要がある。

[11] 慣性の法則を発見したGalileiが地動説を採ったことは偶然ではない。彼は慣性の法則を知っていたからこそ安心して地動説を採ることができた。

陽が動いているのではなく、地球が動いている」という事実が事実として確立されるまでに長い時間がかかったことを考えてみれば、二物体が相対的に運動している時、ほんとうに運動しているのはどっちかを認識するのがいかに難しいかがわかるだろう。より厳密に言えば、「太陽・地球」系で動かないといっていいのは太陽でも地球でもなく、この二つの重心である[†12]。Newton は太陽でも地球でもない、絶対静止の基準となる空間があるとする仮定のもとに Newton 力学を作った。しかし実際には、Newton 力学の成立のために絶対空間の仮定は必要ない。宇宙全体が平行に等速運動していたとしても、我々には力学的にそれを知る手段がないからである。より詳細な、数式を使った考察は次章からに回すが、とにかくここまででわかることは、力学においては「絶対空間」は存在していないらしい、ということである。

1.2　電磁気学での「絶対空間」

19 世紀終わり頃、物理学者は力学に「絶対空間」が無いことには気づいていたが、電磁気学には「絶対空間」があるのではないかと考えていた。光が電磁波（電場と磁場の波）であることは、Maxwell が彼の名のついている四つの方程式（詳しくは後で示す）から導き出した。
→ p37

　Maxwell は彼の方程式を解くことにより、電場と磁場が波となって進行することを導いたのだが、その波の速さを求めると、真空中での電磁波（光）の速さ c そのもの[†13]だとわかった。

　したがって、「Maxwell 方程式が正しい（実験的に確認されている）」という事実が「電磁波（光）の速さが c であること」を保証することになる。

　この電磁気学に関する物理法則（具体的には Maxwell 方程式）には絶対空間があるのか？──という問題を考えてみよう。

　音は、波であるという点では光と同じであるが、運動している人が見た場合と

[†12] Tycho Brahe は地球が静止して太陽がその周りを回り、その太陽の周りを地球以外の惑星が回るモデルを唱えていた。「地球が動いているとしたら、星の位置が変化するはずだ」と考えたからである。この星の位置の変化は「年周視差」と呼ばれ、後に発見された。

[†13] Maxwell の時代にはここまでの精度で知られていたわけではないが、c の値は 299792458 m/s である。現在は c の値がこうなるように長さの単位メートル（m）が決められているので、この値は確定した数字（整数）である。それ程に、現代における真空中の光速の測定は精度高く、かつ信頼されている。

静止している人が見た場合で速さが違う[†14]。通常、音の媒質である空気が静止している時に観測される速さを「本当の音速」と考え、空気に対して動いている人の観測する音の速さは「見かけの音速」として扱う。

上の図のVが「本当の音速」、$V \pm v$が「見かけの音速」である。

「人が空気に対して動いている」という状況は、空気が止まっていて人間が動

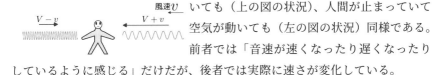

いても（上の図の状況）、人間が止まっていて空気が動いても（左の図の状況）同様である。前者では「音速が速くなったり遅くなったりしているように感じる」だけだが、後者では実際に速さが変化している。

このように音には「本当の音速」「見かけの音速」があるのなら、光もそうであろうかという疑問が生じるのは当然である。Maxwell方程式に隠れている光速がいわば「本当の光速」で、動きながら観測すると、それは「見かけの光速」へと変化するのか？

もし、動きながら観測すると光速が変化するのだとすると、その「動きながら観測している人」にとっては、Maxwell方程式は成立していないことになる（Maxwell方程式は必然的に光速cを導くのだから！）。

19世紀の物理学者たちは、音という波が空気という媒質の振動であるように、光（＝電磁波）にも振動する媒質があると考え、それを「エーテル[†15]」と呼んでいた。

となれば、光速も「エーテルに対して動いている人」すなわち「エーテルの動きを感じる人」が観測すれば「見かけの光速」になるのではないかと考えるのは当然である。次の図に示したように地球が静止したエーテルの中を動いているのだとすれば、地球上にいる人（この人にとっては地球は静止）は「エーテルの

[†14] 「速度」はベクトル（$\vec{v}$）、「速さ」はスカラー（v）である。$v = |\vec{v}|$ が成り立つ。以後本書で出てくる「音速」「光速」はそれぞれ「音の速さ」と「光の速さ」である。

[†15] 「エーテル」は麻酔薬のエーテルとは同じ名前だが別ものである。古代ギリシャの哲学者Aristoteles（Aristoteと表記することもある）が天を満たしている元素がエーテルであると言っていたのにちなんでいる。ちなみに「エーテル」の綴りはEtherまたはAetherで、英語読みだと「イーサ」。ネットワークのイーサネットの「イーサ」はエーテルが語源である。

風」を受けていることになる。

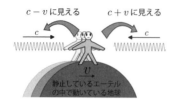 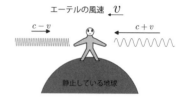

そこで、この「エーテルの風」を検出しようという試みが行われたのだが、その企てはことごとく失敗し、電磁気学にも「絶対空間」が無い（あるいはあっても検出できない）ことがわかった[†16]。

絶対空間が無いということは、「Maxwell方程式はどんな立場でも成り立つ」という安心感を与えてくれるという意味では、ありがたいことだとも言える。言えるのだが、直観的に理解しやすい音の場合に比べ「なぜこうなるのか？」と疑問を感じさせることでもある。

光速以外にもう一つ、Einstein(アインシュタイン)が疑問としたのは電磁誘導をどのように解釈するかである。Einsteinの考察した現象とは少し違うが、以下の現象を考えよう。

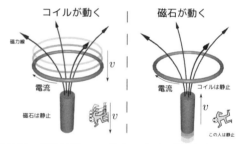

磁石にコイルを近づける（右の図の「コイルが動く」）、あるいはコイルに磁石を近づける（右の図の「磁石が動く」）、どちらを行ってもコイルには電流が流れる。この二つの現象は、「相対的に」考えるならば、全く同じだ。

というのは、「コイルが動く」図は、コイルと同じ速さで同じ向きに動いている人がみれば、まさに「磁石が動く」図だからである。

しかし電流の発生する原因の解釈は同じではない。

[†16] どのようにしてわかったのか、詳しい内容は第3章および付録Aで解説する。とにかく、絶対空間は検出できなかった。
→ p36　→ p293

「磁石が動く」の場合、電流が流れる理由は、「磁束密度の時間変化によって、$\boxed{\text{rot}\,\vec{E}\neq\vec{0}}$ の誘導電場が発生したから」つまり、「$\boxed{\text{rot}\,\vec{E}=-\dfrac{\partial\vec{B}}{\partial t}}$ の右辺が $\vec{0}$ ではないから、左辺も $\vec{0}$ ではない」である。

一方、「コイルが動く」の場合、電流が流れる理由は「磁場中を電子が下向きに動いたので、Lorentz力[†17]によって電子が動かされたから」である。このとき空間各点々々の磁束密度 $\vec{B}$ は変化しないから、$\boxed{\dfrac{\partial\vec{B}}{\partial t}=\vec{0}}$ である。つまり電場の rot は $\vec{0}$ である（起電力は無い）[†18]。

くわしい計算は3.1.2項でじっくりと実行するが、どちらの立場で計算しても流れる電流は同じになる。同じ現象のように見えるのに、2種類の違う説明がある。そしてどちらも、Maxwell方程式を使った計算で正しい答が出る。となれば、「どんな立場でもMaxwell方程式は成立する」と考えたいところである。

1.3 特殊相対論の必要性

Newton力学の話で述べたように、「絶対空間が存在しない」は「自分がどんな等速直線運動をしながら物理を考えているのかに無関係に問題を解くことができる」を意味する。

もしも「エーテルが止まって見える人（絶対空間にいる人）に対してのみMaxwell方程式が成り立つ」とすると、我々はまず「我々から見てエーテルは静止しているのか否か」を判断しなくては、電磁気学の実験を安心して行えない。

ところが実験の示すところによれば、安心してMaxwell方程式を使ってかまわないし、真空中の光速をどんな立場で測定しても同じ値が得られる。ここで注意しておくが、大事なのは、「どんな立場でもMaxwell方程式が成り立つ」ことである。「どんな立場でも光速が一定」はその大事なことの一部に過ぎない。

相対論の目指すところは、「どんな立場で見ても物理法則は同じである」と言えるように理論が作られることである。動いている場合と止まっている場合は

[†17] H.A. Lorentzは、この後も何度も出てくるオランダ人物理学者。電磁気学の発展に大きな役割を果たし、特殊相対論の誕生にも深く寄与している。

[†18] 「コイルが動く」の場合でも、「コイルを貫く磁束」が増加したから起電力が発生した、と考えて問題を解く場合があるが、それは「磁石が動く」の場合と同じ結果が出ることを知っているからできることである。この場合に電場が発生していると解釈するのは間違っている。

区別できず、「動いている時のための物理法則」を別に用意する必要は無い。ここでみたように、相対論以前の知識で考えると、力学の法則はそうなっているが、電磁気学の法則はそうなっていないように見える。

そこで、「力学的に見ても電磁気学的に見ても、絶対空間が存在しない理論はどんなものか？」という問いが生まれる。理論的にも実験的にも電磁気学に絶対空間が存在しない（少なくとも、感知できない）とわかっている以上、電磁気学から『絶対空間を消す』必要がある。そういう意味で、電磁気学は特殊相対論なしには不完全なのであって、上の問いの答えはなんとかして得ねばならない。「力学にはない絶対空間が電磁気学にはあるように見える」という矛盾を解消するための新しい考え方が特殊相対論である。Einsteinによる特殊相対論の最初の論文 (1905年) のタイトルは「動いている物体の電気力学」(Zur Elektrodynamik bewegter Körper)[19] という、どちらかというと地味なものであるが、それはこの電磁気学に関する疑問から話が始まっているからである。

具体的にどのように特殊相対論がこの疑問に答えたのかはこの本の中で明らかにしていく。とりあえずここまででわかるように、その理論は動きながら見ると磁場が電場に見えたり、その逆が起こったりと電場と磁場をまじりあわせるような、そういう理論になる。しかし最終的結果はそれだけにとどまらない。電磁気学から絶対空間が無くなるように理論を修正すると、結果として力学も修正されてしまう。それどころか、物体の長さを測る尺度が観測している人の状態によって変化しなくてはいけないことがわかる。具体的には「運動しながら見ると（あるいは物体が運動すると）物体が縮む」のである。さらに、相対論は「絶対空間」のみならず「絶対時間」も否定する。立場が違えば時間すら、同じものではなく、「運動していると時間が遅くなる」結果も出るし、「ある人にとって同時に起こったことが、別の人にとっては同時ではない」ことも起こる。

ここまでの話を聞くと、ずいぶんおかしな、突拍子も無いことをやっているように思えるのではないかと思う。しかし実際には、特殊相対論ができあがる過程は非常に確実なものであり、一歩一歩理解していけば難しいところも論理の飛躍も無い。ちゃんと最後まで読んでいけば、ここで挙げた疑問に答えることができるはずである。ここまでだけ読んで「わからない〜」と音をあげないように。

---

[19] Annalen der physik, Volume322, Issue10(1905)p891-921. ネットで検索すると読むことができる。岩波文庫「相対性理論」（アインシュタイン）に、内山龍雄による翻訳がある。

第2章

座標変換と運動方程式

この章では、第1章の前半で考えた、力学の法則の相対性を数式を使って考えていく。そのために、座標系の変換について勉強する。

2.1 座標系

2.1.1 基準系と座標系

物理において座標系は大事であるが、この「座標系」という言葉は、「どの観測者の立場で見るか」という意味で使われる場合と、「時空間の各点各点にどんな"座標"を張って考えるか」という意味で使われる場合がある。「静止系」「運動系」「実験室系」「重心系」「慣性系」「加速系」などと言うときは前者であり、「直交座標」[†1]「極座標」などと言うときは後者である。

例えば、$\begin{cases} \text{止まっている人が観測する} \\ \text{運動している人が観測する} \end{cases}$ の違いが「静止系／運動系」[†2]の違いであり、それぞれの系に「どのように座標を張るか」が「直交座標／極座標」の違いである。以下では前者を「基準系 (reference frame)」[†3]、後者を「座標系 (coordinate system)」と区別[†4]していく。

[†1] 「Cartesian座標（Cartesian coordinate）」と呼ぶこともある。哲学者であり数学者でもあるDescartesが最初に使ったのでこの名前がある。「デカルトの」のような接頭辞になるときにはDescartesの「Des」が取れてCartesian（カーテシアン）になる。日本語で「デカルト座標」と呼ぶ場合もある。「直交座標」という言葉をより広い意味で、「各々の座標を表す線が互いに直交している座標」という意味に使うことがあり、この意味の「直交座標」はCartesian座標以外にもたくさんある。

[†2] 問い「どっちが運動系でどっちが静止系かは決められるの？」に対する答こそが相対性原理である。

[†3] 英語では「frame of reference」とも称する。シンプルに「frame（フレーム）」と呼ぶこともある。「準拠系」とも訳す。

[†4] この二つをどっちも「座標系」と呼んでいる場合が多いようだ。

「基準系を決める」とは、例えば「地球上で静止している人の立場で考えますよ」と宣言することである。基準系を決めても、まだ時間・空間をどのような「座標」で測るのかは決めていない。基準系を決めた上で「極座標で考えよう」「直交座標で考えよう」と決める（さらにx軸などの向きを決めたりする）ことが、「座標系を定める」ことである[†5]。

「見る立場が違っても物理法則は変わらない」は数学的言葉を使えば「基準系を変えても物理法則は変わらない」と表現できる。よって特殊相対論を理解するには、「ある基準系から別の基準系に移る」の意味を理解することが必要である。この章では特殊相対論以前のNewton力学の範疇において、基準系の変更と力学の法則の関係を整理しておくことにする。

2.1.2 座標

基準系（どの観測者の立場で見るか）を決めた後、その基準系にどんな「座標」を張るかを定めるのが「座標系」である。例えば将棋盤の駒の位置を「7六歩」と表現するが、これは右から7番目、上から6番目のマスに歩を進めるという意味で、「7」と「六」という二つの数字で場所を指定している[†6]。

力学の問題の多くは「ある物体がどこにいるかを予言すること」なので、まずは「どこにいるか」を数学的に表現する方法が必要だ。将棋盤の例なら二つの数字を使って場所を表したが、物理の一般の問題ではもっと多くの数字を使って物体の位置を表現することが必要になる。物体の位置を指定するのにどれだけの数を指定しなくてはいけないかを「次元」という。将棋の駒ならば二つの数字でOKなので、2次元である[†7]。一般に空間の中にいる物体の位置を指定するには三つの数字が必要[†8]なので「3次元の空間」と呼ぶ。

次の図では、3次元の空間を（軸を一個省略して）2次元の平面のように表し、時間の経過を「上：未来、下：過去」で表現している（このような図を「時空図」と呼び、今後もよく使う）。

[†5] 座標系を決めたときにはすでに基準系も決まっている。よって、「座標系を定めた」と言った時点で両方が終わっている。「座標変換」という呼び方は、座標系の変換と同時に基準系も変更される場合にも、基準系は変えずにそこに張る「座標」だけを変更する場合にも使われる。

[†6] この将棋盤が我が家にある将棋盤なのか、運動する電車の中に置いてある将棋盤なのかの違いが「基準系の違い」である。

[†7] もっとも将棋の場合、二つの数字は整数でしかも範囲が限られている。

[†8] 三つの数字の指定の仕方はいろいろある。直交座標(x, y, z)でも、極座標(r, θ, ϕ)でも（もちろんそれ以外でも）よい。どのように表すかのルールを明確にしておくことが大事である。

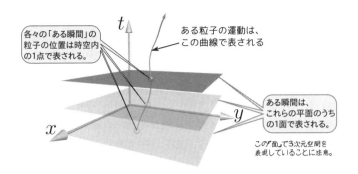

2.1.3 次元

「次元」という言葉はいろんな意味に使われていて[9]、一般社会においては「4次元」という言葉は特に謎めいたイメージを持たされている。しかしここで言う「次元」は「いくつの数を指定すれば系の状態が決まるか」という意味であって、それが「4」であることは、別に不思議なことではない。例えば「じゃあ、生協食堂前で会おう」では待ち合わせはできない。かならず「何時に」も決めるはずである。「生協食堂前」を指定するには三つの数字が必要だ[10]。これに時刻を加えた四つの数字を指定すれば待ち合わせが成立する。このように必要な数字が4であることを「4次元」と言う[11]。4変数で指定された「ある時刻のある場所」を、「ある場所」（3次元的な意味での「点」）と区別して、「時空点」と呼ぼう。ある時空点で起こるなにかの現象を「事象 (event)」と呼び、時空点「生協食堂前午後3時」に事象「待ち合わせ」が発生するのように言う。

我々の住んでいるこの宇宙は3次元空間+1次元の時間で、「4次元時空」または（時間だけは少し違うので）「3+1次元時空」[12]という呼び方もする[13]。

---

[9] 「その式、左辺と右辺で次元が違うじゃないか」「3次元空間で考えましょう」「そんな次元の低い話はしてないんだよ！」全部、意味が違うのに同じ言葉「次元」が使われている。

[10] 例えば、「北緯何度、東経何度、標高何m」。あるいは「ここから東に何m、南に何m、下に何m」。

[11] 「空中に浮いて待ったり、地面に潜って待つことなどありえないのだから高さや標高は省略してよい」と考えると次元は一つ減って3次元になる。ただしこの場合1階と2階で互いに待ちぼうけを食わされる可能性がある。

[12] どうでもよいといえばどうでもよいことだが、「3次元の空間」と「1次元の時間」なら「1+3次元時空」の方が「時」「空」の順番に合うが、英語では「時空」が spacetime なので3+1の順番が合う。

[13] この話をすると必ず「ドラえもんの四次元ポケットはどうなっているのですか」と質問が出る。そんなことは藤子・F・不二雄先生に聞いてほしい。おそらく、「四次元ポケット」の4次元は、空間だけで4次元なのだろうとは思うが。

空間の3次元を全て考えるのは大変なので、まずはx座標のみを考える場合は「1+1次元時空」となる（前ページの図のように空間を平面とする場合は「2+1次元時空」である）。

　Newton力学の世界では、3次元空間と1次元の時間は完全に切り離されて、別個に存在している。相対論的世界では、空間と時間の間に少し関係が生じてくる。そのため、特殊相対論の話をする時には4次元記述が好まれる（と、今言ってもわからないだろうけれど、本書を読み進むにつれてわかってくるはずである）。以上のように、4次元と言っても別に怖いものでもなんでもなく、物体の位置と時間を指定するには四つの座標が必要だ、と言っているだけのことであるから、「4次元」と言われただけで不必要に「難しい話が始まる」と緊張する必要は無い[†14]。

　座標の取り方はいろいろあるが、ここでは一番簡単な直交座標、すなわち互いに垂直な空間軸x, y, zをとる。これに時間tをあわせて、座標は四つ(x, y, z, t)である。ある一つの物体の運動は、この「4次元時空」の中の線で表される。「ある時刻のある粒子の位置」を表すには四つの数字が必要である。「ある時刻の宇宙」はこの4次元時空のうち、$t = (ある一定値)$ に限った部分になる。p13の図ではz軸が書かれていない分、「ある時刻の宇宙」は2次元の面のように描かれているが実際には3次元の拡がりがある存在なので「超」をつけ「超表面(hyper surface)」と呼ぶ（「超曲面」と呼ぶ場合もある）。

2.1.4　1次元空間の座標変換

　簡単のため、まず空間座標はxだけ考えて、y, zは無視して考えることにする。つまり1次元空間、時間を合わせて2次元（1+1次元）時空である。1次元での空間座標はx一つで、どこかに原点を選び、軸の向き（1次元なので左か右か二つに一つ）を選べば、原点から軸の正の向きに何m行った場所か、で位置を指定できる（ここでは「m（メートル）」と書いたが、もちろん「ft（フィート）」でも「尺」でも「Å（オングストローム）」でも「光年」でも支障は無い）。

　まず簡単な座標変換として、原点ずらしを考えよう[†15]。

[†14] たまにいるのだ、「4次元ってのはものすごいことなんだ」と思い込んでいる人が。そういう人はむしろ、この話を聞いてがっかりすることになる。
[†15] この座標変換は、基準系（フレーム）の変更を伴っていない。原点がずれているだけで本質的な差は無い。
　→ p12の側注†5

2.2 Galilei変換と力学の法則

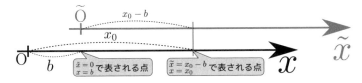

新しい座標系（$\tilde{x}$座標系）[†16]の原点が古い座標系（x座標系）の $x=b$ の場所にあるとする。座標系の向きと目盛りの幅は同じにすると、この二つの座標系は $\tilde{x}=x-b$ という関係で結び付いている。この場合、二つの座標原点は互いに運動していない。$\tilde{x}$座標系の原点$\widetilde{\mathrm{O}}$はx座標系の原点O よりも右（正の向き）にあるのだが、式の上では $\tilde{x}=x-b$ と引き算される形である[†17]。「同じ点が、$\begin{cases}\tilde{x}=0\\x=b\end{cases}$ の2種類の方法で表現される」という対応に注目して式を作れば $\tilde{x}=x-b$ でなくてはいけないことが納得できる。

2.2 Galilei変換と力学の法則

2.2.1 Galilei変換

座標の原点自体が刻一刻と等速度vで移動している場合の座標変換[†18]は、座標原点のずれが $b=vt$ になったと考えて、

$$\tilde{x}=x-vt \qquad (2.1)$$

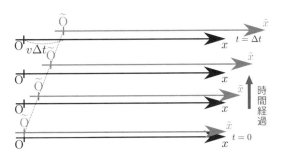

という変換則となる。時間も含めた古い座標系を (t,x)、新しい座標系を $(\tilde{t},\tilde{x})$ とすると、$(\tilde{t},\tilde{x})$ 座標系は、いわば「速度vで走る電車の内部の座標系」である。

[†16] 新旧座標系を区別するためには、$x \to x'$ のようにプライム（またはダッシュ）$'$ が使われることが多いが、$'$ は微分の記号と同じだし、添字をつける場所ともかぶってしまうので、本書では新しい座標系の印としては主に $\sim$（チルダ）を使う。

[†17] 勘違いして $\tilde{x}=x+b$ とやってしまうことが多いので注意しよう。（これは間違い）

[†18] この変換は基準系（フレーム）の変更を伴っている。(t,x) 系と $(\tilde{t},\tilde{x})$ 系では物体の速度が違う。しばらくは時間座標は二つの座標系で共通なので、t に $\sim$ をつける必要は無いのだがつけておく。

電車内でみると静止している点 $\widetilde{x}=0$ は、外から見ると（すなわち (t,x) 座標系で見ると）$x=vt$ で表されて、「等速運動して移動している点」に見える。

ここであげた式では $t=0$ で x と $\widetilde{x}$ の原点が一致しているとしたが、もちろん一般にはその必要は無く、原点を b だけずらして $\widetilde{x}=x-vt-b$ としてもよい。この形でも $(\widetilde{t},\widetilde{x})$ 座標系の空間座標原点 $\widetilde{x}=0$ が (t,x) 座標系でみると等速運動している点は同じである。このとき、二つの座標系で使用する時間座標は同じで、

$$\widetilde{t}=t \tag{2.2}$$

である。当たり前のようであるが、これは重要な（後で変更を迫られる）式である。このような、一方から見て他方の座標原点が等速直線運動している座標系間の変換を「Galilei変換（Galilean transformation）」と呼ぶ。

2.2.2 速度、加速度のGalilei変換と運動方程式の不変性

「電車内でも外部でも同じ物理法則が成立する」を、Galilei変換と力学の法則を使って確かめよう。

Newtonの運動方程式は（1次元であれば）$m\dfrac{\mathrm{d}^2 x}{\mathrm{d}t^2}=F$ と書ける。加速度 $\dfrac{\mathrm{d}^2 x}{\mathrm{d}t^2}$ は「単位時間あたりの速度の変化」であり、Galilei変換では速度は変化するが、加速度は変化しない（単位時間前の速度も、単位時間後の速度も同じだけGalilei変換されるから）。ゆえに、運動方程式の形は (t,x) 座標系でも $(\widetilde{t},\widetilde{x})$ 座標系でも変化しない。互いに等速運動している二つの観測者は、どちらも同じ運動方程式を使って運動を記述できる。運動方程式に加速度という「速度の変化」だけがあらわれていることから、当然の結果である。

$\widetilde{x}=x-vt-b$ を微分していくと、

$$\begin{aligned}\widetilde{x} &= x-vt-b \\ &\downarrow \\ \dfrac{\mathrm{d}\widetilde{x}}{\mathrm{d}t} &= \dfrac{\mathrm{d}x}{\mathrm{d}t}-v \\ &\downarrow \\ \dfrac{\mathrm{d}^2\widetilde{x}}{\mathrm{d}t^2} &= \dfrac{\mathrm{d}^2 x}{\mathrm{d}t^2}\end{aligned} \tag{2.3}$$

となり、加速度はどちらの座標系でも同じ（ここでは、t と $\widetilde{t}$ を区別してない）。

二つの座標系で、同じ運動を記述してみる。(t,x) 座標系と $(\widetilde{t},\widetilde{x})$ 座標系は原点が一致しているものとする（上の $b=0$ ）。今 (t,x) 座標系で時刻 $t=0$ に

2.2 Galilei変換と力学の法則

原点に静止していた質量 m の物体に、一定の力 F を加え続けたとする。その間に (t,x) 座標系および $(\widetilde{t},\widetilde{x})$ 座標系で成立する運動方程式は

$$F = m\frac{\mathrm{d}^2 x_{(t)}}{\mathrm{d}t^2} \quad \text{または} \quad F = m\frac{\mathrm{d}^2 \widetilde{x}_{(t)}}{\mathrm{d}t^2} \tag{2.4}$$

と書ける。これを t で積分を2回すると、

$$\frac{\mathrm{d}^2 x_{(t)}}{\mathrm{d}t^2} = \frac{F}{m} \tag{2.5}$$

$$\frac{\mathrm{d}x_{(t)}}{\mathrm{d}t} = \frac{F}{m}t + C_1 \tag{2.6}$$

$$x_{(t)} = \frac{1}{2}\frac{F}{m}t^2 + C_1 t + C_2 \tag{2.7}$$

となる。ここで C_1, C_2 は積分定数である。$x_{(t)}$ と $\widetilde{x}_{(t)}$ は同じ運動方程式を満たすから、積分定数 C_1, C_2 の値を変えることでどちらでも表すことができる。

(t,x) 座標系で考えるならば、$x_{(t)}$ の初期値 $x_{(0)}$ は0、初速度 $\dfrac{\mathrm{d}x\,(0)}{\mathrm{d}t}$ も0であるから、C_1, C_2 はともに0となる。

$(\widetilde{t},\widetilde{x})$ 座標系での運動を考えるには、二つの方法がある。今求めた解を Galilei 変換する方法と、$(\widetilde{t},\widetilde{x})$ 座標系での初期値を用いて C_1, C_2 の計算をやり直す方法である。Galilei 変換ならば、

$$\widetilde{x}_{(t)} = x_{(t)} - vt = \frac{1}{2}\frac{F}{m}t^2 - vt \tag{2.8}$$

と公式どおりに求まる。

$(\widetilde{t},\widetilde{x})$ 座標系での初期値を考えよう。(t,x) 座標系で静止しているということは $(\widetilde{t},\widetilde{x})$ 座標系でみると速さ v でバックしているので、$\boxed{\widetilde{x}(0) = 0, \dfrac{\mathrm{d}\widetilde{x}\,(0)}{\mathrm{d}t} = -v}$ となって、$\boxed{C_1 = -v, C_2 = 0}$ となる。結果は、上の式と同じである。

二つの結果を、(t,x) 座標系と $(\widetilde{t},\widetilde{x})$ 座標系でグラフ[19]にしたものが次の二つの図である。どちらの図でも、t 軸は $\boxed{x=0}$ を、$\widetilde{t}$ 軸は $\boxed{\widetilde{x}=0}$ を表す。

---

[19] この後もしばしば、縦軸が t で横軸が x のグラフを描くが、座標系の書き方の順番は (t,x) のように縦軸を先にする書き方をするので注意。後で t が「時空座標の第0成分（第1成分が x）」になるからである。

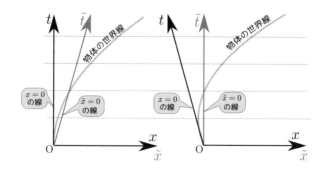

　上の図の運動は (t,x) 座標系で見ると「静止した状態の物体が速度を少しずつ増しながら離れていった」と見える運動であるが、$(\tilde{t},\tilde{x})$ 座標系でみると、「最初左へ走っていた物体がだんだん遅くなり、やがて止まって今度は右向きに走りだし、自分の前を通りすぎてどんどん右へと速度を増しながら離れていった」になる。等速運動している自転車を、後から発車した自動車が追い抜いていった、という状況である。

　縦軸に時間（t など）、横軸に空間（x など）を取って物体の運動などを表現するグラフを「時空図」と呼び、そこに描かれた物体（質点）の軌跡を「世界線(worldline)」と呼ぶ。

　「質点」は名前のとおり「点」だが、「時空図」の中では「質点＝線」[20] であることに注意しよう。相対論的に考えるときは特に、物体の動きを時空図上の線で捉えるということが大事になる。世界線がどんな形をしているかは、運動状態によって変わる。世界線の傾きが水平に近いほど、物体の速度は速い。静止している場合は真上向きの線になる。

　上のグラフで、$t=\tilde{t}$ なのに t 軸と $\tilde{t}$ 軸が同じ軸でないことをおかしく思う人もいるかもしれないが、$\begin{cases} t\text{軸は } \boxed{x=0} \text{ を表す線} \\ \tilde{t}\text{軸は } \boxed{\tilde{x}=0} \text{ を表す線} \end{cases}$ であることに注意せよ。つまり t 軸と $\tilde{t}$ 軸が同じ向きを向かないのは x と $\tilde{x}$ にずれがあるからだ。この二つのグラフは、グラフを水平方向（x 方向）に、高さ（t 座標）に比例した距離だけ横に（正の向きに）ずらしていくことによって互いに移り変わる。3＋1次元空間のうち、3の部分（空間あるいは超表面）を時間に応じて動かしていく変換を行っている。

---

[20] より正確には「質点の軌跡」つまりは「質点の現在過去未来の位置」をまとめて表す「線」である。

2.2 Galilei 変換と力学の法則

$(\tilde{t}, \tilde{x})$ 座標系で見て速度 V で動いている物体の軌跡は

$$\tilde{x} = V\tilde{t} + b \tag{2.9}$$

(b は $\tilde{t}=0$ における $\tilde{x}$ 座標) である。この式に Galilei 変換を適用すると、

$$\begin{aligned} x - vt &= V\, t + b \\ x &= (V+v)t + b \end{aligned} \tag{2.10}$$

(上の式で $\tilde{x}$、$\tilde{t}$ の対応が示されている)

となる。この式から、(t, x) 座標系ではこの物体は $V + v$ の速度を持つことが見て取れる。時空図で表現すると次のようになる。

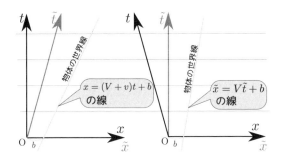

ここは、図で表現すると

時速80kmで走る電車の中で進行方向に時速100kmのボールを投げると外から見たボールの速さは時速180kmになる。

になる現象を式で表現した。

前の章で「絶対静止しているかどうかは判定できない」と強調したが、その理由は今示したように、互いに Galilei 変換で移ることができる基準系(フレーム)であれば、どの基準系でも同じ法則が成り立っているからである。物理法則（この場合 Newton の運動方程式）にあらわれるのは加速度であり、時空図上の物体の軌跡を表す線の傾きがどの程度変化しているか、つまりは線の曲がり具合である。Galilei 変換は線の傾き（速度）を一定値だけ変えるが、その時間的変化量（曲がり具合）を変えない。そのため、物理法則は変わらない。

今あなたが電車外にいて、「静止しているのは私である」という仮定のもとに運動方程式を解いて、ある物体の運動を求めたとする。しかし電車内にいる誰か別の人が「静止しているのは俺の方だ」と言って同様のことを行ったとしても、結果は同じになる。ではあなたとこの人の、どっちが正しいのか？ ——もちろん、判定不可能である。

Galilei変換の物理的意味は、一つの物理現象を見る時、観測者が運動しながら見るとどう見え方が変わるか、ということにある。Galileiの時代と言えば、天動説から地動説への転換の真っ最中であった。「地球が静止していると考えて天体の運動を考える」立場と「太陽が静止していると考えて天体の運動を考える」立場のどちらが正しいのかが論争の焦点となっていた。Galilei変換は等速直線運動同士の変換であるから太陽と地球（円運動している）には直接当てはまらないが、地球の運動の向きの変化が十分小さくなるほど短い時間で近似して考えれば「地球が静止している」座標系と「地球が運動している」座標系の変換はGalilei変換で表せる。

2.2.3 「慣性系」の定義

以上でわかるように、Newtonの運動方程式はGalilei変換によって不変である。しかし例えばある基準系に張られた座標系の原点が他の基準系からみて加速度運動していると、もはや新しい基準系(フレーム)では運動方程式が成立しなくなる。

Newtonの運動方程式 $\vec{F} = m\dfrac{\mathrm{d}^2\vec{x}}{\mathrm{d}t^2}$ が成立する基準系を特別に「慣性系 (inertial frame)」と呼ぶ。Galilei変換によって基準系を変えても、Newtonの運動方程式を変える必要は無い[21]。つまり、Galilei変換は、慣性系を別の慣性系に移す基準系の変更である。我々の住んでいるこの時空に適当な座標系を張ると、それは（少なくとも近似的に[22]）慣性系である。

---

[21] ここで極座標で書いた運動方程式の複雑な形を思い出し、「極座標では運動方程式 $\vec{F} = m\dfrac{\mathrm{d}^2\vec{x}}{\mathrm{d}t^2}$ は成り立たなくなるのではなかろうか？」と不安に思った人は、付録のB.1.4項を読むこと。直交座標から極座標への座標変換は基準系を変えないから運動方程式は変わらない。
→ p303

[22] 「どの程度の近似のレベルか」で話は変わる。日常生活なら問題無いが、大きなスケールでは地球表面に固定した基準系が厳密に慣性系ではないことが効く。この系では地球の回転によりCoriolisの力および遠心力という見かけの力が作用するが、台風の進路予想などをするときはこれらを考慮せねばならない。

2.2 Galilei変換と力学の法則

慣性系でない基準系のもっとも簡単な例について考えておく。慣性系xに対して等加速度運動している基準系の座標

$$\widetilde{x} = x - \frac{1}{2}at^2 \tag{2.11}$$

を導入したとすると、この$(\widetilde{t}, \widetilde{x})$座標系での運動方程式は

$$m\left(\frac{\mathrm{d}^2\widetilde{x}}{\mathrm{d}\widetilde{t}^2} + a\right) = F \quad \text{あるいは} \quad m\frac{\mathrm{d}^2\widetilde{x}}{\mathrm{d}\widetilde{t}^2} = F - ma \tag{2.12}$$

となってしまう。つまり$(\widetilde{t}, \widetilde{x})$座標系は慣性系ではなく、運動方程式の力の部分に余分な項$-ma$がつく。この項は「慣性力」と呼ばれる。加速している物体(発進する車など)の上の観測者が加速と逆向きに力が作用しているように感じるのが、この慣性力のもっとも単純な例である。このような加速度のある座標系は特殊相対論ではあまり扱われないが、一般相対論では非常に重要になる。

---------- 練習問題 ----------

【問い2-1】 今、遊園地にあるフリーフォールの中での運動を考える。外から見ると、物体には重力が作用するので、運動方程式は

$$m\frac{\mathrm{d}^2 y}{\mathrm{d}t^2} = -mg \tag{2.13}$$

である(yは上向きを正としてとった鉛直方向の座標)。フリーフォールも加速度gで自由落下運動しているとして、フリーフォールが静止している座標系を設定し、その座標系で立てた運動方程式には重力の影響が無いことを示せ。

ヒント → p315へ　解答 → p320へ

慣性系でない基準系(フレーム)のことは横に置いておくとして、

--- Galileiの相対性原理 ---

Galilei変換によって移り変わるどの慣性系においても、同じ運動の法則が成立する。

という原理を「**Galileiの相対性原理**」と呼ぶ[†23]。この法則の「運動の法則」の部分を電磁気学を含めた「物理法則」に書き換えるのが特殊相対論の目標である。その目標達成のために上の文の「Galilei変換」の部分を「Lorentz変換」(この変換がどんなものかは、この後求めていく)に書き換えた、

[†23] 当たり前のことであるが一応注意しておくと、ここで「同じ」なのは「物理法則」であって「物理現象」ではない。一方の慣性系では止まっている物体が別の慣性系では動いていたりする。

22　　　　　　　　第 2 章　座標変換と運動方程式

―――――――― Einstein の特殊相対性原理 ――――――――
> **Lorentz 変換によって移り変わるどの慣性系においても、同じ物理法則が成立する。**

が「特殊相対性原理」である[†24]。これは「証明」されるものではなく、実験的事実から（経験的に）正しいと考えられているものである。

2.2.4　絶対空間に対する Mach の批判　+++++++++++++　【補足】

　Newton は力学を構築する時、「絶対空間」すなわち物体が静止していることの基準となる空間を仮定した。つまり、「静止している」が定義できるとした。Mach[†25]（マッハ）はこれを批判し、「物体が静止しているかどうかを判定することはできない」と主張した。実際 Newton の運動方程式は Galilei 変換で不変なのだから（動きながら見ても物理法則は変らないのだから）運動を見ているだけではその物体が静止しているかどうかを判定することはできない。観測者自身すら、止まっているのかどうかが判定できないからである。

　この「動いているかどうか判定できない」のは等速直線運動の場合に限る。例えば観測者が回転運動をしていれば、遠心力を感じるので、遠心力があるか否かを実験することで「自分は回転しているのか」を判定することができる（数式上で言えば、後で出てくる座標軸の回転の式(2.16)の回転角度 θ が時間の関数であれば、運動方程式は不変ではない）。
→ p25
「静止系か否か」は実験で判断できないが「慣性系か否か」は判断できる。

　しかし Mach はこの考え方も批判していて「自分が静止していて宇宙全体が回転していたとしても遠心力が作用するかもしれない」と述べている。例えばバケツをぐるぐる回すと中の水面の中央がくぼむ。これは「バケツの回転による遠心力で水が外へ追いやられるから」と説明されるのが普通である。そして「バケツが回転している」と判断できることは絶対空間がある証拠であると考えられていた（これを「Newton のバケツ」と呼ぶ）。しかし、バケツが静止していて宇宙全体が回転していたとしても同じことが起こるかもしれない、「そんなことは起こらない」と主張する根拠はどこにも無いと Mach は言う。今のところ（?）、誰も宇宙全体を回転させる実験はできないので、この真偽はもちろんわからない。Mach は「各々の物体がどのように運動するかは、まわりにある物体全体との相互作用によって決まるべきだ」という思想（Mach 原理と呼ばれる。Einstein もこの原理の信奉者だった）を持っていたので、安易に絶対空間を導入することに批判的だった。

[†24]　さらに「一般座標変換によって移り変わるどの座標系においても同じ物理法則が成立する」となると「一般相対性原理」。この原理に加えて「等価原理」を使って重力と座標系を結びつけることによって実現するのが一般相対論だが、本書の守備範囲外である。

[†25]　Ernst（エルンスト）Mach はオーストリアの物理学者で、流体中の速度の単位にその名を残す。科学史関係の著作も有名。

Machの批判から学ぶべきこと

観測されていないこと、および観測からはわからないことを「そうに決まっている」と思い込んではいけない。[†26]

Newtonは実際には観測することができない「絶対空間」をあると仮定してNewton力学を作った（実際にはこの仮定は必要ではない）。「絶対空間」が存在することは人間の感覚にはなんとなく、合う。だが、感覚を信用することは危険である。「物体に作用する力は、物体の速度に比例する」という、人間の感覚に合うAristotelesの理論が長い間信じられてきた（が間違っている）ことを肝に銘じなくてはいけない。

2.3 光の伝搬とGalilei変換

続く章の中でGalilei変換に代わるLorentz変換を導いていくが、その前に、Galilei変換の考え方では実験事実「光は誰が見ても同じ速さである」を説明できないことを確認しておこう。

光が一点からまわりに広がっていく現象は左側の図のように記述することができる。例によってz座標を省略している。この図では、光が通った跡は円錐のよう

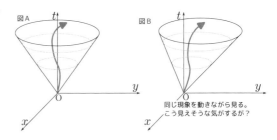

に見えるので、「光円錐(light-cone)」と呼ばれる。光円錐の中に描かれている太線矢印はある粒子の世界線を表している。この現象を、左に走りながら見たらどうなるだろう。ナイーブに考えると[†27]、ここではGalilei変換を行えばよいと考えられる。図AをGalilei変換すれば図Bのようになる。Galilei変換を使って考えれば、図で右へ進む光は速くなり、左へ進む光は遅くなる。これは人間の直感には合う。しかし、直感が常に正しいとは限らない。精密な実験は光速が変化しないことを示している。

光速は動きながら見ても変わらないことが実験事実なので、光円錐の形は変

[†26] このあたりの「心」は量子力学にもつながるかもしれない。ただし、Mach自身は量子力学どころか、原子論に対しても批判的であった。つまりは全てを疑ってかかる人だったのだろう。

[†27] 「ナイーブ(naive)」という言葉は日本語だと良い意味にとられるが、英語では「だまされやすいばか」という意味にとられることが多い。特に物理で「ナイーブに考えると」という言葉は「間抜けが考えると」に近い。

化しないことになる。しかし、物体の運動に関しては変化している（これも実験事実！）。

ちなみに、光の速さは変化しないが、その様子(波長だとか振動数だとか)はいろいろと変わっている。どのように変化するのかについては後で話そう。ここまでで感じて欲しいことは、「図Aを動きながら見たら図Bではなく図Cになるとしたら、図Aと図Cはどんな関係か」である。

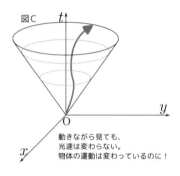

動きながら見ても、光速は変わらない。物体の運動は変わっているのに！

「動きながら見れば時々刻々位置が変化していくから、超表面の位置がこの図で見て水平方向にずれていく」（Galilei変換はまさにこういう変換だ）と考えると、どうしても結果は図Bになってしまう。図Aが図Cに変化するためには、この図の水平方向の動きだけではだめである。かならず「超表面を傾ける」操作が必要になる。実際にどんな操作なのかはこの後のお楽しみであるが、この操作がすなわち「4次元的に考える」ということだ。

2.4　2次元の直交座標の間の変換

一つ次元をあげて、2次元空間の場合で考えてみる。2次元、3次元の空間の座標変換の考え方は、いずれ4次元時空での座標変換を考える時のガイドラインになるからである。

二つの空間座標を x, y とすると、x, y に対して別々の平行移動を行う座標変換

$$\widetilde{x} = x - a, \quad \widetilde{y} = y - b \tag{2.14}$$

であるとか、それぞれ別の速度成分でGalilei変換する座標変換

$$\widetilde{x} = x - \lfloor\vec{v}\rfloor^x t, \quad \widetilde{y} = y - \lfloor\vec{v}\rfloor^y t \tag{2.15}$$

などがある[†28]。

[†28] 本書では、2次元もしくは3次元の空間ベクトルの成分を「$\vec{A}$ の x 成分は $\lfloor\vec{A}\rfloor^x$」のように表現する。多くの本では単に A_x のようにするが、これだと後で頻出する「4元ベクトル」の x 成分と表記が同じになってしまうからである（3次元空間ベクトルと4元ベクトルは違うものなので、一目でわかる違いで表記したい）。基底ベクトルを使って表現すると $\boxed{\vec{A} = \lfloor\vec{A}\rfloor^x \vec{e}_x + \lfloor\vec{A}\rfloor^y \vec{e}_y + \lfloor\vec{A}\rfloor^z \vec{e}_z}$ のように書ける。

2.4 2次元の直交座標の間の変換

ここまでは1次元の話を重ねているだけで面白味が無い。2次元ならではの座標変換は、右の図のような、座標軸の回転である。

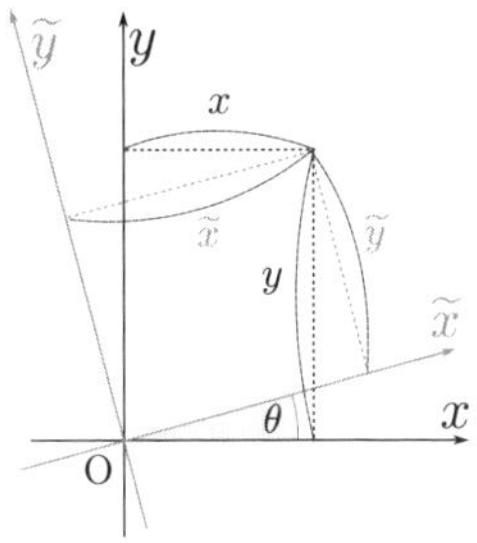

$$\begin{aligned}\widetilde{x} &= x\cos\theta + y\sin\theta \\ \widetilde{y} &= -x\sin\theta + y\cos\theta\end{aligned} \qquad (2.16)$$

------練習問題------

【問い 2-2】 (2.16) の右の図に適切に補助線を引くことにより、(2.16) を図的に示せ。

ヒント → p315 へ   解答 → p320 へ

(2.16) は、行列を使えば以下のように書ける[†29]。

$$\begin{bmatrix}\widetilde{x} \\ \widetilde{y}\end{bmatrix} = \begin{bmatrix}\cos\theta & \sin\theta \\ -\sin\theta & \cos\theta\end{bmatrix}\begin{bmatrix}x \\ y\end{bmatrix} \qquad (2.17)$$

$\begin{bmatrix}x \\ y\end{bmatrix}$ 座標系における二つの点 $\begin{bmatrix}1 \\ 0\end{bmatrix}$, $\begin{bmatrix}0 \\ 1\end{bmatrix}$ は、$\begin{bmatrix}\widetilde{x} \\ \widetilde{y}\end{bmatrix}$ 座標では

$$\begin{bmatrix}\cos\theta & \sin\theta \\ -\sin\theta & \cos\theta\end{bmatrix}\begin{bmatrix}1 \\ 0\end{bmatrix} = \begin{bmatrix}\cos\theta \\ -\sin\theta\end{bmatrix} \qquad (2.18)$$

$$\begin{bmatrix}\cos\theta & \sin\theta \\ -\sin\theta & \cos\theta\end{bmatrix}\begin{bmatrix}0 \\ 1\end{bmatrix} = \begin{bmatrix}\sin\theta \\ \cos\theta\end{bmatrix} \qquad (2.19)$$

となる。つまり行列 $\begin{bmatrix}\cos\theta & \sin\theta \\ -\sin\theta & \cos\theta\end{bmatrix}$ は、$\begin{bmatrix}\begin{bmatrix}\cos\theta \\ -\sin\theta\end{bmatrix} & \begin{bmatrix}\sin\theta \\ \cos\theta\end{bmatrix}\end{bmatrix}$ のようにして ($\begin{bmatrix}1 \\ 0\end{bmatrix}$ を座標変換した結果, $\begin{bmatrix}0 \\ 1\end{bmatrix}$ を座標変換した結果)

作った行列であると考えることができる。

$\begin{bmatrix}1 \\ 0\end{bmatrix}$ と $\begin{bmatrix}0 \\ 1\end{bmatrix}$ は互いに直交し、それ自体の長さは1である。したがって、$\begin{bmatrix}\cos\theta \\ -\sin\theta\end{bmatrix}$ と $\begin{bmatrix}\sin\theta \\ \cos\theta\end{bmatrix}$ も互いに直交して長さは1である (すぐ確認できる)。性質「長さが1である」や性質「直交する」はどの座標系で見ても ((x,y) 座標系でも $(\widetilde{x},\widetilde{y})$ 座標系でも) 同じだからである。

[†29] これに慣れてないという人は、付録の行列と列ベクトルの計算ルール (B.1) のあたりを見よ。
→ p300

回転であるから当然であるが、この式は

$$(\widetilde{x})^2 + (\widetilde{y})^2 = x^2 + y^2 \tag{2.20}$$

を満足する。原点からの距離（上の式は距離の自乗）はこの変換で保存する。これを行列で考えよう。まず、

$$\begin{bmatrix} x & y \end{bmatrix} \begin{bmatrix} x \\ y \end{bmatrix} = x^2 + y^2 \tag{2.21}$$

のように、行ベクトルと列ベクトルの積の形で距離の自乗を表現する。こう書けば (2.20) は

$$\begin{bmatrix} \widetilde{x} & \widetilde{y} \end{bmatrix} \begin{bmatrix} \widetilde{x} \\ \widetilde{y} \end{bmatrix} = \begin{bmatrix} x & y \end{bmatrix} \begin{bmatrix} x \\ y \end{bmatrix} \tag{2.22}$$

である。列ベクトルの座標変換は (2.17) だったが、行ベクトルの座標変換は

$$\begin{bmatrix} \widetilde{x} & \widetilde{y} \end{bmatrix} = \begin{bmatrix} x & y \end{bmatrix} \begin{bmatrix} \cos\theta & -\sin\theta \\ \sin\theta & \cos\theta \end{bmatrix} = \begin{bmatrix} x\cos\theta + y\sin\theta & -x\sin\theta + y\cos\theta \end{bmatrix} \tag{2.23}$$

と書ける。(2.17) の場合とは行列の並び方が変わっていることに注意しよう（具体的に行列計算をしてみればこれで正しいことはすぐにわかる）。この、

$$\mathbf{A} = \begin{bmatrix} a_{11} & a_{12} \\ a_{21} & a_{22} \end{bmatrix} \to \mathbf{A}^\top = \begin{bmatrix} a_{11} & a_{21} \\ a_{12} & a_{22} \end{bmatrix} \tag{2.24}$$

のような並び替えを「転置 (transpose)」と呼び、行列 $\mathbf{A}$ の転置は $\mathbf{A}^\top$ という記号で表す[30]。転置は $\boxed{a_{ij} \to a_{ji}}$ と書くこともできる。a_{ij} とは「i 番目の行の、j 番目の列の成分」であるから、i と j を入れ替えるということは行番号と列番号を取り替えることである。ゆえに、転置を「行と列を入れ替える」とも表現する。

(2.17) と (2.23) を使って、$(\widetilde{x})^2 + (\widetilde{y})^2$ を計算すると、

$$\begin{bmatrix} \widetilde{x} & \widetilde{y} \end{bmatrix} \begin{bmatrix} \widetilde{x} \\ \widetilde{y} \end{bmatrix} = \begin{bmatrix} x & y \end{bmatrix} \underbrace{\begin{bmatrix} \cos\theta & -\sin\theta \\ \sin\theta & \cos\theta \end{bmatrix} \begin{bmatrix} \cos\theta & \sin\theta \\ -\sin\theta & \cos\theta \end{bmatrix}}_{\text{先にここを計算}} \begin{bmatrix} x \\ y \end{bmatrix} \tag{2.25}$$

---

[30] 転置の記号としては、$\mathbf{A}^t$ とするものもある。また、${}^t\mathbf{A}$ のように左肩につける場合などいろいろある。

2.4 2次元の直交座標の間の変換

となるが、「先にここを計算」の部分が

$$\begin{bmatrix} \cos\theta & -\sin\theta \\ \sin\theta & \cos\theta \end{bmatrix} \begin{bmatrix} \cos\theta & \sin\theta \\ -\sin\theta & \cos\theta \end{bmatrix}$$
$$= \begin{bmatrix} \cos^2\theta + \sin^2\theta & \cos\theta\sin\theta - \sin\theta\cos\theta \\ \sin\theta\cos\theta - \cos\theta\sin\theta & \sin^2\theta + \cos^2\theta \end{bmatrix} = \begin{bmatrix} 1 & 0 \\ 0 & 1 \end{bmatrix} \quad (2.26)$$

となることを考えると、

$$\begin{bmatrix} \widetilde{x} & \widetilde{y} \end{bmatrix} \begin{bmatrix} \widetilde{x} \\ \widetilde{y} \end{bmatrix} = \begin{bmatrix} x & y \end{bmatrix} \begin{bmatrix} x \\ y \end{bmatrix} \quad \text{すなわち、} \quad \widetilde{x}^2 + \widetilde{y}^2 = x^2 + y^2 \quad (2.27)$$

がわかる。このように必要な部分だけを先に計算できるのが行列計算のメリットの一つである。

(2.26) が成立することは、直接的計算でももちろんわかるのだが、ベクトルの意味を考えればその意味が明白に理解できる。

$$\begin{bmatrix} \cos\theta & -\sin\theta \\ \sin\theta & \cos\theta \end{bmatrix} \begin{bmatrix} \cos\theta & \sin\theta \\ -\sin\theta & \cos\theta \end{bmatrix} = \begin{bmatrix} 1 & 0 \\ 0 & 1 \end{bmatrix} \quad (2.28)$$

$$\begin{bmatrix} \cos\theta & -\sin\theta \\ \sin\theta & \cos\theta \end{bmatrix} \begin{bmatrix} \cos\theta & \sin\theta \\ -\sin\theta & \cos\theta \end{bmatrix} = \begin{bmatrix} 1 & 0 \\ 0 & 1 \end{bmatrix} \quad (2.29)$$

$$\begin{bmatrix} \cos\theta & -\sin\theta \\ \sin\theta & \cos\theta \end{bmatrix} \begin{bmatrix} \cos\theta & \sin\theta \\ -\sin\theta & \cos\theta \end{bmatrix} = \begin{bmatrix} 1 & 0 \\ 0 & 1 \end{bmatrix} \quad (2.30)$$

$$\begin{bmatrix} \cos\theta & -\sin\theta \\ \sin\theta & \cos\theta \end{bmatrix} \begin{bmatrix} \cos\theta & \sin\theta \\ -\sin\theta & \cos\theta \end{bmatrix} = \begin{bmatrix} 1 & 0 \\ 0 & 1 \end{bmatrix} \quad (2.31)$$

上のように、行列の掛算というのは結局、行ベクトルと列ベクトルの内積の計算を繰り返すものだ。そして、$\begin{bmatrix} \cos\theta \\ -\sin\theta \end{bmatrix} \begin{bmatrix} \sin\theta \\ \cos\theta \end{bmatrix}$ は「互いに直交して長さが1である二つのベクトルを横に並べたもの」であり、$\begin{bmatrix} \cos\theta & -\sin\theta \\ \sin\theta & \cos\theta \end{bmatrix}$ は同じ二つのベクトルを縦に並べたものである。計算の結果が1になるのは「自分

自身との内積」すなわち「ベクトルの長さの自乗」を計算している部分で、0になる部分は「直交するベクトルの内積」を計算している部分である。

今の一例に限らず、回転を表す行列は「互いに直交して長さが1になるベクトルを並べたもの」という性質を持っていなくてはならない。

逆に、(2.20)を満足する座標変換が
→ p26

$$\begin{bmatrix} \widetilde{x} \\ \widetilde{y} \end{bmatrix} = \begin{bmatrix} a & b \\ c & d \end{bmatrix} \begin{bmatrix} x \\ y \end{bmatrix} \tag{2.32}$$

と書けていたとすると、二つの列ベクトル $\begin{bmatrix} a \\ c \end{bmatrix}, \begin{bmatrix} b \\ d \end{bmatrix}$ は、どちらも長さが1で、互いに直交しなくてはいけない。この条件を満たしている行列を直交行列といい、$\mathbf{A}$ が直交行列であれば、$\mathbf{A}^\top \mathbf{A}$ は単位行列となる[†31]。

直交行列であるだけでは回転の行列とは限らない。例えば、$\begin{bmatrix} 1 & 0 \\ 0 & -1 \end{bmatrix}$ は直交行列であるが、その物理的内容は回転ではなく、y 軸の反転である。直交行列で、かつ行列式が1であるという条件を満たす場合、その行列は回転を表す。

行列 $\begin{bmatrix} \cos\theta & \sin\theta \\ \sin\theta & -\cos\theta \end{bmatrix}$ は行列式が -1 であり、$\begin{bmatrix} \cos\theta & -\sin\theta \\ \sin\theta & \cos\theta \end{bmatrix}$ と $\begin{bmatrix} 1 & 0 \\ 0 & -1 \end{bmatrix}$ の積であるから、「y 軸を反転した後で θ だけ回転する」という座標変換を表す行列である。行列式が -1 の場合は座標系の反転が入っている。

2.5 添字を使った表現

多次元の計算をする時、いちいち $x = \cdots, y = \cdots, z = \cdots$ と式を並べるのは面倒なので、約束ごととして、$x^1 = x, x^2 = y, x^3 = z$ のように x の右上（肩）[†32]に添字（「足」と呼ぶこともある）をつけて、x^i のように表す。例えば x^3 は「x^i の第3成分」である。「x の3乗」と間違えやすいので注意すること。

[†31] 以上で述べたように、行列計算は「座標変換」という幾何学的操作を記述するのに非常に便利な数学ツールである。「なんだかめんどくさい計算だな」と思ってはいけない。むしろ、めんどくさい計算を楽をしてやるための道具である。

[†32] 添字は肩でなく下につけて x_1, x_2 とする場合が多い（この場合を「下付き添字」と言う）。上付き添字と下付き添字は厳密には意味が違うが、その差は後で出現する。今考えている2次元や3次元で直交
→ p122
座標を使っている場合ではそこまで厳密にしなくても支障無い。後で4次元のベクトルを考えるときには上付きを基本的な表現とすることが多いので、慣例には反するが本書では2次元や3次元のベクトルも上付きを主に使うことにする。

2.5 添字を使った表現

本書では添字の文字は灰色にしてべき乗の数字と区別するようにしている[33]。以下では添字を使った表現を多用するので、ここでそれに慣れておこう。

「 $\boxed{r = \sqrt{x^2+y^2+z^2}}$ のとき、$\boxed{\dfrac{\partial r}{\partial x} = \dfrac{x}{r},\ \dfrac{\partial r}{\partial y} = \dfrac{y}{r},\ \dfrac{\partial r}{\partial z} = \dfrac{z}{r}}$ である」を添字を使って表現すると、「 $\boxed{r = \sqrt{\sum_{i=1}^{3}(x^i)^2}}$ のとき、$\boxed{\dfrac{\partial r}{\partial x^i} = \dfrac{x^i}{r}}$ である」になる。同じパターンの繰り返しがあるような場合の省力化に有効である。

本書では表現する座標系が違うことを ~ や ¯ などを文字につけることで表現する（同じ物理量を、ある座標系では A、別の座標系では $\widetilde{A}$ あるいは $\bar{A}$ のように書く）。さらに $\widetilde{x}^{\widetilde{1}}$ あるいは $\widetilde{x}^{\widetilde{i}}$ のように「~付きの座標系の添字は~付きにする」というルールで記述する[34]。

この書き方を使って(2.32)を書き換える。4個の定数 a, b, c, d を $a^{\widetilde{i}}{}_{j}$（i, j はそれぞれ $1, 2$ を取るから、この量も 2×2 で4個ある）と表せば

$$\begin{bmatrix} \widetilde{x}^{\widetilde{1}} \\ \widetilde{x}^{\widetilde{2}} \end{bmatrix} = \begin{bmatrix} a^{\widetilde{1}}{}_{1} & a^{\widetilde{1}}{}_{2} \\ a^{\widetilde{2}}{}_{1} & a^{\widetilde{2}}{}_{2} \end{bmatrix} \begin{bmatrix} x^{1} \\ x^{2} \end{bmatrix} \tag{2.33}$$

のようになる。式自体は何も変わっていないが、こう書くことで

$$\widetilde{x}^{\widetilde{i}} = \sum_{j=1}^{2} a^{\widetilde{i}}{}_{j} x^{j} \tag{2.34}$$

とまとめられる。この書き方の方が、変換のルールが明確になる場合が多い。(2.34)では j という添字が重複している。$a^{\widetilde{i}}{}_{j}$ の後ろの添字である j がその後ろにあるベクトルの添字と一致していることに注意せよ[35]。

以下、本書では（多くの相対論の教科書・文献にならって）

―――― Einstein の規約 ――――

一つの項の中で同じ添字が2回現れたら、その添字に関して和がとられているものとする。

---

[33] 添字を持つ物理量のことを「テンソル」と呼ぶこともあるが、添字があればなんでも「テンソル」というわけではない。正確な定義は6.2.3項にある。

[34] こうしないで $\widetilde{x}^1$ とか $\widetilde{x}^i$ のようにする場合が多い。本書は「おせっかい」な方針で書いている。

[35] 行列の積をこのように表現することに慣れてない人は、付録のB.1.2項を参照せよ。

を採用して、$\sum$ を省略する[†36]。このルールを始めたのは Einstein なので、「**Einsteinの規約（Einstein convention）**」と呼ぶ[†37]。

さらに以下の記法も採用する。

---- 本書独自の記法 ----

「どの添字とどの添字が Einstein の規約にのっとった和が取られているか」を $a^i{}_i$ のように線でつないで示す。

例えば(2.34)は $\widetilde{x}^i = a^{\tilde{i}}{}_j x^j$ のように書く。繰り返された添字が線で結ばれているときは「$\sum$ 記号が隠れているな」と判断して欲しい。

繰り返して足し算されている添字は「つぶされている添字」と言ったり「ダミーの添字」と呼んだりする。本書では添字を薄い字で書いているが、ダミーの添字はさらに薄い色の字で書く[†38]。

なぜ「ダミー」と呼んで、一人前の添字扱いをしてもらえないかというと、$a^{\tilde{i}}{}_1 x^1 + a^{\tilde{i}}{}_2 x^2$ と書くのが面倒なので $a^{\tilde{i}}{}_j x^j$ と書いているだけであって、j という添字はあってなきがごときものだからである。またこれを「つぶれている」と表現するにも理由があるが、それは後で述べる。

ここで直交行列の条件 $\mathbf{A}^\top \mathbf{A} = \mathbf{I}$ について考える。$\mathbf{A} = \begin{bmatrix} a^{\tilde{1}}{}_1 & a^{\tilde{1}}{}_2 \\ a^{\tilde{2}}{}_1 & a^{\tilde{2}}{}_2 \end{bmatrix}$ 1行目 2行目

の成分 $a^{\tilde{i}}{}_j$ は、前の添字 $\tilde{i}$ が行の番号、後ろの添字 j が列の番号である（$a^{\tilde{行}}{}_{列}$）。

(2.24)と同様に転置を行った結果 $\mathbf{A}^\top = \begin{bmatrix} a^{\tilde{1}}{}_1 & a^{\tilde{2}}{}_1 \\ a^{\tilde{1}}{}_2 & a^{\tilde{2}}{}_2 \end{bmatrix}$ 1行目 2行目 という行列は（行と列を取り替えたので）「前の添字 $\tilde{i}$ が列の番号、後ろの添字 j が行の番号」になっている（$a^{\tilde{列}}{}_{行}$）。これを「前の添字が行、後ろの添字が列」になるように

[†36] 添字をどこからどこまで取るかは、多くの場合は考えている空間の次元に応じて決まる。上の例なら $1,2,3$ だし、2次元空間なら $1,2$ となる。後で出てくる4次元時空では $0,1,2,3$ になる。考えている空間の添字の全てを取らないような和を取る場合もあるが、その場合はこの規約を使うべきではない。

[†37] Einstein 本人は「私の数学への最大の貢献」と冗談混じりに自画自賛している。

[†38] この「線を引く」とか「薄い字で書く」というのは本書の中で「本を読みやすくする」ための工夫であって、読者が演習として鉛筆を持って計算するときに実行する必要は無い（してもかまわないけど）。

2.5 添字を使った表現

$$\begin{bmatrix} a^{\tilde{1}}{}_1 & a^{\tilde{2}}{}_1 \\ a^{\tilde{1}}{}_2 & a^{\tilde{2}}{}_2 \end{bmatrix} = \begin{bmatrix} (a^\top)_1{}^{\tilde{1}} & (a^\top)_1{}^{\tilde{2}} \\ (a^\top)_2{}^{\tilde{1}} & (a^\top)_2{}^{\tilde{2}} \end{bmatrix} \quad \text{添字を使って書くと、} a^{\tilde{i}}{}_j = (a^\top)_j{}^{\tilde{i}} \tag{2.35}$$

という記号を定義する（$(a^\top)^{\widetilde{列}}_{行}$）。この記号を使うと、$\mathbf{A}^\top \mathbf{A} = \mathbf{I}$ は

$$(a^\top)_i{}^{\tilde{j}} a^{\tilde{j}}{}_k = a^{\tilde{j}}{}_i a^{\tilde{j}}{}_k = \delta_{ik} \tag{2.36}$$

と（ここではEinsteinの規約を使っている）、また、式 $\mathbf{A}\mathbf{A}^\top = \mathbf{I}$ は

$$a^{\tilde{i}}{}_j (a^\top)_j{}^{\tilde{k}} = a^{\tilde{i}}{}_j a^{\tilde{k}}{}_j = \delta^{\tilde{i}\tilde{k}} \tag{2.37}$$

と書ける[39]。ただし、δ_{ik} は「**Kronecker**のデルタ」と呼ばれ、

--- **Kronecker のデルタ** ---

$$\delta_{ik} = \begin{cases} 1 & i = k \text{のとき} \\ 0 & \text{それ以外} \end{cases} \quad (\delta^{ik} \text{も同様。また、}\tilde{}\text{付きでも同じ}) \tag{2.38}$$

で定義される記号である（2次元なら、$\delta_{11} = \delta_{22} = 1, \delta_{12} = \delta_{21} = 0$）。単位行列を添字を使った表記で表したものだと思えばよい。

$\begin{cases} (2.36) \text{の } a^{\tilde{j}}{}_i a^{\tilde{j}}{}_k \\ (2.37) \text{の } a^{\tilde{i}}{}_j a^{\tilde{k}}{}_j \end{cases}$ では、$\begin{cases} \text{前の添字} \\ \text{後ろの添字} \end{cases}$ 同士を同じにして足し算が行われていることに注意しよう。だから、これらを見て、「行列 $\mathbf{A}$ と行列 $\mathbf{A}$ の掛算」だと思ってはいけない。付録でも述べたように行列の掛算は「前の行列の後ろの添字と、後ろの行列の前の添字を揃えて足す」形なので、$\mathbf{A}$ と $\mathbf{A}$ の掛算をあえて書くならば、$a^{\tilde{i}}{}_j a^{\tilde{j}}{}_k$ なのだ[40]。「前の行列の後ろの添字と、後ろの行列の前の添字を揃える」ためには、前の行列の添字を入れ替える（$a^{\tilde{i}}{}_j = (a^\top)_j{}^{\tilde{i}}$ とする）必要がある。よって転置を行った。

---

[39] この本をある程度読んでからここを読み返すと、(2.37) などで $a^{\tilde{i}}{}_\ell a^{\tilde{k}}{}_\ell$ のように「下付きの添字同士をそろえて和が取られていること」に違和感を覚えるかもしれない（最初にここを読んだときには違和感は無いと思うのでこの脚注を読み飛ばすこと）。実はこの式は $a^{\tilde{i}}{}_\ell a^{\tilde{k}}{}_\ell \delta^{j\ell}$ の省略形であり、省略しなければ「上付きと下付きの添字をそろえて足し上げる」という計算である。

[40] この計算は不合理なものである。なぜなら、~なしの座標系の添字と~付きの座標系の添字を揃えて足すという計算をしているからである。物理的には意味が無い。

回転に関しても、運動方程式の形が変わらないことを確認しよう。

$$m\frac{\mathrm{d}^2 x}{\mathrm{d}t^2} = \left[\vec{F}\right]^x, \quad m\frac{\mathrm{d}^2 y}{\mathrm{d}t^2} = \left[\vec{F}\right]^y \tag{2.39}$$

から、(2.16)の $\boxed{\widetilde{x} = x\cos\theta + y\sin\theta}$ を微分することにより、

$$\begin{aligned}
m\frac{\mathrm{d}^2 \widetilde{x}}{\mathrm{d}t^2} &= m\frac{\mathrm{d}^2 x}{\mathrm{d}t^2}\cos\theta + m\frac{\mathrm{d}^2 y}{\mathrm{d}t^2}\sin\theta \\
&= \left[\vec{F}\right]^x \cos\theta + \left[\vec{F}\right]^y \sin\theta
\end{aligned} \tag{2.40}$$

同様に

$$m\frac{\mathrm{d}^2 \widetilde{y}}{\mathrm{d}t^2} = -\left[\vec{F}\right]^x \sin\theta + \left[\vec{F}\right]^y \cos\theta \tag{2.41}$$

となる。ここで、

$$\begin{aligned}
\left[\vec{F}\right]^{\widetilde{x}} &= \left[\vec{F}\right]^x \cos\theta + \left[\vec{F}\right]^y \sin\theta \\
\left[\vec{F}\right]^{\widetilde{y}} &= -\left[\vec{F}\right]^x \sin\theta + \left[\vec{F}\right]^y \cos\theta
\end{aligned} \tag{2.42}$$

は「回転した座標系での力の成分」と考えることができる[†41]。(2.42) の左辺の $\vec{F}$ に ~ がついてないのはこれでよい。この場合、$\vec{F}$ 全体は座標系に依らないからである。成分で展開すると
$$\boxed{\begin{aligned}\vec{F} &= \left[\vec{F}\right]^x \vec{\mathbf{e}}_x + \left[\vec{F}\right]^y \vec{\mathbf{e}}_y \\ \vec{F} &= \left[\vec{F}\right]^{\widetilde{x}} \vec{\mathbf{e}}_{\widetilde{x}} + \left[\vec{F}\right]^{\widetilde{y}} \vec{\mathbf{e}}_{\widetilde{y}}\end{aligned}}$$
のように表現できる。座標系によって基底ベクトルが違うので表現は変わるが、基底ベクトルと成分の組合せである $\vec{F}$ はどの座標系でも同じである。成分に関しては

$$m\frac{\mathrm{d}^2 \widetilde{x}}{\mathrm{d}t^2} = \left[\vec{F}\right]^{\widetilde{x}}, \quad m\frac{\mathrm{d}^2 \widetilde{y}}{\mathrm{d}t^2} = \left[\vec{F}\right]^{\widetilde{y}} \tag{2.43}$$

が成立し、変化はしているが、形としては回転前と同じ運動方程式になる。

運動方程式が変わらないことを、行列および添字を使った書き方で示しておく。x, y は位置ベクトル $\boxed{\vec{x} = x\vec{\mathbf{e}}_x + y\vec{\mathbf{e}}_y}$ の成分であるから、$\begin{bmatrix} x \\ y \end{bmatrix} = \begin{bmatrix} \left[\vec{x}\right]^x \\ \left[\vec{x}\right]^y \end{bmatrix}$

[†41] これは座標というベクトルと力というベクトルが同じ形の変換をしなさい、ということなので、reasonable である。

と表現することにする。行列で表現すると

$$m\frac{\mathrm{d}^2}{\mathrm{d}t^2}\begin{bmatrix}\vec{x}^{\,x}\\\vec{x}^{\,y}\end{bmatrix}=\begin{bmatrix}\vec{F}^{\,x}\\\vec{F}^{\,y}\end{bmatrix}\quad\left(\begin{bmatrix}\cos\theta&\sin\theta\\-\sin\theta&\cos\theta\end{bmatrix}\text{を掛けて}\right)$$

$$\to\ m\frac{\mathrm{d}^2}{\mathrm{d}t^2}\begin{bmatrix}\cos\theta&\sin\theta\\-\sin\theta&\cos\theta\end{bmatrix}\begin{bmatrix}\vec{x}^{\,x}\\\vec{x}^{\,y}\end{bmatrix}=\begin{bmatrix}\cos\theta&\sin\theta\\-\sin\theta&\cos\theta\end{bmatrix}\begin{bmatrix}\vec{F}^{\,x}\\\vec{F}^{\,y}\end{bmatrix}\quad(2.44)$$

と書かれる。角度θが時間tに依っていなければ、この二つの式は等しい。

運動方程式の変換を$a^{\tilde{i}}{}_{j}$を使って表すならば、

$$m\frac{\mathrm{d}^2}{\mathrm{d}t^2}\vec{x}^{\,i}=\vec{F}^{\,i}\ \to\ m\frac{\mathrm{d}^2}{\mathrm{d}t^2}\left(a^{\tilde{i}}{}_{j}\vec{x}^{\,j}\right)=a^{\tilde{i}}{}_{j}\vec{F}^{\,j}\quad(2.45)$$

と変わる。$a^{\tilde{i}}{}_{j}$が時間に依存しないときは、

$$m\frac{\mathrm{d}^2}{\mathrm{d}t^2}\vec{x}^{\,i}=\vec{F}^{\,i}\text{ が成り立つなら}\quad m\frac{\mathrm{d}^2}{\mathrm{d}t^2}\vec{x}^{\,\tilde{i}}=\vec{F}^{\,\tilde{i}}\text{ も成り立つ。}\quad(2.46)$$

は正しい。

回転の場合、運動方程式の全体の形は変わらないが、個々の成分の値は変わる（x成分$\vec{F}^{\,x}$と$\tilde{x}$成分$\vec{F}^{\,\tilde{x}}=\vec{F}^{\,x}\cos\theta+\vec{F}^{\,y}\sin\theta$は違う量である）。この場合は「不変(invariant)」とは言わず「共変(covariant)」という言い方をする。Newtonの運動方程式$m\dfrac{\mathrm{d}^2}{\mathrm{d}t^2}\vec{x}^{\,i}=\vec{F}^{\,i}$は回転に対して共変である[42]。

行列または添字付き量を使った表示では、「変換」を表す部分が行列だったり$a^{\tilde{i}}{}_{j}$だったりして、式の中で一カ所に集まって表現されている。そのため、何かの「変換」を行うことで新しい座標系での運動方程式が出ている（しかも、その「変換」は左辺も右辺も同様に行われる）ということがわかりやすいかと思う。

2.6　運動方程式を不変にする3次元の座標変換

今度は3次元を考えよう。3次元の場合も、運動方程式が不変になる座標変換はGalilei変換と回転の合成で考えることができる。Galilei変換の方は自明であろう。回転の方を式で表しておこう。

---

[42] $m\dfrac{\mathrm{d}^2\vec{x}}{\mathrm{d}t^2}=\vec{F}$ の形なら「不変」と言っていい。

一般的な回転を

$$\begin{bmatrix} \widetilde{x} \\ \widetilde{y} \\ \widetilde{z} \end{bmatrix} = \overbrace{\begin{bmatrix} R^{\tilde{1}}{}_1 & R^{\tilde{1}}{}_2 & R^{\tilde{1}}{}_3 \\ R^{\tilde{2}}{}_1 & R^{\tilde{2}}{}_2 & R^{\tilde{2}}{}_3 \\ R^{\tilde{3}}{}_1 & R^{\tilde{3}}{}_2 & R^{\tilde{3}}{}_3 \end{bmatrix}}^{\mathbf{R}} \begin{bmatrix} x \\ y \\ z \end{bmatrix} \quad \left(\text{添字表示なら、} \quad \vec{\widetilde{x}}^{\tilde{i}} = R^{\tilde{i}}{}_j \vec{x}^j \right) \tag{2.47}$$

のように行列で表そう。この行列を $\begin{bmatrix} \overbrace{R^{\tilde{1}}{}_1}^{\vec{v}_{(1)}} & \overbrace{R^{\tilde{1}}{}_2}^{\vec{v}_{(2)}} & \overbrace{R^{\tilde{1}}{}_3}^{\vec{v}_{(3)}} \\ R^{\tilde{2}}{}_1 & R^{\tilde{2}}{}_2 & R^{\tilde{2}}{}_3 \\ R^{\tilde{3}}{}_1 & R^{\tilde{3}}{}_2 & R^{\tilde{3}}{}_3 \end{bmatrix}$ のように三つの

列ベクトルに分解すると、三つのベクトル $\vec{v}_{(1)}, \vec{v}_{(2)}, \vec{v}_{(3)}$ は互いに直交し、長さが1のベクトルになる。なぜなら、$\begin{bmatrix} 1 \\ 0 \\ 0 \end{bmatrix}$ を $\mathbf{R}$ によって変換した結果が $\vec{v}_{(1)}$（同様に $\vec{v}_{(2)}$ は $\begin{bmatrix} 0 \\ 1 \\ 0 \end{bmatrix}$ の、$\vec{v}_{(3)}$ は $\begin{bmatrix} 0 \\ 0 \\ 1 \end{bmatrix}$ の変換結果）だからである。変換前、つまり回転させる前の3本のベクトル $\begin{bmatrix} 1 \\ 0 \\ 0 \end{bmatrix}, \begin{bmatrix} 0 \\ 1 \\ 0 \end{bmatrix}, \begin{bmatrix} 0 \\ 0 \\ 1 \end{bmatrix}$ は、全て長さが1で互いに直交していたのだ。そして変換（回転）後もその関係は保たれる。よって、

$$\vec{v}_{(i)} \cdot \vec{v}_{(j)} = \begin{bmatrix} \left(\vec{v}_{(i)} \right)^\top \end{bmatrix} \begin{bmatrix} \vec{v}_{(j)} \end{bmatrix} = \delta_{ij} \tag{2.48}$$

が成り立つ。このことから、

$$\underbrace{\begin{bmatrix} R^{\tilde{1}}{}_1 & R^{\tilde{2}}{}_1 & R^{\tilde{3}}{}_1 \\ R^{\tilde{1}}{}_2 & R^{\tilde{2}}{}_2 & R^{\tilde{3}}{}_2 \\ R^{\tilde{1}}{}_3 & R^{\tilde{2}}{}_3 & R^{\tilde{3}}{}_3 \end{bmatrix}}_{\mathbf{R}^\top} \underbrace{\begin{bmatrix} R^{\tilde{1}}{}_1 & R^{\tilde{1}}{}_2 & R^{\tilde{1}}{}_3 \\ R^{\tilde{2}}{}_1 & R^{\tilde{2}}{}_2 & R^{\tilde{2}}{}_3 \\ R^{\tilde{3}}{}_1 & R^{\tilde{3}}{}_2 & R^{\tilde{3}}{}_3 \end{bmatrix}}_{\mathbf{R}} = \begin{bmatrix} 1 & 0 & 0 \\ 0 & 1 & 0 \\ 0 & 0 & 1 \end{bmatrix} \tag{2.49}$$

（左側行に $(\vec{v}_{(1)})^\top, (\vec{v}_{(2)})^\top, (\vec{v}_{(3)})^\top$、右側列に $\vec{v}_{(1)}, \vec{v}_{(2)}, \vec{v}_{(3)}$）

となる（(2.48) から (2.49) を確認せよ）。同じことを添字付き表示で書くと次のようになる。

$$R^{\tilde{j}}{}_{i} R^{\tilde{j}}{}_{k} = \delta_{ik} \tag{2.50}$$

回転によって3次元の運動方程式が共変であることは、

$$m\frac{\mathrm{d}^2}{\mathrm{d}t^2}[\vec{x}]^i = [\vec{F}]^i \quad \to \quad mR^{\tilde{i}}{}_{j}\frac{\mathrm{d}^2}{\mathrm{d}t^2}[\vec{x}]^j = R^{\tilde{i}}{}_{j}[\vec{F}]^j \tag{2.51}$$

のように考えれば、2次元の場合の(2.45)と全く同様である (ただし、i,j の和は 1, 2, 3 で取られているところが違う)。$R^{\tilde{i}}{}_{j}$ は時間に依らない定数でなくてはならないことも同じである。

3次元の具体的な回転は

$$\underbrace{\begin{bmatrix} 1 & 0 & 0 \\ 0 & \cos\theta & \sin\theta \\ 0 & -\sin\theta & \cos\theta \end{bmatrix}}_{x\text{軸周りの回転}}, \underbrace{\begin{bmatrix} \cos\theta & 0 & -\sin\theta \\ 0 & 1 & 0 \\ \sin\theta & 0 & \cos\theta \end{bmatrix}}_{y\text{軸周りの回転}}, \underbrace{\begin{bmatrix} \cos\theta & \sin\theta & 0 \\ -\sin\theta & \cos\theta & 0 \\ 0 & 0 & 1 \end{bmatrix}}_{z\text{軸周りの回転}} \tag{2.52}$$

で表される三つの回転の組み合わせで作ることもできる。回転を表すパラメータとしては、回転軸を指定するのに二つ、回転角度を指定するのに一つで、合計三つのパラメータがいる。

この章では Newton 力学を見直した後、数学的準備をした。いよいよ次の章から特殊相対論へとつながる物理、すなわち電磁気学の相対性を考えていこう。

2.7　章末演習問題

★【演習問題 2-1】
　直交行列の行列式は 1 か -1 か、どちらかであることを以下を使って示せ。
(1)　二つの行列 $(\mathbf{A}, \mathbf{B})$ の積 $(\mathbf{AB})$ の行列式 $(\det(\mathbf{AB}))$ は、それぞれの行列式の積 $(\det\mathbf{A}\det\mathbf{B})$ である。
(2)　転置しても行列式は変わらない $\det\mathbf{A} = \det(\mathbf{A}^\top)$ 。

ヒント → p1w へ　　解答 → p5w へ

★【演習問題 2-2】
　直交行列と直交行列の積は直交行列である。これを行列で表現すれば、$\mathbf{A}^\top = \mathbf{A}^{-1}, \mathbf{B}^\top = \mathbf{B}^{-1}$ ならば、$(\mathbf{AB})^\top = (\mathbf{AB})^{-1}$ すなわち $(\mathbf{AB})^\top \mathbf{AB} = \mathbf{I}$ となる。添字付き表記を使ってこれを表現し証明せよ。

ヒント → p1w へ　　解答 → p5w へ

第3章

電磁気学の相対性

電磁気学の中に隠れている「相対論」を発見しよう。

 この章では、電磁気学の中にどのように「光速不変」が織り込まれているかについて説明していく。

「実験事実から、真空中の光速は不変である」と認めてもらうならば、この章を読まなくても次に進めるので、先を急ぐ人（または電磁気学は得意じゃないので後にしたい人）は、すぐに次の第4章を読んでもらってもかまわない。
→ p60

3.1 電磁気学の疑問

3.1.1 電磁波は静止できるのか？

Einsteinが後に特殊相対論へと続く道の中で、最初に抱いた疑問は

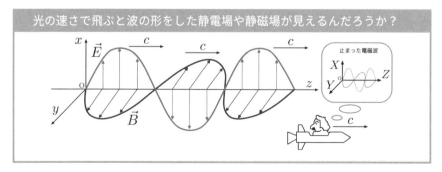

だったと言う話がある（18歳のときらしい）。例えば図に示したz軸正の向きに

3.1 電磁気学の疑問

伝播する電磁波の電場と磁場は式で示すと

$$\vec{E} = E_0 \sin k(z-ct)\,\vec{e}_x, \quad \vec{B} = \frac{E_0}{c}\sin k(z-ct)\,\vec{e}_y \tag{3.1}$$

(E_0, k は定数) であるが、これらはもちろん、

─── 真空中の Maxwell 方程式 ───

$$\mathrm{div}\,\vec{B}=0, \quad \mathrm{rot}\,\vec{E}=-\frac{\partial \vec{B}}{\partial t}, \quad \mathrm{div}\,\vec{E}=0, \quad \mathrm{rot}\,\vec{B}=\frac{1}{c^2}\frac{\partial \vec{E}}{\partial t} \tag{3.2}$$

の解である[†1]。Maxwell 方程式の中に「波を発生させるメカニズム」が隠れていることを見ておこう。

もし、空間の一部に ↑ ↑ のように電場の強さが変化している状態があったとしよう。この空間では ↑ (⊙) ↑ (⊗) ↑ のように $\vec{0}$ ではない rot $\vec{E}$ がある[†2]。図に ⊙ と ⊗ で示したのが rot $\vec{E}$ の向きである。$\mathrm{rot}\,\vec{E}=-\dfrac{\partial \vec{B}}{\partial t}$ に従って磁場が時間変化するので、最初磁束密度が $\vec{0}$ であったとしても、rot $\vec{E}$ と逆を向いた磁束密度が発生し、↑ $\vec{B}$⊗ $\vec{B}$⊙ ↑ のような磁束密度ができる。

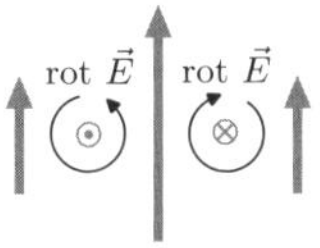

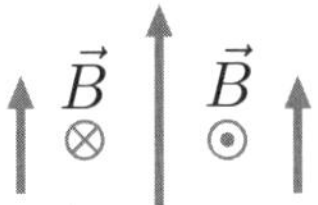

少し立体的に描くと ↑ $\vec{B}$ ↑ であり、rot $\vec{B}$ は ↑ rot $\vec{B}$ rot $\vec{B}$ ↑ のような向きを向く。すると $\mathrm{rot}\,\vec{B}=\dfrac{1}{c^2}\dfrac{\partial \vec{E}}{\partial t}$ に従って電場が時間変化するが、この時間変化は中央の強い電場を弱める向きである。

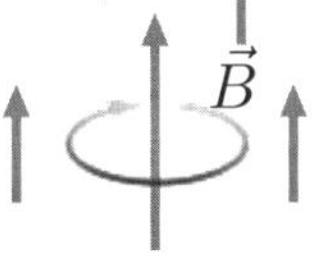

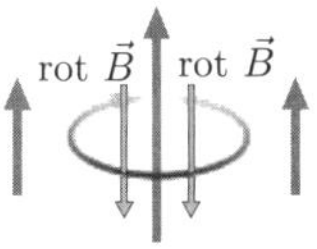

[†1] 最後の式は馴染みのある形である $\mathrm{rot}\,\vec{H}=\vec{j}+\dfrac{\partial \vec{D}}{\partial t}$ を、$\vec{j}=\vec{0}$ にしつつ真空中で成り立つ $\vec{D}=\varepsilon_0\vec{E}, \vec{H}=\dfrac{\vec{B}}{\mu_0}$ を代入して書き直している。$\dfrac{1}{c^2}=\varepsilon_0\mu_0$ に注意。

[†2] 電場を力とみなしたとき、図に描いたような回転を起こすモーメントがあると考えると、rot が $\vec{0}$ でないことが理解しやすいと思う。

以上のように、Maxwell方程式には「一部分だけ電場が強い領域があったら、そこの電場を弱めようとする（逆に弱い領域があれば強めようとする）性質」がある[†3]。Maxwell方程式は空間的変動（rot $\vec{E}$ など）と時間的変動（$-\dfrac{\partial \vec{B}}{\partial t}$ など）を結びつける式で、その組み合わせによって空間的な変動を解消しようとする向きへ物理現象が進む（言わば「復元作用が発生する」）。

弦の振動や、水面にできる波に関しても、この「空間的変動が時間的変動を生み、空間的変動を解消しようとする」というメカニズムが波を作る。

凹凸のある水面の場合、凸な部分は下がるし、凹な部分は上がる（そうなるよう水が移動する）ことは直感的に理解できる。このような「平衡状態（水面であれば水平な状態）に戻そうとする作用」を「復元作用」と呼ぶ。

弦の振動の場合を考える。ピンと張られた弦には張力が作用している。張力は常に弦の方向に作用する。曲がった状態にある弦の微小部分を考えると、両方からの張力の合力は のように弦の曲がりを解消しようとする向きに向く。ゆえに、弦はまっすぐになろうとする（この意味で「復元作用」を持つ）。

弦の振動でも水面でも共通する大事なことは「復元作用」が「波の伝播」という現象を引き起こしているということである[†4]。自然界には、何かに不釣り合いがあるとそれを正そうとする作用があることが多く、その作用により振動や波が発生する。自然界のあちこちで「波」が発生するのはそのおかげである。

すでに述べたように、電磁気現象にも同様の復元作用がある。よって、「波の形をしているが振動しない電磁場」というのは、「曲がったままで直線に戻ろうとしない弦」や「一部がいつまでも盛り上がったまま、崩れもしない水面」と同じぐらい不思議な現象だ。18歳のEinsteinを悩ませたのも不思議ではない。

光速で走る人から見た電磁波の問題に戻り、より具体的に「止まった電磁波はあり得ない」ことを確認しておこう。電磁波を速度 $c\vec{e}_z$ で走りながら見たとすると、その観測者にとっての座標系 (T, X, Y, Z) は速度 $c\vec{e}_z$ でのGalilei変換を

[†3] 磁場についても同様の性質がある。

[†4] 復元作用の他に振動が起こるためには「慣性」が必要だ。復元作用によって平衡状態に戻されたときにそこで時間変化が止まって静止してしまうと、振動にならない。「勢いがついているので行き過ぎる」ことが必要なのである。「復元作用」があるが「慣性」が無い例としては、「温度分布の時間変化」がある。熱いところは冷めて冷たいところは温まるが、行き過ぎることが無いので振動しない。

施した座標系で、元の座標系との関係は

$$T = t, \ X = x, \ Y = y, \ Z = z - ct \tag{3.3}$$

である（この座標変換は基準系の変更を伴う）。以下の仮定のもとで考えよう。

> **後で間違っていることがわかる仮定**
> 座標は変換されるが、電場や磁場は座標変換しても同じ値。

この場合、この座標系で表現された電場と磁場は

$$\vec{E} = E_0 \sin kZ \, \vec{e}_X, \quad \vec{B} = \frac{E_0}{c} \sin kZ \, \vec{e}_Y \tag{3.4}$$

となり、波の形をして静止し続ける電場と磁場が見えるように思われる。しかし、この解はMaxwell方程式を満たさない。例えば$\mathrm{rot}_{\vec{X}} \vec{E}$[†5]の$Y$成分は $\partial_Z E_X = kE_0 \cos kZ$ となり、0ではないが、$\dfrac{\partial \vec{B}}{\partial T} = \vec{0}$ である。これでは $\mathrm{rot}_{\vec{X}} \vec{E} = -\dfrac{\partial \vec{B}}{\partial T}$ を満たせない。したがって、Maxwell方程式かGalilei変換か、どちらかを修正しない限り、我々のこの宇宙は記述できないことがあきらかになる。ではどちらを修正すべきか？——もちろん最終的に決め手となるのは実験だ。次の節ではMaxwell方程式の方に有利な証拠を述べよう。

3.1.2 電磁誘導の疑問

第1章で概要だけ述べた、電磁誘導に関する疑問について、ここでくわしく考えておこう。右図のように、二つの現象を考える。図の左側（「**コイルが動く**」の方）では、コイルが磁石

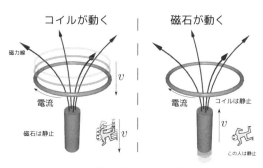

に近づき、図の右側（「**磁石が動く**」の方）では、磁石がコイルに近づく。二つの現象は、見る立場を変えれば同じ現象であり、「コイルに時計まわりの電流が流れる」という結果も同じである。しかし、その原因の解釈は同じではない。

[†5] この式の中のrot に含まれる空間微分はX, Y, Zによる微分なので、$\mathrm{rot}_{\vec{X}}$と書いた。

図の右側（**磁石が動く**）の場合であれば、電流の発生はコイル内の磁束密度の時間変化に起因していると解釈される。すなわち Maxwell 方程式の $\boxed{\text{rot}\,\vec{E} = -\dfrac{\partial \vec{B}}{\partial t}}$ に従って、磁束密度が変化している場所には rot が $\vec{0}$ ではない電場がある。その電場によってコイル中の電子が力を受け、電流となる。この時に発生する起電力[†6] は、Faraday(ファラデー)の電磁誘導の法則 $\boxed{V = -\dfrac{d\Phi}{dt}}$ によって求められる（この法則がどこから出てくるかを知りたい人は次の問題を解くこと）。ここで Φ は回路内を貫く磁束である[†7]。

------------------------------練習問題------------------------------

【問い 3-1】回路が運動せず、磁場 $\vec{B}$ が時間変化する場合に回路に発生する起電力が $\boxed{V = -\dfrac{d\Phi}{dt}}$ であることを $\boxed{\text{rot}\,\vec{E} = -\dfrac{\partial \vec{B}}{\partial t}}$ から導け。

ヒント → p315 へ　　解答 → p321 へ

この時に起こっていることはあくまで「磁束密度の時間変化 → rot が $\vec{0}$ でない電場の発生」という現象である。

一方、図の左側（**コイルが動く**）はどう解釈されるか。この場合は各点各点の磁束密度は変化していないので、電場は発生していない。$\boxed{\text{rot}\,\vec{E} = -\dfrac{\partial \vec{B}}{\partial t}}$ の右辺は省略なしで書くと $-\dfrac{\partial \vec{B}(t,x,y,z)}{\partial t}$ であり、点 (x,y,z) にある磁束密度の時刻 t での値の時間微分 ×(−1) である。コイルが動く状況では、$\dfrac{\partial \vec{B}}{\partial t}$ は $\vec{0}$ である[†8]。

ではコイルが動く場合にも電流が発生するのはなぜか。

コイル中には電子がいて、電子はコイルが下がると下向きに運動する。磁場中を電荷 q が速度 $\vec{v}$ で運動すると磁場とも運動の向きとも垂直な方向に Lorentz

---

[†6] 「ある回路（実際には導線が存在していない、仮想的な回路でもよい）に発生する起電力」は、「単位電荷をその回路に沿って一周させたときに単位電荷にされる仕事」で定義される。rot が $\vec{0}$ である電場なら、一周させたときに電場のする仕事はトータルで必ず 0 になる。

[†7] V の符号は Φ に対して右ネジの向きに電流を流そうとするときにプラスと定義される。角運動量 $\boxed{\vec{L} = \vec{x} \times \vec{p}}$ など、回転に対応するベクトルの向きはこのように決めるのが普通である。高校物理の参考書などで、「この式のマイナスは "磁場の変化を妨げる向き" であることを示す」と書いてあるのがあるが、あの書き方は厳密性を欠き、よくない。

[†8] 「コイルを貫く磁束は時間的に変化しているのではないか」と疑問に思う人がいるかもしれない。確かに変化しているが、この式の $\vec{B}$ は「ある点 (x,y,z) の時刻 t での磁束密度」という意味なのであって、「コイルを貫く磁束の磁束密度」という意味では無い。

3.1 電磁気学の疑問

力 $q\vec{v} \times \vec{B}$ を受ける。この力は電子がコイル内をぐるぐると回る方向に作用し、電流が流れる。つまりこの場合、電場は発生していないが、磁場によって電子が力を受けることによって、電位差が発生したのと同じ効果が現れて電流が流れている。

この考え方で、電子に作用する力を計算し、電子が回路を一周する間にこの力がする仕事を計算してみよう。

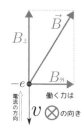

磁束密度を上向き成分（大きさ $B_上$）と外向き成分（大きさ $B_外$）に分解すると、力に寄与するのは $B_外$ である。この時電子（電荷は $-e$）に作用する Lorentz 力の大きさは $evB_外$ で、電子が回路を仮想的に一周（コイルの半径を r として距離 $2\pi r$）すると $evB_外 \times 2\pi r$ の仕事をする。この仕事を単位電荷あたりに直して、起電力は $2\pi r v B_外$ となる。

コイルが動いたことによってコイル内から単位時間に出る磁束 $-\dfrac{d\Phi}{dt}$ を計算するには、$B_外$ に（$B_上$ は貫く磁束に寄与しない）「高さ v で底面の半径 r の円筒の側面積」を掛ければよい。よって起電力は $2\pi r v B_外$ である。

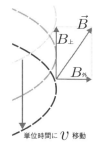

二つの解釈に基づく起電力の計算結果は一致し、Maxwell 方程式は
$\begin{cases} \text{コイルが動き磁石が静止する立場} \\ \text{磁石が動きコイルが静止する立場} \end{cases}$
の両方で正しく物理現象を記述している。つまり Maxwell 方程式は「相対的」なのだ。

------練習問題------

【問い 3-2】 磁束密度 $\vec{B}(\vec{x})$ が時間的に変化せず回路の方が任意の変形をするときでも、$\boxed{V = -\dfrac{d\Phi}{dt}}$ が成り立つことを示そう。

回路を表すパラメータを λ （定義域が 0 から 2π で、$\boxed{\lambda = 0}$ と $\boxed{\lambda = 2\pi}$ は同一点）として、回路の存在する場所を $\vec{x}_{回路}(\lambda, t)$ で表す。回路の各点が $\dfrac{\partial \vec{x}_{回路}(\lambda, t)}{\partial t}$ の速度で動くときに回路内の電子に作用する Lorentz 力を上と同じように考えて計算して、一周分を積分するとそれが $-\dfrac{d\Phi}{dt}$ であることを示せ。

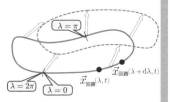

ヒント → p315 へ　解答 → p321 へ

【補足】+++
　電磁気学で「磁場は荷電粒子に対して仕事をしない」と聞いたことがある人は、ここで磁場が仕事をしている（ように見える）ことに不安を抱くかもしれない。今電子を仮想的に一周させたが、その一周に Δt だけ時間がかかるのだとすると、電子は下向きの速度 v だけではなく、円を回る向きに $\dfrac{2\pi r}{\Delta t}$ という速度を持っている（上の計算ではこれを考えてなかった）。この速度により電子に $B_{外}$ による力が大きさ $e\dfrac{2\pi r}{\Delta t}B_{外}$ で上向きに掛かり、$-e\dfrac{2\pi r}{\Delta t}B_{外} \times v\Delta t$ の仕事をする。つまり、$B_{外}$ による仕事のトータルは0なのである。

　よって、仮想的な（回路を一周する）運動による速度も含めて考えれば、磁場は仕事をしない。ではこの立場では、誰が仕事をしているのか？——電子が上下方向に等速運動していることを思い出そう。等速運動するためには、図に描いた「$B_{外}$ による力」が荷電粒子がループ導線の上下からはみ出さないようにする束縛力と打ち消しあっていなくてはいけない（右の図を参照）。つ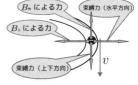まり、束縛力[†9]が $\boxed{e\dfrac{2\pi r}{\Delta t}B_{外} \times v\Delta t = evB_{外} \times 2\pi r}$ の仕事をするのである[†10]。

++【補足終わり】

　「コイルが動く」と「磁石が動く」による起電力の発生は、立場を変えれば同じ現象のように見えるが、その原因の物理的解釈は全く違う——これはたまたまうまくいっているのか、それとも必然的なのか？

　もちろん、「たまたま」ではなくこうなることには意味がある、というのが特殊相対論の立場である。それはつまり「Maxwell方程式はどの慣性系でも正しい物理法則である」ということに他ならない。今ではその立場が広く認められているわけだが、特殊相対論ができあがる前には「Maxwell方程式ではない方程式が必要だ」という考え方もされた[†11]。

[†9] 「束縛力は仕事をしない」という文言を聞いたことがある人が不安に思うかもしれない。静止物体による束縛力は確かに仕事をしないが、運動する物体による束縛力は仕事をすることもあるので、心配には及ばない。

[†10] 前ページの計算では一周運動の速度も考えなかったかわりに束縛力も考えてないので、結果として同じ計算になっている。

[†11] そう考えられた理由はもちろん、（直観的に正しいと感じられる）Galilei変換を尊重したからである。

次の節でその方程式について説明しよう。ここまでの説明で「そりゃMaxwell方程式はどの慣性系でも正しいだろう」と納得できた人は、以下を後にまわしてすぐに第4章に進んでもよい。
→ p60

3.2 Maxwell方程式をGalilei変換すると？

【注意！】この節の話は現代物理からすると「間違った考え方」である。最終的には「**Galilei変換は使えない**」が明らかになる。そのことを説明するために、この節では、あえて、現代の視点からみると間違っていた考え方を説明する。

3.2.1 座標系の設定

電磁波の発見者としても名高く、振動数の単位Hzにもその名を残すHertz(ヘルツ)は、動いている人から見たらMaxwell方程式はどのように変化するべきか、と考えて、Maxwell方程式をGalilei変換した方程式を導いている。

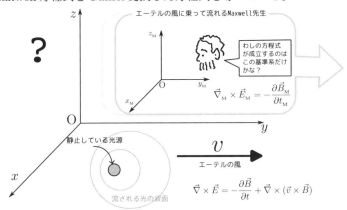

以下、Maxwell方程式が成立する特殊な座標系を $(t_{\rm M}, \vec{x}_{\rm M})$ と書くことにして、観測者のいる座標系である $(t, \vec{x})$ とは $\boxed{\begin{matrix}\vec{x}_{\rm M} = \vec{x} - \vec{v}t \\ t_{\rm M} = t\end{matrix}}$ （逆変換は $\boxed{\begin{matrix}\vec{x} = \vec{x}_{\rm M} + \vec{v}t_{\rm M} \\ t = t_{\rm M}\end{matrix}}$）というGalilei変換で結びついているとしよう。$(t_{\rm M}, \vec{x}_{\rm M})$ 座標系では普通のMaxwell方程式が成立するのだが、$(t, \vec{x})$ 座標系で成り立つ方程式を考えるために、座標変換 $(t, x, y, z) \to (t_{\rm M}, x_{\rm M}, y_{\rm M}, z_{\rm M})$ による、微分 $\dfrac{\partial}{\partial x}, \dfrac{\partial}{\partial y}, \dfrac{\partial}{\partial z}, \dfrac{\partial}{\partial t}$ の変換を考えて

みる。微分の連鎖律から

$$\frac{\partial}{\partial x_{\text{M}}} = \underbrace{\frac{\partial x}{\partial x_{\text{M}}}}_{1}\frac{\partial}{\partial x} + \underbrace{\frac{\partial y}{\partial x_{\text{M}}}}_{0}\frac{\partial}{\partial y} + \underbrace{\frac{\partial z}{\partial x_{\text{M}}}}_{0}\frac{\partial}{\partial z} + \underbrace{\frac{\partial t}{\partial x_{\text{M}}}}_{0}\frac{\partial}{\partial t} = \frac{\partial}{\partial x} \tag{3.5}$$

$$\frac{\partial}{\partial t_{\text{M}}} = \underbrace{\frac{\partial t}{\partial t_{\text{M}}}}_{1}\frac{\partial}{\partial t} + \underbrace{\frac{\partial x}{\partial t_{\text{M}}}}_{[\vec{v}]^x}\frac{\partial}{\partial x} + \underbrace{\frac{\partial y}{\partial t_{\text{M}}}}_{[\vec{v}]^y}\frac{\partial}{\partial y} + \underbrace{\frac{\partial z}{\partial t_{\text{M}}}}_{[\vec{v}]^z}\frac{\partial}{\partial z} = \frac{\partial}{\partial t} + [\vec{v}]^i \frac{\partial}{\partial [\vec{x}]^i} \tag{3.6}$$

がわかる（最後はEinsteinの規約を使い簡略化した）。$\frac{\partial}{\partial y_{\text{M}}}, \frac{\partial}{\partial z_{\text{M}}}$ も同様である。
→ p29

$\vec{\nabla}$記号を使うと、　　$\vec{\nabla}_{\text{M}} = \vec{\nabla}, \quad \frac{\partial}{\partial t_{\text{M}}} = \frac{\partial}{\partial t} + \vec{v}\cdot\vec{\nabla}$ 　　(3.7)

となる。$\begin{cases}\vec{x}\text{による微分}\\ \vec{x}_{\text{M}}\text{による微分}\end{cases}$ は同じもので、$\begin{cases}t\text{による微分}\\ t_{\text{M}}\text{による微分}\end{cases}$ は違うものである。

$\begin{cases}\text{空間微分は変化しない}\\ \text{時間微分は変化する}\end{cases}$ ので、$\begin{cases}\text{座標の方は}\boxed{\vec{x}\to\vec{x}_{\text{M}}}\text{と変化}\\ \text{時間の方は}\boxed{t=t_{\text{M}}}\end{cases}$ と対応が奇妙

に思えるかもしれない。しかし $\begin{cases}\dfrac{\partial}{\partial t}\text{は「}\vec{x}\text{を一定として}t\text{で微分」}\\ \dfrac{\partial}{\partial t_{\text{M}}}\text{は「}\vec{x}_{\text{M}}\text{を一定として}t_{\text{M}}\text{で微分」}\end{cases}$ である。

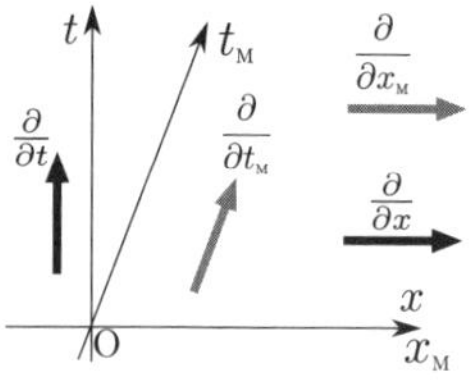

y, z 座標を省略して描いた右の図からもわかるように、「$\vec{x}$を一定としてtが変化する」場合と「$\vec{x}_{\text{M}}$を一定としてt_{M}が変化する」場合では移動の向きが違う。

逆に、$\begin{cases}\dfrac{\partial}{\partial x}\text{が「}t\text{を一定として}x\text{で微分」}\\ \dfrac{\partial}{\partial x_{\text{M}}}\text{が「}t_{\text{M}}\text{を一定として}x_{\text{M}}\text{で微分」}\end{cases}$ と考え

れば、この二つは微分の意味する移動の向きが同じであることが納得できる。

3.2.2　Hertzの方程式を導出

では方程式を作っていこう。元となるMaxwell方程式は以下のようなものだ。

───── Maxwell方程式 ─────
$$\text{div}\,\vec{B} = 0,\ \text{rot}\,\vec{E} = -\frac{\partial\vec{B}}{\partial t},\ \text{div}\,\vec{D} = \rho,\ \text{rot}\,\vec{H} = \vec{j} + \frac{\partial\vec{D}}{\partial t} \tag{3.8}$$

微分の変換が大事なので、(3.8)の $\text{div}\,\vec{V}$ を $\vec{\nabla}\cdot\vec{V}$ と、$\text{rot}\,\vec{V}$ を $\vec{\nabla}\times\vec{V}$ と表記しよ

う。さらにこの節の考え方では、Maxwell 方程式は特定の座標系である $(t_\text{M}, \vec{x}_\text{M})$ 座標系でしか成立しないので、その座標系を採用していることを示すため、(3.8) の全ての物理量と微分演算子 $\vec{\nabla}$ に $_\text{M}$ を付けて[†12]、

― 特定の座標系での Maxwell 方程式 ―
$$\vec{\nabla}_\text{M}\cdot\vec{B}_\text{M} = 0, \ \vec{\nabla}_\text{M}\times\vec{E}_\text{M} = -\frac{\partial\vec{B}_\text{M}}{\partial t_\text{M}}, \ \vec{\nabla}_\text{M}\cdot\vec{D}_\text{M} = \rho_\text{M}, \ \vec{\nabla}_\text{M}\times\vec{H}_\text{M} = \vec{j}_\text{M} + \frac{\partial\vec{D}_\text{M}}{\partial t_\text{M}} \tag{3.9}$$

という方程式を Galilei 変換させてみる。電場や磁場は Galilei 変換では変化しないとして考えるが、最初は $_\text{M}$ 付きの系では $\vec{E}_\text{M}, \vec{B}_\text{M}$ のように違う量になるとして考えておこう。

空間微分は変化しないから、$\begin{cases}\vec{\nabla}\cdot\vec{B} = 0 \\ \vec{\nabla}_\text{M}\cdot\vec{B}_\text{M} = 0\end{cases}$ と $\begin{cases}\vec{\nabla}\cdot\vec{D} = \rho \\ \vec{\nabla}_\text{M}\cdot\vec{D}_\text{M} = \rho_\text{M}\end{cases}$ は Galilei 変換で変化しない。時間微分を含む方程式を考えていこう。

$\vec{\nabla}_\text{M}\times\vec{E}_\text{M} = -\dfrac{\partial\vec{B}_\text{M}}{\partial t_\text{M}}$ を Galilei 変換すれば、$\dfrac{\partial}{\partial t_\text{M}} = \dfrac{\partial}{\partial t} + \vec{v}\cdot\vec{\nabla}$ を使って、

$$\vec{\nabla}\times\vec{E}_\text{M} = -\frac{\partial\vec{B}_\text{M}}{\partial t} - \left(\vec{v}\cdot\vec{\nabla}\right)\vec{B}_\text{M} \tag{3.10}$$

となる。ここで、この式にあえて 0 になる項を付け加えて

$$\vec{\nabla}\times\vec{E}_\text{M} = -\frac{\partial}{\partial t}\vec{B}_\text{M} - \left(\vec{v}\cdot\vec{\nabla}\right)\vec{B}_\text{M} + \underbrace{(\vec{\nabla}\cdot\vec{B}_\text{M})\vec{v}}_{=\,0} \tag{3.11}$$

とした後にベクトル解析の公式(B.60)
→ p313

$\vec{\nabla}\times\left(\vec{A}\times\vec{B}\right) = (\vec{B}\cdot\vec{\nabla})\vec{A} + \vec{A}(\vec{\nabla}\cdot\vec{B}) - \vec{B}(\vec{\nabla}\cdot\vec{A}) - (\vec{A}\cdot\vec{\nabla})\vec{B}$ を $\vec{A} = \vec{v}, \vec{B} = \vec{B}_\text{M}$ として使えば $\vec{\nabla}\times\left(\vec{v}\times\vec{B}_\text{M}\right) = \vec{v}\left(\vec{\nabla}\cdot\vec{B}_\text{M}\right) - (\vec{v}\cdot\vec{\nabla})\vec{B}_\text{M}$ [†13] という式を作ることができ、

$$\vec{\nabla}\times\vec{E}_\text{M} = -\frac{\partial\vec{B}_\text{M}}{\partial t} + \vec{\nabla}\times(\vec{v}\times\vec{B}_\text{M}) \tag{3.12}$$

[†12] $\vec{\nabla}_\text{M}$ は $(t_\text{M}, \vec{x}_\text{M})$ 座標系のナブラ記号（x_M による微分で作られている）である。
[†13] $\vec{\nabla}$ によって微分されるのは $\vec{B}_\text{M}$ だけだという点に注意しよう。

を出すことができる。$\boxed{\vec{\nabla}_{\text{M}} \times \vec{H}_{\text{M}} = \dfrac{\partial \vec{D}_{\text{M}}}{\partial t_{\text{M}}} + \vec{j}_{\text{M}}}$ の方は、

$$\vec{\nabla} \times \vec{H}_{\text{M}} = \frac{\partial \vec{D}_{\text{M}}}{\partial t} + \left(\vec{v}\cdot\vec{\nabla}\right) \vec{D}_{\text{M}} + \vec{j}_{\text{M}} \tag{3.13}$$

となる。この式に、0 になる項 $-\vec{v}\left(\vec{\nabla}\cdot\vec{D}_{\text{M}} - \rho_{\text{M}}\right)$ を加えて、(3.11)にしたのと同様の計算をすると、

$$\vec{\nabla} \times \vec{H}_{\text{M}} = \frac{\partial \vec{D}_{\text{M}}}{\partial t} - \vec{\nabla} \times \left(\vec{v} \times \vec{D}_{\text{M}}\right) + \underbrace{\vec{j}_{\text{M}} + \rho_{\text{M}}\vec{v}}_{\vec{j}} \tag{3.14}$$

となる。ここで、$\boxed{\vec{j}_{\text{M}} + \rho_{\text{M}}\vec{v} = \vec{j}}$ と置いたが、$\vec{j}$ は M なしの系における「電流密度」と解釈できるからである[14]。

$(t, \vec{x})$ 座標系と $(t_{\text{M}}, \vec{x}_{\text{M}})$ 座標系で $\vec{E}, \vec{B}, \vec{D}, \vec{H}$ は同じ量だと考える[15]と、$(t, \vec{x})$ 座標系では以下が成立する。

---- Hertz の方程式 ----

$$\vec{\nabla}\cdot\vec{B} = 0, \qquad \vec{\nabla} \times \vec{E} = -\frac{\partial \vec{B}}{\partial t} + \vec{\nabla} \times (\vec{v} \times \vec{B}),$$

$$\vec{\nabla}\cdot\vec{D} = \rho, \qquad \vec{\nabla} \times \vec{H} = \frac{\partial \vec{D}}{\partial t} - \vec{\nabla} \times (\vec{v} \times \vec{D}) + \vec{j} \tag{3.15}$$

この章の最初の疑問に対して、Hertz の考え方はどんな答えを出すだろうか。3.1.1 項では、(t, x, y, z) 座標系が Maxwell 方程式が成立する座標系で、(T, X, Y, Z) 座標系がその系に対して速度 c で動いているとして、座標変換を $\boxed{Z = z - ct}$（この逆変換は $\boxed{z = Z + cT}$）と考えた。Hertz の方程式の導出では $\boxed{x_{\text{M}} = x - vt}$ として、$(t_{\text{M}}, \vec{x}_{\text{M}})$ 座標系が Maxwell 方程式の成立する座標系（エーテルの静止系）であったから、対応 $((x, Z) \leftrightarrow (x_{\text{M}}, z))$ を考えると、Hertz の方程式にあらわれる $\vec{v}$ が $\boxed{\vec{v} = -c\,\vec{e}_Z}$ であることがわかる。3.1.1 項ではエー

---

[14] 「Hertz の方程式」は、上で書いた置き換え $\boxed{\vec{j}_{\text{M}} + \rho_{\text{M}}\vec{v} = \vec{j}}$ を行わない形で書かれていることが多い。書き換えない立場では、「電荷密度 ρ_{M} が速度 $\vec{v}$ で運動していることによって起こる電流密度」と電流密度 $\vec{j}_{\text{M}}$ を分けて考えている。

[15] 実際にこうなのかどうかは、実験的に検証する必要がある。

テル静止系はとまっていて、観測者が速さcで右側に動いていた。逆に考えると、観測者から見てエーテル静止系が速さcで左側に動いている。一方、3.2.1 項では、観測者に対してエーテル静止系が右に速さvで動いている、と考えればわかりやすい。
→ p43

よって、(T, X, Y, Z) 座標系での電磁場

$$\vec{E} = E_0 \sin kZ \, \vec{e}_X, \qquad \vec{B} = \frac{E_0}{c} \sin kZ \, \vec{e}_Y \tag{3.16}$$

は、Hertz の式で $\boxed{\vec{v} = -c\vec{e}_Z}$ とした方程式を満たす。$\vec{v} \times \vec{B}$ を計算すると、

$$-c\vec{e}_Z \times \frac{E_0}{c} \sin kZ \, \vec{e}_Y = E_0 \sin kZ \, \vec{e}_X \tag{3.17}$$

となって[†16]、$\vec{E}$ と $\vec{v} \times \vec{B}$ が等しいということになる。$\vec{B}$ は時間に依らないので、この電磁場は Hertz の方程式 $\boxed{\vec{\nabla} \times \vec{E} = -\dfrac{\partial \vec{B}}{\partial t} + \vec{\nabla} \times \left(\vec{v} \times \vec{B}\right)}$ を満たす。したがって、Hertz の方程式が正しいなら「止まっている電磁波」は存在する。

---------練習問題---------

【問い 3-3】物質の無い真空中の Hertz の方程式は

$$\begin{aligned}
\operatorname{div} \vec{B} &= 0 & \operatorname{rot} \vec{E} &= -\frac{\partial \vec{B}}{\partial t} - (\vec{v}\cdot\vec{\nabla})\vec{B} \\
\operatorname{div} \vec{E} &= 0 & \operatorname{rot} \vec{B} &= \frac{1}{c^2}\frac{\partial \vec{E}}{\partial t} + \frac{1}{c^2}(\vec{v}\cdot\vec{\nabla})\vec{E}
\end{aligned} \tag{3.18}$$

のように書くことができる。これらの式から $\vec{E}$ のみ、$\vec{B}$ のみの方程式を導き、それが速さが c ではない波の解を持つことを示せ。　　　　ヒント → p316 へ　　解答 → p321 へ

3.3　エーテル——絶対静止系の存在

ここまでで、特別な「Maxwell 方程式が成立する基準系(フレーム)（そこに張られた座標が $(t_\text{M}, \vec{x}_\text{M})$）」があり、その特別な基準系に対して運動している基準系では Hertz の方程式が成立するという考え方で二つの式を作った。Hertz の方程式に現れる $\vec{v}$ は、その基準系から見た「Maxwell 方程式が成立する基準系の運動速度」で

[†16] $\boxed{\vec{e}_Z \times \vec{e}_Y = -\vec{e}_X}$ に注意。

ある。音に対する空気のように、光に対して「エーテル」と言う媒質を考えると、「エーテルの静止系」でのみ Maxwell 方程式が成立するということになる。

これが本当だとすると、Mach によって Newton 力学から追放されたはずの「絶対空間」が電磁気学の世界で復活したことになり、我々は電磁気学の問題を解くにあたって常に「我々は絶対空間にいるのか？（エーテルの風は吹いていないのか？）」と問いかけなくてはいけない。エーテル風の速度 $\vec{v}$ がわからないと式が立てられない[17]。

最終的にはここで考えられたエーテルは存在しないことが明らかになったわけだが、当時わかっていたことだけを考えても、このような物質の存在は考えがたい。周期表で有名な Mendeleev[18] はエーテルに原子番号「0」を与えたという。エーテルがもし存在するとしても普通の物質とは全く違う性質を持ったものであることは間違い無い。まず光は横波[19]である。横波は「進行方向に垂直な方向への変位に対して、元に戻ろうとする復元作用」が存在している時に発生する（これに対して縦波は「進行方向に平行な方向への変位に対する復元作用」によって起こる）。よって、エーテルは固体のように変形に対して元に戻ろうとする性質（弾性）を持っていなくてはいけない[20]。

光が 30 万 km/s という速いスピードで進むことは、エーテルが復元作用の強い、非常に固い物質であることを示している。しかし、エーテルが満ちていると考えられる「真空」中を、物体は抵抗無く進むことができる。固いのに抵抗が無いとはいったいいかなる"物質"なのであろうか？——以上のように考えていくと、「光も波なのだから媒質となる物体が存在しているだろう」という素朴な考え方が、むしろ非常識な結果を生む。では実際にはこの非常識なエーテルなるものは存在するのか、それとも存在しないのか？

エーテルの静止系という考え方は人類が天動説（地球が中心）から地動説（太陽が中心）、さらには太陽も銀河の中心ではなく——と知識が拡大していった流れに反するようにも感じられる。我々の科学の発展はむしろ「特別な基準系は無い」という流れに乗っていたのではないか？ ——ここで大事なのは「物理は実験

---

[17] とはいえ、当時は「"エーテルの風"がたとえ吹いていたとしても、せいぜい地球の公転速度である約 30km/s（光速の約 1 万分の 1）のオーダーで、精密な実験をしない限り観測にはかからないだろう」と思われていた。

[18] Mendelejev, Mendeleiev, Mendeleef と綴られることもある。

[19] 「偏光」が存在することはそれを示している。

[20] 地震波には横波と縦波があるが、液体中（地球の中心殻など）は横波は伝わらない。

がすべて」ということ。要は、実験に合わない仮説は棄却されなくてはいけない（そうして天動説は棄てられたわけだ）。では、果たして「Maxwell方程式が成立する特別な基準系」はあるのか？ ——それを決めるのも実験である。もっとも有名なのがMichelson-Morley(マイケルソン・モーレー)の実験なのだが、これについては付録で述べる。この章の残りの部分ではそれ以外の実験においてもHertzの方程式を採用すべきか否かについてある程度の情報が得られることを示そう。

3.4　Hertzの方程式の実験との比較

3.4.1　Röntgen-Eichenwaldの実験

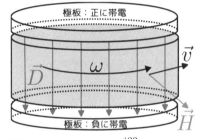

　Hertzの方程式が正しいかどうか判定に関連する実験として、Röntgen-Eichenwald(レントゲン・アイフェンヴァルト)の実験がある[†21]。

　右の図のように半径Rの円筒形誘電体を、軸方向に（電束密度の大きさがDの）電場を掛けておいて一定の角速度ωで回転させる。エーテルが誘電体と一緒に運動しているとすれば[†22]、Hertzの方程式の中の$\vec{v}$には、各点各点の回転速度を代入すればよい。

　電場・磁場が一定だとしてさらに真電流[†23]も無いとすればHertzの方程式(3.15)の$\vec{H}$の式はこの場合は $\boxed{\mathrm{rot}\,\vec{H}=-\mathrm{rot}\left(\vec{v}\times\vec{D}\right)}$ となるから、

$$\vec{H}=-\vec{v}\times\vec{D} \tag{3.19}$$

が一つの解である[†24]。つまり、この誘電体内部には磁場（図に示したように、外に向かう磁場）が存在する。

[†21] ドイツ人物理学者のRöntgen(レントゲン)はX線の発見者でもある。ロシア人物理学者Eichenwald(アイフェンヴァルト)はRöntgenの実験をより精密に行った。

[†22] これは仮定である。これで本当にいいのかは再考が必要。また、Hertzの方程式の「運動」は等速直線運動なので、回転運動に単純に適用していいのかも考えるべきだが、それについては十分にいい近似であることが知られている。

[†23] Maxwell方程式 $\boxed{\mathrm{rot}\,\vec{D}=\vec{j}+\dfrac{\partial\vec{D}}{\partial t}}$ の$\vec{j}$を「真電流」と呼ぶ。$\dfrac{\partial\vec{D}}{\partial t}$が「変位電流」で、この他に分子電流$\mathrm{rot}\,\vec{M}$がある（分子電流については11.2.1項を参照）。

[†24] rotを掛けて$\vec{0}$になる量を足すだけの自由度があるが、そんな項は無いと考えよう。

これにより、「円筒が角速度 ω で回っているとするならば、表面（半径 R なので $R\omega$ の速さで運動している）には大きさ $R\omega|\vec{D}|$ の磁場が発生する」という結果が予想される。ところが実際に測定された磁場は $\dfrac{\varepsilon - \varepsilon_0}{\varepsilon} R\omega|\vec{D}|$ であった（ε は誘電体の誘電率、ε_0 は真空の誘電率）。これはあたかもエーテルが速さ $R\omega$ ではなく $\dfrac{\varepsilon - \varepsilon_0}{\varepsilon} R\omega$ で動いているかのごとき結果である。特殊相対論を使った計算ではこの結果に一致する答えが出るが、それはだいぶ先の11.2.6項で示そう。
→ p276

上で電場中で物体を回転させて磁場を作ったことの逆で、物体を磁場中で回転させて分極を作るのが H.A. Wilsonと M. Wilsonによる実験（1913年）である。この現象については、EinsteinとLaub（ラウブ）がLorentz変換を使って磁場中で動く磁性体の分極を計算している（1908年）。この実験結果も、素朴にHertzの方程式を適用した計算とは合わないが、特殊相対論的計算ならば合う。

3.4.2　Fizeauの実験

前項では「誘電体が回転している速度をHertzの方程式の $\vec{v}$ に代入する」という計算をしたが、物体が動いてもその場所のエーテルは動かないかもしれない。

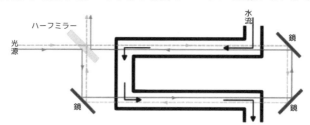

実は「物体が動くとその周りのエーテルは一緒に動くのか？」を定める実験は、すでに1851年にFizeau[†25]（フィゾー）によってなされている（上の図がその概略）。

彼は水中の光速が、水が流れている時にはどのように変化するかを間接的に測定した。流れる水の中を水と同じ向きに通した光と逆向きに通した光で干渉を起こさせて、流速を変化させた時の干渉縞の変化から水中での光速を推測している[†26]。Fizeauの実験の結果、静止している水中の光速を u とすると、光の進む向きに水が速さ v で流れているときは（水の屈折率を n として）

[†25] 19世紀フランスの物理学者。歯車を使った光速測定の実験などでも知られる。なお、ここで説明する実験自体はFizeau以外によってその後も精度を上げて続けられた。
[†26] このあたりの実験のやり方は付録で述べるMichelson-Morleyと似ている。
→ p293

$$u + \left(1 - \frac{1}{n^2}\right)v \tag{3.20}$$

という速さで光が伝播することがわかった[†27]。もしエーテルが完全に引き摺られるのであればこの式は $u+v$ になっただろうし、まったく引き摺られないのならば u となっただろう。

この実験の結果から、エーテルは（もし存在するのなら）水の流速の $\left(1 - \frac{1}{n^2}\right)$ 倍の速さで引き摺られる（$\boxed{n=1}$ なら引き摺られない）。この $1 - \frac{1}{n^2}$ を Fresnel[†28] の随伴係数と言う。しかし屈折率 n は通常、光の振動数によって違うので、「光の振動数ごとに別々のエーテルが別々の速さで動く」というおかしな結論になってしまう。音に例えれば、「ドの音を伝える空気と、ソの音を伝える空気が違う速さで運動している」となる。この「エーテルの引き摺り」現象の存在はエーテルを実在のものと考えることを非常に困難なものにする。

3.5　Trouton-Nobleの実験

もう一つ、特殊相対論登場以前の電磁気学では解けなかった問題、「Trouton-Nobleの実験」について述べよう。

以下では実際の実験より話を単純化して説明する。

図のような棒が静止している基準系（以下「静止系」と呼ぶ）に、図のように $(\tilde{t}, \vec{\tilde{x}})$ 座標系を張る（図では $\tilde{t}$ と $\tilde{z}$ は省略されている）。棒の両端の、

$\begin{cases} 点 (L\cos\theta, L\sin\theta, 0) に電荷 Q \\ 点 (-L\cos\theta, -L\sin\theta, 0) に電荷 -Q \end{cases}$ が取り付

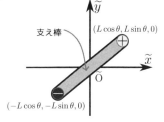

けられている。ほうっておけばこの二つの電荷は引き合ってくっついてしまうが、支え棒によって移動しないように止められている。静止系では力のつりあいも、トルクのつりあいも保たれている。

[†27] この先で「光速は不変である」ということを口が酸っぱくなるほど言うので、ここで光速が変化するという結果が出ていることに、後々違和感を覚えるかもしれない。しかしここで述べているのは物質が満ちている空間における光速であり、「光速が不変である」と言っている時の光速は真空中のものである。

[†28] Fresnel は光の波動説に関する数々の実験・理論で活躍したフランスの物理学者。彼が随伴係数 $1 - \frac{1}{n^2}$ を導いたのは別の実験からであるが、その後に行われた Fizeau の実験の結果はそれを支持した。

この装置が一定の速度 v をもって x 軸正の向きに移動している基準系（以下「運動系」と呼ぶ）に座標系 $(t, \vec{x})$ を張る（空間軸の向きは静止系のそれと一致している）。運動系ではどんな現象が起こるかを考えよう。この系では二つの電荷が磁場を作る。ここでは定量的に考えるのは後に回して、どちら向きの磁場を作るか、それによって電荷にどのような力が作用するかだけを考えよう。

右の図のように磁場が（右ねじの法則に従って）発生する。正電荷のいる場所では、負電荷の作る磁場の向きが⊗なので、y 軸正の向きの力が作用する。一方負電荷のいる場所では正電荷の作る磁場の向きは同じく⊗だが、負電荷の運動なので電流の向きが逆であり、作用する力は y 軸負の向きとな

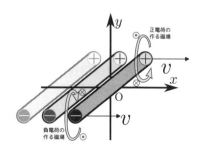

る。結果として棒には のように、棒を y 軸方向に向けようとする（進行方向と垂直になろうとする）偶力が作用することになる。よって運動系ではこの棒は回転を始める。

この偶力を作る力は、電荷間に作用する静電気力に $\left(\dfrac{v}{c}\right)^2$（$v$ は等速直線運動の速度）を掛けた量の定数倍なので、非常に精密な実験でないと測定できないが、もし測定できれば「我々の基準系が Maxwell 方程式が成り立つ基準系に対し運動している」という証拠を得ることができる。

------------------------------ 練習問題 ------------------------------
【問い3-4】 上の状況で動いている電荷に作用する磁場からの力を次元解析で見積もって、それが静電気力 $\dfrac{Q^2}{4\pi\varepsilon_0(2L)^2}$ の（無次元の定数を除いて）$\dfrac{v^2}{c^2}$ 倍であることを示せ。

ヒント → p316 へ　解答 → p322 へ

1901 年から 1903 年にかけて、Trouton と Noble はこの力が測定可能な装置で実験を行った。彼らの装置は上で示したような棒ではなく、コンデンサである（電荷が点状か板状に分布しているかの違いで、本質は変わらない）。彼らの苦労

にもかかわらず、コンデンサを回転させようとする力は全く観測されなかった。

「電磁気学にも絶対静止系など存在しない」という立場に立てば、この力は観測されないのが当然である（等速運動している慣性系では、静止系と同じ物理現象が起こるはずだ！）。ではいったい、何がどうなってつりあいが保たれているのだろう？？ ——この疑問もまた、特殊相対論の登場によって解決される[†29]。

> 📺 ここで書いたのとは逆向きに回そうとする偶力が存在することの定性的な説明は8.3.4項で行う。さらに9.6.2項で精密な計算を行う。
> → p161 → p219

3.6 Lorentzの考えからEinsteinの相対論へ

> 🚀 以下は少し先走って、この後の展開を先取りしたことを書くので、先を急ぐ人はとばして第4章に行っても構わない。
> → p60

Lorentzは「Hertzの方程式の導出で電場や磁場の値が座標系によって変化しないと考えている」点に異議を唱えた。Lorentzがこの点を改良して作ったのがLorentz変換である。Maxwell方程式はLorentz変換で共変なので、Hertzの方程式のような新しい方程式が不要であるかわりに、電磁場は
→ p33

―――――― 電場・磁場のLorentz変換の近似式 ――――――

$$\vec{E}_{\text{M}} = \vec{E} + \vec{v} \times \vec{B} \tag{3.21}$$

$$\vec{B}_{\text{M}} = \vec{B} - \frac{1}{c^2}\vec{v} \times \vec{E} \tag{3.22}$$

のように、座標系によって違う値を取ると考えた。実際のLorentzの式はもっと複雑（正確な式は(9.101)を見よ）なのだが、この式では$\left(\frac{v}{c}\right)^2$のオーダーを無視して簡単にして書いている。
→ p216

$\vec{E}_{\text{M}}$と$\vec{B}_{\text{M}}$は、$(t_{\text{M}}, \vec{x}_{\text{M}})$座標系での電場と磁場である[†30]。二つの座標系は、$(t, \vec{x})$座標系から見ると$(t_{\text{M}}, \vec{x}_{\text{M}})$座標系の原点が速度$\vec{v}$で動いていくように見える座標変換でつながっている。ただし、変換はGalilei変換に似ているが単純ではない。

[†29] 実際にこの謎を解いたのは次の節にあるLorentzで、この段階ではまだ特殊相対論として完成してはいなかった。

[†30] もともと、添字 $_{\text{M}}$ の意味は「Maxwell方程式の成り立つ系_{フレーム}」だったが、この節の立場では全ての基準系でMaxwell方程式は成り立っている。

Lorentz は各種実験を再現できるように考えてこの変換にたどりついた。この変換によれば、ある座標系では電場が無く磁場だけが存在していたとしても、その座標系に対して速度 $\vec{v}$ で動く座標系には電場と磁場の両方が存在する。

次の図の {左では電場は無いが荷電粒子が動いているので力を受ける。
右では荷電粒子は動いてないが電場があるので力を受ける。

このどちらも正しい物理現象となるように電磁場の変換則が決まっている。

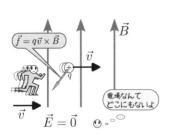
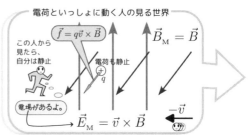

Lorentz はその変換則を定め、磁場中を動いている電荷が感じる力は、その電荷が静止している基準系では電場が存在していて、その電場から力を受けるからだと考えられることを示した。その力こそ $q\vec{E}_M = q\vec{v} \times \vec{B}$ ($\vec{E}_M$ が電荷の静止系で観測される電場である)であり、現在「Lorentz 力」と呼ばれている[†31]。3.1.2 項の動くコイルの問題も、(3.22)式を考えれば、「動くコイルの立場から磁場を見ると、そこには電場も存在する」という考え方で解くことができる。

Hertz の方程式では説明が困難であった現象を、「Maxwell 方程式＋Lorentz 変換」によってうまく説明することができた。しかしこの時点での Lorentz 変換にはいくつか不明確な点や未完成な点がある。そのためここで説明するとかえって混乱することになりそうなので、Lorentz 変換自体の説明は少し先に延ばす。歴史的には、Lorentz が試行錯誤の末に Lorentz 変換を作りあげた後、Einstein が特殊相対性原理という形で、その背後にある物理的内容を明確にしてくれた。現在の我々も、特殊相対性原理の考え方を使って Lorentz 変換を考えた方がわかりやすい。

以上からわかるように、『エーテルの静止系でのみ Maxwell 方程式が成立する』という考え方は、いろいろと実験的不都合を招く。**Galilei 変換が正しい**とすれば、電磁気学の基本法則は Maxwell 方程式ではなく Hertz の方程式で表さ

[†31] 広い意味での Lorentz 力は電場の力と磁場の力の和 $q\left(\vec{E} + \vec{v} \times \vec{B}\right)$ を指す。

3.6 Lorentz の考えから Einstein の相対論へ

れることになるが、Hertz の方程式は結局は間違っている。間違っていると言っても理論的に間違っているわけではなく、実験によって否定される。Hertz の方程式が正しいかどうか、あるいはエーテルが存在しているのかどうかを確認する、もっとも有名でかつ直接的な測定実験は Michelson と Morley による、光速がエーテルの運動によって変化するかどうかを確認した実験である（付録で解説する）。Michelson-Morley の実験は「光速は観測者によって変わるはず」ということを確認するための実験であったが、その結果は失敗に終わり、光速が変化しないことが確認されてしまった。

　光の速さを測定しようというのであれば、一番単純な方法は「A 地点で光を発射して B 地点で受ける。A 地点と B 地点の距離をかかった時間で割る」ことであろう。原子時計などを用いて精密に時間を測ることができる現代であれば、まさにこの通りの実験ができる。しかし、当時はまだそんな測定はできない。そこで干渉を用いて速度変化を検出しようというのが Michelson-Morley の実験である。Michelson-Morley の実験ではエーテルの運動の影響は $\left(\frac{v}{c}\right)^2$ のオーダーであったが、直接測定を行えば $\frac{v}{c}$ のオーダーで影響が出る。一方、現在の原子時計なら 10^{-7} 秒ぐらいの精度で時間を測ることができる。

　現在ならもっと直接的でシンプルな実験が可能だという意味では、Michelson-Morley の実験を使って光速不変を説明するという方法は、"古臭いやりかた" とも言える（なので付録扱いとした）。

　Michelson-Morley の実験は 100 年以上前の実験であり、当時の実験技術の粋をこらして実行されたものとはいえ、現代の技術でならばもっと精密な実験が可能である。もちろんその実験も行われており、Michelson と Morley の実験に比べると精度は 10 万倍に上がっている[†32]。もちろん、光速不変の原理を疑うに足る証拠はまったく無い。

【補足】 ┼┼
　逆に、「光がこれだけの遅れで伝わってきたから A 地点と B 地点の距離はこれこれである」という原理で現在位置を測定する機械がある。カーナビなどで使われている GPS(Global Positioning System) である。GPS は複数の人工衛星からの電波を受信して、その電波が発信源からどれくらい遅れて到着したかを計算して自分の位置を測る。衛星 A からの電波の遅れが衛星 B からの電波の遅れに比べて大きいなら、自分

[†32] むしろ、Michelson-Morley の実験装置は精密に距離を測定する方法として使われることも多い。光速一定を逆手にとって利用して、距離を測る手段に使う。重力波の観測にも使われている。

は衛星Bの近くにいると判断する、という具合である。この機械がうまく動作するためには「光速が一定である」という大前提がなくてはならない。衛星は頭上2万kmぐらいの高さを回っている。カーナビの精度は数mぐらいであるから、7桁の精度で距離が測定できている（誤差の原因は、電波が大気中を通る時の速度変化と、軍事利用されないためにわざと混入されている誤差）。エーテルの風が吹くという考え方がもしも正しいならば、GPSの衛星から来る電波の速度が季節によって 1 ± 10^{-4} 倍程度変化してしまうので、7桁の精度で距離を測ることなど、とてもできない（【演習問題3-2】
→ p59
参照）。現在我々の生活に直接関係する部分でも、エーテルが存在しないことを前提とした機械が使われており、しかも何の問題も無く動作しているということになる。少なくとも現在の実験のレベルにおいて、光速不変を疑うことはもはやできない。もちろん今後実験精度がさらに上がった時に何か変なことが発見される可能性は0ではないが、それを言い出せば、もともと物理における全ての法則は実験精度の範囲内でしか保証されていないのは当然のことである。
✢✢✢✢✢✢✢✢✢✢✢✢✢✢✢✢✢✢✢✢✢✢✢✢✢✢✢✢✢✢✢　【補足終わり】

　忘れないで欲しいのはMichelson-Morleyの実験だけがエーテルの存在（絶対空間の存在）を否定しているわけではないことである。この節で述べたように、Hertzの理論（Maxwell方程式＋Galilei変換）ではどうしても説明できない実験事実があったからこそ、Einsteinを筆頭とする20世紀の物理学者達はGalilei変換を棄却してLorentz変換を採用し、特殊相対論を展開させた。物理は、一つの実験だけをきっかけに一朝一夕に書き換えられるようなものではない。

3.7　導線のパラドックス：電流に追いつく

　ここまでの話でわかるように、相対論は電磁気学の発展の過程で生まれた理論である。というより、古典電磁気学を完成させる最後の1ピースだった。相対論なしでは電磁気学は未完成なのである。そこで、高校レベルの電磁気現象だが、相対論を使わないと説明できない現象を一つ紹介しておこう。

パラドックス

　電流が流れている導線から少し離れたところに静止した電子がいる。導線には流れている自由電子（負電荷）がいるが、静止している金属イオン（正電荷）もいて、全体として電荷は中和している。ゆえに導線のまわりに電場は無い。電流があるから磁場はあるが、磁場は止まってい

3.7 導線のパラドックス：電流に追いつく

る電子に力を及ぼすことは無い。よってこの電子は力を受けない。

ここで、流れている電子と同じ速度で移動しながらこの現象を見たとしよう。電子は止まってしまうが、金属イオンは逆に動き出すので、やはり電流は同じ強さで流れている（向きも変わらない）。故に磁場はやはり発生している。今度は外においてある電子は動いている。磁場中を動く電子は力を受けるので、この立場で考えると電子には力が作用する。

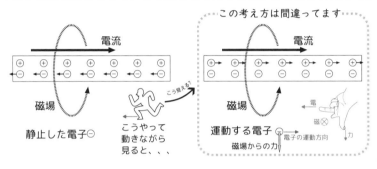

つまり、立場によって電子に力が作用するかどうかが違う。

はたして電子に作用する力は発生するのか、しないのか？？[33] —もちろん、どちらの立場でも電子は動かない。見る人の立場によって結果が変わるはずはない。

磁場の Lorentz 変換の近似式(3.22)を使って計算しよう。導線および外の電子が静止している立場（図の左）を $(t_\text{M}, \vec{x}_\text{M})$ 座標系、運動している立場（図の右）を $(t, \vec{x})$ 座標系とする。$(t_\text{M}, \vec{x}_\text{M})$ 座標系では電場は $\vec{0}$ であり、磁束密度は $\vec{B}_1$ だとしよう。二つの座標系の間の変換則である(3.22)から $\boxed{\begin{aligned}\vec{0} &= \vec{E} + \vec{v} \times \vec{B} \\ \vec{B}_1 &= \vec{B} - \frac{1}{c^2} \vec{v} \times \vec{E}\end{aligned}}$ が成り立つ。この式から $\boxed{\vec{B}_1 = \vec{B} + \frac{1}{c^2} \vec{v} \times (\vec{v} \times \vec{B})}$ となるが、$\frac{v^2}{c^2}$ のオーダーは無視するので $\boxed{\vec{B} = \vec{B}_1}$ とわかる。これから $(t, \vec{x})$ 座標系での電場は $\boxed{\vec{E} = -\vec{v} \times \vec{B}_1}$ となる。

---

[33] 電線の中の電子の動く速度はけっこうゆっくり（歩く速度より遅いぐらい）なので、この実験は実際にやることができる。

すると電子には $(-e)(-\vec{v}\times\vec{B}_1)$ の静電気力と $-e\vec{v}\times\vec{B}_1$ の磁場からの力が作用する。結果として電子に作用する力は $\vec{0}$ である[†34]。

上の結果を見て

> **早合点な人**
> なるほど、磁場を動きながら見れば（自動的にどこからともなく）電場が出てくるのだな。

と納得してしまうかもしれない。しかし、それでは問題の半分しか理解していない。「電場が出てくる」のは間違いないが、「どこからともなく」ではなく、明確な「起源」を持って出てくるのである。相対論を知っていると、電場の起源の謎を解くことができる。これについてはずっと後の9.7.2項で示す。
→ p222

というわけで、いろいろ後の楽しみを残しつつ、次の章でいよいよ特殊相対論の肝である、Lorentz変換の考え方に迫っていこう。

3.8 章末演習問題

★【演習問題3-1】
z軸と一致する無限に長い直線上に線密度 ρ で静止した電荷が分布している。このとき z 軸から r だけ離れた場所には外向き（z軸から離れる向き）に、$\dfrac{\rho}{2\pi\varepsilon_0 r}$ の電場が存在する。

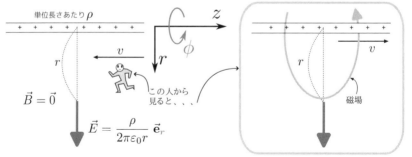

これを速度 $\vec{v}$ で動きながら見るとどう見えるかを、以下の2通りの方法で計算し、一致することを確認せよ。

[†34] 「電子は上下から引っ張られて引きちぎられませんか？」と心配する人がたまにいるが、図では作用点を離して描いてあるが実際には磁場からの力と電場からの力の作用点は一致しているので、「上下から」力が作用するわけでもないし、引きちぎる力にもなってない。

(1) 式(3.21)と(3.22)を使って。
    → p53   → p53
(2) どれだけの電流が流れているように観測されるかを考えて。

ここで、$\dfrac{v^2}{c^2}$ のオーダーは無視してよい（後で出てくる正確な Lorentz 変換の式は使わなくてもよい）。
ヒント→ p1w へ　解答→ p5w へ

★【演習問題 3-2】
2地点 $A_i(x_i, y_i)$ $(i=1,2)$ に「時報」を電波で送信している衛星がある。現在時刻に場所 (x,y) にいる「自分」が時刻 t において
$\begin{cases} A_1 \text{にいる衛星から } T_1 \\ A_2 \text{にいる衛星から } T_2 \end{cases}$
という時報を受け取ったとしよう。すると、次の式が成り立つ。

$$c^2(t-T_1)^2 = (x-x_1)^2 + (y-y_1)^2 \quad (3.23)$$
$$c^2(t-T_2)^2 = (x-x_2)^2 + (y-y_2)^2 \quad (3.24)$$

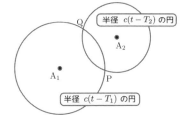

これを解けば x, y が求まり、自分の現在位置を推測できる。図に示した二つの点 P, Q のどちらかが現在位置である。

以下では簡単のため、$\boxed{x_1 = -L, x_2 = L, y_1 = y_2}$ であった場合を考えよう。その場合に (3.23)−(3.24) を計算すると

$$c^2\left((t-T_1)^2 - (t-T_2)^2\right) = (x+L)^2 - (x-L)^2$$
$$c^2(T_2-T_1)(2t-T_1-T_2) = 4Lx$$
$$\dfrac{c^2(T_2-T_1)\left(t-\dfrac{T_1+T_2}{2}\right)}{2L} = x \quad (3.25)$$

となって x が求められる。

我々は知らなかったが、この場所には x 軸正の向きに速さ v の「エーテルの風」が吹いていて、上の図の円は風に乗って流されるとする。よって上で求めた x を $x_{\text{無風}}$ とすると（エーテルの風が吹いているなら）これは正しい x 座標にならない。エーテルの風が吹いていることを考慮して計算した「真の x」[†35] に比べ、我々は現在位置の x 座標をどの程度間違うだろう？ ——簡単のため $\boxed{T_1 = T_2}$ の場合について計算し、$\boxed{v = 30 \text{ km/s}}$（地球の公転速度）$\boxed{t - T_1 = 0.01 \text{ s}}$（衛星と自分の間の距離が 3000 km の場合）について見積もれ。y 座標も間違うのだが、そちらは計算しなくてよい。
ヒント→ p1w へ　解答→ p6w へ

[†35] 実際にはエーテルの風は吹いていないのだから、「真の」ってなにか変だが。

第4章 光速不変からLorentz変換へ

実験からわかった「光速は誰から見ても同じである」という事実をどのように解釈しなくてはいけないかを考えよう。

4.1 光速不変性を満たす座標変換

4.1.1 特殊相対性原理

第3章で[†1]Maxwell方程式がGalilei変換で不変でないことを述べた。このことを「Maxwell方程式は特定の座標系でしか成立しない方程式である」と解釈するべきか？ ——それとも「Galilei変換は正しくない」と解釈するべきか？
→ p36

前者は実験により否定されてしまったので、後者の可能性を考えていこう。つまり、「Maxwell方程式は全ての慣性系で成立している」と考えて、Galilei変換の方を修正して新しい理論を作っていこう。Einsteinは

―――――― 特殊相対性原理 ――――――
物理法則は全ての慣性系で同じである。

という要請を置いた。この「物理法則」の中にはMaxwell方程式も入っているので、特殊相対性原理は光速不変の原理を含んでいる。

Galilei変換もLorentz変換も、時空間に設定した複数の慣性系の間を変換するものである。互いに運動している観測者の見る物理現象は違うものになるから、慣性系である基準系(フレーム)は複数個存在し、その間の「変換則」が必要になる。

[†1] 第3章を読まず急いでここに来た人はとりあえず、「真空中の光速はどのように動きながら測っても c である」という実験事実が確定している、ということだけを認めたうえでこの先を読み進んで欲しい。

4.1.2 慣性系の満たすべき条件

今から考える時空間における慣性系およびその間の変換は以下のような性質を持つものとする[†2]。この後作るLorentz変換は、これらの性質を壊さないものであって欲しい。

時空間における慣性系の性質

(1) 空間は一様で等方的である。

(2) 時間は一様である。

(3) 二つの慣性系があるとき、一方の慣性系の固定点は、もう片方の慣性系から見ると等速直線運動する。慣性系の間の変換は、この速度だけで指定される。

(4) 変換でつながるどの慣性系も対等である。

条件(1)の「一様性」とは、「空間のどの場所も同じ性質を持つ」、別の言葉を使えば「並進不変性がある」あるいは「座標原点の設定に任意性がある」ことである。「等方性」は「空間のどの方向も同じ性質を持つ」、別の言葉で言えば「回転不変性がある」あるいは「座標軸の向きの設定に任意性がある」ことである。

条件(1)を満たす一様で等方な系の空間には以下で説明する直交座標 x, y, z を設定することができる[†3]。直交座標において、点 (x, y, z) と、そこから $(\Delta x, \Delta y, \Delta z)$ 離れた点 $(x+\Delta x, y+\Delta y, z+\Delta z)$ の間の距離は $\sqrt{(\Delta x)^2 + (\Delta y)^2 + (\Delta z)^2}$ である。右の図にはその様子を(z座標を無視した)2次元平面で示した。

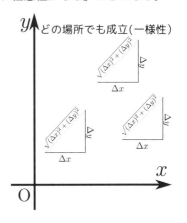

この距離の式 $\sqrt{(\Delta x)^2 + (\Delta y)^2 + (\Delta z)^2}$ は変位 $(\Delta x, \Delta y, \Delta z)$ のみに依存し、場所 (x, y, z) に依らない。このような座標系が張れるのは空間の一様性のおかげである。

また、x, y, z 座標はまったく対等で、座標軸を回転させることの不変性があ

[†2] 特別な要求をするものではなく、普通に慣性系である「基準系」ならそうであろうと思われる性質を考えるだけのことである。

[†3] Galilei変換および次に定義するLorentz変換はもっと一般的な座標でも考えることはできるが、以下では直交座標を使って考える。

る。これは「等方性」のおかげである。

　条件 (2) は時間の間隔（1s とか 1 日とか）がずっと同じ物理的意味を持つこと（今日の 1s は明日の 1s と同じ長さ）で、当たり前の仮定であろう。

　条件 (3) の最後に「慣性系の変換は、この速度だけで指定される」と書いたが、その意味は、「ある慣性系から見て同じ速度で運動しているが、違う慣性系」は存在しないこと（唯一性）を仮定することである。

　最後に条件 (4) は「特別な慣性系が存在しない」ことを意味する。相対性原理という物理的に重要な要請に対応する。

　Galilei 変換は、上記に

─────── Galilei 変換の性質 ───────
(5)　時間座標は変換を受けない。

を加える。つまり $\tilde{t} = t$ である。条件 (5) は相対論以前の物理にとっては「暗黙の了解」である。

　Galilei 変換と似た性質を持つ「動いている座標系の間の変換」であるが、光速の不変性を保つ変換を「**Lorentz変換（Lorentz transformation）**」[†4] と呼び、以下を満たす変換とする。

─────── Lorentz 変換の性質 ───────
(5)　どの座標系でも真空中の光速は一定値 c を取る。

　Galilei 変換との違いである (5) が重要な物理的要請である。

　後で、この二つの (5) のどちらかが成り立つべきだということが別の要請から決まることを説明する。

4.1.3　Lorentz 変換が線形変換であること

　一様性の条件 (1) を考えると、これらの変換（今から作る Lorentz 変換も含め）は線形変換（一次変換）でなくてはならない。

　例えば変換 $\tilde{x} = ax^2$ をしたとすると、$x = 0$ 付近と、そこから遠い場所では、x が変化した時の $\tilde{x}$ の変化量が違う。

[†4] 「Lorentz 変換」という言葉には広い意味、狭い意味でいろいろな定義があるが、それについては後で詳しく述べる。

これはつまり、x 座標系で測った 1 m が、$\tilde{x}$ 座標系では場所によって 10 cm になったり 3 m になったりと、違う長さになることになる。しかし今考えて

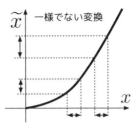
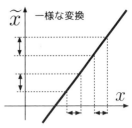

いる一様な空間の慣性系同士の変換ではこんなことは起こらないに違いない。ただし、ある座標系での 1 m が別の座標系では（一様に）50 cm になることはあり得る（実際この後そうなる）。

一様性の条件を満たすためには、(x, y, z, t) と $(\tilde{x}, \tilde{y}, \tilde{z}, \tilde{t})$ が一次変換で結ばれなくてはならない。

以下では時間座標と空間座標の線形結合となる式がよく出てくる。時間座標と空間座標は次元が違うので、時間座標 t に光速 c を掛けて ct として、(ct, x, y, z) と四つの（すべて次元は長さとなる）「4次元時空座標」を以下では使っていくことにする。ここではまだその深い意味は説明しないので、単に「c を掛けて次元が揃った」と思っておけばよい。

ct は 4 次元時空座標の「第 0 成分」とする[†5]。ここからは時間座標を最初にして (ct, x, y, z) の順に並べて書いて、4 次元の変数をまとめて「時空座標」とする。時空座標は添字を使って x^μ（$\mu = 0, 1, 2, 3$）$\boxed{x^0 = ct, x^1 = x, x^2 = y, x^3 = z}$ と表現する。

相対論の多くの本で、

―― 添字に関するルール ――
- 3次元空間の添字はアルファベット $i, j, k \cdots$ を使う。
- 4次元時空の添字はギリシャ文字 $\mu, \nu, \rho, \cdots$ を使う。

が使われているので、本書でも使うことにする。多くの本で、空間の関数である $f(x, y, z)$ のような量は、$f(\vec{x})$ と表記されている（本書でもそうする）。さらに本書では、時間と空間の関数である $f(ct, x, y, z)$ のような量を、短く書きたいときは $f(x^*)$ と表記する（「はじめに」を参照せよ）。

[†5] 古い相対論の本では、第 0 成分を使わず、虚数単位 i を使って「第 4 成分」を ict とするものがある。なぜ虚数が出てくるかについては p114 の脚注 †3 で述べよう。最近はあまり使わない書き方である。

4.1.4 Lorentz変換の導出

計算を簡単にするために、

- 二つの座標系でx, y, z軸の向きは同じ。
- 原点 $ct = 0, x = 0, y = 0, z = 0$ を原点 $\widetilde{ct} = 0, \widetilde{x} = 0, \widetilde{y} = 0, \widetilde{z} = 0$ に写像する。
- $\widetilde{x}^*$ 座標系の空間座標の原点 $\widetilde{x} = 0, \widetilde{y} = 0, \widetilde{z} = 0$ は x^* 座標系で見ると速さvでx軸上を正の向きに運動する[†6]。

という条件をつけると、

─── Lorentz変換（導出途中）───

$$\widetilde{x} = A(v)(x - vt) = A(v)\left(x - \frac{v}{c}ct\right) \tag{4.1}$$

$$\widetilde{y} = y \tag{4.2}$$

$$\widetilde{z} = z \tag{4.3}$$

$$\widetilde{ct} = B(v)ct + C(v)x \tag{4.4}$$

の形になる。$A(v), B(v), C(v)$はct, x, y, zに依存しない（vには依存する）係数である。

ここで、y, zの前の係数を1にした[†7]。 $\widetilde{y} = \alpha y$ のように伸縮しても良さそうに思えるかもしれないが、$\widetilde{y} = \alpha y$ だったとすると、その逆変換は $y = \frac{1}{\alpha}\widetilde{y}$ となる。$\alpha \neq 1$ の場合y座標に関して「x軸の向きに動くと伸びるが、$-x$軸の向きに動くと縮む」というおかしなことが起こってしまう。xのどちらが正の向きなのかは人間の勝手で決めるものであるから、そんなものに物理現象が左右されるのはおかしい（等方性に反する）。というわけで $\alpha = 1$ とした。

(4.1)にもあるように、ここから先$\frac{v}{c}$という量がよく出てくるので、$\beta \equiv \frac{v}{c}$ としよう[†8]。βは無次元量であり、$\beta = 1$ が「速さが光速である」を意味する。すぐ後でわかるが、βの絶対値は1より小さい。

[†6] 数式で表現するなら、$x = vt$ と $\widetilde{x} = 0$ が同じ意味を持つということ。

[†7] y, zの式にctが入ってこないのは、今は運動をx軸の向きに限っているから。

[†8] βは速さvの関数なので、そのことを強調したいとき、あるいはvの違いを示したいときは$\beta(v)$と書くこともある。ここからしばらくはvは一つしか出てこないので、単にβと書く。

速度が0、すなわち $v=0$ では変換が恒等変換であることを考えると、

$$A(0) = B(0) = 1, \quad C(0) = 0 \tag{4.5}$$

を満たさなくてはいけない。

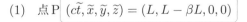 ここで、$C(v)$ の存在が不思議に見えるかもしれない。「なぜ時間が基準系(フレーム)によって違うの？」と。この後の計算で $C(v)$ が nonzero でないと光速不変は満たせないことがわかるので、とりあえずは読み進めて欲しい。

4.1.5 係数の決定

条件 (5) から係数を決めていく。例えば、光が L 進むには時間 $\dfrac{L}{c}$ が掛かる。これは「ct が L だけ増加する」ことである。よって x 軸正の向きに進む光を考える場合、光の位置の x 座標が L 増えるあいだに ct 座標も L 増える。

以下の3点を点Oからの光が到着する時空点の代表として選ぶ。

(1) 点P $(ct, x, y, z) = (L, L, 0, 0)$
(2) 点Q $(ct, x, y, z) = (L, -L, 0, 0)$
(3) 点R $(ct, x, y, z) = (L, 0, L, 0)$

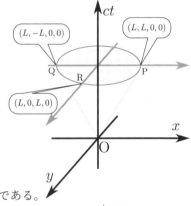

右の図にこの3点を描いた。3種類の光は、それぞれ「x 軸正の向きに進む光」「x 軸負の向きに進む光」「y 軸正の向きに進む光」である。

ここで、(これではだめだとわかっているのだが、あえて) Galilei 変換を行ってみよう。各点の座標をGalilei 変換の式に代入すると

(1) 点P $(\widetilde{ct}, \widetilde{x}, \widetilde{y}, \widetilde{z}) = (L, L-\beta L, 0, 0)$
(2) 点Q $(\widetilde{ct}, \widetilde{x}, \widetilde{y}, \widetilde{z}) = (L, -L-\beta L, 0, 0)$
(3) 点R $(\widetilde{ct}, \widetilde{x}, \widetilde{y}, \widetilde{z}) = (L, -\beta L, L, 0)$

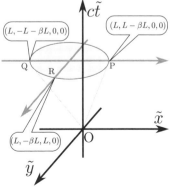

となる。$(\widetilde{ct}, \widetilde{x}, \widetilde{y}, \widetilde{z})$ 座標系でみると (ct, x, y, z)

座標系の原点がx軸負の向きに $\underbrace{v}_{\text{速度}} \times \underbrace{\dfrac{L}{c}}_{\text{時間}} = \beta L$ だけ移動する。よって$(\tilde{ct}, \tilde{x}, \tilde{y}, \tilde{z})$座標系では点P, Q, Rも同じだけ移動すると考えれば上の式は理解できる[t9]。

点P, Q, Rを Lorentz 変換（導出途中）で変換された座標で表現すると
（p64の(4.1)〜(4.4)）

(1) 点P $(\tilde{ct}, \tilde{x}, \tilde{y}, \tilde{z}) = (B(v)L + C(v)L, A(v)(L - \beta L), 0, 0)$

(2) 点Q $(\tilde{ct}, \tilde{x}, \tilde{y}, \tilde{z}) = (B(v)L - C(v)L, A(v)(-L - \beta L), 0, 0)$

(3) 点R $(\tilde{ct}, \tilde{x}, \tilde{y}, \tilde{z}) = (B(v)L, A(v)(-\beta L), L, 0)$

である。$C(v)$が0の場合は（$A(v), B(v)$の分だけスケールが変わること以外は）Galilei 変換と同様だが、そうでない場合は点P, Q, Rを含む面が傾くことになる（下の図参照）。

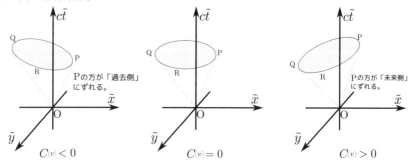

この「傾く」とは、tという時間座標を使って考えると「同時」であったP, Q, Rという事象が$\tilde{t}$の方の時間座標を使って考えると「同時」ではないことを表す。この現象を「**同時の相対性**」と呼ぶ。多少びっくりするところだと思うので、4.3節ではその意味を図で理解することにするが、ここではまず数式の上で
→p70
同時の相対性の必要性（具体的には $C(v) < 0$ でなくてはいけないこと）を確認しよう。

[t9] 「理解できる」と書いたが、実はこの考えは正しくないことがわかるのである。

4.1 光速不変性を満たす座標変換

原点からこれらの点に進む光も速さ c でなくてはいけないことから、

点 P について　$\overbrace{A(v)(L - \beta L)}^{\text{点Pに来た光の移動距離}} = \overbrace{B(v)L + C(v)L}^{\text{点Pの}c\tilde{t}\text{座標}}$

$$A(v)(1 - \beta) = B(v) + C(v) \quad (L\text{で割る}) \tag{4.6}$$

点 Q について　$\overbrace{-A(v)(-L - \beta L)}^{\text{点Qに来た光の移動距離}^{\dagger 10}} = \overbrace{B(v)L - C(v)L}^{\text{点Qの}c\tilde{t}\text{座標}}$

$$A(v)(1 + \beta) = B(v) - C(v) \quad (L\text{で割る}) \tag{4.7}$$

点 R について　$\overbrace{\sqrt{(-\beta A(v)L)^2 + L^2}}^{\text{点Rに来た光の移動距離}^{\dagger 11}} = \overbrace{B(v)L}^{\text{点Rの}c\tilde{t}\text{座標}}$

$$\beta^2 (A(v))^2 + 1 = (B(v))^2 \quad (L\text{で割って自乗}) \tag{4.8}$$

という関係がまず見つかる。以上からまず、

$$(4.6) + (4.7) \text{により} \qquad A(v) = B(v) \tag{4.9}$$
$$(4.6) - (4.7) \text{により} \qquad -\beta A(v) = C(v) \tag{4.10}$$

を得る。(4.9) を (4.8) に代入して、

$$(A(v))^2 \beta^2 + 1 = (A(v))^2$$
$$(A(v))^2 (1 - \beta^2) = 1$$
$$A(v) = \pm \frac{1}{\sqrt{1 - \beta^2}} \tag{4.11}$$

となる。(4.5) $\boxed{A(0) = 1}$ という条件があったから、複号は + を選ぼう。ゆえに、$\boxed{A(v) = B(v) = \dfrac{1}{\sqrt{1 - \beta^2}}, C(v) = -\dfrac{\beta}{\sqrt{1 - \beta^2}}}$ と定まる。因子 $\dfrac{1}{\sqrt{1 - \beta^2}}$ も今後よく出てくるので $\boxed{\gamma \equiv \dfrac{1}{\sqrt{1 - \beta^2}}}$ と置く$^{\dagger 12}$。γ は β または v の関数なので $\boxed{\gamma(\beta) = \dfrac{1}{\sqrt{1 - \beta^2}}}$ または $\boxed{\gamma(v) = \dfrac{1}{\sqrt{1 - \dfrac{v^2}{c^2}}}}$ とも表記する。

[†10] 点 Q の $\tilde{x}$ 座標は負なので、− をつけることで距離（正の値）になる。
[†11] 点 R の $\sqrt{(\tilde{x}\text{座標})^2 + (\tilde{y}\text{座標})^2}$ を計算している。
[†12] γ は「γ 因子」という、味もそっけも無い名前で呼ばれる。「Lorentz 因子」と呼ぶこともある。

4.2 Lorentz 変換の式

4.2.1 ここまでの結果のまとめ

────── x 方向の Lorentz 変換 ──────

$$\widetilde{x} = \gamma(x - \beta ct), \quad \widetilde{y} = y, \quad \widetilde{z} = z,$$
$$\widetilde{ct} = \gamma(ct - \beta x)$$
$$\text{ただし、} \boxed{\beta = \frac{v}{c}, \gamma = \frac{1}{\sqrt{1-\beta^2}}} \tag{4.12}$$

と変換すれば、どの座標系でも光速は一定値 c を取る。逆に、p62 の「Lorentz 変換の性質」を満たす変換は（運動方向を x 方向とした場合では）上の変換しか有り得ない（速度が一般の向きの場合については、4.8 節で考える）。

$\widetilde{x}$ 軸と $\widetilde{ct}$ 軸は元の x 軸と ct 軸から傾いていき、縦軸、横軸のスケールも変わっていく。その様子を $\boxed{\beta = 0.3}$ と $\boxed{\beta = 0.6}$ の場合で描いたのが右の図である。(ct, x) 座標がそれぞれ $(0, 1)$、$(1, 0)$ の点、および Lorentz 変換した後の座標系で座標がそれぞれ $(0, 1)$、$(1, 0)$ の点を図に示した。破線は傾き 45 度の線（光の軌跡の線）である。この後 β を 1 に近づけていくと二つの座標軸は傾き 45 度の線に漸近していく。

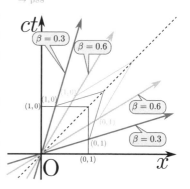

この変換を最初に導いたのが Lorentz なので、これを「Lorentz 変換」と呼ぶ。しかし、Lorentz は最初にこれを導いた時点では新しい時間座標 $\widetilde{t}$ を「局所時」と呼んで、本当の意味の時間ではないと考えていた[13]。そういう意味で最初に Lorentz が考えた変換は「座標変換」ではなかったとも言える。数式としては正しいものを出していたが解釈を誤っていたわけである。この時期には Poincaré[14] も Lorentz 変換を導き、特殊相対論とほぼ同等な理論を作っている。よく言われる、「天才一人が現れてそれまでの物理ががらっと変わる」なんてことは実際には起きないものである。特殊相対論も、Einstein 一人が作ったもの

---

[13] この点に関しては Lorentz 本人は後に、「局所時は本当の時間ではないという考えから抜け出せなかったのは失敗だった」という意味のことを述べている。
[14] Poincaré はフランスの数学者・物理学者。数学でも多大な業績がある。

ではないし、おそらくは Einstein がいなくても早晩完成していたと思われる。

【補足】✚✚✚✚✚✚✚✚✚✚✚✚✚✚✚✚✚✚✚✚✚✚✚✚✚✚✚✚✚✚✚✚✚✚✚✚✚✚✚
　20世紀になるまで Lorentz 変換が発見されず、Galilei 変換でよしとされていた理由は、v が c に比べて小さい場合はこの二つを区別しにくい（Galilei 変換は Lorentz 変換のよい近似である）からである。

　Lorentz 変換を x, t, v, c で書くと

$$\widetilde{x} = \frac{1}{\sqrt{1 - \frac{v^2}{c^2}}}(x - vt), \quad \widetilde{t} = \frac{1}{\sqrt{1 - \frac{v^2}{c^2}}}\left(t - \frac{v}{c^2}x\right) \tag{4.13}$$

である。v が 30 km/s ぐらい（地球の公転速度程度）のとき、$\boxed{\dfrac{v}{c} \simeq 10^{-4}}$ である。$\boxed{\dfrac{v}{c} \ll 1}$ のとき、$\boxed{\dfrac{1}{\sqrt{1 - \frac{v^2}{c^2}}} \simeq 1 - \dfrac{1}{2}\dfrac{v^2}{c^2}}$ で、この場合は $1 - \dfrac{1}{2} \times 10^{-8}$ であるから、この因子は 1 と近似してよい。するとこの場合

$$\widetilde{x} \simeq x - vt, \quad \widetilde{t} \simeq t - 10^{-4} \times \frac{x}{c} \tag{4.14}$$

となる。最後の $\dfrac{x}{c}$ は「光が距離 x 進むのに掛かる時間」だが、$\boxed{x = 300\text{m}}$ に対しても $\dfrac{x}{c}$ はおおよそ 10^{-6} s であるから、$\dfrac{v}{c^2}x$ は 10^{-10} s 程度になり、日常的な t の値に比べれば非常に小さく、無視してよい。$\dfrac{v}{c}$ が 1 に比べ小さく、$\dfrac{v}{c^2}x$ が考えている時間のスケールに比べて小さい限り、Galilei 変換は Lorentz 変換の近似として有効である。
✚✚✚✚✚✚✚✚✚✚✚✚✚✚✚✚✚✚✚✚✚✚✚✚✚✚✚✚✚✚✚✚✚✚✚　【補足終わり】

4.2.2　任意方向に進む光の速さが不変であること

　前節では原点から P, Q, R に向かう 3 種類の光を例にしてこの変換を求めたが、どんな光でも大丈夫なのだろうか？ ——確認しておこう。

　そのために、任意の方向に進んだ光に対して成り立つべき式を考えよう。原点から出た光が到着する点の座標を (ct, x, y, z) および $(c\widetilde{t}, \widetilde{x}, \widetilde{y}, \widetilde{z})$ とする。原点から (ct, x, y, z) までの空間的距離は $\sqrt{x^2 + y^2 + z^2}$ で、この距離を光速 c で光が伝播したのだから、$\boxed{\sqrt{x^2 + y^2 + z^2} = ct}$ が成り立つ。$(c\widetilde{t}, \widetilde{x}, \widetilde{y}, \widetilde{z})$ に関しても同様である。ルートが出てこない形に書き直すと、

光円錐条件

(ct, x, y, z) 座標系においては $x^2 + y^2 + z^2 - (ct)^2 = 0$ (4.15)

$(\widetilde{ct}, \widetilde{x}, \widetilde{y}, \widetilde{z})$ 座標系においては $\widetilde{x}^2 + \widetilde{y}^2 + \widetilde{z}^2 - (\widetilde{ct})^2 = 0$ (4.16)

が成り立たなくてはいけない[†15]。(4.16)にLorentz変換の式を代入すると、

$$(\overbrace{\gamma(x-\beta ct)}^{\widetilde{x}})^2 + (\overbrace{y}^{\widetilde{y}})^2 + (\overbrace{z}^{\widetilde{z}})^2 - (\overbrace{\gamma(ct-\beta x)}^{\widetilde{ct}})^2$$

$$= \gamma^2(x^2 - 2\beta xct + \beta^2(ct)^2) + y^2 + z^2 - \gamma^2((ct)^2 - 2\beta xct + \beta^2 x^2)$$

（相殺）

$$= \gamma^2\underbrace{(1-\beta^2)}_{1}x^2 + y^2 + z^2 + \underbrace{\gamma^2(-1+\beta^2)}_{-1}(ct)^2 = x^2 + y^2 + z^2 - (ct)^2$$
(4.17)

となる。我々が要請したのは「(4.15)と(4.16)が同時に成り立つ」という条件（物理的には「ある基準系の光速は、別の基準系でも光速」）だったのだが、この条件よりもっと強い、「(4.15)と(4.16)の左辺が等しい」という条件である

$$x^2 + y^2 + z^2 - (ct)^2 = \widetilde{x}^2 + \widetilde{y}^2 + \widetilde{z}^2 - (\widetilde{ct})^2 \tag{4.18}$$

が成り立つ（この式の値が0でない場合でも成り立つ）。

これは「$x^2 + y^2 + z^2 - (ct)^2$はLorentz変換の不変量である」ことを示しており、3次元空間において成り立つ「$x^2 + y^2 + z^2$は回転の不変量である」の4次元バージョンである。この不変性の意味については、第6章で深く考えよう。

4.3 図解からLorentz変換を求める

Lorentz変換の式を、図解で求めていこう。結果はもちろん数式で求めるのと同じなので、前節で十分納得したという人はこの節は読まなくてもよい。

特殊相対論の話では後で説明する「Lorentz短縮」と「ウラシマ効果」の二つの現象がよく話題に上る[†16]のだが、ここではそれらと比べても衝撃度の大きい（よって重要な）、「同時の相対性」を図解する。

[†15] 時空間の座標には一様性があるので、「原点から任意の点まで」について確認しておけば「任意の点から、別の（条件を満たす）任意の点まで」についても確認したことになる。

[†16] 「よく話題に上る」のにはこれがわかりやすく、衆目を集めやすいという点もあるが、歴史的にも、LorentzとFitzGeraldがものさしの収縮（いわゆるLorentz-FitzGerald短縮）の仮説を唱えた時期の方がLorentz変換（「同時の相対性」も含む）の発見より古い。

4.3.1 同時の相対性の図解

動く図の方がわかりやすいと思うので、右のアプリが実行できる人はやってみて欲しい。

長さ $2L$ の電車の中央に観測者（Aさん としよう）が乗っている。Aさんにとってはもちろん、電車は動いていない。電車の外にBさん がいて、Bさんにとっては電車は図の右向きに動いている[17]。

電車の後端（Aさんからの距離 L）と先端（Aさんからの距離は L で同じ）に電光掲示板式の時計があるとする。ある時刻（0時0分0秒としよう）を示す時計の光が、時間 $\dfrac{L}{c}$ 後（図では1秒後とした[18]）にAさんに到達する。

その様子を描いたのが右の図である。「電車が止まっている立場（すなわちAさんの立場）」で、光が図上で45度の線になるように（距離1光秒と時間1秒を同じスケールで）描いている。Aさんの立場では自分は静止し、Bさんの方が左向きに速さ v（右向きを正とした速度 $-v$）で動いている。

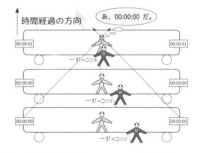

Aさんが「あ、00:00:00だ」と思った瞬間は、（光が到着するのに1秒かかるので）実際には00:00:01である。このときAさんはどっちの時計を見ても00:00:00という目盛を読める。Aさんが目盛を読む時刻と時計の指している時刻との間にはズレがあることに注意しよう[19]。

我々は相対性に興味があるので、「この現象を別の立場で見たら何が起こるのか？」を考えていこう。Bさんからは電車は前方に向けて運動しているように見える。ここで、（後で間違っているとわかる考え方だが、あえて）

---

[17] 「AさんとBさんのうち本当に止まっているのはどっち？」という質問には意味が無いことに注意。どっちが止まっている立場に立っても物理は変わらない。だからそんなことを決める意味は無い。

[18] 電車の長さが2光秒、つまり60万 km ほどになるが、まぁそういう架空の設定だということで話を聞いてもらいたい。

[19] 我々の生活空間は1光秒の広さが無いので、これを実感することは無いが、実は我々が時計をみて確認している時間は、（ナノ秒で測る程度に）実際の時間より遅いのだ。ちなみに、1ナノ光秒は、29.9792458 cm。つまり、30 cm ほど向こうにある時計の指す時間は、1ナノ秒ぐらい遅れている。

> **Galilei 変換的な考え方**
>
> 走りながら観測すると、前方から出た光は、観測者の速度の分遅く感じられる。同様に後方から出た光は観測者の速度の分速く感じられる。

をしてみよう。すると、次の図が描ける。

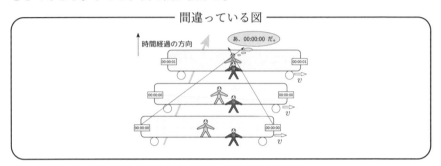

Ｂさんの見る現象を時間を縦軸にして描いたものだからＢさんは静止している。Galilei 変換的に考えたので光の移動は 45 度の線にならない。光は前からと後ろから、違う速さでやってきて、同時刻にＡさんに到達する。このことは（現象としては）矛盾は何もない。しかし、実験事実はこの考えを支持しない。

なぜなら、実験によれば（実験的に成功している Maxwell の電磁気学理論をどの立場でも成立するものと考えるならば）光速は一定であり、

$$\begin{cases} \text{Ｂさんから見た前方からの光がＢさんの速度の分遅くなる} \\ \text{Ｂさんから見た後方からの光がＢさんの速度の分速くなる} \end{cases}$$ などという現象

は起きないのである。では、次の図のようになるのか。

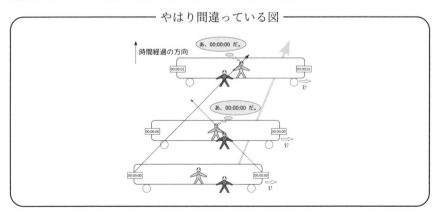

だが、これもおかしい。なぜなら、この図では光がＡさんに到着するのは同

時ではない。同じ現象を見方（観測者の立場）を変えて見ているだけであることに注意して欲しい。この図では、Aさんが2回「0時0分0秒を指す時計」を観測することになるが、Aさんは「自分には同時に光が到着した」と思うはずだ。そして、それは電車の中の人が見ようが外の人が見ようが変わり得ない。

こうして、満足のいく解釈は、次の図のように、前方と後方で光の発射時刻がずれていると考える他は無いとわかる。

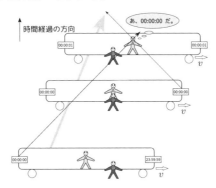

すなわち、「同時刻」は観測者に依存する。したがって、動いている人にとっての時刻 t が一定になる線（1＋1次元で考えているので線だが、3＋1で考えていれば3次元超表面）は、時刻 t が一定の線に対して「傾く」ことになる。以下のようなFAQ（Frequently Asked Question=よく聞かれる質問）がある。

【FAQ】同時が相対的だというなら、Aさんに光が届く時間も相対的に変化していいのでは？

　ここで「相対的」と言っているのは「離れた場所における同時」であり、「二つの違う時空点の関係」である。ある一つの場所（今の場合、Aさんの目）における同時（一つの同じ時空点の関係）ではない。後者を「局所的な同時」と呼ぶ。
　局所的な同時が相対的なのはさすがに許しがたい。Aさんに「光が同時に来たら『よっしゃ！』と叫んで」と頼んでいたとしよう。局所的な同時が相対的ならば、電車内の人から見たらAさんは「よっしゃ！」と叫び、電車外の人から見たら叫ばない——これはとても考えられないだろう。

同時の相対性にずいぶんこだわっていろいろ図を描いて説明しているが、それはこの同時の相対性こそが特殊相対論を理解するのにもっとも重要な（そし

て、それゆえにとっつきにくい）概念だからである。この説明で「わかった」と思えた人は、特殊相対論理解という山登りの最大の難所はクリアしている。

4.3.2 時空図グラフで考える Lorentz 変換

Galilei 変換で $\begin{cases} t\text{軸（}\boxed{x=\text{一定}}\text{の線）} \\ \tilde{t}\text{軸（}\boxed{\tilde{x}=\text{一定}}\text{の線）} \end{cases}$ は傾くが $\begin{cases} x\text{軸（}\boxed{t=\text{一定}}\text{の線）} \\ \tilde{x}\text{軸（}\boxed{\tilde{t}=\text{一定}}\text{の線）} \end{cases}$
は同じ向きを向く。しかし Lorentz 変換においては t 軸と x 軸の両方が傾かなくてはいけない。そうでないと、光速一定を満たすことができない。式で考えると、これは $\tilde{t}$ の式の中に t, x の両方が入ってくることを意味する。

ここで時空図で t 軸と x 軸の傾きを確認しよう。以後、縦軸は時間座標 $t, \tilde{t}$ ではなく、これに光速 c をかけた $ct, c\tilde{t}$ とする。これで、光の軌跡は時空図上では傾きがぴったり 45 度の線になる（光は単位時間に c 進むから）。

電車外の観測者の座標系を (ct, x) にしたいので、電車内にいる観測者の座標系を $c\tilde{t}$ と $\tilde{x}$ としよう。この観測者の基準系(フレーム)での電車の後端・中間にいる人（Aさん）・先端のそれぞれの世界線を図に描くと、右図のようになる。縦の 3 本の線は左から、OR が電車の後端の世界線、PS が A さんの世界線、QT が電車の先端の世界線であり、斜めに走る破線は光の軌跡である。

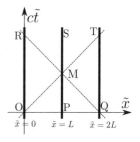

$\begin{cases} \text{O 点で電車の後端から出た光} \\ \text{Q 点で電車の先端から出た光} \end{cases}$ が、M 点で人間の目の前ですれ違い、

$\begin{cases} \text{電車の先端の T 点に至る} \\ \text{電車の後端の R 点に至る} \end{cases}$ 様子を表している。

例えば点 M は $\boxed{\tilde{x}=L, \tilde{t}=\dfrac{L}{c}}$ つまり座標が $\boxed{(c\tilde{t}, \tilde{x})=(L, L)}$ なので、それぞれの場所の座標 $(c\tilde{t}, \tilde{x})$ を並べると、

$$\begin{array}{lll} \text{R}(2L, 0) & \text{S}(2L, L) & \text{T}(2L, 2L) \\ & \text{M}(L, L) & \\ \text{O}(0, 0) & \text{P}(0, L) & \text{Q}(0, 2L) \end{array} \tag{4.19}$$

となる（グラフと見比べて確認して欲しい[20]）。

---

[20] 2 次元グラフを描くときは横軸 x で縦軸 y のときに (x, y) という順番で座標を表示することが多いが、今は (ct, x) なので縦軸である ct が先であることに注意（p17 の脚注 19 参照）。

4.3 図解からLorentz変換を求める 75

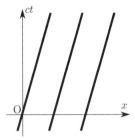

次に、Bさんの立場で見る。左の図には、(左から順に)電車の後端、Aさん、電車の先端の動きを直線で描いてある。この座標系では電車および電車内の人が右向きに速さvで等速運動する。

ところで、この3本の線は等間隔に離れていることには間違いが無いが、その間隔がいくらかは今は保留とする。「電車の長さが$2L$なんだからLずつの間隔でしょ」という「直観」は実は正しくない。

上の図には点OPQRSTおよびMのうち、O点だけが書き込んである。Oは原点で、今考えている変換は原点を原点に写像するので、悩む必要が無い。

ここにさらに、「O点から出た光の軌跡」を書き込むと、その光が電車の中央を通る時空点Mと電車の先端を通る時空点Tがわかる。光はこの座標系でも、45度の方向に進むことに注意しよう(それが物理法則だ)。右の図で位置を確認しよう。前述の通り、電車の後端、中央、先端を示す3本の斜めの線の間隔はまだ決定していないので、時空点Mと時空点Tの位置はまだ完全には決定してない。

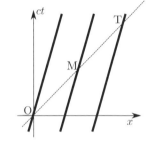

では次に、M点を通過するもう1本の光線を図に書き込んでみよう。これは電車の先端を発した「0時0分0秒」を示す時計の文字盤の光であり、グラフ上で(左上がりの)水平との傾きが45度の直線になる。書き込んだ結果は右の図である。

人はM点で表される瞬間、前を向いても後ろを向いても、時計がちょうど0時0分0秒を示すことを観測するはずだ。つまり「まさに0時0分0秒という表示に変わった瞬間に文字盤が出した光」が同時にこの人を通過する[†21]。

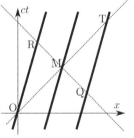

新しく描いた光の軌跡が $\begin{cases} \text{電車の後端と交わる点がR点} \\ \text{電車の先端と交わる点がQ点} \end{cases}$ である。

[†21] 座標変換は見る人の立場によって物理現象がどう変わって見えるかを式で表すものだが、「どっちを向いても00：00：00が見える」という事実はどちらの座標系でも成立しなくてはいけない。

これから、電車が静止している立場の観測者から見て「同時」（つまり $(c\tilde{t}, \tilde{x})$ 座標系で同時）であるO点とQ点は、電車が運動している座標（(ct, x) 座標系）においては同時でないことが結論される。

電車が静止している立場の観測者からみての「同時」を一点鎖線 —·— （OPQとRST）で表現したのが右の図である。電車が静止している座標系では水平線であったOPQ（およびRST）がこちらの図では傾いた線になる。

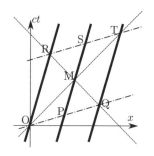

$\tilde{x}$-$c\tilde{t}$ 座標系を図に示したのが右の図である。$c\tilde{t}$ 軸は「$\tilde{x}$ が一定の線」である。電車の後端は常に $\boxed{\tilde{x} = 0}$ の点[22]だと考えると、この $c\tilde{t}$ 軸の傾きは理解できる。これに対して $\tilde{x}$ 軸、すなわち「$c\tilde{t}$ が一定の線」が傾くことは理解しにくいかもしれない。しかし、光速一定という原理からすると納得せざるを得ない。

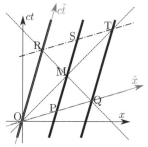

$\tilde{x}$ 軸の傾きを計算しよう。(ct, x) 座標系でOとRの間に時間間隔 T がある[23]とすれば、O→Rは「ct 座標の変化量は cT、x 座標の変化量は vT（時間が T だけ経過し、電車の後端は vT だけ移動）」となる。

図のOとRの部分にこの変化量を書き込むと、右の図のようになり、$c\tilde{t}$ 軸を (ct, x) 座標に書き込んだときの傾きは $\frac{c}{v}$ である[24]ことがわかる。$\boxed{\tilde{x} = \text{一定}}$ は $\boxed{x - \frac{v}{c}ct = \text{一定}}$ を意味している。

平行四辺形OQTRの対角線OTとQRは2本とも45度の傾きを持った光の軌跡であるから、互いに直交[25]している（点Mで垂直に交わる）。

対角線が直交する平行四辺形は菱形であり、全ての辺の長さ[26]は等しい。ま

---

[22] Aさんは常に $\boxed{\tilde{x} = L}$ の場所にいて、電車の先端は常に $\boxed{\tilde{x} = 2L}$ の場所にある。

[23] $(c\tilde{t}, \tilde{x})$ 座標系ではどうだろう？——空間間隔が0なのはすぐにわかる（こちらの座標系では電車は動いてない）。時間間隔がどうなるかは、後でわかる。

[24] 図から、この直線上を x 方向に v 進むと ct 方向に c 進む。よって $\boxed{ct = \frac{c}{v}x + \text{定数}}$ が成り立つ。

[25] この「直交」の意味は、後で出てくる4次元の意味での「直交」ではなく、平面グラフの上での直交。

[26] ここで言う「長さ」は後で出てくる4次元距離ではなく、グラフの紙面上の（普通の）線の長さである。

4.3 図解から Lorentz 変換を求める

た、∠QOM と ∠ROM が等しい（ 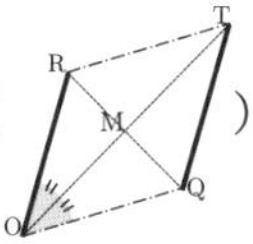 ）。このことから、O から Q までの時間間隔と空間間隔が、 vT のようになることがわかる。これは $\widetilde{x}$ 軸の傾きが $\dfrac{v}{c}$ であることを意味する。 $\widetilde{ct}=$ 一定 は $ct-\dfrac{v}{c}x=$ 一定 [†27] だ。

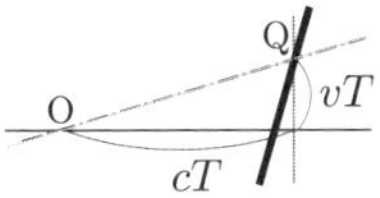

ここまででわかったことを数式の形でまとめよう。今考えている座標変換は、

$$\begin{cases} \widetilde{x}=\text{一定} \text{ を } x-\beta ct=\text{一定 に写像する} \\ \widetilde{ct}=\text{一定} \text{ を } ct-\beta x=\text{一定 に写像する} \end{cases}$$

変換だとわかっている。

これだけの条件なら、例えば変換 $\widetilde{x}=C(x-\beta ct)^2$ も変換 $\widetilde{x}=\exp(x-\beta ct)$ も許されるが一様性の条件 (1) を考えると 1 次式しか許されない。
→ p61

さらに「原点 $\widetilde{x}=0, \widetilde{ct}=0$ を原点 $x=0, ct=0$ に写像する」という条件をつける[†28]と、ありえる変換は

$$\widetilde{x} = A_{(v)}(x-\beta ct) \tag{4.20}$$
$$\widetilde{ct} = B_{(v)}(ct-\beta x) \tag{4.21}$$

である。時空図は $x \leftrightarrow ct$ の置き換えで対称な形をしているから、 $A_{(v)}=B_{(v)}$ になる（これが疑わしいと思う人は次の問いを解くこと）。

------練習問題------

【問い 4-1】 直線 QR を二つの座標系で考えると、どちらも $-x$ の向きに速度 c で進む光の軌跡なので、

$(\widetilde{ct},\widetilde{x})$ 座標系では $\qquad \widetilde{x}+\widetilde{ct}=$ 一定 $\qquad$ (4.22)

(ct, x) 座標系では $\qquad x+ct=$ 一定 $\qquad$ (4.23)

という式になるはずである。上の式 (4.22) に (4.20) と (4.21) を代入すると (4.23) になるという条件から $A_{(v)}=B_{(v)}$ を導け。

解答 → p322 へ

[†27] この式が、上に書いた $x-\dfrac{v}{c}ct=$ 一定 の x と ct の立場を入れ替えたものであることに注意。

[†28] 原点が原点に写像される条件が無い場合、(4.20) と (4.21) に $+\widetilde{x}_0, +\widetilde{ct}_0$ のように定数項が加わる。

📺 $A(v)$ の決定にはいろんな方法があるが、どうせなら最後まで図解でやりたい。図解で $A(v)$ を決める簡単な方法としては、後で出てくるウラシマ効果を使うとよい。ウラシマ効果を説明した後に図解でこれを導出したいと思う。
→ p82
→ p84

それ以外の $A(v)$ の決め方としては、次の問題を解くとよい。

------------------------------ 練習問題 ------------------------------

【問い4-2】 $\begin{aligned}\widetilde{x} &= A(v)(x - \beta ct) \\ \widetilde{ct} &= A(v)(ct - \beta x)\end{aligned}$ の逆変換が $\begin{aligned}x &= A(-v)\left(\widetilde{x} + \beta \widetilde{ct}\right) \\ ct &= A(-v)\left(\widetilde{ct} + \beta \widetilde{x}\right)\end{aligned}$ だとする（逆変換だから $v \to -v$ と置き換えればよいという予想）。さらに $A(v) = A(-v)$ （この係数の大きさは運動の向きに依らない）と $A(0) = 1$ （速度が0なら恒等変換）を仮定して $A(v)$ を求めよ。

解答 → p322 へ

4.4　光速不変から導かれること——Lorentz 短縮

先に求めた Lorentz 変換の式についている γ 因子は、Lorentz 変換が（Galilei 変換と違って）「長さのスケールの変換」を含むことを示している。その意味を時空図のグラフを見ながら考えてみよう。状況として、x 軸（$\widetilde{x}$ 軸と一致）方向を向いた長さ L の棒を考える。y, z 方向はしばらく無視しよう。

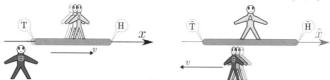

(ct, x) 座標系はBさんが静止する基準系（フレーム）にあり、棒および棒の上に乗ったAさんは速さ v で x 軸正の向きに運動している。一方、$(\widetilde{ct}, \widetilde{x})$ 座標系は棒およびAさんが静止する基準系にあり、Bさんが $\widetilde{x}$ 軸の負の向きに速さ v で運動する。$\widetilde{t} = 0$ における棒の先端の位置を時空点 $\widetilde{H}$、後端の位置を時空点 $\widetilde{T}$ とする[†29]。$\widetilde{T}$ を原点 $(\widetilde{ct}, \widetilde{x}) = (0, 0)$ とすると $\widetilde{H}$ の座標は $(\widetilde{ct}, \widetilde{x}) = (0, L)$ である。

[†29] H, T は頭（head）としっぽ（tail）というつもり。

4.4 光速不変から導かれること——Lorentz 短縮

この座標系では棒は動かず、先端と後端の世界線は $\begin{cases} \widetilde{x}=0 \text{ の線(後端)} \\ \widetilde{x}=L \text{ の線(先端)} \end{cases}$

となる。あるいは、$\begin{cases} \text{後端は }(c\widetilde{t},0) \\ \text{先端は }(c\widetilde{t},L) \end{cases}$ と

表されると言ってもよい(右図参照)。

次に、同じ棒の運動を (ct,x) 座標系で考えると、時空図(右図)上で両端の世界線は傾いた線になる。Lorentz 変換の式から、$\begin{cases} \widetilde{x}=0 \\ \widetilde{x}=L \end{cases}$ の線とはすなわち

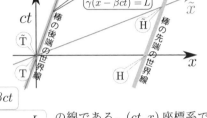

$\begin{cases} \gamma(x-\beta ct)=0 \\ \gamma(x-\beta ct)=L \end{cases}$ 、つまり $\begin{cases} x=\beta ct \\ x=\beta ct+\dfrac{L}{\gamma} \end{cases}$ の線である。(ct,x) 座標系で

は、「棒の後端の世界線 $x=\beta ct$ を x 軸の正の向きに $\dfrac{L}{\gamma}$ だけ平行移動すると棒

の先端の世界線 $x=\beta ct+\dfrac{L}{\gamma}$ になる」が成り立つ。つまり、棒の先端と後端の

世界線は $\dfrac{L}{\gamma}=L\sqrt{1-\beta^2}$ だけ離れている。

時空点 $\widetilde{\mathrm{H}}$ と時空点 $\widetilde{\mathrm{T}}$ は (ct,x) 座標系では「同時刻」ではない[†30] ことに注意しよう。図に「時刻 $t=0$ における先端の時空点」を時空点 H として描いた。「時刻 $t=0$ における後端の時空点」である時空点 T は、$\widetilde{\mathrm{T}}$ と同じ時空点である。

ここで気をつけて欲しいことがある。距離 $L\sqrt{1-\beta^2}$ は、時空点 T(あるいは同じ時空点だが時空点 $\widetilde{\mathrm{T}}$)と時空点 H の距離である。ここでの「距離」には、「観測する人にとっての同時刻における」という前置きが(暗黙のうちに)ついている。$\begin{cases} \widetilde{x} \text{ 座標での距離 } L \\ x \text{ 座標での距離 } L\sqrt{1-\beta^2} \end{cases}$ は、$\begin{cases} \widetilde{\mathrm{H}} \text{ と } \widetilde{\mathrm{T}} \text{ の距離} \\ \mathrm{H} \text{ と } \mathrm{T} \text{ の距離} \end{cases}$ である。つまり、L

と $L\sqrt{1-\beta^2}$ は、「時空間内の、異なる 2 時空点間ペアの距離」を測っている。

[†30] $\begin{cases} (c\widetilde{t},\widetilde{x})=(0,0) \\ (c\widetilde{t},\widetilde{x})=(0,L) \end{cases}$ を逆 Lorentz 変換すると $\begin{cases} (ct,x)=(0,0) \\ (ct,x)=(\beta\gamma L,\gamma L) \end{cases}$ になる。確認しよう。

よく相対論の説明として「見る人の立場によって物体が収縮する」と言われるが、それを 同じ２時空点間の距離が見る人の立場によって収縮する と解釈してはいけない。異なる「２時空点間ペア」の距離を比較しているのだ。むしろ、「図に描いた２本の直線の空間的距離を測っている」と考えた方がよい[†31]。

> **誤った考え**
>
> (ct, x) 座標系の人から見た棒の長さとして、時空点 T と時空点 H の距離を考えるのはおかしくないか？ ——(ct, x) 座標系の人から見ても、棒の長さは「時空点 $\widetilde{\text{T}}$ から時空点 $\widetilde{\text{H}}$ まで」ではないのか？

と、考えたくなる人もいるかもしれないが、B さんの立場で考える以上、B さんが観測できるものだけで判断しよう。

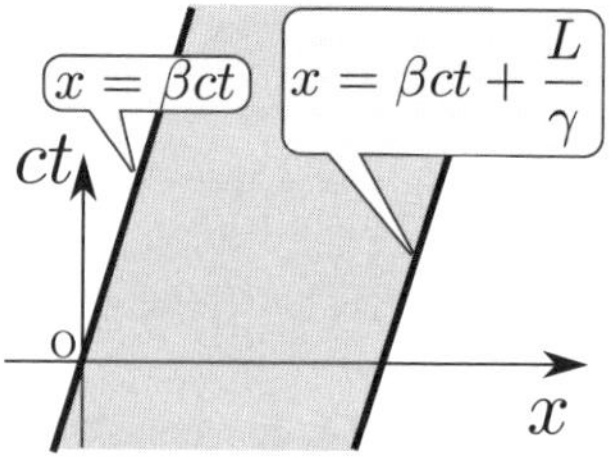

(ct, x) 座標系の人 B さんは、自分の基準系の中で棒の運動を観測し、棒の各部の動きから

$$\begin{cases} 後端の世界線は\ \boxed{x = \beta ct} \\ 先端の世界線は\ \boxed{x = \beta ct + \dfrac{L}{\gamma}} \end{cases}$$

と知る。B さんが「知る」ことができるのは、右の時空図のような状況のみであり、この「棒の通った時空内領域（図で灰色の部分）」を見て「棒の長さは？」と考えるしかない。B さんにしてみれば、棒と一緒に運動している $\widetilde{x}$ 座標系内の人がどの時空点とどの時空点を同時刻だと思っているのかは知ったことでは無い（もちろん計算すればわかるが）。そう考えたら、棒の先端と後端の世界線の「距離」である、$\boxed{\dfrac{L}{\gamma} = L\sqrt{1-\beta^2}}$ こそが「棒の長さ」となる。

ところで、この「測る」を「目で見る」という意味で捉えると、また話が変わってくる。例えば次に描く図の A 点にいる人の見る風景は、自分のところに

[†31] ここで、時空点と時空点の間の「距離」について少し先走った補足をしておく。p79 の二つの図の、

$\begin{cases} 上側に描いた「(c\widetilde{t}, \widetilde{x}) 座標系の軸が垂直になるように描いた図」 \\ 下側に描いた「(ct, x) 座標系の軸が垂直になるように描いた図」 \end{cases}$ を見比べると、「$\widetilde{\text{H}}$ と $\widetilde{\text{T}}$ の距離」

が（これらのグラフ上の見た目では）上側の方が短く見える。「同じ時空点間の距離なのに、見る人の立場で変化するの？」と不思議に思うかもしれないが、この二つの図では、後で説明する「4次元距離」
→ p113
（物理的意味があるのはこちら）が等しいのである。4次元距離とグラフ上の見た目の長さは一致しないので見た目の距離には差が生じる。この辺りは、4次元距離の話の後でもう一度よく見て欲しい。

4.4 光速不変から導かれること——Lorentz短縮

やってきた光である破線で決まる。この人には、棒の後端の時空点Bから出た光と棒の先端の時空点Cから出た光が同時に届くので、図の L_1 を「棒の長さ」と考える。長さ L_1 が言わば「見かけの長さ」になる。

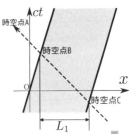

Lorentz短縮を文字通りの意味で「棒が短く見える」と考えるのは間違いである。$L\sqrt{1-\beta^2}$ は、「光が私に届くまでに時間が掛かるから…」と考察した計算結果としての「棒の長さ」である。「見かけの長さ」は長くなることすらある（次の問い参照）[†32]。

------練習問題------

【問い4-3】 L_1 を求めよ。また、観測者が棒よりも右側にいた場合の「見かけの長さ」L_2 を求めよ。

ヒント → p316へ　解答 → p322へ

【補足】 ++

ここで、我々の感知する「現在」と字義通りの「現在」の齟齬について補足しておく。

字義通りの「現在」は、右の図の実線のような「同時刻面」である。一方、我々の目が現在捉えているもの（我々の感知する「現在」）は右の図の破線のような「光円錐面」である。この光円錐面上にある物体から発した光を我々は「現在」感知している。光が（ついつい忘れてしまうが）有限の速度を持っている以上、目に見えているのは現在よりも（少しだけ）過去なのである。

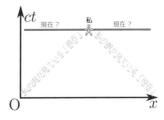

++++++++++++++++++++++++++++++++ 【補足終わり】

「長さはその物体が静止している立場の観測者が測るべき」[†33] としたときの長さ、すなわち「時空点 $\widetilde{\mathrm{T}}$ と $\widetilde{\mathrm{H}}$ の $(\widetilde{ct}, \widetilde{x})$ 座標で測った空間的距離」[†34] を「固有長さ (proper length)」または「静止長さ (rest length)」と呼ぶ。

「運動している物体の両端の"距離"が（運動してない観測者によって"測定"されると）短くなる」現象を「Lorentz短縮」あるいは「Lorentz収縮」と呼ぶ。もう一度強調しておこう。この短縮を2時空点間の距離の短縮と解釈してはいけない。上で述べたように「2本の世界線間の空間的距離の短縮」なのである。

[†32] ここでは2次元の時空図を考えて1次元（運動方向）の伸び縮みだけを問題にしたが、実際の物体は3次元的広がりを持っているし、後で考える「光行差」によって物体からくる光の角度が変化するという事情もあるため、立体的な物体は複雑に変形して目に見えることになる。
→ p107

[†33] 物体が並進運動でない運動（例えば回転してたり）をしている場合、固有長さを定義するのは大変難しいことになる。物体の全体が静止する座標系が無くなってしまう。

[†34] 「長さを測りたい物体と同じ速度で運動する物差しで計測した距離」と考えればよい。

4.5 光速不変から導かれること——ウラシマ効果

次に時間のスケールの変換を考えよう。互いに等速運動している二人が同じ時空点にいたある瞬間に同じ実験を開始し、同じ時間 T を掛けて終了したと考えよう。前節同様、$\begin{cases}(c\tilde{t},\tilde{x}) 座標系で静止している人をAさん\\(ct,x) 座標系で静止している人をBさん\end{cases}$ とする。

$\begin{cases}Bさんが時空点Sで実験開始して時空点Eで終了\\Aさんが時空点\tilde{S}で実験開始して時空点\tilde{E}で終了\end{cases}$ という二つの現象を考える[35]。開始時に二人は同一時空点にいたとすれば、時空点Sと時空点$\tilde{S}$は同一時空点なので、その点を座標原点としよう。相対論以前の常識的には、

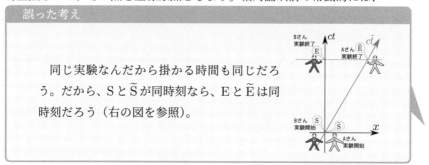

誤った考え

同じ実験なんだから掛かる時間も同じだろう。だから、Sと$\tilde{S}$が同時刻なら、Eと$\tilde{E}$は同時刻だろう（右の図を参照）。

のように判断したくなるところかもしれない。以下で計算結果を見てみよう。

$\begin{cases}(ct,x) 座標系では、S(0,0)でE(cT,0)\\(c\tilde{t},\tilde{x}) 座標系では、\tilde{S}(0,0)で\tilde{E}(cT,0)\end{cases}$ であるのはすぐにわかる[36]。

Eと$\tilde{E}$の各々の座標系での座標成分を計算すると

	(ct,x) 座標系	$(c\tilde{t},\tilde{x})$ 座標系
E	$(cT,0)$	$(cT\gamma,-\beta cT\gamma)$
$\tilde{E}$	$(cT\gamma,\beta cT\gamma)$	$(cT,0)$

(4.24)

になる。これらを時空図に描き込んだのが右の図である。

(ct,x) 座標系にいる人（Bさん）は

$\begin{cases}「時空点Sと時空点Eの時間差は？」と問われたら、「T」と\\「時空点\tilde{S}と時空点\tilde{E}の時間差は？」と問われたら、「T\gamma」と\end{cases}$ 答える。

$\gamma > 1$ なので、$\tilde{S}$から$\tilde{E}$の時間の方が長い。よってBさんは、以下のように

---

[35] S, Eは開始（start）と終了（end）というつもり。

[36] 原点が一致するLorentz変換を考えているので、Sおよび$\tilde{S}$はどちらの座標でも原点である。

4.5 光速不変から導かれること——ウラシマ効果

感じる[†37] だろう。

> **Bさんの主張**
> 私は時空点Eで実験を終了させたが、その時点ではAさんはまだ実験をやっていて、少し経ってから時空点$\tilde{\text{E}}$で実験を終了させた。

Bさんの立場では、動いている人（$((c\tilde{t},\tilde{x}))$座標系にいるAさん）の時間は、止まっている人（$((ct,x))$座標系にいるBさん自身）の時間より遅くなる。これを浦島太郎の昔話になぞらえて、「**ウラシマ効果**」と呼ぶ[†38]。

【補足】 ++++++++++++++++++++++++++++++++++++++
ここで前に予告したようにウラシマ効果を図解から求めておこう（右のQRの先にアプリもある）。先に考えた電車の場合のようにx方向（つまり座標系の運動する方向）ではなく、y方向（z方向でもよい。とにかく座標系の運動と垂直な方向）に光を発した場合について考える。そしてその光が鏡に反射して返ってくる時間を測定する[†39]。その実験を地上から見て速度vで運動しているロケットの中で行ったとしよう。ロケットの静止系を$\tilde{x}^*$座標系として、地上の座標系をx^*座標系とする。

SRBasic/UR

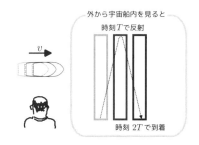
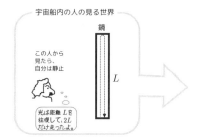

実験装置が動いていないという立場（宇宙船内の立場）で観測すると、距離$2L$を光が進むので、往復に$\dfrac{2L}{c}$かかる。一方同じ現象を、装置が速さvで東に動いているという立場（地球外の人の立場）で観測する。

[†37] この「感じる」という言葉には注意が必要だ。というのは、Bさんが実際にAさんの実験終了を確認するには、時空点$\tilde{\text{E}}$でAさんが実験を終了したという信号がBさんに届かなくてはいけない。それにはしばらく時間が掛かるのである。ここで言う「感じる」は実際に届いた信号を元に「Aさんの実験終了は何時何分だった」とBさんが計算する動作も含めてである。

[†38] この呼び方は残念ながら日本ローカルである。

[†39] ここで説明するのは付録で説明するMichelson-Morleyの実験の南北方向のみの実験のようなものである。独立な形で書いているので付録は読まなくても理解できる。
→ p293

この人にとっては光は南北方向にではなく、右図に示したように斜めに進んで（実験装置とともに移動した）出発点に戻ってくる。掛かった時間を $2T$ とすると、光は図のように進むので、$2L$ ではなく、$2\sqrt{L^2+(vT)^2}$ だけ進まないと戻ってこれない。

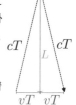

ゆえに $\boxed{cT=\sqrt{L^2+(vT)^2}}$ が成り立ち、光が発射されてから到着するまでの時間は $\boxed{2T=\dfrac{2L}{\sqrt{c^2-v^2}}}$ となり、宇宙船内の人にとっての掛かった時間 $\dfrac{2L}{c}$ に比べ、地球外の人にとっての掛かった時間は $\dfrac{1}{\sqrt{1-\dfrac{v^2}{c^2}}}$ 倍となっている。

これを使って $A(v)$ を求めてみる。光が発射される事象が起こる座標をどちらの座標系でも $(0,0)$ だったとすると、光が戻ってくる事象が起こる座標は $\widetilde{x}^*$ 座標系では $(2L,0,0,0)$ であり、x^* 座標系では $\left(\dfrac{2cL}{\sqrt{c^2-v^2}},\dfrac{2vL}{\sqrt{c^2-v^2}},0,0\right)$ だということになる。【問い 4-2】の逆変換の式からすると時空点 $\boxed{(\widetilde{ct},\widetilde{x},\widetilde{y},\widetilde{z})=(2L,0,0,0)}$ は時空点
→ p78
$\boxed{(ct,x,y,z)=(2LA(-v),2L\beta A(-v),0,0)}$ となるから、これと照らし合わせることで $\boxed{A(-v)=\dfrac{1}{\sqrt{1-\beta^2}}}$ とわかる。$\boxed{A(v)=A(-v)}$ である。

✢✢✢✢✢✢✢✢✢✢✢✢✢✢✢✢✢✢✢✢✢✢✢✢✢✢✢✢✢✢✢ 【補足終わり】

右の図の点線は原点からいろんな速度で出発した人の時計が同じ時刻を刻む時空点を線で繋いだものである。速く動く時計ほど、（静止している人の立場で見ると）遅く進むので、垂直に対して傾いた世界線を移動した人ほど、止まっている人との時間差が大きい。

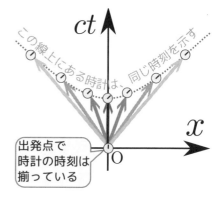

これは日常的な感覚からすると非常識に聞こえるが、我々の「日常的な感覚」は、飛行機に乗ったとしてもせいぜい $3\times10^2\mathrm{m/s}$ つまり光速の 100 万分の 1 の速さでしか運動しない生活で培われたものであることを忘れてはいけない。

例えば光速の 100 万分の 1、つまり $\boxed{\dfrac{v}{c}=10^{-6}}$ の場合、ウラシマ効果の係数は

$$\sqrt{1-(10^{-6})^2} = 0.9999999999994999999999998749999999993749999999996\cdots$$

となる。この数は 1 よりも 0.5×10^{-12} 程度小さいだけである。この程度の時間差は日常では感知できないから、そんな差が生まれているとはとても思えない。しかし、精密に測定すればもちろん実験で確認できる。

【FAQ】この時計が遅く進むのは、計算上そうなるだけですか？

いいえ。全ての物理現象が遅くなるから、この「動く人」の時間（「感じる」だけではなく、「腹が減る」「老化する」などありとあらゆる時間）が遅くなる。

【FAQ】じゃあ、運動すると長生きできますか？

「長生き」の定義による。極端な場合として、光速の 60% で運動する人がいたら、ウラシマ効果の係数は 0.8 になるので、他の人が 100 年生きている間にこの人は 80 年しか年を取らない。これは「長生き」できたように感じるかもしれないが、この人の感じる主観時間は 80 年である。つまり「長生き」の分の長い人生経験ができるわけじゃない。「普通に生活してたら見ることができなかった未来」を見るという意味での「長生き」ならできる。7.1 節を参照。
→ p137

4.6 ウラシマ効果の「相対性」に関する疑問

ウラシマ効果の説明において、「$\widetilde{x}$ 座標系の方が遅い」と表現したことに「二つの座標は対等（どっちがえらいとか決められない）のはずでは？」と疑問に思う人もいるだろう。実は、

Aさんの主張

私は時空点 $\widetilde{\mathrm{E}}$ で実験を終了させたが、その時点ではBさんはまだ実験をやっていて、少し経ってから時空点 E で実験を終了させた。

と、Aさんは主張するのである。二つの座標は、「お互いに相手のほうが遅いと感じる」という意味で、「対等」である。実際、(4.24)を時空図にしてみると、
→ p82

x 軸と ct 軸を垂直にした図　　$\tilde{x}$ 軸と $c\tilde{t}$ 軸を垂直にした図

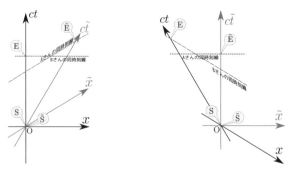

となる。上の「x 軸と ct 軸を垂直にした図」と「$\tilde{x}$ 軸と $c\tilde{t}$ 軸を垂直にした図」は対等に見えないかもしれない。左の図の斜めの座標系である $\tilde{x}$ 軸と $c\tilde{t}$ 軸のなす角度が直角より小さくなる一方、右の図の斜めの座標系である x 軸と ct 軸のなす角度は直角より大きい。

しかし、「$\tilde{x}$ 軸と $c\tilde{t}$ 軸を垂直にした図」　　　　　　　　　の x 軸と $\tilde{x}$ 軸を反転させると　　　　　　　　になり「x 軸と ct 軸を垂直にした図」　　　　　　　　の

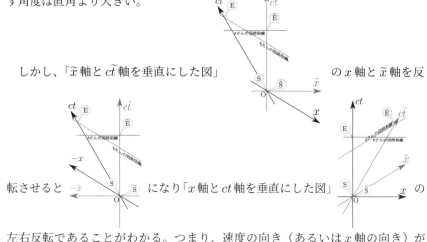

左右反転であることがわかる。つまり、速度の向き（あるいは x 軸の向き）がひっくり返っているだけで、全く対等な図なのである。

　どちらで実験する場合も、実験装置と共に動いている方は、時間 T だけ掛けて実験を行う（相対性原理からして当然）。もう一方は、その時間を、「自分の時間」を使って測定するのだが、互いの同時刻面は相手に対して傾いている。その傾きがゆえに、双方が「相手の実験時間の方が長い」と判断する。

　ここまで聞いて「この二人が出会って互いの時計を確認したらどうなるのか？——そのときにも互いの時間が遅いと思うのか？？（そんなバカな！！）」と

思う人がいると思うが、その疑問については7.1節でじっくり説明しよう。
→ p137

【FAQ】お互いが「自分の時間」を使って測定するからおかしなことになる。公正なる第三者（審判）に判定させてはどうか？

その「公正なる審判」は存在しない。存在するとしたら、それは「絶対空間・絶対時間」に生きている人であるが、絶対空間や絶対時間は無い（そんなものは決められない）というのが相対性原理なのである。

4.7　Lorentz変換と「常識」

ここまでで、「光速が誰から見ても（どんな慣性系から測定しても）同じ」という実験事実から

(1) 見る立場によって二つの事象が同時かどうかは変わってくる（同時性は絶対ではない）。
(2) 物体の長さは見る立場によって違う（長さのスケールは絶対ではない）。
(3) 経過する時間は見る立場によって違う（時間のスケールは絶対ではない）。

が帰結されることを説明した。

この話を「そんな常識はずれな！」「感覚に合わない」と批判し受け入れない人は多い。だが、我々の"常識"は、「光速よりも遙かに遅い速さでしか運動しない生活」の中で作られたものだ。現実の世界は、そういう狭い経験しか持っていない人間の常識から来る感覚とは、ずれたところにある[40]。実験技術の進歩と物理学の発展により、日常生活では実感できない現象が見つかり、それらを理解するためには「新しい常識」が必要だとわかってきた。今や相対論や量子論の助けなしには様々な機械が正しく動かない世界に我々は生きている。「相対論って感覚に合わないから間違っているのでは？」「量子論って常識はずれだからどこかに嘘があるのでは？」と考えるのは、「地球が丸いなんて信じられない、平ら

---

[40] 同様に「常識外れだが、それでも真実」なものには量子力学がある。我々はふだん量子力学が重要になるスケールより遙かに大きいサイズの物体ばかり相手にしているので、量子力学が奇妙奇天烈に見え、古典力学の方が真実っぽく見えてしまう。そういう意味では、我々が経験できる物事のスケールは量子力学を実感するには大きすぎ、特殊相対論を実感するには小さすぎる。

なはずだ」と言っていた昔の人と同様に、今となっては愚かなことである[†41]。

📺 ここまで読んできて「光速不変からいろいろとんでもない結論が出てくる。やっぱり光速不変というのはおかしいのでは？」という疑問が湧いた人（特に第3章「電磁気学の相対性」を飛ばした人）は、第3章を是非じっくり読んで欲しい。「これまでの電磁気学の観測事実の中に、光速不変でないと困る現象がたくさん埋もれている」と実感できるはずだ。この Lorentz 変換が物理現象にどのような影響を及ぼすかについては、次の章でさらに深く考えていく。この章の以下の部分では、もう少しだけ Lorentz 変換そのものについて詳しく考えておく。
→ p36

4.8　一般の方向の Lorentz 変換

ここまでの計算では簡単のために運動方向を x 方向に限った[†42]。一般的には運動方向が任意の方向を向くので、「(ct, x, y, z) 座標系から見た $(c\tilde{t}, \tilde{x}, \tilde{y}, \tilde{z})$ 座標系原点の運動速度」は3次元ベクトル $\vec{v}$ で表現される（同様に、β も3次元ベクトル $\boxed{\vec{\beta} = \vec{v}/c}$ になる）。

x 座標系から見ると $\tilde{x}$ 座標系の原点が3次元速度 $\vec{v}$ を持つ、一般方向への Lorentz 変換は、以下の三つの変換を続けて行ったものと考えることができる。

────────── 一般の方向の Lorentz 変換の手順 ──────────

(1) 3次元速度 $\begin{bmatrix} \vec{v}^x \\ \vec{v}^y \\ \vec{v}^z \end{bmatrix}$ が $\begin{bmatrix} v \\ 0 \\ 0 \end{bmatrix}$ （ただし、$\boxed{v = |\vec{v}|}$）になる座標系（この座標系を $\bar{x}^*$ 座標系とする）へ座標変換（回転）する。

(2) $\bar{x}^*$ 座標系から見て、原点が速さ v で $\bar{x}$ 軸正の向きに移動している座標系 $\widetilde{\bar{x}}^*$ へ座標変換（Lorentz 変換）する。

(3) $\widetilde{\bar{x}}^*$ から、$\begin{bmatrix} v \\ 0 \\ 0 \end{bmatrix}$ が $\begin{bmatrix} \vec{v}^x \\ \vec{v}^y \\ \vec{v}^z \end{bmatrix}$ になる座標系（$\tilde{x}^*$ 座標系）へ座標変換（回転）する（(1)の逆変換をする）[†43]。

───────────────────────────────────────

[†41] この「愚か」というのは、あくまで「今となっては」という後知恵の判断である。
[†42] より一般的には、さらに x, y, z 軸が同じ方向を向いているとは限らない変換も考える。

4.8 一般の方向の Lorentz 変換

3次元空間における座標軸の回転は2.6節の(2.47)のように直交行列で表すことができる。上の(1)の変換の3次元部分を

$$\begin{bmatrix} v \\ 0 \\ 0 \end{bmatrix} = \begin{bmatrix} R^{\bar{x}}{}_x & R^{\bar{x}}{}_y & R^{\bar{x}}{}_z \\ R^{\bar{y}}{}_x & R^{\bar{y}}{}_y & R^{\bar{y}}{}_z \\ R^{\bar{z}}{}_x & R^{\bar{z}}{}_y & R^{\bar{z}}{}_z \end{bmatrix} \begin{bmatrix} \vec{v}^{\,x} \\ \vec{v}^{\,y} \\ \vec{v}^{\,z} \end{bmatrix} \tag{4.25}$$

のように直交行列を使って表すと、この行列の1行目は $\boxed{R^{\bar{x}}{}_i\,\vec{v}^{\,i} = v}$ を満たし、2行目と3行目は $\boxed{R^{\bar{y}}{}_i\,\vec{v}^{\,i} = 0,\ R^{\bar{z}}{}_i\,\vec{v}^{\,i} = 0}$ を満たさねばならないことがわかる。3次元直交行列は三つの互いに直交する単位ベクトルで作られるので、それぞれ $\vec{e}_{\bar{x}}, \vec{e}_{\bar{y}}, \vec{e}_{\bar{z}}$ と書くことにする。すると(1)の座標変換は

$$\begin{bmatrix} 1 & 0 & 0 & 0 \\ 0 & \vec{e}_{\bar{x}}{}^x & \vec{e}_{\bar{x}}{}^y & \vec{e}_{\bar{x}}{}^z \\ 0 & \vec{e}_{\bar{y}}{}^x & \vec{e}_{\bar{y}}{}^y & \vec{e}_{\bar{y}}{}^z \\ 0 & \vec{e}_{\bar{z}}{}^x & \vec{e}_{\bar{z}}{}^y & \vec{e}_{\bar{z}}{}^z \end{bmatrix} \tag{4.26}$$

$$\underbrace{}_{\mathbf{R}}$$

と表せる。ただし、$\vec{e}_{\bar{x}}$ は $\vec{v}$ と同じ向き、すなわち $\boxed{\vec{e}_{\bar{x}} = \dfrac{\vec{v}}{v} = \dfrac{\vec{\beta}}{\beta}}$ であり[44]、$\vec{e}_{\bar{y}}$ と $\vec{e}_{\bar{z}}$ は $\vec{v}$ に垂直、すなわち $\boxed{\vec{v}\cdot\vec{e}_{\bar{y}} = 0,\ \vec{v}\cdot\vec{e}_{\bar{z}} = 0}$ を満たす[45] ように取る。

(3)で使う逆回転を表す行列は上の行列の転置であり、

$$\begin{bmatrix} 1 & 0 & 0 & 0 \\ 0 & \vec{e}_{\bar{x}}{}^x & \vec{e}_{\bar{y}}{}^x & \vec{e}_{\bar{z}}{}^x \\ 0 & \vec{e}_{\bar{x}}{}^y & \vec{e}_{\bar{y}}{}^y & \vec{e}_{\bar{z}}{}^y \\ 0 & \vec{e}_{\bar{x}}{}^z & \vec{e}_{\bar{y}}{}^z & \vec{e}_{\bar{z}}{}^z \end{bmatrix} \tag{4.27}$$

$$\underbrace{}_{\mathbf{R}^\top}$$

---

[43] (1)と(3)は互いに逆変換なので(1)→(3)は「何もしない操作」だが、間に(2)が挟まっている(1)→(2)→(3)は何もしない操作ではない。

[44] β が速さ v の $\dfrac{1}{c}$ 倍だったのと同様に、$\vec{\beta}$ は $\vec{v}$ の $\dfrac{1}{c}$ 倍であるから、$\boxed{\dfrac{\vec{v}}{v} = \dfrac{c\vec{\beta}}{c\beta} = \dfrac{\vec{\beta}}{\beta}}$ となる。

[45] $\bar{x}^*$ 座標系は、速度 $\vec{v}$ が $\bar{x}$ 軸正の向きを向いているとしたので、ここでの $\vec{e}_{\bar{x}}, \vec{e}_{\bar{y}}, \vec{e}_{\bar{z}}$ の選び方はそれに即している。$\vec{e}_{\bar{y}}, \vec{e}_{\bar{z}}$ の選び方は一意的ではないが、その部分は計算結果に依らないので、気にしなくてよい。

である ((4.26) と (4.27) の積は単位行列)。これらの行列の積を作って、Lorentz
変換の行列を求めるには、

$$
\begin{bmatrix} 1 & 0 & 0 & 0 \\ 0 & & & \\ 0 & & \mathbf{R}^\top & \\ 0 & & & \end{bmatrix}
\begin{bmatrix} \gamma & -\beta\gamma & 0 & 0 \\ -\beta\gamma & \gamma & 0 & 0 \\ 0 & 0 & 1 & 0 \\ 0 & 0 & 0 & 1 \end{bmatrix}
\begin{bmatrix} 1 & 0 & 0 & 0 \\ 0 & & & \\ 0 & & \mathbf{R} & \\ 0 & & & \end{bmatrix}
\tag{4.28}
$$

を計算すればよい。真ん中の行列を

$$
\begin{bmatrix} \gamma & -\beta\gamma & 0 & 0 \\ -\beta\gamma & \gamma & 0 & 0 \\ 0 & 0 & 1 & 0 \\ 0 & 0 & 0 & 1 \end{bmatrix}
=
\begin{bmatrix} \gamma & -\beta\gamma & 0 & 0 \\ -\beta\gamma & \gamma-1 & 0 & 0 \\ 0 & 0 & 0 & 0 \\ 0 & 0 & 0 & 0 \end{bmatrix}
+
\underbrace{\begin{bmatrix} 0 & 0 & 0 & 0 \\ 0 & 1 & 0 & 0 \\ 0 & 0 & 1 & 0 \\ 0 & 0 & 0 & 1 \end{bmatrix}}_{\mathbf{I}}
\tag{4.29}
$$

と、二つに分けて計算すると

$$
\begin{bmatrix} 1 & 0 & 0 & 0 \\ 0 & & & \\ 0 & & \mathbf{R}^\top & \\ 0 & & & \end{bmatrix}
\begin{bmatrix} \gamma & -\beta\gamma & 0 & 0 \\ -\beta\gamma & \gamma-1 & 0 & 0 \\ 0 & 0 & 0 & 0 \\ 0 & 0 & 0 & 0 \end{bmatrix}
\begin{bmatrix} 1 & 0 & 0 & 0 \\ 0 & & & \\ 0 & & \mathbf{R} & \\ 0 & & & \end{bmatrix}
$$
$$
+ \begin{bmatrix} 1 & 0 & 0 & 0 \\ 0 & & & \\ 0 & & \mathbf{R}^\top & \\ 0 & & & \end{bmatrix}
\underbrace{\begin{bmatrix} 0 & 0 & 0 & 0 \\ 0 & & & \\ 0 & & \mathbf{I} & \\ 0 & & & \end{bmatrix}}
\begin{bmatrix} 1 & 0 & 0 & 0 \\ 0 & & & \\ 0 & & \mathbf{R} & \\ 0 & & & \end{bmatrix}
\tag{4.30}
$$
$$
\begin{bmatrix} 0 & 0 & 0 & 0 \\ 0 & & & \\ 0 & & \mathbf{I} & \\ 0 & & & \end{bmatrix}
$$

となる。第 2 項は $\boxed{\mathbf{R}^\top \mathbf{R} = \mathbf{I}}$ のおかげで簡単に計算できた。第 1 項は

$$
\begin{bmatrix} 1 & 0 & 0 & 0 \\ 0 & \vec{e}_{\bar{x}}{}^x & \vec{e}_{\bar{y}}{}^x & \vec{e}_{\bar{z}}{}^x \\ 0 & \vec{e}_{\bar{x}}{}^y & \vec{e}_{\bar{y}}{}^y & \vec{e}_{\bar{z}}{}^y \\ 0 & \vec{e}_{\bar{x}}{}^z & \vec{e}_{\bar{y}}{}^z & \vec{e}_{\bar{z}}{}^z \end{bmatrix}
\begin{bmatrix} \gamma & -\beta\gamma & 0 & 0 \\ -\beta\gamma & \gamma-1 & 0 & 0 \\ 0 & 0 & 0 & 0 \\ 0 & 0 & 0 & 0 \end{bmatrix}
\begin{bmatrix} 1 & 0 & 0 & 0 \\ 0 & \vec{e}_{\bar{x}}{}^x & \vec{e}_{\bar{y}}{}^x & \vec{e}_{\bar{z}}{}^x \\ 0 & \vec{e}_{\bar{x}}{}^y & \vec{e}_{\bar{y}}{}^y & \vec{e}_{\bar{z}}{}^y \\ 0 & \vec{e}_{\bar{x}}{}^z & \vec{e}_{\bar{y}}{}^z & \vec{e}_{\bar{z}}{}^z \end{bmatrix}
$$
$$
= \begin{bmatrix} \gamma & -\beta\gamma\,\vec{e}_{\bar{x}}{}^x & -\beta\gamma\,\vec{e}_{\bar{x}}{}^y & -\beta\gamma\,\vec{e}_{\bar{x}}{}^z \\ -\beta\gamma\,\vec{e}_{\bar{x}}{}^x & (\gamma-1)\,\vec{e}_{\bar{x}}{}^x\vec{e}_{\bar{x}}{}^x & (\gamma-1)\,\vec{e}_{\bar{x}}{}^x\vec{e}_{\bar{x}}{}^y & (\gamma-1)\,\vec{e}_{\bar{x}}{}^x\vec{e}_{\bar{x}}{}^z \\ -\beta\gamma\,\vec{e}_{\bar{x}}{}^y & (\gamma-1)\,\vec{e}_{\bar{x}}{}^y\vec{e}_{\bar{x}}{}^x & (\gamma-1)\,\vec{e}_{\bar{x}}{}^y\vec{e}_{\bar{x}}{}^y & (\gamma-1)\,\vec{e}_{\bar{x}}{}^y\vec{e}_{\bar{x}}{}^z \\ -\beta\gamma\,\vec{e}_{\bar{x}}{}^z & (\gamma-1)\,\vec{e}_{\bar{x}}{}^z\vec{e}_{\bar{x}}{}^x & (\gamma-1)\,\vec{e}_{\bar{x}}{}^z\vec{e}_{\bar{x}}{}^y & (\gamma-1)\,\vec{e}_{\bar{x}}{}^z\vec{e}_{\bar{x}}{}^z \end{bmatrix}
\tag{4.31}
$$

となる (計算結果に $\vec{e}_{\bar{y}}, \vec{e}_{\bar{z}}$ は現れない)。

4.8 一般の方向の Lorentz 変換

$\vec{\mathbf{e}}_{\tilde{x}}$ の各成分は

$$\left[\vec{\mathbf{e}}_{\tilde{x}}\right]^x = \frac{\left[\vec{\beta}\right]^x}{\beta}, \quad \left[\vec{\mathbf{e}}_{\tilde{x}}\right]^y = \frac{\left[\vec{\beta}\right]^y}{\beta}, \quad \left[\vec{\mathbf{e}}_{\tilde{x}}\right]^z = \frac{\left[\vec{\beta}\right]^z}{\beta} \tag{4.32}$$

と表せる。これらを代入し、さらに3次元部分の単位行列となった(4.30)の第2項も含めて、

$$\begin{bmatrix} \gamma & -\left[\vec{\beta}\right]^x \gamma & -\left[\vec{\beta}\right]^y \gamma & -\left[\vec{\beta}\right]^z \gamma \\ -\left[\vec{\beta}\right]^x \gamma & 1 + \frac{\gamma-1}{\beta^2}\left[\vec{\beta}\right]^x\left[\vec{\beta}\right]^x & \frac{\gamma-1}{\beta^2}\left[\vec{\beta}\right]^x\left[\vec{\beta}\right]^y & \frac{\gamma-1}{\beta^2}\left[\vec{\beta}\right]^x\left[\vec{\beta}\right]^z \\ -\left[\vec{\beta}\right]^y \gamma & \frac{\gamma-1}{\beta^2}\left[\vec{\beta}\right]^y\left[\vec{\beta}\right]^x & 1 + \frac{\gamma-1}{\beta^2}\left[\vec{\beta}\right]^y\left[\vec{\beta}\right]^y & \frac{\gamma-1}{\beta^2}\left[\vec{\beta}\right]^y\left[\vec{\beta}\right]^z \\ -\left[\vec{\beta}\right]^z \gamma & \frac{\gamma-1}{\beta^2}\left[\vec{\beta}\right]^z\left[\vec{\beta}\right]^x & \frac{\gamma-1}{\beta^2}\left[\vec{\beta}\right]^z\left[\vec{\beta}\right]^y & 1 + \frac{\gamma-1}{\beta^2}\left[\vec{\beta}\right]^z\left[\vec{\beta}\right]^z \end{bmatrix} \tag{4.33}$$

が Lorentz 変換の行列である。少し複雑な式であるが、座標成分を掛けると、

$$\begin{bmatrix} \gamma & -\left[\vec{\beta}\right]^x \gamma & -\left[\vec{\beta}\right]^y \gamma & -\left[\vec{\beta}\right]^z \gamma \\ -\left[\vec{\beta}\right]^x \gamma & 1 + \frac{\gamma-1}{\beta^2}\left[\vec{\beta}\right]^x\left[\vec{\beta}\right]^x & \frac{\gamma-1}{\beta^2}\left[\vec{\beta}\right]^x\left[\vec{\beta}\right]^y & \frac{\gamma-1}{\beta^2}\left[\vec{\beta}\right]^x\left[\vec{\beta}\right]^z \\ -\left[\vec{\beta}\right]^y \gamma & \frac{\gamma-1}{\beta^2}\left[\vec{\beta}\right]^y\left[\vec{\beta}\right]^x & 1 + \frac{\gamma-1}{\beta^2}\left[\vec{\beta}\right]^y\left[\vec{\beta}\right]^y & \frac{\gamma-1}{\beta^2}\left[\vec{\beta}\right]^y\left[\vec{\beta}\right]^z \\ -\left[\vec{\beta}\right]^z \gamma & \frac{\gamma-1}{\beta^2}\left[\vec{\beta}\right]^z\left[\vec{\beta}\right]^x & \frac{\gamma-1}{\beta^2}\left[\vec{\beta}\right]^z\left[\vec{\beta}\right]^y & 1 + \frac{\gamma-1}{\beta^2}\left[\vec{\beta}\right]^z\left[\vec{\beta}\right]^z \end{bmatrix} \begin{bmatrix} ct \\ x \\ y \\ z \end{bmatrix}$$

$$= \begin{bmatrix} \gamma ct - \gamma(\vec{\beta}\cdot\vec{x}) \\ x - \left[\vec{\beta}\right]^x \gamma ct + \frac{\gamma-1}{\beta^2}\left[\vec{\beta}\right]^x(\vec{\beta}\cdot\vec{x}) \\ y - \left[\vec{\beta}\right]^y \gamma ct + \frac{\gamma-1}{\beta^2}\left[\vec{\beta}\right]^y(\vec{\beta}\cdot\vec{x}) \\ z - \left[\vec{\beta}\right]^z \gamma ct + \frac{\gamma-1}{\beta^2}\left[\vec{\beta}\right]^z(\vec{\beta}\cdot\vec{x}) \end{bmatrix} \tag{4.34}$$

となって、$\vec{\beta}$ と $\vec{x}$ の内積の形が出てきて、以下のようにまとめることができる。

───── 任意の方向の Lorentz ブースト ─────

$$\widetilde{ct} = \gamma\left(ct - \vec{\beta}\cdot\vec{x}\right) \tag{4.35}$$

$$\widetilde{\vec{x}} = \vec{x} - \vec{\beta}\gamma ct + \frac{\gamma-1}{\beta^2}\vec{\beta}(\vec{\beta}\cdot\vec{x}) \tag{4.36}$$

第4章　光速不変からLorentz変換へ

------練習問題------

【問い4-4】(4.36)を、以下のような手続きで求めよ。
→ p91

(1) x方向の場合の式 $\boxed{c\tilde{t} = \gamma(ct - \beta x),\ \tilde{x} = \gamma(x - \beta ct),\ \tilde{y} = y,\ \tilde{z} = z}$ の x, y, z をそれぞれ $\vec{\mathbf{e}}_{\tilde{x}} \cdot \vec{x},\ \vec{\mathbf{e}}_{\tilde{y}} \cdot \vec{x},\ \vec{\mathbf{e}}_{\tilde{z}} \cdot \vec{x}$ に置き換える。

(2) 任意のベクトルが $\boxed{\vec{V} = (\vec{\mathbf{e}}_{\tilde{x}} \cdot \vec{V})\vec{\mathbf{e}}_{\tilde{x}} + (\vec{\mathbf{e}}_{\tilde{y}} \cdot \vec{V})\vec{\mathbf{e}}_{\tilde{y}} + (\vec{\mathbf{e}}_{\tilde{z}} \cdot \vec{V})\vec{\mathbf{e}}_{\tilde{z}}}$ と表せることを使って $\vec{x}$ と $\vec{\tilde{x}}$ を求める。

(3) $\boxed{\vec{\mathbf{e}}_{\tilde{x}} = \frac{1}{\beta}\vec{\beta}}$ を代入。

解答 → p323 へ

4.8.1　Lorentz変換の別の導き方 ✢✢✢✢✢✢✢✢✢✢✢✢✢✢✢✢ 【補足】

🚂 以上では、光速不変という条件を使ってLorentz変換を求めたわけだが、光速不変を最初に要求せずに「変換が群をなす」を条件にすることで逆に「不変速度がある」ことが判明する、という流れでもLorentz変換を導くことができる。この節ではその方法を説明するが、特殊相対論の理解のためには必須のものではないので、先を急ぐ人は飛ばしてくれてかまわない。

Lorentz変換（導出途中）の式(4.1)に戻ってみる。特殊相対論以前の"常識"に従えば、
→ p64

$\boxed{A(v) = 1}$ と言いたいところである（そうならば、(4.1)はGalilei変換と一致する）。し
→ p64

かし、それは不自然な結果を招く。どう不自然か具体的に知りたい人は、以下の練習問題を解いてみよう。

------練習問題------

【問い4-5】(4.1)～(4.4)において、$\boxed{C(v) = -\beta A(v)}$ までは求まったとする。さ
→ p64　→ p64

らに $\boxed{A(v) = B(v) = 1}$ を採用したとしよう。すると(4.1)～(4.4)の逆変換がどんなものになるかを計算せよ。
→ p64　→ p64

解答 → p323 へ

上の【問い4-5】をやるとわかるように、$\boxed{A(v) = B(v) = 1}$ という選択は、「速度vの変換と速度$-v$の変換が対称な結果にならない」というおかしな結果を招くのである。次の問いでわかるように、Galilei変換では速度vの変換と速度$-v$の変換は対称で、互いに逆変換である。Lorentz変換でもそうなっていることは、(C.23)を参照せよ。
→ p322

4.8 一般の方向のLorentz変換

---- 練習問題 ----

【問い4-6】 以下を確認せよ。

(1) Galilei変換の式に $\begin{cases} 鏡像変換\ \vec{x} \to -\vec{x} \\ 時間反転\ t \to -t \end{cases}$ のどちらかを行うと、変換式は $\vec{v} \to -\vec{v}$ という置き換えをしたものになる。

(2) 元の変換と $\vec{v} \to -\vec{v}$ の置き換えをした変換は互いに逆変換である。

解答 → p323 へ

以上解いてみた問題の結果から、「変換が対称性のよいものである」という条件が、Galilei変換やLorentz変換の式の形をある程度制限することがわかる。この「よい対称性」の条件の一つが「変換が群をなす」である（「群」がどういうものかは、すぐ後で述べる）。

Galilei変換とLorentz変換の満たす条件は(1)〜(4)は同じで、(5)が違っていた。条件を (5) 座標変換が群をなす に取り替えると、その条件を満たす座標変換はGalilei変換かLorentz変換[†46]のどちらかになる。そのことを説明しておこう。

(1)〜(4)の条件だけで、 Lorentz変換（導出途中） の段階まで計算式が決まり、

$$\begin{bmatrix} \widetilde{x} \\ \widetilde{ct} \end{bmatrix} = \begin{bmatrix} A(v) & -\beta A(v) \\ C(v) & B(v) \end{bmatrix} \begin{bmatrix} x \\ ct \end{bmatrix} \tag{4.37}$$

となる。「変換が群をなす」と言われると（群の知識の無い人にとっては）なにか難しいことを主張しているように思えるかもしれないが、変換（今の場合、(4.37)の行列を掛ける操作）の集合が以下の条件を満たしていることである[†47]。

---- 群の満たすべき条件 ----

(1) 変換が閉じる（「二つ以上の変換の合成」もまた、今考えている「変換」の集合の要素である）
(2) 単位元がある（「何もしない」変換が存在する）
(3) 逆元がある（全ての変換に「変換を打ち消す変換」がある）

単位元はあきらかに速度 v が0である変換である。(4.37) に $v=0$ を代入すると単位行列になる条件は $A(0)=B(0)=1,\quad C(0)=0$ となる。

逆元は逆行列

$$\frac{1}{A(v)B(v)+\beta A(v)C(v)} \begin{bmatrix} B(v) & \beta A(v) \\ -C(v) & A(v) \end{bmatrix} \tag{4.38}$$

[†46] ただし、ここでの導き方ではLorentz変換の式に現れる光速 c は別の速度に置き換えてもよい。
[†47] 厳密に言うともう一つ "結合法則を満たす" という条件があるのだが、これは今やっているように演算を行列で表現すると自動的に満たされるので、ここでは考える必要は無い。

で表現されるが、それは速度を反転させた変換である $\begin{bmatrix} A(-v) & \beta A(-v) \\ C(-v) & B(-v) \end{bmatrix}$ にならなくてはいけない。ゆえに (4.38) の行列の $(1,1)$ 成分の β 倍が $(1,2)$ 成分でなくてはいけない。これから、$\boxed{B(v) = A(v)}$ がわかる。

(1) より、群の要素の二つの積はやはり群の要素であることから

$$\begin{bmatrix} A(v_1) & -\beta_1 A(v_1) \\ C(v_1) & A(v_1) \end{bmatrix} \begin{bmatrix} A(v_2) & -\beta_2 A(v_2) \\ C(v_2) & A(v_2) \end{bmatrix} = \begin{bmatrix} A(v_3) & -\beta_3 A(v_3) \\ C(v_3) & A(v_3) \end{bmatrix} \tag{4.39}$$

が成り立たなくてはいけない[†48]。左辺を計算してみると、

$$\begin{bmatrix} A(v_1)A(v_2) - \beta_1 A(v_1)C(v_2) & -\beta_1 A(v_1)A(v_2) - \beta_2 A(v_1)A(v_2) \\ C(v_1)A(v_2) + A(v_1)C(v_2) & -\beta_2 C(v_1)A(v_2) + A(v_1)A(v_2) \end{bmatrix} \tag{4.40}$$

となる。この結果は $\begin{bmatrix} A(v_3) & -\beta_3 A(v_3) \\ C(v_3) & A(v_3) \end{bmatrix}$ になるのだから、

$$\underbrace{A(v_1)A(v_2) - \beta_1 A(v_1)C(v_2)}_{(4.40) の (1,1) 成分} = \underbrace{-\beta_2 C(v_1)A(v_2) + A(v_1)A(v_2)}_{(4.40) の (2,2) 成分}$$

$$-\beta_1 A(v_1)C(v_2) = -\beta_2 C(v_1)A(v_2) \tag{4.41}$$

が成り立たなくてはいけない。

ここでもし $\boxed{C(v) = 0}$ だったとすると、上の式は満たされるが、その場合変換行列は

$$\begin{bmatrix} A(v) & -\beta A(v) \\ 0 & A(v) \end{bmatrix} = A(v) \begin{bmatrix} 1 & -\beta \\ 0 & 1 \end{bmatrix} \tag{4.42}$$

となる。$\boxed{A(v) = 1}$ とすればこの式は Galilei 変換になる[†49]。

$C(v)$ が 0 ではない場合は、(4.41) を

$$\beta_1 \frac{A(v_1)}{C(v_1)} = \beta_2 \frac{A(v_2)}{C(v_2)} \tag{4.43}$$

と変形することができる。つまり、$\beta \dfrac{A(v)}{C(v)}$ という量は v に依らない量でなくてはいけない。これを $-\dfrac{1}{k}$ と[†50] おいて $\boxed{C(v) = -k\beta A(v)}$ と結論しよう。

[†48] $\boxed{\beta_3 = \beta_1 + \beta_2}$ は要求していないことに注意。

[†49] $\boxed{A(v) = 1}$ とする理由は、変換と逆変換が対等であるべしという条件を考えればいい。

[†50] k にマイナス符号をつけておくのは、後の式が簡単になるようにであって、深い意味は無い。

4.8 一般の方向の Lorentz 変換

ここまでの段階で、変換の行列は

$$\begin{bmatrix} A_{(v)} & -\beta A_{(v)} \\ -k\beta A_{(v)} & A_{(v)} \end{bmatrix} = A_{(v)} \begin{bmatrix} 1 & -\beta \\ -k\beta & 1 \end{bmatrix} \tag{4.44}$$

となる。

ここで、(ct, x) 座標系において「空間的に同一点で時間差が T である2時空点」を考える。簡単のため一方を座標原点にすると、この2時空点の座標 $\begin{bmatrix} x \\ ct \end{bmatrix}$ は $\begin{bmatrix} 0 \\ 0 \end{bmatrix}$ と $\begin{bmatrix} 0 \\ cT \end{bmatrix}$ となる。(4.44) を使って(4.37)の計算を行うと、この2点の座標 $\begin{bmatrix} \widetilde{x} \\ \widetilde{ct} \end{bmatrix}$ は、$\begin{bmatrix} 0 \\ 0 \end{bmatrix}$ と $\begin{bmatrix} -\beta A_{(v)} cT \\ A_{(v)} cT \end{bmatrix}$ になる。ということは~付き座標系でのこの2点の時間差は $A_{(v)} T$ である。

同様に座標 $\begin{bmatrix} \widetilde{x} \\ \widetilde{ct} \end{bmatrix}$ が $\begin{bmatrix} 0 \\ 0 \end{bmatrix}$ と $\begin{bmatrix} 0 \\ c\widetilde{T} \end{bmatrix}$ である2時空点を考える。この2点の $\begin{bmatrix} x \\ ct \end{bmatrix}$ を得るには (4.44) の逆行列を使って

$$\begin{bmatrix} x \\ ct \end{bmatrix} = \frac{1}{A_{(v)}(1-k\beta^2)} \begin{bmatrix} 1 & \beta \\ k\beta & 1 \end{bmatrix} \begin{bmatrix} \widetilde{x} \\ \widetilde{ct} \end{bmatrix} \tag{4.45}$$

という式を作って使えばよい。結果は $\begin{bmatrix} 0 \\ 0 \end{bmatrix}$ と $\frac{1}{A_{(v)}(1-k\beta^2)} \begin{bmatrix} \beta c\widetilde{T} \\ c\widetilde{T} \end{bmatrix}$ となる。

$$\begin{cases} (ct, x) \text{座標系で見ると時間差} T、(\widetilde{ct}, \widetilde{x}) \text{座標系で見ると時間差} A_{(v)} T \\ (\widetilde{ct}, \widetilde{x}) \text{座標系で見ると時間差} \widetilde{T}、(ct, x) \text{座標系で見ると時間差} \dfrac{\widetilde{T}}{A_{(v)}(1-k\beta^2)} \end{cases}$$

が成り立つ。二つの座標系は対等であり、「自分の時間と相手の時間の比率は等しい（互いに同じ比率で相手のほうが遅いと感じる）」と考えると、

$$A_{(v)} = \frac{1}{A_{(v)}(1-k\beta^2)} \tag{4.46}$$

という式が成立する。これより、$\boxed{A_{(0)} = 1}$ を使って複号を選ぶと

$$A_{(v)} = \frac{1}{\sqrt{1-k\beta^2}} \tag{4.47}$$

となる。分母のルートの中身は正でなくてはいけないから、$k\beta^2$ は1未満である。

$$k\frac{v^2}{c^2} < 1 \quad \text{から、} \quad v < \frac{c}{\sqrt{k}} \tag{4.48}$$

となるので、$\boxed{C = \dfrac{c}{\sqrt{k}}}$ が「速さの上限」になる。こうして求めた「Lorentz 変換」の式は

$$\widetilde{x} = \frac{1}{\sqrt{1-\frac{v^2}{C^2}}}(x - vt) \tag{4.49}$$

第4章　光速不変から Lorentz 変換へ

$$c\tilde{t} = \frac{1}{\sqrt{1-\frac{v^2}{C^2}}}\left(ct - \boxed{\frac{c^2}{C^2}}^{k}\beta x\right) \quad \Big\} \left(\times \frac{C}{c}\right)$$

$$C\tilde{t} = \frac{1}{\sqrt{1-\frac{v^2}{C^2}}}\left(Ct - \frac{v}{C}x\right) \tag{4.50}$$

となる。この導出法で「速さの上限 C」があることはわかるが、それが光速 c と等しいのは $\boxed{k=1}$ のときだけである。そのとき、上の変換は Lorentz 変換になる[†51]。

4.9　章末演習問題

★【演習問題 4-1】
μ 粒子と呼ばれる粒子は、2×10^{-6}s で崩壊してしまう。ウラシマ効果を考えないと、たとえ光の速さ $(3 \times 10^8\text{m/s})$ で走ったとしても、6×10^2m しか走れない。しかし、地上からの高度約 10km＝10^4m で発生した μ 粒子が地上に到着する。これは μ 粒子が非常に速い速さで走っているおかげで時間の進み方が遅いからである。

(1) μ 粒子の速さはいくら以上でなくてはいけないか、概算せよ。
(2) これを μ 粒子の立場に立って（μ 粒子と一緒に動く座標系で）考えるとどうなるだろうか。この立場では、μ 粒子は静止している。μ 粒子の立場では、動いているのは地球の方である。すると μ 粒子は 2×10^{-6} 秒で崩壊してしまうはずである。ではなぜ、大気圏の下まで到着することができるのか？？

ヒント → p2w へ　解答 → p6w へ

★【演習問題 4-2】
電車 α（中央に A さんが乗っている）と電車 β（中央に B さんが乗っている）のすれちがいをある人（O さん）が見ている。

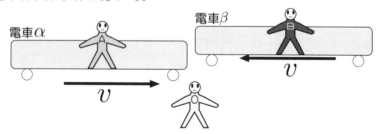

[†51] この変換の群が閉じるということは「速度 v_1 の Lorentz 変換と速度 v_2 の Lorentz 変換を連続して行うと、別の速度の Lorentz 変換になる」を意味する。この「別の速度」が $v_1 + v_2$ ではないところがややこしい（面白い）ところなのだが、それは次の章で考えよう（【問い 5-2】で問題とする）。
→ p100

Oさんから見ると、電車αと電車βはx軸の正方向と負方向にそれぞれ速さvで走ってくるように見える。電車の固有長さ（すなわち、電車が静止している系で測定した長さ）はともに$2L$であるとする。観測者の座標系で時刻 $t=0$ において、$x=0$ の場所で電車αと電車βの中央が一致していたとする。これらの電車の先端・後端の運動を表すグラフを書け。ヒントとして、Aさん、Bさん、Oさんの動きだけを記したグラフを書いておく。

A、B、Oの3人の世界線は、グラフの原点で重なる。この時空点（原点）において光が

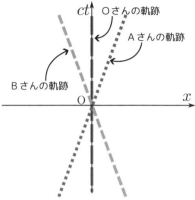

左右に発射されたとする。光の軌跡をグラフに書き込み、そのグラフを使ってAさんにとっての同時刻線、Bさんにとっての同時刻線を作図せよ。

Aさんは「電車βの方が電車αより短い」と観測し、Bさんは「電車αの方が電車βより短い」と観測する（互いに相手の電車を「自分の電車より短い」と判断する）。グラフに「Aさんが原点にいる時に観測する電車αと電車βの長さ」と「Bさんが原点にいる時に観測する電車αと電車βの長さ」を書き込み、互いに相手を短いと観測することを説明せよ。

解答 → p7wへ

★【演習問題4-3】

x軸正の向きに速さv_1で（速度$v_1\vec{e}_x$で）移動するLorentz変換をした後でz軸正の向きに速さv_2で（速度$v_2\vec{e}_z$で）移動するLorentz変換をした結果の行列を求めよ。順序を逆にすると結果が違うことを示せ。

ヒント → p2wへ　解答 → p8wへ

★【演習問題4-4】

任意方向へのLorentzブーストの行列(4.33)の行列式が1であることと、(4.33)の3次元空間部分

$$\begin{bmatrix} 1+\dfrac{\gamma-1}{\beta^2}|\vec{\beta}|^x|\vec{\beta}|^x & \dfrac{\gamma-1}{\beta^2}|\vec{\beta}|^x|\vec{\beta}|^y & \dfrac{\gamma-1}{\beta^2}|\vec{\beta}|^x|\vec{\beta}|^z \\ \dfrac{\gamma-1}{\beta^2}|\vec{\beta}|^y|\vec{\beta}|^x & 1+\dfrac{\gamma-1}{\beta^2}|\vec{\beta}|^y|\vec{\beta}|^y & \dfrac{\gamma-1}{\beta^2}|\vec{\beta}|^y|\vec{\beta}|^z \\ \dfrac{\gamma-1}{\beta^2}|\vec{\beta}|^z|\vec{\beta}|^x & \dfrac{\gamma-1}{\beta^2}|\vec{\beta}|^z|\vec{\beta}|^y & 1+\dfrac{\gamma-1}{\beta^2}|\vec{\beta}|^z|\vec{\beta}|^z \end{bmatrix} \quad (4.51)$$

の行列式がγであることを具体的に確認せよ。

上で計算したことは、実はLorentz変換の行列が(4.28)のように行列式が1の行列の三つの積で書けること、その3次元部分が$\mathbf{R}^\top \begin{bmatrix} \gamma & 0 & 0 \\ 0 & 1 & 0 \\ 0 & 0 & 1 \end{bmatrix} \mathbf{R}$であることを考えれば当然の結果であるが、確認のために問題としている。

ヒント → p2wへ　解答 → p9wへ

第 5 章

Lorentz 変換と物理現象

ここでは、Lorentz 変換を使って物理現象を解釈していこう。

5.1 速度の合成則

5.1.1 一直線上の速度の合成

今、速度 v で走っている電車の中で、(電車の中から見て) 速度 u でボールを投げたとしよう (この人を以下「A さん」と呼ぶ)。これを電車外にいる人 (以下「B さん」) が見るとどれだけの速度に見えるだろう？？？

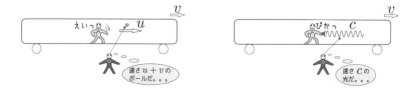

Galilei 変換的な"常識"からすると、上の図の左側のように考えて、「$u+v$ の速度に見える」ことになる。しかし、その常識はもはや通用しない。例えば A さんがボールではなく光を発射したとすると、その光は A さんからみて速度 c で進むが、B さんから見ても速度 c で進む (上の図の右側)。常識には相容れないが、光速不変の原理という「実験事実」の示すところである。ということは、上の図の左側で「$u+v$ の速度に見える」という"常識"も、もはや危ない。

そこで、以下で特殊相対論的に速度の合成を考えていく。手がかりとするのはもちろん、Lorentz 変換である。

5.1 速度の合成則

二つの座標系 (ct, x) 座標系と $(\widetilde{ct}, \widetilde{x})$ 座標系を考える。$\widetilde{x}$ の原点は (ct, x) 座標系で見ると速度 v で運動している。$(\widetilde{ct}, \widetilde{x})$ 座標系で速度 u を持っている物体の速度は、(ct, x) 座標系ではいくらに見えるだろうか。つまり「速度 v で動く電車の中で速度 u で運動する物体は、外から見るといくらの速度に見えるか」という問題を考えよう。Galilei 変換的"常識"ではこの答えは $u+v$ となる。

$(\widetilde{ct}, \widetilde{x})$ 座標系で見て速度 u で動く物体の世界線は $\boxed{\widetilde{x} = u\widetilde{t}}$ で表される[†1]。この式を (ct, x) 座標系で表すために、Lorentz 変換の逆変換の式 (→ p322)

$$\boxed{\begin{aligned} x &= \gamma\left(\widetilde{x} + \beta \widetilde{ct}\right) \\ ct &= \gamma\left(\widetilde{ct} + \beta \widetilde{x}\right) \end{aligned}}$$

に $\boxed{\widetilde{x} = u\widetilde{t}}$ を代入して

$$x = \gamma\left(u\widetilde{t} + \beta \widetilde{ct}\right) \tag{5.1}$$

$$ct = \gamma\left(\widetilde{ct} + \beta u\widetilde{t}\right) \tag{5.2}$$

という式を作り、辺々割ると

$$\frac{x}{ct} = \frac{u + \beta c}{c + \beta u} \tag{5.3}$$

(両辺 c 倍、$\beta c = v$ を代入)

$$v_\text{合} = \frac{x}{t} = \frac{u + v}{1 + \frac{uv}{c^2}} \tag{5.4}$$

となる。以上から、(ct, x) 座標系でのこの物体の速度 $v_\text{合}$ は以下のようになる。

───── 一直線上の速度の合成則 ─────

$$v_\text{合} = \frac{u + v}{1 + \frac{uv}{c^2}} \tag{5.5}$$

この合成速度の速さは光速を超えることは無い。以下の練習問題で確認せよ。

─────────── 練習問題 ───────────

【問い 5-1】 $\boxed{\begin{aligned} -c < u < c \\ -c < v < c \end{aligned}}$ ならば $\boxed{-c < v_\text{合} < c}$ となることを証明せよ。

ヒント → p316 へ   解答 → p324 へ

───

[†1] $\boxed{\widetilde{x} = u\widetilde{t} + \widetilde{x}_0}$ のように初期位置を入れても計算自体は同様に実行できる（少しややこしくなる）。ここでは合成速度だけに興味があるので $\boxed{\widetilde{x}_0 = 0}$ の場合を考える。

第5章 Lorentz変換と物理現象

　光速以下の速度をいかに足し算していっても、光速cを超えることは無いという事実は、「いかに物体を加速しても光速を超えることは無い」ことを保証している。ある時点で物体がどんな速度を持っているとしても、その物体がその瞬間において静止している慣性系を持ってくることができる。加速することは、慣性系において物体の速度が変化することを意味する。直前で物体が静止している $\widetilde{x}^*$ 座標系で考えると、物体の速度は連続的に変化するはずなので、いきなり光速を超えることはあり得ない。別の座標系で見れば、物体の速度は $\widetilde{x}^*$ 座標系で測った速度に、$\widetilde{x}^*$ 座標系の原点の速度を「加算」したものになるが、この時の速度の加算は上の式で与えられるのだから、加速した物体の速度はけっして光速を超えられない。

　後で述べるが、光速を超えないことは相対論的因果律が満たされるために重要であるから、これが保証されることは喜ばしいことだ。そもそも、Lorentz変換の公式は $\boxed{v > c (\beta > 1)}$ だとγが虚数になって（ということはx, ctが実数なのに$\widetilde{x}$が虚数になったりして）困る形をしている。

　また、$\boxed{u = c}$ の場合（電車内で光を発射した場合）について計算すると、

$$v_{合} = \frac{c+v}{1+\frac{cv}{c^2}} = \frac{c+v}{1+\frac{v}{c}} = \frac{c+v}{\frac{c+v}{c}} = c \tag{5.6}$$

となり、電車外で見ても光速はcであることになる（そうなるように作ったLorentz変換から導いた式なのだから当然ではあるが）。

---- 練習問題 ----

【問い5-2】 $\dfrac{座標系の速度}{c}$ がそれぞれ β_1, β_2 である二つのLorentz変換

$\boxed{\begin{aligned}\widetilde{x} &= \frac{1}{\sqrt{1-(\beta_1)^2}}(x - \beta_1 ct)\\ c\widetilde{t} &= \frac{1}{\sqrt{1-(\beta_1)^2}}(ct - \beta_1 x)\end{aligned}}$ と $\boxed{\begin{aligned}\widetilde{\widetilde{x}} &= \frac{1}{\sqrt{1-(\beta_2)^2}}(\widetilde{x} - \beta_2 c\widetilde{t})\\ c\widetilde{\widetilde{t}} &= \frac{1}{\sqrt{1-(\beta_2)^2}}\left(c\widetilde{t} - \beta_2 \widetilde{x}\right)\end{aligned}}$ を続けて行う

と、その結果は $\dfrac{合成速度}{c}$ が $\boxed{\beta_3 = \dfrac{\beta_1 + \beta_2}{1 + \beta_1 \beta_2}}$ のLorentz変換であることを示せ。

解答 → p324 へ

5.1.2 速度が一直線上でない場合

$\widetilde{x}^*$ 座標系での速度 $\vec{u}$ が x 方向を向いてない場合は、(5.1)と(5.2)の u の部分を $[\vec{u}]^x$ に変えて計算を行うことで

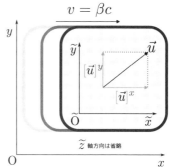

$$[\vec{v}_{合}]^x = \frac{[\vec{u}]^x + v}{1 + \frac{[\vec{u}]^x v}{c^2}} \quad (5.7)$$

という式ができる。y 方向については、

$$y = \widetilde{y} = [\vec{u}]^y \widetilde{t} \quad \widetilde{x} \quad (5.8)$$

$$ct = \gamma_{(v)}\left(\widetilde{ct} + \beta [\vec{u}]^x \widetilde{t}\right)^{\dagger 2} \quad (5.9)$$

を辺々割ることで

$$\frac{y}{ct} = \frac{[\vec{u}]^y}{\gamma_{(v)}\left(c + \beta [\vec{u}]^x\right)} \quad (\times c)$$

$$[\vec{v}_{合}]^y = \frac{y}{t} = \frac{[\vec{u}]^y}{\gamma_{(v)}\left(1 + \frac{[\vec{u}]^x v}{c^2}\right)} \quad (5.10)$$

となる。z 方向も同様に計算して、以下を得る。

――― x 方向に運動する座標系での速度の合成則 ―――

$$\vec{v}_{合} = \frac{1}{\gamma_{(v)}\left(1 + \frac{[\vec{u}]^x v}{c^2}\right)}\left(\left([\vec{u}]^x + v\right)\gamma_{(v)}\vec{e}_x + [\vec{u}]^y \vec{e}_y + [\vec{u}]^z \vec{e}_z\right)$$

(5.11)

y, z 座標は変化しないが、時間座標が変化しているので、y, z 方向の速度が変化する。これも Galilei 変換の場合とは大きく違う。

$\widetilde{x}^*$ 座標系の原点の、x^* 座標系から見ての速度 $\vec{v}$ が x 方向でなく任意の方向を向いている場合、$\widetilde{x}^*$ 座標系での速度が $\vec{u}$ である物体は x^* 座標系では以下の速度を持つ。

---

†2 γ に $_{(v)}$ をつけたのは、$\vec{u}$ の方の γ 因子ではないことを示すため。

第 5 章　Lorentz 変換と物理現象

―――― 一般の向きの速度の合成則 ――――

$$\vec{v}_{合} = \frac{\vec{v}\gamma(\vec{v}) + \vec{u} + \dfrac{\gamma(\vec{v}) - 1}{|\vec{v}|^2}\vec{v}(\vec{v}\cdot\vec{u})}{\gamma(\vec{v})\left(1 + \dfrac{\vec{v}\cdot\vec{u}}{c^2}\right)} \tag{5.12}$$

―――――――――― 練習問題 ――――――――――

【問い 5-3】(5.12) を示せ。　　　　ヒント → p317 へ　　解答 → p324 へ

(5.12) は複雑に見えるが、$\vec{v}$ と同じ向きを向いている単位ベクトル $\vec{e}_v = \dfrac{\vec{v}}{v}$ との内積を取ると

$$\vec{e}_v \cdot \vec{v}_{合} = \frac{v\gamma(\vec{v}) + \vec{e}_v\cdot\vec{u} + \dfrac{\gamma(\vec{v}) - 1}{v^2}v(v\vec{e}_v\cdot\vec{u})}{\gamma(\vec{v})\left(1 + \dfrac{v\vec{e}_v\cdot\vec{u}}{c^2}\right)} = \frac{v + \vec{e}_v\cdot\vec{u}}{1 + \dfrac{v\vec{e}_v\cdot\vec{u}}{c^2}} \tag{5.13}$$

となり、$\vec{e}_v$ が x 軸正の向きを向けば (5.7) になる式である。同様に $\vec{v}$ と垂直な単位ベクトルを一つ、$\vec{e}_\perp$ を選んで内積を取ると

$$\vec{e}_\perp \cdot \vec{v}_{合} = \frac{\vec{e}_\perp\cdot\vec{u}}{\gamma(\vec{v})\left(1 + \dfrac{v\vec{e}_v\cdot\vec{u}}{c^2}\right)} \tag{5.14}$$

となって、$\vec{e}_v$ が x 軸正の向き、$\vec{e}_\perp$ が y 軸正の向きを向いたときに (5.10) になる。

5.1.3　Fizeau の実験の解釈

3.4.2 項で、Fizeau による「エーテルの引き摺り」実験を紹介した。実験の結果、屈折率 n の媒質中の光速は媒質が運動していなければ $\dfrac{c}{n}$ だが、媒質が速さ v で運動している場合は $\dfrac{c}{n} + \left(1 - \dfrac{1}{n^2}\right)v$ に変化することがわかった。これを「媒質中のエーテルは媒質の $\left(1 - \dfrac{1}{n^2}\right)$ 倍の速さで動いている」と解釈するには困難がある、ということはすでに説明した。

相対論的な考え方では、この問題がどのように解決するかを見ておこう。まず、媒質と一緒に運動する座標系（媒質の静止系）で考えると、この光の速さは $\frac{c}{n}$ である（念のため注意。この座標系でも、真空中の光速はcのままである）。ではこの速さを、媒質が運動している座標系で見るとどう見えるか？——上の公式(5.5)を、u, vがcに比べ十分小さいという近似をして展開すると、

$$\frac{u+v}{1+\frac{uv}{c^2}} = (u+v) \times \left(1 - \frac{uv}{c^2} + \cdots\right) = u + v - \frac{u^2 v}{c^2} + \cdots$$
$$= u + \left(1 - \frac{u^2}{c^2}\right) v + \cdots \tag{5.15}$$

となる[†3]。今考えている場合は $\boxed{u = \frac{c}{n}}$ なので、この式は

$$\frac{c}{n} + \left(1 - \frac{1}{n^2}\right) v \tag{5.16}$$

となり、Fizeauの実験結果と近似の範囲内で一致する。つまり、シンプルに以下のように考えることで実験に合う結果が得られる。

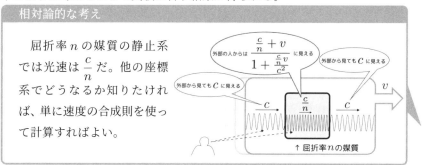

「振動数ごとに違う速さで走るエーテル」などという不自然なものは必要無い。

5.2　相対論的因果律

因果律とは「原因は結果に先行する」という原則であり、物理のというより、何らかの現象を考える全ての学問において鉄則と言ってよいだろう。Galilei変

[†3] $\boxed{|x| < 1}$ のとき、$\boxed{\dfrac{1}{1+x} = 1 - x + x^2 - x^3 + \cdots}$。これは初項1、公比$-x$の等比級数の和の公式である。

換的な世界における因果律は「$\begin{cases} t_{原因} \text{ は原因となる事象が起こる時刻} \\ t_{結果} \text{ は結果となる事象が起こる時刻} \end{cases}$ としたとき、$t_{原因} < t_{結果}$ である」と表すことができる。

相対論的に考えると、条件がよりきつくなる。同時の相対性のおかげで、「ある座標系では $t_{原因} < t_{結果}$ だが、別の座標系では $\tilde{t}_{原因} > \tilde{t}_{結果}$」が起こってしまう可能性があるからだ。そこで以下を相対論的な「因果律」の定義としよう。

相対論的因果律

Lorentz変換で移り変わるいかなる座標系で表現しても　　$t_{原因} < t_{結果}$
(5.17)

時間や同時刻が相対的だから、ある人から見て因果関係 $t_{原因} < t_{結果}$ が成立していても、別の人（さっきの人とは相対的に運動している人）から見て成立してないと困る。結局、「結果」となる事象は「原因」から見て、未来に向いた光円錐の内側になくてはいけない（逆に「原因」は「結果から見て過去に向いた光円錐の内側にある）。

「現在」のある点から見て、未来向きの光円錐の内側（側面を含む）を「因果的未来」と呼ぶ。「現在」で起こることの影響は、因果的未来にのみ及ぶ。また、「現在」に影響を及ぼしているのは過去向き光円錐の内側（「因果的過去」と呼ぶ）のみである。「因果的未来」でも「因果的過去」でもない領域は、現在とは因果関係が無い。「現在」の場所にいる粒子がそのまま存在し続ければ（つまり粒子が時空図上の「未来」へと進行していけば）現在は「因果関係が無い領域」である場所が「因果的過去」に入ってくるので、影響が光速以下の速さで伝わって来るということは有り得る。

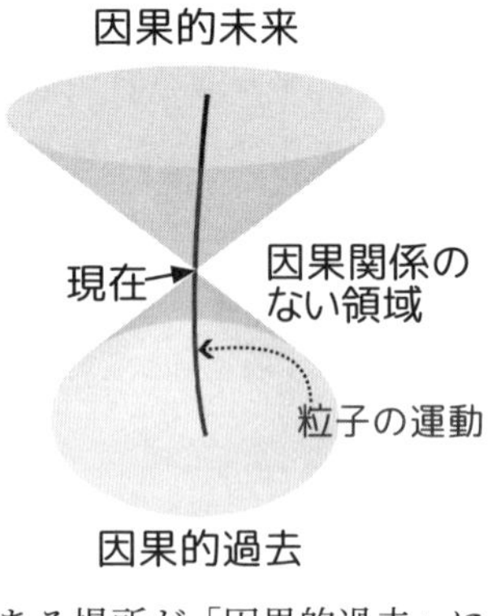

既知の（相対論的に正しい）物理法則は相対論的因果律を満たしている。5.1節
→ p98
で速度の合成則から、「いくら速度を足していっても c を超えない」ことがわかっている。これは「どんなにがんばって加速しても光速以上には加速できない」ということである。物理法則は因果律を破れないように作られているらしい。

もし超光速で移動することが可能であったならば、それはタイムマシンがあ

るのと同じことになる。ある基準系(フレーム)において超光速での移動がもしあったなら、その移動が「未来から過去へ」の移動に見える別の基準系が存在するからである。

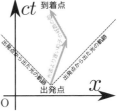

タイムマシンを「空間的には同じ場所で、時間的には未来から過去へ移動できるシステム」と定義する。光速より遅い移動手段だけを使っている[†4]と、空間的に同じ場所に戻ってきたら、必ず時間的には「過去から未来への移動」である。

超光速の移動を組み合わせると、次の図のような移動が可能になる。

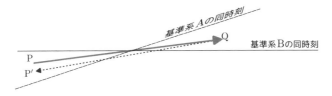

図のPからQへという移動は、基準系Bで見れば「過去から未来へ」という超光速運動だが、基準系Aで見れば「未来から過去へ」という(やはり超光速)運動になる。もし、「基準系Aで見て超光速で動ける物体」と「基準系Bで見て超光速で動ける物体」が二つ用意できれば、その二つの組み合わせによって「未来から過去へ」という移動が可能になる。図のP → Q → P′という運動を見てみよう。P → Qは基準系Bでの超光速、Q → P′は基準系Aでの超光速移動である。そしてP → P′という移動は、場所は移動せず時間だけを遡っている。

【補足】✢✢✢✢✢✢✢✢✢✢✢✢✢✢✢✢✢✢✢✢✢✢✢✢✢✢✢✢✢✢✢✢✢✢✢✢✢✢

このような因果律を破る現象が存在しているとするとSFなどで有名な「自分が生まれる前に戻って自分の親を殺したらどうなるのか?」というパラドックスが発生する。親が死んだので自分が生まれないとすると、生まれない自分はタイムマシンで元に戻ることはない。ということは親は死ぬことなく、自分は生まれる。生まれた自分は親をタイムマシンで殺しに行く。すると自分は生まれない…と論理が堂々巡りし、結局何が起こるのか、さっぱりわからなくなる。これを物理の言葉で述べると「与えられた初期条件に対して適切な解が存在しない(あるいは解が複数存在する)」ことになる。因果律が破れると、「初期条件」では決まらない要素(未来から来た自分)が問題に入ってくるということなので、こういう困ったことになる。それは嫌なので、因果律は破れないと思いたい。

✢✢✢✢✢✢✢✢✢✢✢✢✢✢✢✢✢✢✢✢✢✢✢✢✢✢✢✢✢✢✢✢✢✢✢【補足終わり】

[†4] 時空図上での水平と45度より大きい角度の世界線上の移動、つまりp104の図の「現在」から「因果的未来」へ向かう方向への移動のみをするということ。

5.3 光行差

18世紀にBradley(ブラッドレー)により、運動しながら光を受けたときにその光のやってきた方向が違って見えるという現象が報告され、その現象を使って光速が現代から見てもほぼ正しい値で求められている。彼が観測したのは地球の公転によって星の見える角度が変わる現象である。ここで「光速は見る立場によって変わらないのではなかったのか？」と慌ててはいけない。もちろん光速は変わらない。見る人の立場によって変わるのは「角度」である。我々はすでにLorentz変換を知っているので、Lorentz変換を使って「見かけの角度変化」を見積もろう[†5]。

x^*座標系が「太陽が静止する基準系(フレーム)」に属するとする。速度vでx軸方向に移動している観測者が x^* 座標系の原点に於いて、観測者の進行方向であるx軸からθだけ[†6]離れた方向から来る光を観測したとしよう（簡単のため、光はxy平面内を伝播してくるものとする）。

光は $\boxed{\dfrac{y}{x} = \tan\theta}$ を満たす場所を通りながら $\boxed{t=0}$ で原点に達すると上で仮定したので、この光の軌跡は $\begin{array}{l} x = -ct\cos\theta \\ y = -ct\sin\theta \\ z = 0 \end{array}$ と書かれる[†7]。

観測者の静止系を $\widetilde{x}^*$ 座標系とすると、世界線の式は、

$$\overbrace{\gamma\left(\widetilde{x}+\beta c\widetilde{t}\right)}^{x} = -\overbrace{\gamma\left(c\widetilde{t}+\beta\widetilde{x}\right)}^{ct}\cos\theta \quad \searrow{(\div\gamma)}$$

$$\widetilde{x}+\beta c\widetilde{t} = -\left(c\widetilde{t}+\beta\widetilde{x}\right)\cos\theta \tag{5.18}$$

$$\underbrace{\widetilde{y}}_{y} = -\gamma\overbrace{\left(c\widetilde{t}+\beta\widetilde{x}\right)}^{ct}\sin\theta \tag{5.19}$$

$$\underbrace{\widetilde{z}}_{z} = 0 \tag{5.20}$$

となる。(5.18)を整理すると

[†5] ここで「物体がLorentz短縮するから」「ウラシマ効果で時間が遅れるから」のように個別にいろいろな効果を考える必要は無い。Lorentz変換さえやれば、それらの効果は全部入った形で結果が出る。

[†6] このθは、よく使う極座標でのθ（z軸から離れる角度）とは違うことに注意。

[†7] この式は原点を通る光が満たすべき、光円錐条件 $\boxed{x^2+y^2+z^2-(ct)^2=0}$ を満たしている。
→ p70

5.3 光行差

$$(1+\beta\cos\theta)\widetilde{x} = -(\cos\theta+\beta)c\widetilde{t}$$
$$\widetilde{x} = -\frac{\cos\theta+\beta}{1+\beta\cos\theta}c\widetilde{t} \tag{5.21}$$

がわかる。また、(5.19)を整理すると以下がわかる。

$$\widetilde{y} = -\gamma\left(c\widetilde{t}+\beta\overbrace{\left(-\frac{\cos\theta+\beta}{1+\beta\cos\theta}c\widetilde{t}\right)}^{\widetilde{x}}\right)\sin\theta$$
$$= -\gamma\left(\frac{1-\beta^2}{1+\beta\cos\theta}\right)c\widetilde{t}\sin\theta = -\frac{\sqrt{1-\beta^2}\sin\theta}{1+\beta\cos\theta}c\widetilde{t} \tag{5.22}$$

念の為の確認として次の問いを解いてもらうとわかるが、光の速度の x 成分、y 成分は変化しているが、光速は当然変化してない。Lorentz 変換を使って計算した結果だから当然である。Galilei 変換を使って計算しても光行差は起こるが、そのときは光速も変化する。

------練習問題------

【問い 5-4】 この結果 (5.21) と (5.22) が光円錐条件 $\boxed{\widetilde{x}^2+\widetilde{y}^2+\widetilde{z}^2=(c\widetilde{t})^2}$ を満たすことを確認せよ。

解答 → p325 へ

観測者の静止系で光のやってくる角度 $\widetilde{\theta}$ と、θ との関係は

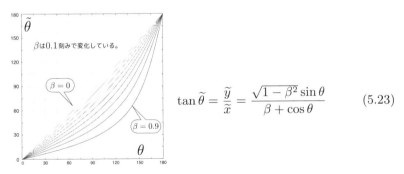

$$\tan\widetilde{\theta} = \frac{\widetilde{y}}{\widetilde{x}} = \frac{\sqrt{1-\beta^2}\sin\theta}{\beta+\cos\theta} \tag{5.23}$$

のようなグラフと式となる。上のグラフの単位はラジアンではなく、deg（度）であることに注意せよ。

真ん前 $\boxed{\theta=0°}$ と真後ろ $\boxed{\theta=180°}$ の光は角度が変化しないが、それ以外の角度では角度が小さくなる方向へ変化している。この観測者にとっては、光の来る方向が全体的に「自分の前側」に寄るように感じられる。

Bradley の観測結果では、θ と $\tilde{\theta}$ の差は $\boxed{\theta = 90°}$ のときで 20 秒角（1°の 180 分の 1）程度であった。$\boxed{\theta = 90°}$ に対応する $\tan\tilde{\theta}$ が 10000 程度[†8]なので、$\boxed{\beta \simeq \dfrac{1}{10000}}$ と結論できる。地球の公転速度は約 30km/s なので、18 世紀に得られた数字としては非常によい精度と言える。

------練習問題------

【問い 5-5】 Lorentz 変換ではなく Galilei 変換を使ったとすると、(5.23)の式はどのように変わるか？

→ p107　　ヒント → p317 へ　　解答 → p325 へ

5.4 Doppler 効果

Doppler効果については音の方が有名なので、音の場合にどんな現象であるかを思い出そう。まず気をつけて欲しいのは、「Doppler 効果」と呼ばれている現象は、以下の二つの現象を合わせたものだということである。

(1) 音源が移動していることによって、波長が変化し、結果として観測者の受け取る音の振動数が変化する。

(2) 観測者が移動していることによって、見掛けの音速が変化し、結果として観測者の受け取る音の振動数が変化する。

振動数 f は波長 λ と音速 V によって、$\boxed{f = \dfrac{V}{\lambda}}$ と書かれる。(1)は、この式の分母の変化である。

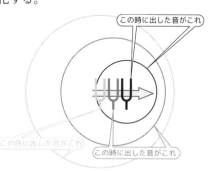

(1)の状況を示したのが右の図である。音源が動きながら音を出す。音源が動いても、まわりの空気（音の媒質）はいっしょに動いているわけではないので、音を出した場所を中心として球状に（図では円状）広がる。音が広がるまでの間に音源が移動しているので、前方では波がつまり（波長が短くなり）、後

[†8] 光行差が起こってなければ $\boxed{\theta = 90°}$ のときに $\boxed{\tan\theta = \infty}$ だから、この大きな数値は「ほぼ90°に近い角度」だったことを意味する。

5.4 Doppler効果

方では波が広がる（波長が長くなる）。

これに対して (2) は、$\boxed{f = \dfrac{V}{\lambda}}$ の分子の方の変化である。同じ波長の波が来たとしても、自分が波に立ち向かっていくならば、1秒間に遭遇する波の数が増える。逆に波から遠ざかるならば、波の数が減る。

しかしこの説明を聞いた後で、「さて光の場合のDoppler効果はどうなるのか」と考えると、ちょっと不思議なことに気づくだろう。音の場合、観測者の運動によって見かけの音速が変わる（2の場合）。だから音の振動数が変化するわけである。しかし光の場合、光速は見かけの光速であろうと変化しない（光速不変の原理！）。では光の場合、「観測者が運動している場合のDoppler効果」は存在しないのか。もちろんそんなことは無い。

時空図を描いて考えてみよう。以下の図では、上下方向が時間で水平方向が空間である（空間の次元は2）。実際は音と光は全然速さが違うが、図では同じ速さであるかのごとく描いていることに注意しよう。

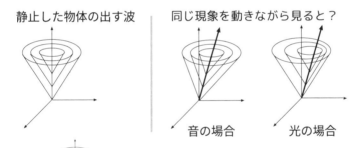

図の一番左の　　　　は、静止した波源から波（光もしくは音）が出ている状況の時空図である。波は上下左右前後[†9]に均等に広がっていく。それゆえ、異なった時刻に発生した波の波面は同心球（図では同心円）を描く。

これを動きながら観測したら結果はどうなるか？

音の場合、音速は動きながら見ると変化するために、　　　　のようになる。この観測者から見れば、波源（音源）の動きと同じ速度で空気も動いているの

[†9] 図では例によって空間軸を一つ省略していて上下を時間軸に使っているので、「左右前後」に見える。

で、音の波面の球はいわば、風に流される状態になる。ゆえに「音円錐」は風で流される分、傾く。音源と媒質が同じ速度で動いているので、波面は球状に広がりながら流されていく。よって、波面はやはり同心球で、波長はどちらに進む波も変化しない。しかし前方では波がそれだけ速くなっており、同じ波長でも速さが速い分振動数が大きい[†10]。

光の場合、光速不変により、光円錐は傾かず、 のようになる。今度は同心球とはならず、進行方向の前では波が詰まり、後ろでは波が広がる。

結局光のDoppler効果の場合は、観測者が動く場合も波源が動く場合も、$\frac{V}{\lambda}$（光なので、この場合のVはc）の分母である波長λが変化する。

実はもう一つ、光の場合に波長が変化する理由がある。いわゆるウラシマ効果によって、波源（光源）が波を出してから次に波を出すまでの間隔がのびる。この二つの効果によって光の波長が変化し、ゆえに振動数が変化する。光速が不変（cは観測者の速度によって変化しない）であっても、振動数や波長は観測者の速度によって変化しうる。

どのように光のDoppler効果が起こるかを、Lorentz変換の式を使って計算してみよう。p106の脚注†5で書いたように、いろんな要素を個別に考えるのは得策ではなく、えいやっとLorentz変換の式を適用するのがよい。

光の振動数（ただし、光源が静止している場合に出す光の振動数）をν_0とする。光源の静止系（$\widetilde{x}^*$座標系とする。）では、「山」を出してから次に「山」を出すまでの時間は$\frac{1}{\nu_0}$であるから、光の「山」が出た時空点を、nを整数として

$$\left(c\widetilde{t}, \widetilde{x}, \widetilde{y}, \widetilde{z}\right) = \left(\frac{nc}{\nu_0}, 0, 0, 0\right) \quad (5.24)$$

とする。これを逆Lorentz変換すると、

$$(ct, x, y, z) = \left(\gamma\frac{nc}{\nu_0}, \beta\gamma\frac{nc}{\nu_0}, 0, 0\right) \quad (5.25)$$

となる。これらが光源が動く座標系において光の「山」が出た時空点である。

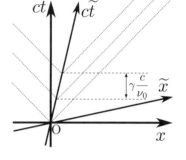

[†10] 以上の音に対する計算では、座標変換にGalilei変換を使っている。ほんとうはここもLorentz変換を使うべきなのだが、音のようなせいぜい数百m/sの話をしている時には、Lorentz変換とGalilei変換の差は非常に小さく、わざわざ計算が面倒なLorentz変換を使う意味はあまり無い。

5.4 Doppler 効果

簡単な場合として、光源の進んでいく先の場所 $(x,y,z)=(L,0,0)$ （Lは大きく、まだ光源はここまで達していないと考える）でこの光を観測したとすると、光は出てから $L-\beta\gamma\dfrac{nc}{\nu_0}$ の距離だけ走ってこの場所に到達する。その時刻は

$$\underbrace{\gamma\frac{n}{\nu_0}}_{\text{山が出た時刻}} + \underbrace{\frac{L-\beta\gamma\frac{nc}{\nu_0}}{c}}_{\substack{\text{光が到着する}\\\text{のにかかる時間}}} = \frac{L}{c}+\gamma(1-\beta)\frac{n}{\nu_0} \tag{5.26}$$

である。n が 1 違うと、この時刻は $\gamma(1-\beta)\dfrac{1}{\nu_0}$ だけ違う。ゆえに、振動数は

$$\nu = \nu_0\frac{1}{\gamma(1-\beta)} = \nu_0\frac{\sqrt{1-\beta^2}}{1-\beta} = \nu_0\sqrt{\frac{1+\beta}{1-\beta}} \tag{5.27}$$

と変化している。より一般的に、$(L\cos\theta, L\sin\theta, 0)$ に来た光の振動数を考えよう。この場所に「山」がやってくる時刻は

$$\begin{aligned}&\gamma\frac{n}{\nu_0}+\frac{1}{c}\sqrt{\left(L\cos\theta-\beta\gamma\frac{nc}{\nu_0}\right)^2+(L\sin\theta)^2}\\=&\gamma\frac{n}{\nu_0}+\frac{1}{c}\sqrt{L^2-2L\beta\gamma\frac{nc}{\nu_0}\cos\theta+\left(\beta\gamma\frac{nc}{\nu_0}\right)^2}\end{aligned} \tag{5.28}$$

である。L が光の波長 $\dfrac{c}{\nu_0}$ に比べて十分大きいとして近似すると、$\sqrt{\ }$ 内の最後の項は無視できるので、

$$\simeq \gamma\frac{n}{\nu_0}+\frac{1}{c}\sqrt{L^2-2L\cos\theta\beta\gamma\frac{nc}{\nu_0}} \simeq \gamma\frac{n}{\nu_0}+\frac{1}{c}\left(L-\cos\theta\beta\gamma\frac{nc}{\nu_0}\right) \tag{5.29}$$

となる。n が 1 変化するとこの時刻は $\dfrac{\gamma(1-\beta\cos\theta)}{\nu_0}$ 変化するので、振動数は

$$\nu = \nu_0\frac{\sqrt{1-\beta^2}}{1-\beta\cos\theta} \tag{5.30}$$

となる。なお、ここで計算したのは「光源が動く場合」であるが、「観測者が動く場合」は上の式を相対的に考えればよいので、$\beta\to-\beta$ と置き換えた、

$$\nu = \nu_0\frac{\sqrt{1-\beta^2}}{1+\beta\cos\theta}$$

という式が成り立つことになる。

（Galilei 変換を使った場合の）音の Doppler 効果との顕著な違いは、進行方向に対して真横の方向へ進む光（上の式で $\boxed{\cos\theta = 0}$ に対応する）にも振動数変化があらわれることである。これはウラシマ効果によるもので、音ではそのような結果は出ない。これを「横 Doppler 効果」と呼ぶ。銀河のいくつかはその中心核から「宇宙ジェット」と呼ばれる亜光速のガス流を出しているが、そのガスが出す光が横 Doppler 効果を起こしていることが確認されている。

5.5 章末演習問題

★【演習問題 5-1】
　宇宙を速さ v で飛ぶロケットに乗っているとき、そこから見る星空はどんなものかを考えてみよう。
　光行差により、「星が見える角度」が次の図のように移動する。
→ p107

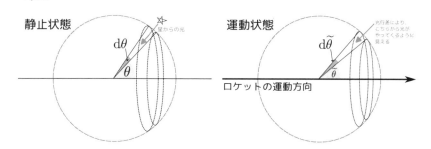

　静止している場合に見える星空には単位立体角あたり $\sigma_星$ 個の恒星があるとしよう（$\sigma_星$ は定数）。図の「静止状態」において微小角度が $\boxed{\theta \to \theta + d\theta, \phi \to \phi + d\phi}$ の範囲（立体角 $\sin\theta\, d\theta\, d\phi$）には、$\sigma_星 \sin\theta\, d\theta\, d\phi$ 個の星が見えることになる。
　光行差を考えると、「運動状態」では、ロケットから見て角度 $\widetilde{\theta}$ の方向には単位立体角あたり何個の星があるだろうか？
ヒント → p2w へ　　解答 → p11w へ

★【演習問題 5-2】
　励起した原子がある速さでいろんな向きに運動しながら一定振動数の光を放出する。運動方向に依存した Doppler 効果を起こした結果、観測された光の振動数は $\nu_大$ から $\nu_小$ までの範囲だったとしよう。この原子が静止しているときに出す光の振動数 ν_0 を $\nu_大, \nu_小$ から求める式を、相対論的でない場合の Doppler 効果の式（音と同じと考える）と相対論的な場合の Doppler 効果の式を使った場合で求めよ。
ヒント → p2w へ　　解答 → p12w へ

第 6 章

Minkowski 空間

ここまで学習した特殊相対論的な考え方は「Minkowski 空間」と呼ばれる「時間1次元＋空間3次元の時空間」での幾何学としてまとめなおすことができる。

6.1　4次元の内積と距離

6.1.1　4次元距離と広い意味の Lorentz 変換

ここまでで、Lorentz 変換によって移り変わる二つの座標系 $(ct, x, y, z) \leftrightarrow (\widetilde{ct}, \widetilde{x}, \widetilde{y}, \widetilde{z})$ の間に、

$$-(ct)^2 + x^2 + y^2 + z^2 = -(\widetilde{ct})^2 + (\widetilde{x})^2 + (\widetilde{y})^2 + (\widetilde{z})^2 \tag{6.1}$$

という関係が成立することがわかった。この量 $-(ct)^2 + x^2 + y^2 + z^2$ は3次元距離の自乗 $x^2 + y^2 + z^2$ に「時間成分の寄与」を加えた（引いた？）ものである。3次元において、距離の自乗は回転と反転という座標変換に対して不変であった。その4次元バージョンである $-(ct)^2 + x^2 + y^2 + z^2$ は回転・反転に加え Lorentz 変換に対して不変である。そこでこの量[†1]を、「4次元距離の自乗」と呼ぶ。物理において大事なのは「座標変換によって変わらない量」である（座標は所詮、人間の都合で決めたのだから、座標に依らない量こそが本質だ）。そういう意味で、4次元的に考える時（つまり特殊相対論的に考える時）には3次元距離よりも4次元距離の方がずっと物理的意味が大きい。

4次元距離の自乗を不変にする変換を（3次元回転や反転もひっくるめて）「Lorentz 変換」と呼ぶ場合もある。

[†1] あるいは符号を逆にした $(ct)^2 - x^2 - y^2 - z^2$。どちらの符号を使うかは流儀の問題でしかない。

$$
\begin{aligned}
&\text{広い意味の Lorentz 変換} \\
&(-(ct)^2 + x^2 + y^2 + z^2 \text{ を不変に保つ}) \\
&= \begin{cases}
\text{狭い意味の Lorentz 変換} & \begin{pmatrix} \widetilde{x} = \gamma(x - \beta ct) \\ \widetilde{ct} = \gamma(ct - \beta x) \end{pmatrix} \text{など} \\
\text{回転／空間反転} & (x^2 + y^2 + z^2 \text{ を不変に保つ}) \\
\text{時間反転} & t \to -t \\
\text{以上の組合せ} &
\end{cases}
\end{aligned}
\tag{6.2}
$$

狭い意味での Lorentz 変換は「**Lorentz ブースト（Lorentz boost）**」と呼ぶこともある。空間回転と、さらに時間空間の反転、およびこれらの組合せを併せたものが広義の Lorentz 変換である。

6.1.2　4次元距離の流儀

ある時空点 (t, x, y, z) と、微小距離だけ離れた時空点 $(t + dt, x + dx, y + dy, z + dz)$ との間隔を考える。この間隔（「線素 (line element)」とも呼ぶ）の「4次元距離」ds の決め方に以下の二つの流儀 (convention)[†2] がある。

$$ds^2 = c^2 dt^2 - dx^2 - dy^2 - dz^2 \qquad \text{(timelike convention)} \tag{6.3}$$

$$ds^2 = -c^2 dt^2 + dx^2 + dy^2 + dz^2 \qquad \text{(spacelike convention)} \tag{6.4}$$

二つの convention のどちらを取るかは本によって違う[†3]。timelike convention は、通常の粒子の場合 $ds^2 > 0$ となる点が好ましい。spacelike convention は、3次元部分が空間内の線素の長さ（$(x + dx, y + dy, z + dz)$ と (x, y, z) の距離）$ds^2 = dx^2 + dy^2 + dz^2$ と等しい点が好ましい。どちらを使うかはその人の流儀であって、物理的内容に違いは無い。本書では、

$$
\boxed{\begin{array}{c}
\text{——— timelike／spacelike convention を区別する符号 ———} \\
\underset{-\text{時}}{+} = \begin{cases} + & \text{spacelike convention} \\ - & \text{timelike convention} \end{cases}, \quad \underset{+\text{時}}{-}\text{はこの逆符号}
\end{array}}
\tag{6.5}
$$

という記号を使って、(6.3) と (6.4) をまとめて

[†2] ここでの「convention」は「慣習・しきたり」などの意味。

[†3] ict を一つの座標として $ds^2 = (ict)^2 + dx^2 + dy^2 + dz^2$ と書く（符号が + で揃う点はいいが、替りに虚数が出現する）流儀も過去にはあったが、最近は使われない。昔の本を読むときには注意。

6.1 4次元の内積と距離　　　　　　　　　　　　115

―――― 線素の長さ ――――
$$\mathrm{d}s^2 = \underset{-時}{+} \left(-c^2\,\mathrm{d}t^2 + \mathrm{d}x^2 + \mathrm{d}y^2 + \mathrm{d}z^2 \right) = \underset{+時}{-}c^2\,\mathrm{d}t^2 \underset{-時}{+} \mathrm{d}x^2 \underset{-時}{+} \mathrm{d}y^2 \underset{-時}{+} \mathrm{d}z^2 \tag{6.6}$$

のように書く[†4]。

6.1.3　時間的／空間的

$\mathrm{d}s^2$ の符号によって以下のように4次元距離を分類する。

$$\begin{array}{|c|c|l|}\hline \underset{-時}{+}\mathrm{d}s^2 > 0 & (c\,\mathrm{d}t)^2 < \mathrm{d}x^2 + \mathrm{d}y^2 + \mathrm{d}z^2 & \text{空間的 (spacelike)} \\ \hline \underset{-時}{+}\mathrm{d}s^2 = 0 & (c\,\mathrm{d}t)^2 = \mathrm{d}x^2 + \mathrm{d}y^2 + \mathrm{d}z^2 & \text{光的 (lightlike)} \\ \hline \underset{-時}{+}\mathrm{d}s^2 < 0 & (c\,\mathrm{d}t)^2 > \mathrm{d}x^2 + \mathrm{d}y^2 + \mathrm{d}z^2 & \text{時間的 (timelike)} \\ \hline \end{array} \tag{6.7}$$

「空間的 (spacelike)」のときは空間成分が勝っている(「時間的 (timelike)」はその逆)と考えればよい。「光的 (lightlike)」[†5] はこの二つの境界である。空間軸を1個省略した時空図で各々のベクトルの例を表現すると右の図のようになる。

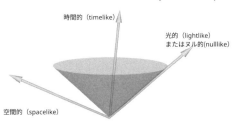

右の図は、(x,y) 面において「空間的距離の自乗」である x^2+y^2 が一定となる線を描いたものである。こちらは常識的な意味で「原点から等距離の点」になっているだろう。これに比べ「原点から(時間的な4次元距離が)等距離の点」を図に描いてみると、少々常識外れな図ができあがる。

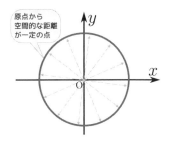

――――――――――――――――
[†4] $\underset{-時}{+}$ は「timelike (時間的) convention のときは下の段の $-$」という意味の記号で、他の本を読むときに「あれ、符号が違う、なぜ？」と疑問に思わないで済むようにつけている。この本を読んだり、この本に書いてある計算をフォローしたりする間は、薄い色の $\underset{+時}{+}$ と $\underset{-時}{-}$ の部分は無視して「$+$」は「$+$」と読むようにして欲しい(他の本と比較するときにこの符号因子が役に立つかもしれない)。後で出てくる $\underset{-時反}{+}$ も同様。

[†5] 「ヌル的 (nulllike)」と呼ぶ場合もある。

(ct,x)面において$(ct)^2 - x^2 = $正の一定値となる線を描いたのが右の図(実はこのグラフの曲線はp84の時計の図のものと同じ曲線である)である。見た目ではこの曲線が「等距離の点」を表すようには見えないが、4次元的な意味で「等距離の点」はこの図が正しい。

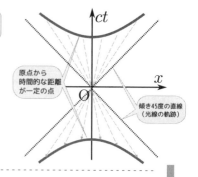

------練習問題------

【問い6-1】 (ct,x)面に「原点から空間的な距離が一定の点」のグラフを描け。
ヒント→ p317へ　解答→ p325へ

【問い6-2】 前問で描いた図では「見た目の距離」は一定に見えないが、見た目のある量は一定になっている——その量はなんだろう？　ヒント→ p317へ　解答→ p325へ

以下、$x^0 = ct, \ x^1 = x, \ x^2 = y, \ x^3 = z$ という表記を使う。つまり、空間座標の添字1,2,3の他に、時間座標を添字0で表す。さらにx^0の次元を長さにするためにcを掛けておく[†6]。

Lorentz変換された別の座標系は$\widetilde{x}^{\widetilde{0}} = c\widetilde{t}, \ \widetilde{x}^{\widetilde{1}} = \widetilde{x}, \ \widetilde{x}^{\widetilde{2}} = \widetilde{y}, \ \widetilde{x}^{\widetilde{3}} = \widetilde{z}$と書く。つまり「チルダ付き」の座標$(c\widetilde{t}, \widetilde{x}, \widetilde{y}, \widetilde{z})$は、添字も$\widetilde{0}$のようにチルダ付きにして、

$\begin{cases} \text{チルダなし座標系} \ x^\mu (\mu = 0,1,2,3) \\ \text{チルダ付き座標系} \ \widetilde{x}^{\widetilde{\mu}} (\widetilde{\mu} = \widetilde{0}, \widetilde{1}, \widetilde{2}, \widetilde{3}) \end{cases}$ のように書く[†7]。

以下の約束が特殊相対論の本でよく使われるので、本書でもそうする。

------ 添字の約束 ------

$i,j,k,\cdots$ のアルファベットは$1,2,3$(3次元空間)の添字として、$\mu, \nu, \rho, \cdots$ のギリシャ文字は$0,1,2,3$(4次元時空)の添字として使う。

------練習問題------

【問い6-3】 Lorentz変換によってtimelikeな座標を変換したとき、時間座標の符号が変わることは無い($t > 0$なら$\widetilde{t} > 0$で、$t < 0$なら$\widetilde{t} < 0$)こと、つまり、Lorentz変換によって未来と過去が入れ替わらないことを示せ。　解答→ p325へ

[†6] 実際、この後の計算の多くでtはcを伴って現れるので、ctでまとめておくのは都合がよい。

[†7] 添字$0,1,2,3$にまで~をつけなくてもよいだろう、と思う人もいるかもしれない(多くの本はそうしている)が、本書では少々冗長でもこの書き方を採用する。

6.1.4 Minkowski 計量

以下の記号を定義しよう[8]。

Minkowski 計量

$$\eta_{\mu\nu} = \begin{cases} -1 & \mu=\nu=0 \\ +1 & \mu=\nu=1,2,3 \\ 0 & \text{それ以外} \end{cases} \underset{\text{表示}}{\overset{\text{行列}}{\longrightarrow}} + \begin{bmatrix} -1 & 0 & 0 & 0 \\ 0 & 1 & 0 & 0 \\ 0 & 0 & 1 & 0 \\ 0 & 0 & 0 & 1 \end{bmatrix} \quad (6.8)$$

（＋時／−時、−時）

上の $\bigcirc_{\mu\nu} \underset{\text{表示}}{\overset{\text{行列}}{\longrightarrow}} \triangle\triangle$ は $\bigcirc_{\mu\nu}$ を行列で書くと $\triangle\triangle$ を意味する[9]。

この記号を使って、ds^2 を以下のように書く[10]。

$$ds^2 = \eta_{\mu\nu} dx^\mu dx^\nu \quad (6.9)$$

このように「距離」[11] が定義された空間を「**Minkowski空間（Minkowski space）**[12]」と呼び、$\eta_{\mu\nu}$ を使って測られる距離の計算の仕方、あるいは $\eta_{\mu\nu}$ そのものを「**Minkowski計量（Minkowski metric）**」と呼ぶ。一方、普通の空間、すなわち距離の自乗の定義が $ds^2 = dx^2 + dy^2 + dz^2 = \delta_{ij} dx^i dx^j$ となる空間を「**Euclid空間**」、$\delta_{ij} \underset{\text{表示}}{\overset{\text{行列}}{\longrightarrow}} \begin{bmatrix} 1 & 0 & 0 \\ 0 & 1 & 0 \\ 0 & 0 & 1 \end{bmatrix}$ を「**Euclid計量**」と呼ぶ。

Einstein 自身は Minkowski がこういう書き方を始めた時、「数学的な話で、物理の理解とは関係無い」と思っていたらしい[13]。しかし、この表示によって特殊相対論、さらにそれに続く一般相対論を考えることが劇的に簡単になる（Einstein もすぐにそれに気づいて自分でも使い始めている）。

---
[8] η の符号も、spacelike convention か timelike convention かでひっくり返る。
[9] $\underset{\text{表示}}{\overset{\text{行列}}{\longrightarrow}}$ のところをシンプルに＝と書くこともよくあるが、この書き方だと左辺が μ,ν という添字を持った量、右辺は行列というアンバランスな式になる。「アンバランスでも意味わかるからいいじゃん」と思う人は＝を使って書いてもよい。
[10] ds^2 を $ds^2 = -\eta_{\mu\nu} dx^\mu dx^\nu$ にする定義もあったりするのでややこしい。
[11] 普通の距離とは違うものであるが、これも「距離」と呼ぶ。数学で言う「距離」と呼ばれるものが満たすべき性質「自乗は常に正」「0になるのは同一点の場合のみ」を満たしてない。
[12] ドイツの数学者 Hermann Minkowski にちなむ。Minkowski は Einstein と同時代の人。
[13] ちなみに Einstein の大学時代に Minkowski の数学の講義を受けているのだが、Minkowski の方は Einstein はろくに講義に出てこないと思っていたらしい。

6.1.5 4次元距離で理解するLorentz短縮とウラシマ効果

この節の最初に(6.1)という「距離の自乗」を考えたが、それはMinkowski計量で考えた距離であった。この「距離」を使って考えることで、Lorentz短縮やウラシマ効果を別な形で理解することができる。

Lorentz短縮は、「動いている棒は長さが縮む」現象である。右の図は、棒の静止系の時空図に棒の先端と後端の世界線を示した。水平矢印は、棒の静止系にいる人が観測する「棒の長さ」である。

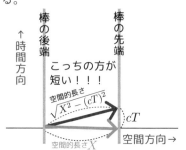

次に、棒に対して動いている人を考える。同時の相対性により、この観測者の同時刻は傾いている。この人が棒の長さを測る時には、自分にとっての同時刻を基準に測るであろうから、「棒の長さ」は図の斜め矢印であると認識する。

水平矢印と斜め矢印は、グラフ上の見た目では斜めの方が長く見えるが、4次元距離の自乗の定義が $+\left(x^2+y^2+z^2-(ct)^2\right)$ であることを思い出すと、(時間成分があることで距離の自乗は減るので) 水平矢印の空間的な長さ X に対し、斜め矢印の空間的長さは $\sqrt{X^2-(cT)^2}$ となる (普通のPythagorasの定理とは $(cT)^2$ の前の符号が違うことに注意)。

ウラシマ効果は、動いている方が経過する時間が短いという効果であるが、それは右の図の斜め線の方が垂直な線より短いことで理解できる[†14]。右のグラフは一見斜め線の方が長く見えるが、ここでの「長さ」は4次元距離であることに気をつけなくてはいけない。そのため、真っ直ぐな (時空図上の) 縦線の4次

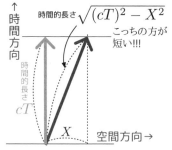

元距離の自乗は $-(cT)^2$ であり、斜めの線の4次元距離の自乗は $-(cT)^2+X^2$ となる[†15]。距離の自乗の絶対値は、斜めの線の方が短い。

[†14] Lorentz短縮のときは空間的距離 $\sqrt{X^2-(cT)^2}$ を比較したが、今度は時間的距離 $\sqrt{(cT)^2-X^2}$ を比較する。ルートの中が正になる方で考えている。

[†15] spacelike conventionの場合に「距離の自乗」はマイナスになり、「自乗」という言葉からすると奇妙に感じるかもしれない。本来の意味とは違う使い方をしているが、物理専用の用語なのだと思って納得して欲しい。

6.1.6 世界線の長さと固有時間

物体は等速運動しているとは限らないので、世界線は一般には4次元時空中の曲線になる。その微小部分である線素の長さは(6.6) の ds で定義される。世界線の微小部分を切り出して、今考えている粒子がその時点でちょうど静止している基準系で ds の持つ物理的意味を考える。その基準系上の座標系を (cT, X, Y, Z) とすると、その微小部分では2次以上を無視する近似のもとで $\boxed{dX = dY = dZ = 0}$ だから、粒子が等速運動しているとみなせる微小な時間に対し、

$$ds^2 = -c^2 dT^2 \qquad (6.10)$$

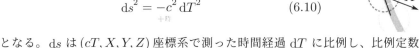

となる。ds は (cT, X, Y, Z) 座標系で測った時間経過 dT に比例し、比例定数は $\begin{cases} \text{spacelike convention なら } ic \\ \text{timelike convention なら } c \end{cases}$ である。

dT は物体が持っている時計の刻む時間を記録したものと考えて良い。以後、この時間を τ という記号で表す。τ の微小変化は ((6.6) の ds^2 を $-c^2$ で割って)

$$d\tau^2 = dt^2 - \frac{1}{c^2}(dx^2 + dy^2 + dz^2) \qquad (6.11)$$

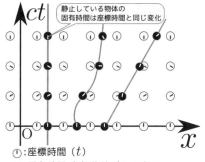

となる。τ を「**固有時間 (proper time)**」と呼ぶ[†16]。世界線の長さには「固有時間に比例する」という物理的意味があったのである。物体各々にとっての時間である固有時間 τ に対し、(ct, x) 座標系において静止している物体にとっての時間 t は「座標時間」と呼ばれる。

(6.11) の両辺を dt^2 で割って平方根（t と τ の増加方向を揃えるため正の根のみ）を取ると、

$$\frac{d\tau}{dt} = \sqrt{1 - \frac{1}{c^2}\underbrace{\left(\left(\frac{dx}{dt}\right)^2 + \left(\frac{dy}{dt}\right)^2 + \left(\frac{dz}{dt}\right)^2\right)}_{v^2}} = \sqrt{1 - \beta^2} \qquad (6.12)$$

[†16] 固有時間の定義の符号は常にこの形。＋は無い。

となる。固有時間の増加は座標時間の増加の $\sqrt{1-\beta^2}$ 倍である。固有時間は、各物体ごとに違う進み方をする。上の式からわかるように、寄り道をすると $dx^2 + dy^2 + dz^2$ が大きくなり、固有時間の進みは遅れる（ウラシマ効果）。

　我々の知っている粒子の世界線は timelike であるか lightlike であるか、どちらかである。世界線が spacelike になるのは超光速運動する粒子だが、そんなものは見つかっていない。もし見つかったら、その粒子は見る人の立場によっては未来から過去に向かって走るので、因果律に抵触する。世界線が lightlike になると、固有時間の変化 $d\tau$ は 0 になってしまう。よって光速で動くものに対しては固有時間が定義できない（あるいは定義してもそれは変化しない）。

6.2　不変性と共変性

　すでに何度か述べたように、物理においては「座標系に依らない量」が大事である。また、「座標系に依らず成立する式」も同様に大事である。逆に言えば「特定の座標系でしか計算できない量」や「特定の座標系でしか成立しない式」の物理的意味は比較的乏しい[17]。さらには「座標系に依らない」ことを手がかりに物理法則を定めていくこともできる（ここが相対論の醍醐味かもしれない）。

　ここで座標変換に対する不変性についてまとめておこう。この節で扱う座標変換は Lorentz 変換に限らない、もっと一般的な座標変換であるとする[18]。

　時空間に二つの座標 x^* と $\widetilde{x}^*$ （ $x^\mu = x^\mu(\widetilde{x}^*)$ （x^μ は $\widetilde{x}^*$ の関数）[19] のように関係している[20]）が張られている場合を以下では考えていく。

---

[17] 3次元の例だと $\vec{v} = \vec{v}^{\,i} \vec{e}_i$ は座標系に依らない（座標系を変えると $\vec{v}^{\,i}$ が変わるが、$\vec{e}_i$ の方もいい塩梅に変換してくれる）量である。一方「x 成分 $\vec{v}^{\,x}$」は x 座標の取り方に依存する量であり、$\vec{v}^{\,x} = 1$ は座標変換すると変わってしまう。よって比較すると $\vec{v} = \vec{v}^{\,i} \vec{e}_i$ の方が「高級」で有用な表現である。「低級」な表現である $\vec{v}^{\,x}$ を使って計算することが多いのは、座標系を固定している場合が多いからである。相対論的なことを考えるときは、座標系を頻繁に取り換えるので、「高級」な表現を心がけたい。

[18] 例えば直交座標→極座標のような直線座標と曲線座標の間の変換なども含まれる。

[19] この式を $x^\mu = x^\mu$ と呼んでしまうと恒等式のようだが、$x^\mu = x^\mu(\widetilde{x}^*)$ の左辺の x^μ は座標であり、右辺の $x^\mu(\widetilde{x}^*)$ は「座標 $\widetilde{x}^*$ の関数である x^μ」である。例えば極座標から直交座標への変換 $x = r\cos\theta$ を $x = x(r, \theta)$ のように「x は r, θ の関数だ」と書いているようなもの。

[20] この逆 $\widetilde{x}^\mu = \widetilde{x}^\mu(x^*)$ ももちろん成り立つ。逆が無い変換は「座標変換」とは呼ばない。

6.2.1　スカラー

ある物理量が「座標変換に対して不変である」とは、以下を意味する。

> **──── スカラーの変換性 ────**
>
> ある座標系での量 $\phi(x^*)$ が、別の座標系での同じ地点での量 $\widetilde{\phi}(\widetilde{x}^*)$ と
>
> $$\widetilde{\phi}(\widetilde{x}^*) = \underbrace{\phi(x^*)}_{x^\mu = x^\mu(\widetilde{x}^*)} \tag{6.13}$$
>
> という関係を持つとき、この量を「スカラー」と呼ぶ。

この式の意味について説明しよう。時空にある物理量 ϕ があり、その物理量が「座標系の張り方に無関係に決まる量」だとしよう。x^* 座標系でのこの物理量を表す関数が右辺の $\phi(x^*)$ である（左辺の $\widetilde{\phi}(\widetilde{x}^*)$ は $\widetilde{x}^*$ 座標系でのそれ）。

$\widetilde{\phi}(\widetilde{x}^*)$ と $\phi(x^*)$ とは違う関数である。しかし、左辺と右辺に同じ位置を表す座標の値、すなわち $\begin{cases} 左辺の座標に \widetilde{x}^* を \\ 右辺の座標に x^*(\widetilde{x}^*) を \end{cases}$ 代入すると、二つの関数は（同じ位置の同じ物理量を表すことになり）同じ値になる。例として、直交座標と極座標の変換 $\boxed{x = r\cos\theta,\ y = r\sin\theta}$ を行うとき、$\begin{cases} 関数\ \boxed{f(x,y) = xy} \\ 関数\ \boxed{\widetilde{f}(r,\theta) = r^2\cos\theta\sin\theta} \end{cases}$ は、それぞれの座標系において「同じ点」を代入すれば同じ値を返すが、関数としては違う形をしている[†21]。

座標変換として特に Lorentz 変換を考えて、「Lorentz 変換しても変わらない量だ」と強調したいときは「Lorentz スカラー」と呼ぶ[†22]。

[†21] 座標系が違うが中身が同じ関数を表すときに、「$f(x,y)$ と $\widetilde{f}(r,\theta)$」のように別の名前を用意せず、後者を $f(r,\theta)$ と書くことも多い。この書き方は、**これは間違い** $\boxed{f(x,y) = xy}$ だから $\boxed{f(r,\theta) = r\theta}$ のような混乱を招く可能性があるときには避けるべきである。しかしいちいち文字を変えたりせず、例えば「直交座標では $\boxed{E(x,y) = \dfrac{1}{2}k(x^2+y^2)}$、極座標では $\boxed{E(r,\theta) = \dfrac{1}{2}kr^2}$ である」のようにエネルギーには同じ E を使うことが多い（混乱しなければそれでも問題は無い）。本書では、同じ文字は使うが、関数名に〜などをつけることで「別の座標系で考えた量である」ことを表現することにする。

[†22] 「スカラー」という言葉を、単に「1 成分の量」という意味合いで使っていた人も多いかもしれない。相対論におけるスカラーの定義は「座標系を変えても変化しない量」である。

6.2.2　共変ベクトルと反変ベクトル

　ここまでを聞くと「物理量は座標系に依らないのが当然だから、全部スカラーなのでは？」と思う人もいるかもしれない。ところが「力の x 成分」を考えると、これは「x 軸がどっちを向いているか（もちろん座標系の張り方に依存する）」で違う。よって「座標変換によって値が変わる（が、物理的内容は変わってない）物理量」が存在する。つまり x 成分や y 成分がある量（すなわちベクトル）は、スカラーとは別の物理量となる。

　「ベクトル」という言葉は文脈によって意味が変わるのでややこしい[†23]のだが、相対論をやる人（およびこれに近い人）の使う「ベクトル」は、以下で説明する「共変ベクトルまたは反変ベクトル」のことで、「座標変換に伴って "ある種" の変換を受ける量」という明確な意味を持っている。相対論では以下の二つの「座標変換によって変わる物理量」がスカラーに次いで大事である。

---　共変ベクトルと反変ベクトルの定義　---

座標変換 $x^* \to \widetilde{x}^*$ において

$$\underbrace{\widetilde{A}_{\widetilde{\mu}}(\widetilde{x}^*)}_{\text{変換後}} = \frac{\partial x^\nu(\widetilde{x}^*)}{\partial \widetilde{x}^{\widetilde{\mu}}} \underbrace{A_\nu(x^*)}_{\substack{x^\mu = x^\mu(\widetilde{x}^*) \\ \text{変換前}}} \tag{6.14}$$

のように[†24]変換する量を「共変ベクトル (covariant vector)」と、

$$\underbrace{\widetilde{A}^{\widetilde{\mu}}(\widetilde{x}^*)}_{\text{変換後}} = \frac{\partial \widetilde{x}^{\widetilde{\mu}}(x^*)}{\partial x^\nu} \overbrace{A^\nu(x^*)}^{\text{変換前}} \tag{6.15}$$

$$x^\mu = x^\mu(\widetilde{x}^*)$$

のように変換する量を「反変ベクトル (contravariant vector)」と呼ぶ。係数のチルダ付き／なしの位置の違いに注意せよ。

ここから先では、上付きの添字を持つベクトル V^μ と下付きの添字を持つベクトル V_μ を区別するので注意して欲しい（実はこれまでも特に説明せず表記の区別はしていた）。$\begin{cases} \text{上付き添字のベクトルは反変ベクトル} \\ \text{下付き添字のベクトルは共変ベクトル} \end{cases}$と使い分ける。

[†23] もっとも広い意味で使われるとき、足し算と定数倍が定義されている量は全部ベクトルである。
[†24] ここで、「$\underbrace{}_{x^\mu = x^\mu(\widetilde{x}^*)}$」がついているのは、左辺も右辺も $\widetilde{x}^*$ の関数にしたいから。(6.15) も同様。

(6.14) の定義に従うと、スカラー関数の微分 $\dfrac{\partial \phi(x^*)}{\partial x^\mu}$ は共変ベクトルである。このことは、微分演算子 $\dfrac{\partial}{\partial x^\mu}$ が座標変換により

$$\frac{\partial}{\partial \widetilde{x}^{\widetilde{\mu}}} = \frac{\partial x^\nu(\widetilde{x}^*)}{\partial \widetilde{x}^{\widetilde{\mu}}} \frac{\partial}{\partial x^\nu} \tag{6.16}$$

と変換され[†25]、係数が共変ベクトルのそれと一致することから納得できる[†26]。

反変ベクトルの方は、微小変位 $\mathrm{d}x$ の変換

$$\mathrm{d}\widetilde{x}^{\widetilde{\mu}} = \frac{\partial \widetilde{x}^{\widetilde{\mu}}(x^*)}{\partial x^\nu} \mathrm{d}x^\nu \tag{6.17}$$

と同じである(こちらは、$\widetilde{x}^{\widetilde{\mu}}$ を x^* の関数とみて全微分したときの式)。つまり微小変位 $\mathrm{d}x^\mu$ は反変ベクトルの例である。

【補足】++++++++++++++++++++++++++++++++++++

p44 で Galilei 変換を図で描いたとき、微分の方向が右の図のようになった(p44 の図では $(t_\mathrm{M}, x_\mathrm{M})$ だった座標を $(\widetilde{t}, \widetilde{x})$ にしている)ことを思い出そう。Galilei 変換は

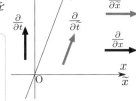

$\boxed{\begin{aligned}\widetilde{x} &= x - vt \\ \widetilde{t} &= t\end{aligned}}$ だが、微分演算子の関係は $\boxed{\begin{aligned}\frac{\partial}{\partial \widetilde{x}} &= \frac{\partial}{\partial x} \\ \frac{\partial}{\partial \widetilde{t}} &= \frac{\partial}{\partial t} + v\frac{\partial}{\partial x}\end{aligned}}$

となることに注意しよう。(6.16) と (6.17) の違いを行列による式と図で理解したい。

$\left(\dfrac{\partial}{\partial x}, \dfrac{\partial}{\partial t}\right)$ と $(\mathrm{d}x, \mathrm{d}t)$ の変換を行列で表現すると、$\boxed{\begin{bmatrix}\dfrac{\partial}{\partial \widetilde{x}} \\ \dfrac{\partial}{\partial \widetilde{t}}\end{bmatrix} = \begin{bmatrix}1 & 0 \\ v & 1\end{bmatrix}\begin{bmatrix}\dfrac{\partial}{\partial x} \\ \dfrac{\partial}{\partial t}\end{bmatrix}}$ と

$\boxed{\begin{bmatrix}\mathrm{d}\widetilde{x} \\ \mathrm{d}\widetilde{t}\end{bmatrix} = \begin{bmatrix}1 & -v \\ 0 & 1\end{bmatrix}\begin{bmatrix}\mathrm{d}x \\ \mathrm{d}t\end{bmatrix}}$ である。$\begin{bmatrix}1 & 0 \\ v & 1\end{bmatrix}$ と $\begin{bmatrix}1 & -v \\ 0 & 1\end{bmatrix}$ (互いに転置すると逆行列であることに注意) の違いが (6.16) の $\dfrac{\partial x^\nu(\widetilde{x}^*)}{\partial \widetilde{x}^{\widetilde{\mu}}}$ と (6.17) の $\dfrac{\partial \widetilde{x}^{\widetilde{\mu}}(x^*)}{\partial x^\nu}$ の違いである。

[†25] この式は微分の連鎖律(chain rule)である。
[†26] 数学では微分演算子の方が基本的な量なので、こちらが「共」変という名前になっている。

第6章 Minkowski空間

右のように、グラフに「等高線」を引いてみると、共変ベクトルと反変ベクトルの違いが見えやすくなる。グラフを見ると「等 $\boxed{?}$ 線」[†27]に沿った方向が $\dfrac{\partial}{\partial x}, \dfrac{\partial}{\partial t}$（あるいはこれらの~付き）の方向[†28]、「等 $\boxed{?}$ 線」に垂直な方向が dx, dt（あるいはこれらの~付き）の方向だとわかる。共変ベクトルと反変ベクトルの違いは、座標を張った後に等高線方向を基底ベクトルの方向に取るか、それに垂直な方向を基底ベクトルの方向に取るかの違いであるとも言える。

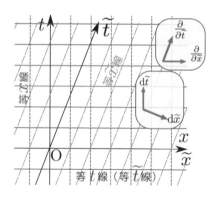

＋＋＋＋＋＋＋＋＋＋＋＋＋＋＋＋＋＋＋＋＋＋＋＋＋＋＋＋＋＋＋＋＋＋＋＋　【補足終わり】

共変ベクトルと反変ベクトルの添字を等しくして足し上げる操作のことを「縮約 (**contraction**)」と呼ぶ[†29]。縮約を取った量 $A_\mu B^\mu$ は（それぞれの変換の行列が「転置すると逆行列」であるおかげで）不変量になる。確認すると

$$\widetilde{A}_{\widetilde{\mu}}\widetilde{B}^{\widetilde{\mu}} = A_\nu \underbrace{\dfrac{\partial x^\nu}{\partial \widetilde{x}^{\widetilde{\mu}}} \dfrac{\partial \widetilde{x}^{\widetilde{\mu}}}{\partial x^\rho}}_{\delta^\nu{}_\rho} B^\rho = A_\nu B^\nu \tag{6.18}$$

である。ここで、

$$\dfrac{\partial x^\nu}{\partial \widetilde{x}^{\widetilde{\mu}}} \dfrac{\partial \widetilde{x}^{\widetilde{\mu}}}{\partial x^\rho} = \delta^\nu{}_\rho \tag{6.19}$$

を使った（この式は、x^ν を x^ρ で微分した式と考えれば納得できる）。

【補足】　＋＋＋＋＋＋＋＋＋＋＋＋＋＋＋＋＋＋＋＋＋＋＋＋＋＋＋＋＋＋＋＋＋＋＋＋

偏微分に慣れてないと (6.19) に混乱することもあるので補足しておく。2次元の例として (x, y) 座標系から $(\widetilde{x}, \widetilde{y})$ 座標系への座標変換を考える。古い座標は新しい座標の関数なので、$x(\widetilde{x}, \widetilde{y}), y(\widetilde{x}, \widetilde{y})$ のように書ける。座標変換は逆変換も存在するので新しい座標系を古い座標系の関数として、$\widetilde{x}(x, y), \widetilde{y}(x, y)$ とも書ける。組み合わせると、

$$x(\widetilde{x}(x, y), \widetilde{y}(x, y)) = x \tag{6.20}$$

[†27] $\boxed{?}$ には $x, \widetilde{x}, t, \widetilde{t}$ のどれかが入る。

[†28] 気をつけたいのは、$\boxed{t = 一定}$ の線に沿った方向は $\dfrac{\partial}{\partial x}$ の方向だという点。

[†29] 「二つの添字を縮約する（contract する）」のように動詞で使うこともある。

6.2 不変性と共変性

と書くことができる（逆の操作をやった結果、結局元の x に戻ってきているわけである）。両辺を y を一定として x で微分する。「y は変化させず、$x \to x + \mathrm{d}x$ と置き換えたときの差」を丁寧に考えると、

$$x(\widetilde{x}(x+\mathrm{d}x,y), \widetilde{y}(x+\mathrm{d}x,y)) - x(\widetilde{x}(x,y),\widetilde{y}(x,y)) = x + \mathrm{d}x - x$$

$$x\left(\underbrace{\widetilde{x}(x,y) + \frac{\partial \widetilde{x}}{\partial x}\mathrm{d}x}_{\widetilde{x} \text{の変化}}, \underbrace{\widetilde{y}(x,y) + \frac{\partial \widetilde{y}}{\partial x}\mathrm{d}x}_{\widetilde{y} \text{の変化}}\right) - x(\widetilde{x}(x,y),\widetilde{y}(x,y)) = \mathrm{d}x$$

$$\frac{\partial x(\widetilde{x},\widetilde{y})}{\partial \widetilde{x}}\frac{\partial \widetilde{x}(x,y)}{\partial x}\mathrm{d}x + \frac{\partial x(\widetilde{x},\widetilde{y})}{\partial \widetilde{y}}\frac{\partial \widetilde{y}(x,y)}{\partial x}\mathrm{d}x = \mathrm{d}x \tag{6.21}$$

以上から、$\boxed{\dfrac{\partial x}{\partial \widetilde{x}}\dfrac{\partial \widetilde{x}}{\partial x} + \dfrac{\partial x}{\partial \widetilde{y}}\dfrac{\partial \widetilde{y}}{\partial x} = 1}$ が成立する[†30]。(6.20)を x を一定として y で微分すれば、$\boxed{\dfrac{\partial x}{\partial \widetilde{x}}\dfrac{\partial \widetilde{x}}{\partial y} + \dfrac{\partial x}{\partial \widetilde{y}}\dfrac{\partial \widetilde{y}}{\partial y} = 0}$ もわかる。以上をまとめて書いた式が(6.19)である。

+++++++++++++++++++++++++++++++++++ 【補足終わり】

$\widetilde{A}_{\widetilde{\mu}}\widetilde{B}^{\widetilde{\mu}}$ のように共変（下付き）添字と反変（上付き）添字が足し上げられていると、座標変換した結果、それぞれの座標変換の係数行列が消し合うため、まるで最初から添字がついていないかのごとく変換を受けない。つまり添字の意味が無くなっている。それゆえ添字が足し合わされている状況を「つぶれている」と称する（変換性がつぶされていると考えてよい）。

以後、座標変換に伴う変換行列を

$$\mathbf{M}^{\widetilde{\mu}}{}_{\rho} = \frac{\partial \widetilde{x}^{\widetilde{\mu}}}{\partial x^{\rho}}, \quad (\mathbf{M}^{-1})^{\nu}{}_{\widetilde{\mu}} = \frac{\partial x^{\nu}}{\partial \widetilde{x}^{\widetilde{\mu}}} \tag{6.22}$$

と書くことにする（$\boxed{(\mathbf{M}^{-1})^{\nu}{}_{\widetilde{\mu}}\mathbf{M}^{\widetilde{\mu}}{}_{\rho} = \delta^{\nu}_{\rho}}$ および $\boxed{\mathbf{M}^{\widetilde{\nu}}{}_{\mu}(\mathbf{M}^{-1})^{\mu}{}_{\widetilde{\rho}} = \delta^{\widetilde{\nu}}_{\widetilde{\rho}}}$ が成り立つ）。この行列を使うと、

$$\begin{aligned}\text{共変ベクトルは } &\widetilde{A}_{\widetilde{\mu}} = A_{\nu}(\mathbf{M}^{-1})^{\nu}{}_{\widetilde{\mu}} & \text{と変換される量}\\ \text{反変ベクトルは } &\widetilde{B}^{\widetilde{\mu}} = \mathbf{M}^{\widetilde{\mu}}{}_{\rho}B^{\rho} & \text{と変換される量}\end{aligned} \tag{6.23}$$

[†30] 「これは間違い $\dfrac{\partial x}{\partial \widetilde{x}}\dfrac{\partial \widetilde{x}}{\partial x} = 1$ で これは間違い $\dfrac{\partial x}{\partial \widetilde{y}}\dfrac{\partial \widetilde{y}}{\partial x} = 1$ だから足して2になりませんか？」というのがFAQなのだが、偏微分のときには分数の約分のような計算はできない。

であると定義される。共変ベクトルと反変ベクトルで掛かる行列が逆行列であり、足し上げられている添字が前か後ろか（行か列か）が違うことに注意しよう。行列で表現すれば、
$$\begin{cases} 共変ベクトルには右から \mathbf{M}^{-1} を掛ける \\ 反変ベクトルには左から \mathbf{M} を掛ける \end{cases} となる。$$

行列の転置を使って、この「足し上げられている添字が違う」という点を修正し、どちらも「左から行列が掛かる」形にすると、以下のようになる。

$$共変ベクトルは \widetilde{A}_{\tilde{\mu}} = \left((\mathbf{M}^{-1})^\top\right)_{\tilde{\mu}}{}^{\nu} A_\nu \quad と変換される量 \tag{6.24}$$
$$反変ベクトルは \widetilde{B}^{\tilde{\mu}} = \mathbf{M}^{\tilde{\mu}}{}_\rho B^\rho \quad と変換される量$$

行列で表現すれば、
$$\begin{cases} 共変ベクトルには左から (\mathbf{M}^{-1})^\top を掛ける \\ 反変ベクトルには左から \mathbf{M} を掛ける \end{cases} となる。$$
ゆえに $\mathbf{M}$ が直交行列（$\boxed{\mathbf{M}^\top = \mathbf{M}^{-1}}$）である場合（変換が直交変換である場合）、共変／反変ベクトルの区別は無い。2次元回転や3次元回転は直交変換の例である。初等的な物理では共変／反変の区別を気にしないのはこれが理由である。

【補足】 ＋＋＋＋＋＋＋＋＋＋＋＋＋＋＋＋＋＋＋＋＋＋＋＋＋＋＋＋＋＋＋＋＋＋
「ベクトルには共変ベクトルと反変ベクトルがある」という話をしてきたが、この世界にあるベクトルが2種類に分類されるという意味ではない。ベクトルである物理量を表現するときに2種類の方法があるだけのことである。物理的実体は一つだが、それをどう表現するかの違いで共変ベクトルになったり反変ベクトルになったりする。「ベクトル」という量は表現に依らず存在していて、それを「共変成分で表現するか、反変成分で表現するか」の違いがあるだけである。

つまり、基底として $\begin{cases} 反変な基底ベクトル \mathbf{E}^\mu \\ 共変な基底ベクトル \mathbf{E}_\mu \end{cases}$ の2種[†31]を使って、ベクトルを
$\begin{cases} 共変成分 A_\mu と反変な基底ベクトルの内積 A_\mu \mathbf{E}^\mu \\ 反変成分 A^\mu と共変な基底ベクトルの内積 A^\mu \mathbf{E}_\mu \end{cases}$ のどちらで表しても構わない（成分・基底で共変・反変が逆になることに注意）。p124 の補足で書いた Galilei 変換で図に描いたように、$\begin{cases} \mathbf{E}^* は「等高線に垂直な方向」（\mathrm{d}x^* の方向） \\ \mathbf{E}_* は「等高線の方向」（\dfrac{\partial}{\partial x^*} の方向） \end{cases}$ の基底である。

[†31] $\mathbf{E}^\mu, \mathbf{E}_\mu$ はここでだけ使う記号。本によっては（変換性が同じということもあって）基底の記号に $\mathrm{d}x^\mu$ と $\dfrac{\partial}{\partial x^\mu}$ を使うこともある。p123 の図を参照せよ。

6.2 不変性と共変性

3次元の例で言うと、本来「ベクトル」と呼んでいいのは基底ベクトルを使って表現した $\vec{a} = a_x\vec{e}_x + a_y\vec{e}_y + a_z\vec{e}_z$ であって、(a_x, a_y, a_z) は「ベクトルの成分」である。しかし多くの場合あまり細かいことは気にせず (a_x, a_y, a_z) を「ベクトル」と呼ぶ。同じ理屈で、A_μ も「共変成分」と呼ぶべきで、「共変ベクトル」と呼ぶのは言葉の濫用であると言える(とはいえ、広まってしまっているので本書でも使っている)。

一例としては、運動量は $m\dfrac{dx^i}{dt}$ と書いたときは反変ベクトルであるが[†32]、量子力学で $-i\hbar\dfrac{\partial}{\partial x^i}$ と書いたときは[†33]共変ベクトルである。

矢印としてのベクトルの代表例である位置ベクトルは、一般の座標変換に対しては共変ベクトルでも反変ベクトルでもない[†34]。直交座標 (x, y) から極座標 (r, θ) への座標変換 $\begin{array}{l} x = r\cos\theta \\ y = r\sin\theta \end{array}$ は、上の変換則のどちらにも従わない[†35]。

+++++++++++++++++++++++++++++++++++++ 【補足終わり】

6.2.3 テンソル

$C_{\mu\nu}, A^{\rho\lambda\tau}, D^\tau{}_{\sigma\mu\nu}$ のようにいくつか[†36]の添字を持ち
$\begin{cases} \text{上付き添字が反変ベクトルの規則で} \\ \text{下付き添字が共変ベクトルの規則で} \end{cases}$ 変換される量を「テンソル」と呼ぶことにする。ある量がテンソルかそうでないかを判定するとき、単に「添字が付いているか」だけではなく「その添字が正しく座標変換されるか」が重要である。

[†32] 解析力学での運動量の定義 $p_i = \dfrac{\partial L}{\partial \dot{x}^i}$ は共変ベクトルになる。

[†33] 量子力学では演算子の順序の問題が結構ややこしいのだが、ここはその心配をするところではない。

[†34] 変換を Lorentz 変換に限るならば、位置ベクトルを x^μ で表現したものは反変ベクトルである。

[†35] 難しい例を出さずとも、1次元の座標変換 $\tilde{x} = x^2$ ですら(この場合 $\dfrac{\partial \tilde{x}(x)}{\partial x} = 2x$)、座標そのものの変換 $x \to \tilde{x}$ は共変ベクトルの変換でも反変ベクトルの変換でもない。共変ベクトルなら $\dfrac{\partial x}{\partial \tilde{x}} = \dfrac{1}{2x}$ が、反変ベクトルなら $\dfrac{\partial \tilde{x}}{\partial x} = 2x$ が掛けられる変換則を満たすべきだが、どちらでもない。dx と $\dfrac{\partial}{\partial x}$ ならそれぞれ反変/共変ベクトルである。

[†36] 「いくつか」は0以上。反変ベクトルは上付き添字が一つのテンソル、共変ベクトルは下付き添字が一つのテンソルである(スカラーは添字の無いテンソルと考えてよい)。ついている添字の数をテンソルの「階数」と呼ぶ。スカラーは0階のテンソル、反変/共変ベクトルは1階のテンソルである。

複数個の添字のあるテンソルは、その添字の一個一個に上付き添字には $\mathbf{M}$、下付き添字には $\mathbf{M}^{-1}$ が掛かるように変換される。例えば上付き添字が一つと下付き添字が三つある4階テンソルは

$$\widetilde{D}^{\tilde{\tau}}{}_{\tilde{\sigma}\tilde{\mu}\tilde{\nu}} = \mathbf{M}^{\tilde{\tau}}{}_{\tau} D^{\tau}{}_{\sigma\mu\nu} (\mathbf{M}^{-1})^{\sigma}{}_{\tilde{\sigma}} (\mathbf{M}^{-1})^{\mu}{}_{\tilde{\mu}} (\mathbf{M}^{-1})^{\nu}{}_{\tilde{\nu}} \tag{6.25}$$

のように変換される。上付き・下付き添字が一つずつある量 $A^{\tau}{}_{\sigma}$ の変換は

$$\boxed{\widetilde{A}^{\tilde{\tau}}{}_{\tilde{\sigma}} = \mathbf{M}^{\tilde{\tau}}{}_{\tau} A^{\tau}{}_{\sigma} (\mathbf{M}^{-1})^{\sigma}{}_{\tilde{\sigma}}}$$

となり、行列の相似変換 $\boxed{\widetilde{\mathbf{A}} = \mathbf{M}\mathbf{A}\mathbf{M}^{-1}}$ になる。

Kronecker のデルタ $\delta^{\mu}{}_{\nu}$ は添字が二つあるテンソルの例であるが、「座標変換で変化しない」という特別な性質がある。この性質を持つテンソルを「不変テンソル」と呼ぶ[†37]。
→ p31

$\delta^{\mu}{}_{\nu}$ が不変テンソルであることを確認しておく。$\delta^{\mu}{}_{\nu}$ を座標変換すると

$$\mathbf{M}^{\tilde{\mu}}{}_{\rho} \delta^{\rho}{}_{\lambda} (\mathbf{M}^{-1})^{\lambda}{}_{\tilde{\nu}} = \mathbf{M}^{\tilde{\mu}}{}_{\rho} (\mathbf{M}^{-1})^{\rho}{}_{\tilde{\nu}} = \delta^{\tilde{\mu}}{}_{\tilde{\nu}} \tag{6.26}$$

と座標変換される（単位行列は相似変換しても単位行列）。つまり、座標変換しても結果は Kronecker のデルタである（なので、$\widetilde{\delta}$ と書かず δ と書いた）。

6.2.4 共変な式

不変性と同様に重要な概念が「共変性」である。ある方程式が共変であるとは、方程式の両辺が座標変換に対して同じ変換をすることを言う。

例えば $\boxed{A^{\mu} = B^{\mu}}$、あるいは $\boxed{C_{\mu\nu} = D_{\mu\nu}}$ は共変な式である。$\boxed{A^{\mu} = B^{\mu}}$ を座標変換すると、

$$\underbrace{\mathbf{M}^{\tilde{\mu}}{}_{\nu} A^{\nu}}_{\widetilde{A}^{\tilde{\mu}}} = \underbrace{\mathbf{M}^{\tilde{\mu}}{}_{\nu} B^{\nu}}_{\widetilde{B}^{\tilde{\mu}}} \tag{6.27}$$

のように、左辺と右辺が同じ変換をして、結局は $\boxed{\widetilde{A}^{\tilde{\mu}} = \widetilde{B}^{\tilde{\mu}}}$ という、同じ形の式になる。この場合「この方程式は共変である」と言う。

$\boxed{E^{\mu} = F^{\mu\nu} G_{\nu}}$ という形の方程式も共変である。座標変換すると、

[†37] この他に不変テンソルに近い例としては、Levi-Civita 記号 $\epsilon^{\mu\nu\rho\lambda}_{(1)}$ がある（正確にはテンソルではなくテンソル密度である）。
→ p313

$$\text{左辺}: \overbrace{\mathbf{M}^{\tilde{\mu}}{}_{\nu} E^{\nu}}^{\tilde{E}^{\tilde{\mu}}} \quad \text{右辺}: \overbrace{\mathbf{M}^{\tilde{\mu}}{}_{\rho} \mathbf{M}^{\tilde{\nu}}{}_{\lambda} F^{\rho\lambda}}^{\tilde{F}^{\tilde{\mu}\tilde{\nu}}} \overbrace{G_{\sigma} (\mathbf{M}^{-1})^{\sigma}{}_{\tilde{\nu}}}^{\tilde{G}_{\tilde{\nu}}} \qquad (6.28)$$

となるが、$\boxed{(\mathbf{M}^{-1})^{\sigma}{}_{\tilde{\nu}} \mathbf{M}^{\tilde{\nu}}{}_{\lambda} = \delta^{\sigma}{}_{\lambda}}$ という関係があるので、

$$\text{左辺}: \mathbf{M}^{\tilde{\mu}}{}_{\nu} E^{\nu} \quad \text{右辺}: \mathbf{M}^{\tilde{\mu}}{}_{\rho} F^{\rho\lambda} G_{\lambda} \qquad (6.29)$$

となる。$F^{\mu\nu}$ の上付き ν の変換と G_{ν} の下付き ν の変換が打ち消し合う、と考えればよい。$\boxed{E^{\mu} = F^{\mu\nu} G_{\nu}}$ の左辺と右辺は同じ座標変換を受けるので、等式はそのまま $\boxed{\tilde{E}^{\tilde{\mu}} = \tilde{F}^{\tilde{\mu}\tilde{\nu}} \tilde{G}_{\tilde{\nu}}}$ のように成立する。左辺と右辺で共変ベクトル（下付き）や反変ベクトル（上付き）の添字が同じ形になっていれば、両辺が同じ変換をするので方程式は共変となる。

例えば式 $\boxed{A_{\mu} = B^{\mu}}$ （これは間違い）には共変性が無く、たまたまある座標系で成立したとしても、座標変換したら成立しなくなってしまう（だからこんな式は普通は出てこない）。

物理法則は座標系に依らず成立すべきであるから、共変な式で書かれていなくてはならない。物理法則をテンソルで書く利点は、この共変性が明白になることである。テンソルで共変に書かれた方程式（つまり左辺と右辺で添字の形が合っている方程式）は、ある座標系で成立するならば別の座標系でも成立する。これが、相対論的に考える時にテンソルを使う大きな利点である。

6.3 Lorentz 変換のテンソルによる表現

ここから、取り扱う座標変換は Lorentz 変換とする。

$\boxed{x^{*} \to \tilde{x}^{*}}$ の Lorentz 変換を行列を使って以下のように書く[†38]。

[†38] Lorentz 変換を表現する行列を太文字のギリシャ文字 $\mathbf{\Lambda}$ を使って書く。この記号は、左側の添字が～付き、右側の添字が～なしになっている。二つの添字の「所属する座標系」が違うからである。左の添字を上付き添字にして右の添字を下付き添字をしているのは変換の性質がこのタイプのテンソルだからである。

第6章 Minkowski 空間

$$\begin{bmatrix} \widetilde{x}^{\tilde{0}} \\ \widetilde{x}^{\tilde{1}} \\ \widetilde{x}^{\tilde{2}} \\ \widetilde{x}^{\tilde{3}} \end{bmatrix} = \begin{bmatrix} \Lambda^{\tilde{0}}{}_{0} & \Lambda^{\tilde{0}}{}_{1} & \Lambda^{\tilde{0}}{}_{2} & \Lambda^{\tilde{0}}{}_{3} \\ \Lambda^{\tilde{1}}{}_{0} & \Lambda^{\tilde{1}}{}_{1} & \Lambda^{\tilde{1}}{}_{2} & \Lambda^{\tilde{1}}{}_{3} \\ \Lambda^{\tilde{2}}{}_{0} & \Lambda^{\tilde{2}}{}_{1} & \Lambda^{\tilde{2}}{}_{2} & \Lambda^{\tilde{2}}{}_{3} \\ \Lambda^{\tilde{3}}{}_{0} & \Lambda^{\tilde{3}}{}_{1} & \Lambda^{\tilde{3}}{}_{2} & \Lambda^{\tilde{3}}{}_{3} \end{bmatrix} \begin{bmatrix} x^{0} \\ x^{1} \\ x^{2} \\ x^{3} \end{bmatrix} \tag{6.30}$$

テンソルによる表現では $\boxed{\widetilde{x}^{\tilde{\mu}} = \Lambda^{\tilde{\mu}}{}_{\nu} x^{\nu}}$ である。この式から $\boxed{\mathbf{M}^{\tilde{\mu}}{}_{\nu} = \dfrac{\partial \widetilde{x}^{\tilde{\mu}}}{\partial x^{\nu}} = \Lambda^{\tilde{\mu}}{}_{\nu}}$ なので x^{μ} は **Lorentz 変換**に対して反変ベクトルである[†39]。

Lorentz 変換が x 方向へのブーストであった場合、この行列 $\Lambda^{\tilde{\mu}}{}_{\nu}$ はすでに求めてある Lorentz 変換の式から

$$\begin{bmatrix} \Lambda^{\tilde{0}}{}_{0} & \Lambda^{\tilde{0}}{}_{1} & \Lambda^{\tilde{0}}{}_{2} & \Lambda^{\tilde{0}}{}_{3} \\ \Lambda^{\tilde{1}}{}_{0} & \Lambda^{\tilde{1}}{}_{1} & \Lambda^{\tilde{1}}{}_{2} & \Lambda^{\tilde{1}}{}_{3} \\ \Lambda^{\tilde{2}}{}_{0} & \Lambda^{\tilde{2}}{}_{1} & \Lambda^{\tilde{2}}{}_{2} & \Lambda^{\tilde{2}}{}_{3} \\ \Lambda^{\tilde{3}}{}_{0} & \Lambda^{\tilde{3}}{}_{1} & \Lambda^{\tilde{3}}{}_{2} & \Lambda^{\tilde{3}}{}_{3} \end{bmatrix} = \begin{bmatrix} \gamma & -\beta\gamma & 0 & 0 \\ -\beta\gamma & \gamma & 0 & 0 \\ 0 & 0 & 1 & 0 \\ 0 & 0 & 0 & 1 \end{bmatrix} \tag{6.31}$$

とわかる。

光円錐条件 $\boxed{-\left(x^{0}\right)^{2} + \left(x^{1}\right)^{2} + \left(x^{2}\right)^{2} + \left(x^{3}\right)^{2} = 0}$ を満たす点は、座標変換後は変換後の座標系で光円錐条件 $\boxed{-\left(\widetilde{x}^{\tilde{0}}\right)^{2} + \left(\widetilde{x}^{\tilde{1}}\right)^{2} + \left(\widetilde{x}^{\tilde{2}}\right)^{2} + \left(\widetilde{x}^{\tilde{3}}\right)^{2} = 0}$ を満たす。$\Lambda^{\tilde{\mu}}{}_{\nu}$ を使って書くと光円錐条件は

$$\eta_{\mu\nu} x^{\mu} x^{\nu} = 0 \text{ のとき、} \quad \eta_{\tilde{\mu}\tilde{\nu}} \widetilde{x}^{\tilde{\mu}} \widetilde{x}^{\tilde{\nu}} = \eta_{\tilde{\mu}\tilde{\nu}} \Lambda^{\tilde{\mu}}{}_{\rho} x^{\rho} \Lambda^{\tilde{\nu}}{}_{\lambda} x^{\lambda} = 0 \tag{6.32}$$

と書くことができる[†40]。(6.32) は「$x^{\mu} x^{\nu}$ を掛けると 0」という式だが、式 $\boxed{\eta_{\rho\lambda} = \eta_{\tilde{\mu}\tilde{\nu}} \Lambda^{\tilde{\mu}}{}_{\rho} \Lambda^{\tilde{\nu}}{}_{\lambda}}$ が成り立つことを (6.31) を使って確認できる。この式の右

[†39] 一般的な座標変換に対して、x^{μ} は反変ベクトルでも共変ベクトルでもない (p127 の補足を参照)。「Lorentz 変換に対して」の制限付きでなら「x^{μ} は反変ベクトルだ」は正しい。

[†40] (6.32) の二つの式の「= 0」が成り立ってなくても、$\boxed{\eta_{\mu\nu} x^{\mu} x^{\nu} = \eta_{\tilde{\mu}\tilde{\nu}} \widetilde{x}^{\tilde{\mu}} \widetilde{x}^{\tilde{\nu}}}$ が成り立つことは、(4.18) でテンソルを使わない書き方で示した。この後で示す (6.35) はこれと同じ意味を持つ。

6.3 Lorentz変換のテンソルによる表現

辺の冒頭の $\eta_{\widetilde{\mu}\widetilde{\nu}}\boldsymbol{\Lambda}^{\widetilde{\mu}}{}_{\rho}$ は行列の掛算のルール[†41]に則ってないので、順番を入れ替えて $\eta_{\widetilde{\mu}\widetilde{\nu}}\boldsymbol{\Lambda}^{\widetilde{\mu}}{}_{\rho}\boldsymbol{\Lambda}^{\widetilde{\nu}}{}_{\lambda} = \boldsymbol{\Lambda}^{\widetilde{\mu}}{}_{\rho}\eta_{\widetilde{\mu}\widetilde{\nu}}\boldsymbol{\Lambda}^{\widetilde{\nu}}{}_{\lambda}$ にした後、「行列 $\boldsymbol{\Lambda}$ の $(\widetilde{\mu}, \rho)$ 成分がこれを転置した行列 $\boldsymbol{\Lambda}^\top$ の $(\rho, \widetilde{\mu})$ 成分に等しい」($\boldsymbol{\Lambda}^{\widetilde{\mu}}{}_{\rho} = \left(\boldsymbol{\Lambda}^\top\right)_{\rho}{}^{\widetilde{\mu}}$ (2.35)を参照せよ) を使って

$$\boldsymbol{\Lambda}^{\widetilde{\mu}}{}_{\rho}\eta_{\widetilde{\mu}\widetilde{\nu}}\boldsymbol{\Lambda}^{\widetilde{\nu}}{}_{\lambda} = \left(\boldsymbol{\Lambda}^\top\right)_{\rho}{}^{\widetilde{\mu}}\eta_{\widetilde{\mu}\widetilde{\nu}}\boldsymbol{\Lambda}^{\widetilde{\nu}}{}_{\lambda} \tag{6.33}$$

のようにしてから行列に翻訳する。その結果は

$$= \overbrace{\begin{bmatrix} \gamma & -\beta\gamma & 0 & 0 \\ -\beta\gamma & \gamma & 0 & 0 \\ 0 & 0 & 1 & 0 \\ 0 & 0 & 0 & 1 \end{bmatrix}}^{\boldsymbol{\Lambda}^\top} \overbrace{\begin{bmatrix} -1 & 0 & 0 & 0 \\ 0 & 1 & 0 & 0 \\ 0 & 0 & 1 & 0 \\ 0 & 0 & 0 & 1 \end{bmatrix}}^{\eta} \overbrace{\begin{bmatrix} \gamma & -\beta\gamma & 0 & 0 \\ -\beta\gamma & \gamma & 0 & 0 \\ 0 & 0 & 1 & 0 \\ 0 & 0 & 0 & 1 \end{bmatrix}}^{\boldsymbol{\Lambda}}$$

$$= \begin{bmatrix} -\gamma & -\beta\gamma & 0 & 0 \\ \beta\gamma & \gamma & 0 & 0 \\ 0 & 0 & 1 & 0 \\ 0 & 0 & 0 & 1 \end{bmatrix} \begin{bmatrix} \gamma & -\beta\gamma & 0 & 0 \\ -\beta\gamma & \gamma & 0 & 0 \\ 0 & 0 & 1 & 0 \\ 0 & 0 & 0 & 1 \end{bmatrix} = \underbrace{\begin{bmatrix} -\gamma^2(1-\beta^2) & 0 & 0 & 0 \\ 0 & \gamma^2(1-\beta^2) & 0 & 0 \\ 0 & 0 & 1 & 0 \\ 0 & 0 & 0 & 1 \end{bmatrix}}_{\eta} \tag{6.34}$$

となる。すなわち、実は条件 $\eta_{\mu\nu}x^\mu x^\nu = 0$ は必要で無く、一般的に

$$\boxed{\begin{array}{c} \eta_{\mu\nu} \text{ は Lorentz 不変である} \\[4pt] \eta_{\mu\nu} = \eta_{\widetilde{\mu}\widetilde{\nu}}\boldsymbol{\Lambda}^{\widetilde{\mu}}{}_{\mu}\boldsymbol{\Lambda}^{\widetilde{\nu}}{}_{\nu} \end{array}} \tag{6.35}$$

が成立している[†42](なお、「Lorentz 変換で不変」を短く「Lorentz 不変である」と言う)。

x, y 面内における回転を表す行列 $\begin{bmatrix} 1 & 0 & 0 & 0 \\ 0 & \cos\theta & -\sin\theta & 0 \\ 0 & \sin\theta & \cos\theta & 0 \\ 0 & 0 & 0 & 1 \end{bmatrix}$ を $\boldsymbol{\Lambda}^{\widetilde{\mu}}{}_{\nu}$ としても (6.35)

[†41] 「前の行列の後ろの添字」と「後ろの行列の前の添字」を揃えて足し上げるのが行列の掛算である(p301を参照)。
[†42] 別の座標系の η を $\widetilde{\eta}$ と書かなかったのは、この性質があるおかげである。

が成立することは3次元部分に関しては $\eta_{\mu\nu}$ は単位行列であることを考えれば自明だろう。具体的な計算式は

$$\overbrace{\begin{bmatrix} 1 & 0 & 0 & 0 \\ 0 & \cos\theta & \sin\theta & 0 \\ 0 & -\sin\theta & \cos\theta & 0 \\ 0 & 0 & 0 & 1 \end{bmatrix}}^{\mathbf{\Lambda}^\top} \overbrace{\begin{bmatrix} -1 & 0 & 0 & 0 \\ 0 & 1 & 0 & 0 \\ 0 & 0 & 1 & 0 \\ 0 & 0 & 0 & 1 \end{bmatrix}}^{\eta} \overbrace{\begin{bmatrix} 1 & 0 & 0 & 0 \\ 0 & \cos\theta & -\sin\theta & 0 \\ 0 & \sin\theta & \cos\theta & 0 \\ 0 & 0 & 0 & 1 \end{bmatrix}}^{\mathbf{\Lambda}} = \begin{bmatrix} -1 & 0 & 0 & 0 \\ 0 & 1 & 0 & 0 \\ 0 & 0 & 1 & 0 \\ 0 & 0 & 0 & 1 \end{bmatrix} \tag{6.36}$$

である (最初の行列は $\mathbf{\Lambda}^\top$ なので転置されていることに注意)。他の一般の軸に関する回転や反転に関しても同様である。

(6.35)が成立する $\mathbf{\Lambda}^{\tilde{\mu}}{}_\nu$ で表される座標変換を広い意味での Lorentz 変換と呼ぶ。広い意味での Lorentz 変換には狭い意味での Lorentz 変換の他に、回転や反転、さらにその組み合わせが含まれる ((6.2) を参照)。

この性質から Lorentz 変換を複数個組み合わせた変換もやはり Lorentz 変換であることがわかる。

$$\underbrace{\widetilde{\widetilde{x}}^* \text{座標系} \xleftarrow{\widetilde{\widetilde{x}}^{\tilde{\tilde{\mu}}} = (\mathbf{\Lambda}')^{\tilde{\tilde{\mu}}}{}_{\tilde{\nu}} \widetilde{x}^{\tilde{\nu}}} \widetilde{x}^* \text{座標系} \xleftarrow{\widetilde{x}^{\tilde{\nu}} = \mathbf{\Lambda}^{\tilde{\nu}}{}_\rho x^\rho} x^* \text{座標系}}_{\widetilde{\widetilde{x}}^{\tilde{\tilde{\mu}}} = (\mathbf{\Lambda}')^{\tilde{\tilde{\mu}}}{}_{\tilde{\nu}} \mathbf{\Lambda}^{\tilde{\nu}}{}_\rho x^\rho} \tag{6.37}$$

のように[43] 二つの Lorentz 変換を次々に行うことを考えると、この二つの合成変換 (行列 $(\mathbf{\Lambda}')^{\tilde{\tilde{\mu}}}{}_{\tilde{\nu}} \mathbf{\Lambda}^{\tilde{\nu}}{}_\rho$ で表現される) も Lorentz 変換である。この変換が $\eta_{\mu\nu}$ を不変にすることは、具体的に計算すれば

$$\eta_{\tilde{\tilde{\mu}}\tilde{\tilde{\nu}}} (\mathbf{\Lambda}')^{\tilde{\tilde{\mu}}}{}_{\tilde{\rho}} \mathbf{\Lambda}^{\tilde{\rho}}{}_\alpha (\mathbf{\Lambda}')^{\tilde{\tilde{\nu}}}{}_{\tilde{\lambda}} \mathbf{\Lambda}^{\tilde{\lambda}}{}_\beta = \eta_{\tilde{\rho}\tilde{\lambda}} \mathbf{\Lambda}^{\tilde{\rho}}{}_\alpha \mathbf{\Lambda}^{\tilde{\lambda}}{}_\beta = \eta_{\alpha\beta} \tag{6.38}$$

となることで証明できる。

6.4　4元ベクトル

座標が Lorentz 変換された時、反変ベクトルである V^μ は同じ形の Lorentz 変換 $\boxed{\widetilde{V}^{\tilde{\mu}} = \mathbf{\Lambda}^{\tilde{\mu}}{}_\nu V^\nu}$ を受ける。例えば(6.31)の変換の場合、

---

[43] 変換は行列を左から掛ける操作なので、(6.37) は変換元が右、変換後が左に来るよう配置した。

6.4 4元ベクトル

座標変換 $\begin{cases} \widetilde{ct} = \gamma(ct - \beta x) \\ \widetilde{x} = \gamma(x - \beta ct) \\ \widetilde{y} = y \\ \widetilde{z} = z \end{cases}$ と同時に $\begin{cases} \widetilde{V}^0 = \gamma(V^0 - \beta V^1) \\ \widetilde{V}^1 = \gamma(V^1 - \beta V^0) \\ \widetilde{V}^2 = V^2 \\ \widetilde{V}^3 = V^3 \end{cases}$ と変換される。

変換則 $\widetilde{V}^{\widetilde{\mu}} = \Lambda^{\widetilde{\mu}}{}_{\nu} V^{\nu}$ （あるいはこの共変ベクトル版）にしたがうベクトルを「**4元ベクトル (four-vector)**」[†44] と呼ぶ（4成分を持っていても変換性が違ったら4元ベクトルとは呼ばない）。後で出てくる4元速度、4元加速度、4元力などは全て4元ベクトルである[†45]。

二つの4元ベクトル V^{μ}, W^{μ} を考える。では、このベクトルによって作られる、座標変換（この場合Lorentz変換）の不変量はどんなものだろう。

二つの4元ベクトルの内積を3次元の場合と同じように

<u>これは間違い</u>
V と W の内積は $V^0 W^0 + V^1 W^1 + V^2 W^2 + V^3 W^3$ と定義したとすると、Lorentz変換で保存しない。保存するのは、

---- 4元ベクトルの内積 ----
$$\eta_{\mu\nu} V^{\mu} W^{\nu} = \underbrace{-V^0 W^0}_{+時} + \underbrace{V^1 W^1}_{-時} + \underbrace{V^2 W^2}_{-時} + \underbrace{V^3 W^3}_{-時} \quad (6.39)$$

である。4元ベクトルの内積がLorentz変換で保存することは、

$$\eta_{\widetilde{\mu}\widetilde{\nu}} \widetilde{V}^{\widetilde{\mu}} \widetilde{W}^{\widetilde{\nu}} = \eta_{\widetilde{\mu}\widetilde{\nu}} \Lambda^{\widetilde{\mu}}{}_{\rho} V^{\rho} \Lambda^{\widetilde{\nu}}{}_{\lambda} W^{\lambda} = \underbrace{\eta_{\widetilde{\mu}\widetilde{\nu}} \Lambda^{\widetilde{\mu}}{}_{\rho} \Lambda^{\widetilde{\nu}}{}_{\lambda}}_{= \eta_{\rho\lambda}} V^{\rho} W^{\lambda} = \eta_{\rho\lambda} V^{\rho} W^{\lambda} \quad (6.40)$$

からわかるし、そもそも V と同じ変換をする x で作られた $\eta_{\mu\nu} x^{\mu} x^{\nu}$ が不変量であったことからもわかる[†46]。

[†44] 「4元ベクトル」は「しげんべくとる」と読む人と「よんげんべくとる」あるいは「よげんべくとる」と読む人がいる。

[†45] 3次元ベクトルである速度、加速度、力にはその「4元ベクトルバージョン」が存在するのだが、全ての3次元ベクトルが4元ベクトルの空間成分になるかというと、そうはいかない。例えば後で出てくるが電場 $\vec{E}$ や磁場（磁束密度）$\vec{B}$ は4元ベクトルの空間成分ではない。

[†46] $\eta_{\mu\nu} x^{\mu} x^{\nu}$ は同じもの同士の内積だが、$\eta_{\widetilde{\mu}\widetilde{\nu}} \widetilde{V}^{\widetilde{\mu}} \widetilde{W}^{\widetilde{\nu}}$ は違うものとの内積なのでは？――と心配になる人もいるかもしれないが、任意の同じもの同士の内積が不変であるなら、$\eta_{\mu\nu} (V^{\mu} + W^{\mu})(V^{\nu} + W^{\nu})$ も $\eta_{\mu\nu} V^{\mu} V^{\nu}$ も $\eta_{\mu\nu} W^{\mu} W^{\nu}$ も不変量。となると、$\eta_{\mu\nu} V^{\mu} W^{\nu}$ も不変量でなくてはいけない。

「内積」を取る時には $\eta_{\mu\nu}W^\nu$ という組み合わせがよく出てくるので、

―― 反変ベクトルの添字を η で下げた結果 ――
$$W_\mu = \eta_{\mu\nu}W^\nu \tag{6.41}$$

という量を考えるとこの量は共変ベクトルである[†47]。$\eta_{\mu\nu}$ の内容を考えれば、

$$W_0 = \underbrace{-W^0}_{+時}, W_1 = \underbrace{+W^1}_{-時}, W_2 = \underbrace{+W^2}_{-時}, W_3 = \underbrace{+W^3}_{-時} \tag{6.42}$$

が言えるので、直交座標を使っている場合の W^μ と W_μ の違いは

$\begin{cases} \text{spacelike convention なら、第 0 成分(時間成分)} \\ \text{timelike convention なら、第 1,2,3 成分(空間成分)} \end{cases}$ の符号のみである。直

交座標系間の Lorentz 変換では反変ベクトルと共変ベクトルの差は符号だけで大きな差は無い[†48]。

(6.41) で定義した量が共変ベクトルであることは、$W_\mu V^\mu$ がスカラーである(反変ベクトル V^μ の変換と共変ベクトル W_μ の変換は打ち消し合う)ことからわかる(と言われて「わかった」と思った人は下の補足を飛ばしてもよい)。

【補足】＋＋＋＋＋＋＋＋＋＋＋＋＋＋＋＋＋＋＋＋＋＋＋＋＋＋＋＋＋＋＋＋＋＋＋＋

実際に上で定義した W_μ の Lorentz 変換がどうなるか、W^ν の Lorentz 変換から求めてみよう。我々はすでに $\eta_{\mu\nu}$ が Lorentz 変換で不変であることを知っているが、以下ではそれを知らないふりをして「$\eta_{\mu\nu}$ が下付きの 2 階のテンソルだ」と考えてその変換も実行する。すると、

$$\widetilde{W}_{\tilde{\mu}} = \underbrace{\eta_{\mu\nu}(\mathbf{\Lambda}^{-1})^\mu{}_{\tilde{\mu}}}_{\eta_{\tilde{\mu}\tilde{\nu}}}\underbrace{(\mathbf{\Lambda}^{-1})^\nu{}_{\tilde{\nu}}\mathbf{\Lambda}^{\tilde{\nu}}{}_\rho W^\rho}_{\widetilde{W}^{\tilde{\nu}}} = \underbrace{\eta_{\mu\nu}W^\nu}_{W_\mu}(\mathbf{\Lambda}^{-1})^\mu{}_{\tilde{\mu}} \tag{6.43}$$

（中央下に $\delta^\nu{}_\rho$）

であることがわかる。結局この式は $\widetilde{W}_{\tilde{\mu}} = W_\mu (\mathbf{\Lambda}^{-1})^\mu{}_{\tilde{\mu}}$ になる。$\eta_{\mu\nu}W^\nu$ で定義した「下付きのベクトル」は、確かに「Lorentz 変換に対して共変ベクトル」である。
＋＋＋＋＋＋＋＋＋＋＋＋＋＋＋＋＋＋＋＋＋＋＋＋＋＋＋＋＋＋＋＋ 【補足終わり】

[†47] 多くの特殊相対論の本では、(6.41) で共変ベクトルを定義している。より広い応用（一般相対論など）の際には、(6.14) が定義で、(6.41) はその結果だと考えた方がよい。しかし、特殊相対論の範囲でなら「反変ベクトルを η で添字を下げると共変ベクトル」とシンプルに考えても間違いは無い。

[†48] 曲線座標系では共変ベクトルと反変ベクトルの違いはより大きな意味を持つ。特に一般相対論では曲線座標が主になるので、この違いは重要だ。

$\eta_{\mu\nu}$ の逆行列を $\eta^{\mu\nu}$ と書く。$\boxed{\eta_{\mu\nu}\eta^{\nu\rho} = \delta_\mu{}^\rho}$ ということである($\delta_\mu{}^\rho$ はKroneckerのデルタ)。$\eta_{\mu\nu}$ と $\eta^{\mu\nu}$ は行列で表現すると同じ $\underset{一時}{+}\begin{bmatrix} -1 & 0 & 0 & 0 \\ 0 & 1 & 0 & 0 \\ 0 & 0 & 1 & 0 \\ 0 & 0 & 0 & 1 \end{bmatrix}$ になる。

このとき、$\boxed{W^\mu = \eta^{\mu\nu} W_\nu}$ も成立する。つまり添字は η を使って上げたり下げたりと相互変換できる。

共変ベクトルと反変ベクトルが η による添字の上げ下げで移り変わることができるので、共変ベクトルの変換行列 $\mathbf{\Lambda}^{-1}$ と反変ベクトルの変換行列 $\mathbf{\Lambda}$ も η による添字の上げ下げで移り変わることができる。具体的には、

―――― $\mathbf{\Lambda}^{-1}$ は $\mathbf{\Lambda}$ の添字の上げ下げの結果 ――――

$$\left(\mathbf{\Lambda}^{-1}\right)^\lambda{}_{\widetilde{\mu}} = \eta_{\widetilde{\mu}\widetilde{\nu}} \mathbf{\Lambda}^{\widetilde{\nu}}{}_\rho \eta^{\rho\lambda} = \mathbf{\Lambda}_{\widetilde{\mu}}{}^\lambda \tag{6.44}$$

$\mathbf{\Lambda}^{\widetilde{\nu}}{}_\rho$ の前の添字 $\widetilde{\nu}$ を下げて後ろの添字 ρ を上げる操作

が成立する。最後の $\mathbf{\Lambda}_{\widetilde{\mu}}{}^\lambda$ の添字の位置に注意しよう。$\mathbf{\Lambda}_{\widetilde{\mu}}{}^\lambda$ は真ん中の式の下に書いた操作の結果を意味する。

(6.44)を確認するため、真ん中の式に $\mathbf{\Lambda}^{\widetilde{\mu}}{}_\tau$ を掛けて $\widetilde{\mu}$ を縮約すると、

(6.44)の真ん中の式

$$\overbrace{\left(\eta_{\widetilde{\mu}\widetilde{\nu}} \mathbf{\Lambda}^{\widetilde{\nu}}{}_\rho \eta^{\rho\lambda}\right)} \mathbf{\Lambda}^{\widetilde{\mu}}{}_\tau = \eta_{\widetilde{\mu}\widetilde{\nu}} \mathbf{\Lambda}^{\widetilde{\nu}}{}_\rho \underbrace{\mathbf{\Lambda}^{\widetilde{\mu}}{}_\tau}_{\eta_{\tau\rho}} \eta^{\rho\lambda} = \eta_{\tau\rho} \eta^{\rho\lambda} \tag{6.45}$$

となって $\delta^\lambda{}_\tau$ となること($\mathbf{\Lambda}^{-1}$ に $\mathbf{\Lambda}$ を掛けたら単位行列になること)がわかる。なお、上の式は $\boxed{\mathbf{\Lambda}_{\widetilde{\mu}}{}^\lambda \mathbf{\Lambda}^{\widetilde{\mu}}{}_\tau = \delta^\lambda{}_\tau}$ と書いてもよい。

こちらの表現を使うと、

$$\widetilde{V}^{\widetilde{\mu}} = \mathbf{\Lambda}^{\widetilde{\mu}}{}_\nu V^\nu, \quad \widetilde{W}_{\widetilde{\mu}} = \mathbf{\Lambda}_{\widetilde{\mu}}{}^\nu W_\nu \tag{6.46}$$

のように反変ベクトルと共変ベクトルの変換を書くこともできる。こちらの書き方では、「共変ベクトルも反変ベクトルも、$\mathbf{\Lambda}$ の後ろの添字とベクトルの添字を揃えて和を取る。この添字は一方が上付きならもう一方は下付きである」と考えれば変換ルールを覚えやすい。

------練習問題------

【問い 6-4】 $\mathbf{\Lambda}^{\widetilde{\mu}}{}_{\nu} \xrightarrow[\text{表示}]{\text{行列}} \begin{bmatrix} \gamma & -\beta\gamma & 0 & 0 \\ -\beta\gamma & \gamma & 0 & 0 \\ 0 & 0 & 1 & 0 \\ 0 & 0 & 0 & 1 \end{bmatrix}$ の時、

(1) (6.44) を使って、$\mathbf{\Lambda}_{\widetilde{\mu}}{}^{\nu}$ の行列表示を求めよ。

(2) この行列表示について $\mathbf{\Lambda}^{\widetilde{\mu}}{}_{\rho}\mathbf{\Lambda}_{\widetilde{\mu}}{}^{\lambda} = \delta_{\rho}{}^{\lambda}$ を確認せよ。

解答 → p326 へ

【問い 6-5】

(1) 【問い 6-4】の行列で表される変換によって微分演算子 $\partial_{\mu} = \dfrac{\partial}{\partial x^{\mu}}$ （成分
    → p136
    を列挙すると $\left(\dfrac{\partial}{\partial(ct)}, \dfrac{\partial}{\partial x}, \dfrac{\partial}{\partial y}, \dfrac{\partial}{\partial z}\right)$ ）がどのように変換されるかを chain rule を使って計算し、それを行列で表示せよ。

(2) 変換の後も $\partial_{\widetilde{\mu}}\widetilde{x}^{\widetilde{\nu}} = \delta^{\widetilde{\nu}}{}_{\widetilde{\mu}}$ が成立していることを確認せよ。

ヒント → p317 へ　　解答 → p326 へ

6.5　章末演習問題

★【演習問題 6-1】
ダランベルシアンと呼ばれる演算子 $-\dfrac{1}{c^2}\dfrac{\partial^2}{\partial t^2} + \triangle$ が Lorentz 不変であることを示せ。

ヒント → p2w へ　　解答 → p12w へ

★【演習問題 6-2】
p126 の補足で書いた基底ベクトル $\mathbf{E}_{\mu}$ と $\mathbf{E}^{\mu}$ を使うと、4 次元時空の位置ベクトルを

$$ct\mathbf{E}_{ct} + x\mathbf{E}_x + y\mathbf{E}_y + z\mathbf{E}_z = x^{\mu}\mathbf{E}_{\mu} \tag{6.47}$$

$$-ct\mathbf{E}^{ct} + x\mathbf{E}^x + y\mathbf{E}^y + z\mathbf{E}^z = x_{\mu}\mathbf{E}^{\mu} \tag{6.48}$$
　　　　+時　　 −時　　 −時　　 −時

のように表すことができる[49]。$\widetilde{x}^*$ 座標系では同じベクトルが $\widetilde{x}^{\widetilde{\mu}}\widetilde{\mathbf{E}}_{\widetilde{\mu}}$ または $\widetilde{x}_{\widetilde{\mu}}\widetilde{\mathbf{E}}^{\widetilde{\mu}}$ と表される。$ct = \gamma(\widetilde{ct} + \beta\widetilde{x}), x = \gamma(\widetilde{x} + \beta\widetilde{ct}), y = \widetilde{y}, z = \widetilde{z}$ を代入して比較することで、$\widetilde{\mathbf{E}}_{\widetilde{\mu}}$ と $\widetilde{\mathbf{E}}^{\widetilde{\mu}}$ を求め、$\widetilde{\mathbf{E}}^{\widetilde{ct}}$ と $\widetilde{\mathbf{E}}_{\widetilde{x}}$ の内積が 0 であることを示せ。ただし、$\mathbf{E}^{\mu} \cdot \mathbf{E}_{\nu} = \delta^{\mu}{}_{\nu}$ のように内積が定義されている[50]。

ヒント → p2w へ　　解答 → p12w へ

---

[49] 通常、座標は (6.47) のように表現する。
[50] 内積は反変基底と共変基底で取る。共変基底同士の内積、反変基底同士の内積は定義されない。

第 7 章
パラドックス

この章は特殊相対論に関するいくつかのパラドックス（逆説）を紹介する。

📖 ここで紹介するパラドックスは、特殊相対論をよく理解していれば実は不思議なものでもなんでもない。本質的理解ができているかどうかを確認するためには重要だが、「大丈夫」と思う人はとりあえず飛ばして先へ行っても構わない。

7.1 双子のパラドックス

「双子のパラドックス」は、特殊相対論で一番有名なパラドックスであろう[†1]。

まずパラドックスの概要を述べよう。双子の兄と弟がいるとする。兄が亜光速で飛ぶことができるロケットに乗って宇宙の彼方まで旅をして、地球に帰ってきた。弟はずっと地球で待っている。運動していると固有時間が短くなる（ウラシマ効果）ことから、帰ってきた兄は弟より若い[†2]。以下の主張を考えよう。

SRParadox/Twin0

[†1] このパラドックスにはいくつかのレベルがあり、深いレベルまで考えると一般相対論を使って解くことが必要になる。ここではそこまで立ち入らずに、浅いレベル（でも充分難しいし面白い）だけを考えよう。

[†2] p85 の FAQ でも述べたように、兄は若いという意味では得をしているように思われるが、それだけ短い人生経験しかしていない（同じだけの経験をしたが年を取らなかったわけではないことに注意）。若い状態で未来が見えたという意味では得をしているかもしれないが。

> **矛盾があるとする主張**
>
> 　弟および地球から見れば確かに兄は運動して帰ってきた。しかし相対的に考えて兄が静止する立場で見たならば弟と地球の方こそ運動して、兄の元に帰ってきたと考えられるのではないのか。その場合弟の方が若くあるべきだ。これは矛盾である。

　これは浅く考えれば矛盾しているように思えるかもしれない。しかし具体的に図を描いて考えてみると、そうではないことがわかる。

　まず、兄と弟の移動を時空図で表してみよう。下は、地球にいる弟の立場で描いた[†3]時空図である。

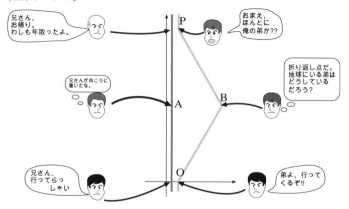

　このパラドックスに関して、上にも書いたように、「相対的に考えて兄が静止する立場で見たならば弟と地球の方こそ運動して、兄の元に帰ってきたと考えられる」という主張がよく見られる。

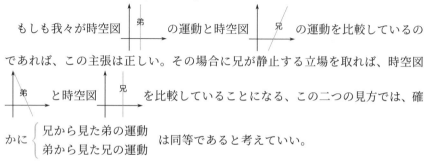

[†3] 弟の世界線が時空図上で「真上に向かう直線」になるように描いた、ということ。

しかし、ここで我々が比較しているのは、と　　　という二つの時空図なのである。この図から「兄が静止する立場」は単純に考えることができないことがわかる。

【補足】✚✚✚✚✚✚✚✚✚✚✚✚✚✚✚✚✚✚✚✚✚✚✚✚✚✚✚✚✚✚✚✚✚

なお、時空図　　　を見れば「兄の方が世界線の長さが短くなる」のはある意味自明である。図の見かけ上は兄の方が長く見えるが、4次元的に考えよう！ ——時間的な世界線の長さの自乗は「(時間成分)^2 − (空間成分)^2」で計算されるが、弟の世界線には空間成分が無く、兄の世界線にはある。よって −(空間成分)^2 の分、兄の世界線の長さの自乗が小さくなる。

「兄から見るとどのように弟の時間が経過しているのかをはっきりさせたい」という点にこだわりがなければ、以下の話は不要かもしれない。
✚✚✚✚✚✚✚✚✚✚✚✚✚✚✚✚✚✚✚✚✚✚✚✚✚✚✚✚✚✚✚　【補足終わり】

ここで「兄の同時刻」と「弟の同時刻」は別であることを思い出そう。それぞれの「同時刻線」を書き込んだものが次の時空図である。

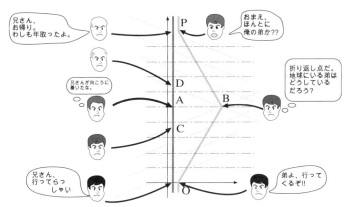

兄が弟（地球）から一番遠くまで行って、今まさにUターンしている時の時空点は図のBである。弟にしてみれば、この時間、自分は図の時空点Aにいる。弟の同時刻線は図の水平線（一点鎖線）であることに注意しよう。

兄がUターンを行うまで、それぞれの主観でどのような現象が起こったかは、

以下のように違う。まず弟の主観は以下の通りである。

> **弟の主観**
>
> 兄が $O \to B$ と時空間内を移動している間に、自分は $O \to A$ と移動した（空間的には移動してない）。

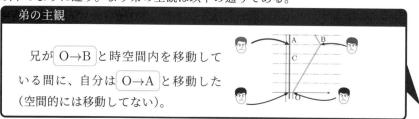

図で見ると $OB > OA$ に見えるが、兄の座標系と弟の座標系で時間の目盛りが γ 倍違うことを考慮すると $OA > OB$ となる。

一方、兄にとっての同時刻線は図の破線（斜め線）であるから、

> **兄の主観**
>
> 自分が $O \to B$ と時空間内を移動している（空間的には移動してない[†4]）間に、弟は $O \to C$ と移動した。

となる。この場合は目盛りの違いを考慮しても、$OB > OC$ であるので、まとめて、$OA > OB > OC$ となる。互いに相手の時間を「遅い」と感じる。ここまでは、問題は完全に「相対的」である。

---------------------------------練習問題---------------------------------

【問い7-1】上の「兄の主観」の時空図を、兄が $O \to B$ と移動している世界線が垂直になるように描き直せ。

解答 → p327 へ

次に、兄がUターンした時に何が起こるかを考える。このとき、兄の速度が変わったことに応じて、「同時刻線」が傾きを変える。時空点Bで一瞬で加速が終わったとすると、加速前は時空点Bと時空点Cが「同時刻」だったのに、加速後は時空点Bと時空点Dが「同時刻」だ。兄の主観では、一瞬で弟の時間が時空点Cから時空点Dまでいっきに経過したように感じる。弟の主観では、この一瞬の時間経過は無い。この不平等性のおかげで、兄の方が時間が遅くなる

[†4] ここに描いてある時空図を見ると兄が移動しているように見えるが、ここで述べているのは「兄の主観」である。つまり、「兄が固定された基準系」で考えねばならない。この基準系では、兄は移動してない。兄の主観の時空図については、【問い7-1】をやってみること。

不平等性が生じる。

帰りについて考えると、

> **弟の主観**
>
> 兄が $\boxed{B \to P}$ と移動している間に、自分は $\boxed{A \to P}$ と移動した（空間的には移動してない）。

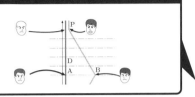

> **兄の主観**
>
> 自分が $\boxed{B \to P}$ と移動している（空間的には移動してない[†5]）間に、弟は $\boxed{D \to P}$ と移動した。

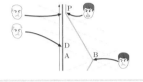

であって、$\boxed{AP>BP>DP}$ となって、やはり問題は相対的である。兄の加速の一瞬の間だけ、相対性が崩れている。

> **当然出てくる疑問**
>
> ちょっと待った。兄の主観でBの同時刻点は、弟のCなのかDなのか、どっちなんだ？？

その疑問はもっともだが、「兄の減速・加速」という本当は時間がかかる作業を「時空点B」の一点で済ませたことによって起こった問題なのである。実際の減速と加速が一瞬で終わることは有り得ないので、Bは一点ではなく、ある程度の時間間隔の「線」である。これを考慮して図を描きなおしたのが右の

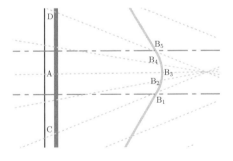

図である。この図ではB_1からB_5までの時間を掛けて減速・加速が行われたとした場合の「兄の同時刻線が」描かれている。B_1の「兄の同時刻線の延長上」にCがあり、B_5の「兄の同時刻線の延長上」にDがある。さらにいえば、B_3の「兄の同時刻線の延長上」にはAがある。

[†5] こちらも、「兄の主観」なので（つまり兄が静止する基準系で考えているので）、兄は移動していない。

弟は常に一つの慣性系の上に乗っているが、兄はそうではない。往路の慣性系と復路の慣性系は別の座標系であり、加速する時に兄は「座標系の乗り換え」を行う。その時に時間がずれるのだが、乗り換えにもある程度の時間は必要である。B_1 から B_5 までの時間で起こっていることの詳細は、8.8 節で述べる。
→ p182

ここで、「経過したように感じる」ことをもう少しまじめに検証してみよう（p81 の補足参照）。実際には、兄は弟から光がこない限り、「弟の時計が指している時刻」を知ることはできない。そこで弟から時報を乗せた信号が電波で兄に向けて送られていたとしよう。この電波の様子を描いたのが右の図である。図でわかるように、時空点 B（兄のUターン地点）までは、兄が受け取る時報の間隔は、弟が時報を出す間隔よりも広い。兄は「間延びした時報だなぁ」と思うはずである。兄が弟から遠ざかっているために、光が到達するのに余分に時間がかかるせいである。

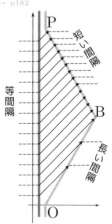

逆に、B 地点を過ぎてからは、兄が受け取る時報の間隔は弟が出す時報の間隔よりも、ずっと短くなる。兄が近づくことによって時報が速く着く[†6]。よって、兄が、自分の目に見える現象だけで判断したとしたら、

> **兄の「目に見える現象」**
>
> 折り返し点（時空点 B）に着くまでは弟はゆっくり年を取っていたのに、折り返してからは弟の方が速く年を取るようになった。戻ってきたら弟の方が年を取っていた。

と判断するだろう。兄が弟を目で見ている限りにおいて、瞬間的に時間がたつことは無い。なお、時報の到着の周期の具体的計算は【演習問題7-1】を見よ。
→ p150

最初に述べた考え方の場合は、兄が「今見ている弟の姿は○年前に出た光のはず。ということは今の弟の年齢はこれくらい」という計算をやって自分と弟の時計を比較している。そしてこの計算法が、Uターンする前とした後でがらっと変わってしまう（同時刻がずれるから）ために、一瞬で弟の時間がたってしまうという結果になる。

[†6] 多くの相対論の本では「短く見える」「時間が遅くなるように見える」のように「見える」という言葉が使われるが、実際に「目に見える」現象はここで述べたような「光が到着するのに時間がかかる」という事情で、より複雑になる。

7.1 双子のパラドックス

ここで、もう一歩つっこんだ主張をしてみよう。

> **つっこんだ主張**
> 相対論の本質は「物理は相対的であって、どっちが静止しているかを決めることはできない」ではなかったか。ならば兄の方が動いたと考えなくては問題が解けないというのは、相対論の本質に反する。

この主張は正しくない。大事なことは、兄が途中で「減速＋加速」をしていることである。「（二つの慣性系のうち）どっちが静止しているか決められない」とずっと述べてきたが、加速をしている間の兄がずっと静止しているような基準系(フレーム)は慣性系ではない。物理的には、加速の間大きな慣性力を受けているはずである（急ブレーキと急発進をしているのだから）。この慣性力が作用するか否かという物理的な違いによって、兄は自分が慣性系にはいないことを実感できる。弟にはもちろんそんなことは無い。つまり、兄と弟の立場はこの意味で（物理的に）対等ではない。

さらにこのパラドックスに対して深く考えると、

> **さらにつっこんだ主張**
> なるほど、兄は慣性力を感じるから自分が慣性系にいないことがわかる、というのはもっともらしい。しかし兄はそれを慣性力と考えず「ややっ、突然宇宙全体に重力が発生したぞ」と解釈することも可能であるはずだ。そう考えたとしたら、やはり動いているのは弟の方になるのではないか。

もできる。運動が相対的かどうか、という話が「宇宙全体に力が発生したとしたら？」という疑問にまで拡大するあたり、Machによる「Newtonのバケツ」問題を思い出させる。残念ながら、ここまでつっこんだ質問をしてこられると、本書の範囲内では解答は出せない。一般相対論を使うと「重力が発生した」という立場で問題を解き直すことができる（8.8節を参照）。この立場で計算すると重力の影響で時間にずれが生じるので、やはり兄の方が若くなる。

> **もう一つのよくある疑問**
>
> 「兄が運動していて弟は静止しているから時間差が出る」という考え方は「絶対静止など無い」という、本書の最初からの主張に反してはいないか？

「弟は静止しているから」というのは一つの見方に過ぎない。別の基準系で見れば、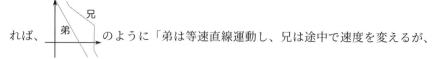のように「弟は等速直線運動し、兄は途中で速度を変えるが、加速時以外は等速直線運動する」という見方で見ることができる（ちなみにこの図は「行きの兄」が静止している立場で描いた）。そして、この場合でも兄の方が固有時間が短いことに変わりはないのである。

なお「行きも帰りも兄が静止している慣性系」は存在しない（途中で加速系が入る）のは上でも述べた通りである。

7.2 2台のロケットのパラドックス

続いて、Lorentz 短縮に関するパラドックスを紹介しよう。

> **2台のロケットのパラドックス**
>
> 今、2台のロケット A と B が、それぞれ星 a と星 b の近くにいる。
>
>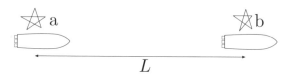
>
> 2台のロケットの距離（星 a と星 b の距離）は L であるとする。ここでこのロケットが同時に加速して、瞬時に速さ v に達したとする。すると、ロケットとロケットの間隔は Lorentz 短縮して、$L\sqrt{1-\beta^2}$（$\beta = \dfrac{v}{c}$）となるはずである。ではいったいこの2台のロケットの位置関係はどのようになるのだろう？

例えば $L = 10$ 光年 として、$\beta = 0.8$ とすると、$\sqrt{1-\beta^2} = 0.6$ なので、$L\sqrt{1-\beta^2}$ は6光年となる。

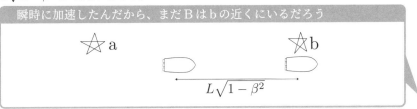

と考える人もいるだろう。しかしこれでは、Aが一挙に4光年もaから離れてしまっている。しかし、

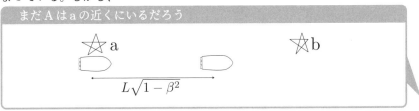

という考えをすると、今度はBが4光年もバックする。

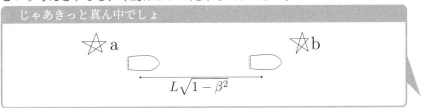

という考えでは、今度はAが一瞬で2光年進み、Bが一瞬で2光年バックする。そんな馬鹿なことは無い(上の三つはどれも同等に馬鹿馬鹿しい)。

特殊相対論で何かの運動を考えていてよくわからなくなった時は、時空図を描いてみるのがよい。加速までの2台のロケットの動きを (ct, x) グラフに書き込めば、右のようになる。ここで、どちらのロケットも加速を開始し、一瞬のうちに $\beta = 0.8$ の速さを得たとする。じゃあどのようにロケットA, Bの世界線を伸ばしていけばよいだろう？

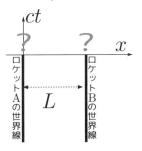

第 7 章　パラドックス

正解は右のアプリでも見ることができる。

SRParadox/TwoRockets

ここでロケット A, B はどちらも相手側のロケットがどう動くかとは無関係に、自分の加速を行う。お互いに「同時に加速しようね」と示し合わせてはいるが、実際に加速するという作業自体は相手とは関係無く行われる。現象は「local」な物理法則に則って発生する。つまり、自分のいる場所とせいぜいその近傍の状況だけで、そこで起こる現象は決まる[†7]。離れた場所に影響が伝わるのは、光速以下の速さで何らかの情報が伝わってからである。その意味で、上の三つの予想はどちらかもしくは両方のロケットが「（spacelike に離れた）相手の運動変化に応じて動く」[†8] という点で物理的に容認できない。

実際にどうなるかというと、それぞれの世界線を素直に、加速によって方向を変えた後に伸ばしていけばよい。ロケットが1台の問題なら、「ここまで静止していて今加速した（その後は等速運動）」という状況を聞いたら、のような世界線を思い浮かべるだろう。2台ならそれと同じことが二つ起こると思えばよい。つまり、右の図のような時空図となる。

加速時には「A は a の近くにいるし、B は b の近くにいる」のは当然である（何光年もジャンプしたりしない）。一瞬で加速したというのだから、まだ遠くまで行っていないのは当然である。

では、動いている物体は長さが縮むという、Lorentz 短縮の話は間違いなのか？——「これでは Lorentz 短縮が起きてないのでは」と心配な人のために、Lorentz 変換[†9] を使って、「加速後にロケットが静止する座標系」での時空図

[†7] 物理の基礎方程式は空間に関して二階微分までなので、Taylor 展開して3次以上の「遠い向こう」の情報は物理法則によって起こる運動には寄与しないのだ。

[†8] 例えば第1の予想ではロケット A が「そろそろ（spacelike に離れた）ロケット B が加速してるから、こっちも4光年ほどワープするか！」という動きを見せているのだ。これは全然「local」でない。

[†9] Lorentz 短縮は Lorentz 変換の結果として出てくるものである。だからまずは Lorentz 変換をして、その結果を吟味するべき。ここで「Lorentz 短縮してない！」とびっくりするのは、Lorentz 変換の結果を見てからでいい。

7.2 2台のロケットのパラドックス

を描いてみよう。図に示したように、(ct, x) 座標系において、ロケット A の加速が起こる座標が $(0, 0)$、ロケット B の加速が起こる座標が $(0, L)$ だとする（この系において同時刻なので、どちらも $\boxed{ct = 0}$ である）。これに Lorentz 変換 $\boxed{\begin{array}{l}\widetilde{ct} = \gamma(ct - \beta x) \\ \widetilde{x} = \gamma(x - \beta ct)\end{array}}$ を行うと、$(\widetilde{ct}, \widetilde{x})$ 座標系ではロケット A の加速は $(0, 0)$、ロケット B の加速は $(-\beta\gamma L, \gamma L)$ という時空点で起こる事象であるとわかる。$(\widetilde{ct}, \widetilde{x})$ 座標系では、加速が終わった後はロケットはどちらも静止している。よって「加速」事象から後の世界線は鉛直（$\widetilde{ct}$ 方向）に進む（これに比べて (ct, x) 座標系では加速前の世界線が鉛直である）。二つの座標系での運動を時空図に描いて比較すると、以下のようになる[†10]。

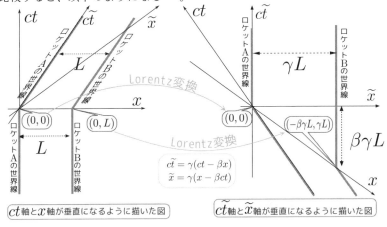

なお、この図に描かれた世界線の式は以下の問題の答えである。

---------------------------------- 練習問題 ----------------------------------

【問い 7-2】 (ct, x) 座標系で、ロケット A, B の加速前／加速後の世界線を表す式は

$$\text{ロケット A の加速前} \quad x = 0 \qquad\qquad \text{加速後} \quad x = \beta ct \tag{7.1}$$

$$\text{ロケット B の加速前} \quad x = L \qquad\qquad \text{加速後} \quad x = L + \beta ct \tag{7.2}$$

である。これらの式を Lorentz 変換することにより、$(\widetilde{ct}, \widetilde{x})$ 座標系で、ロケット A, B の加速前／加速後の世界線（直線）を表す式を作れ。

解答 → p327 へ

[†10] ここでの座標の書き方は (ct, x) または $(\widetilde{ct}, \widetilde{x})$（縦軸が先で横軸が後）であることに注意。

図を見るとわかるように、実は加速終了後のロケットの静止系 $(c\tilde{t}, \tilde{x})$ 座標系において、加速が終わった後のロケット間の距離は γL である。ロケット間距離を加速開始前のロケットの静止系である (ct, x) 座標系で見ると γL が Lorentz 短縮されて L になっている。

静止していた時に L だったロケットの間隔が、動き出すと伸びるというのはなぜだろう？？？——時空図を見ると、$(c\tilde{t}, \tilde{x})$ 座標系ではロケット B の方が先に加速（こちらの系では「減速」）していることがわかる[†11]。

このパラドックスの問題文を読み直してみよう。特殊相対論を考えるときには注意深く使わなくてはいけない言葉が無造作に使われているのに気が付くはずである。それは、「ここでこのロケットが**同時**に加速して、瞬時に速さ v に達したとする」というところの "同時" である。特殊相対論において、ある座標系で同時に起こることは別の座標系では同時に起こらない。

特殊相対論では離れた場所の「同時」は座標系が変わればどんどん変化する。それゆえ、「2台のロケットが同時に発進する」という表現には注意が必要なのである。ここの「同時」はもちろん (ct, x) 座標系での同時であり、$(c\tilde{t}, \tilde{x})$ 座標系では同時ではない。

7.3 ガレージのパラドックス

ガレージのパラドックスとは、「速さ v で走る固有長さ L の車は、固有長さ ℓ ($L > \ell$) のガレージに入れることができますか」という問題で、考え方としては2台のロケットのパラドックスに似ている。

常識的に考えればできないに決まっているが、車の速さ v が亜光速と言っていいほど速ければ、その長さが $L\sqrt{1-\beta^2}$ ($\boxed{\beta = \dfrac{v}{c}}$) に縮むことで入る可能性

[†11] 特殊相対論においては「変形しない物体（剛体）」はあり得ない（もっとも、全く動かないか等速運動を続けるのなら話は別）。何かの加速を受けると必ず、その物体内の別の場所は（座標系によっては）別のタイミングで加速させられてしまうからである。

が出てくる。ガレージの中に車がつっこんできて、中に入った時点でさっとドアを閉めれば車はガレージの中に入る。そのまま走り続ければ壁に激突して壊れるだろうが、今は壊すかどうかは関係無く、入るかどうかだけを問題にしている。「壊して入れるのは入れるうちに入らない」という反論は却下である。

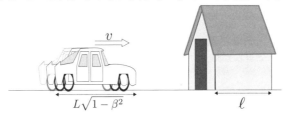

これがなぜパラドックスかというと、逆に車が止まっていてガレージが走ってくる座標系で考えてみると、入らないように思えるからである。この場合はガレージの方が $\ell\sqrt{1-\beta^2}$ に縮んでいるから、ますます入らなくなる。

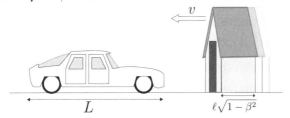

入らないはずの車が、一方の立場では入り、もう一方の立場ではますます入りにくくなる、このパラドックスがどのように解決されるか、正解は練習問題としておくが、ここまでで「特殊相対論的考え方」を身につけることができている人なら、上の文章の中に特殊相対論的に考える時に注意しなくてはいけない表現が混じっていることに気づくだろう。

------練習問題------

【問い 7-3】ガレージのパラドックスの回答を説明せよ。

ヒント → p317 へ　　解答 → p327 へ

これらの他に、力学にからんだパラドックス、電磁気学にからんだパラドックスがあるが、それらについては後で話そう。

7.4 章末演習問題

★【演習問題7-1】

p142で考えた「弟から届く時報を兄が聞く」問題を具体的に計算してみよう。兄のロケットの運行速度をvとし、地球から折り返し点までの距離をLとする。弟にとっては、兄の旅行は$\dfrac{2L}{v}$の時間を要する。

(1) OからBまでの間およびBからPまでの間、兄に届く「弟の発する時報」の間隔を兄の時計で測ると通常の何倍と観測されるか？
(2) 旅の始まりから旅の終わりまでに兄が受け取る弟の時報の数は、弟が発した時報の数に等しいことを確認せよ。
(3) 兄から弟に向けて「兄の時計が指している時刻」の時報を発していたとする。この時報の光の時空図を描け。
(4) 弟に届く「兄の発する時報」の間隔を弟の時計で測ると通常の何倍と観測されるか？（兄の行きと帰り、それぞれについて答えよ）

ヒント → p3wへ　　解答 → p13wへ

★【演習問題7-2】

最初静止していた半径Rの円盤を一定の角速度ωで回転させる。回転が落ち着いて定常状態になったところを考える。この円盤の上の、中心から距離rの場所をAさんが一周する。Aさんが一周する移動距離をℓとすると、以下のどれが正しいか。理由をつけて答えよ。ただし、Aさんが円盤上で動く速さは

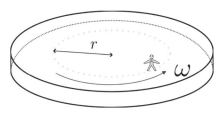

円盤の回転速度より十分遅いものとする（どう考えていいかわからないという人は下の【演習問題7-3】から解くのも手である）。

(1) 円周は直径×円周率なんだから、$\boxed{\ell = 2\pi r}$に決まっている。
(2) 待て待て、円盤が運動しているから、円周方向はLorentz短縮するだろ。だからℓは短くなって、$\boxed{\ell < 2\pi r}$になる。
(3) いやいやいやいや。外部から観測した円周が直径×円周率だけど、その外部の円周はLorentz短縮した結果だ。ということはAさんの立場ではむしろℓは長くなって$\boxed{\ell > 2\pi r}$になる。

解答 → p14wへ

★【演習問題7-3】

前問は、以下のような問題として考えることができる。
「Aさんが円盤上を、ゆっくりと（円盤の静止系で）速さvで一周するとする[†12]。一周に掛かるAさんの固有時間は(1) $\dfrac{2\pi r}{v}$か、(2) $\dfrac{2\pi r}{v}$より短いか、(3) $\dfrac{2\pi r}{v}$より長いか？」
具体的に計算して上記問題を解け。

ヒント → p3wへ　　解答 → p15wへ

[†12] この「ゆっくりと」は熱力学などで言う「準静的」な運動と同様に考える。最後で$\boxed{v \to 0}$になる極限を考えてよい。

第8章

相対論的力学

物理法則はLorentz共変でなくてはならない。しかしNewton力学はそうではない。以下で、Newton力学をLorentz変換に対して共変になるように書き直す。これによって、力学は新しいものに生まれ変わる。

8.1 Newton力学を特殊相対論的に再構成する

Newtonの運動方程式 $\boxed{\vec{F} = m\dfrac{\mathrm{d}^2 \vec{x}}{\mathrm{d}t^2}}$ はLorentz共変ではない。この方程式は3次元ベクトルで書かれている上に、観測する基準系によって変わる「座標時間tによる微分」が使われている。4次元的な意味ではまったく共変ではない。

ここまでの流れを整理すると以下の表となる。

	Galilei 変換	Lorentz 変換	実験的検証
Newton力学 (非相対論的)	○	×	19世紀まで○
Hertzの方程式 (非相対論的)	○	×	×
Maxwell方程式 (相対論的)	×	○	○
相対論的力学（今から作る）	×	○	○

相対性原理（絶対空間は存在しない）を一つの原理として考えてきた。そして、電磁気学の基本法則であるMaxwell方程式が相対性原理を満たしていないように見える（Galilei変換で不変でない）ことから、Maxwell方程式を破棄するか、Galilei変換を破棄するかの二者択一を迫られることになった。Michelson-Morleyをはじめとする実験事実から、破棄されるべきなのはGalilei変換であり、Lorentz変換へと修正すべきであること、さらに時間と空間を別物

と考えるのではなく、合わせて4次元の時空を考えて、その4次元を混ぜ合わせる変換としてLorentz変換を捉えればよいことがわかった。

そこでもう一度元にもどって考える。そもそも相対性原理が考えられたのは、Newton力学がGalilei変換で不変であったからである。しかし電磁気学に対する考察からGalilei変換はLorentz変換へと修正されたのだから、今度はNewton力学をLorentz不変になるように作り直さなくてはいけない。

そこで、どのようにして相対論的力学を作るか？ ——まず

―――――― Newton力学の運動方程式 ――――――
$$\frac{d\vec{p}}{dt} = \vec{f} \tag{8.1}$$

から考えよう。$\vec{p}$は運動量で、$\boxed{\vec{p} = m\dfrac{d\vec{x}}{dt}}$ である。Newton力学では、物体の位置$\vec{x}(t)$と運動量$\vec{p}(t)$を時間の関数として与え、時間経過につれてこれらがどのように変化していくかを運動方程式を使って追い掛ける。つまりNewton力学では座標時間tが特別なパラメータとなっているのだが、それでは相対論的に共変にならない。運動のパラメータとしては座標時間tを使うのではなく、固有時間τを使うべきである。τは「その物体が静止している座標系で測った時間」という定義なので、物体を決めれば一意的に決まり、Lorentz変換しても変わらない。この後、以下の方針で相対論的力学を作っていこう[†1]。

相対論的力学を作る方針

(1) 座標時間による微分 $\dfrac{d}{dt}$ は全て固有時間微分 $\dfrac{d}{d\tau}$ に置き換える。

(2) 3次元ベクトル$\vec{A}$、列ベクトル表示では $\begin{bmatrix} \vec{A}^x \\ \vec{A}^y \\ \vec{A}^z \end{bmatrix}$ で表されている量は

4元ベクトルA^μ、列ベクトル表示では $\begin{bmatrix} A^0 \\ A^1 \\ A^2 \\ A^3 \end{bmatrix}$ に拡張する。

(3) 方程式の両辺はLorentz変換した時に同じように変換される(共変性を持つ)ように作る。

[†1] もちろん、こうやって作った相対論的力学が正しいかどうかは、実験結果と照らし合わせるという、審査を受けるべきである。

8.2 4元速度

　固有時間 τ と座標時間 t の微分は物体が静止しているときには等しく、$\boxed{d\tau = dt}$ になるので、このようにして作られた相対論的力学は、物体が静止している、あるいは「物体の速さが光速 c に比べ十分小さい状況」では Newton 力学と似た（近似の範囲で同じ）答を出す。それゆえ、Newton 力学は破棄されるわけではなく、相対論的力学の近似として生き残る[†2]。

8.2　4元速度

　空間座標 $\boxed{\vec{x} = (x, y, z)}$ が時空座標 $\boxed{x^* = (ct, x, y, z)}$ に拡張されたので、

$$\boxed{\vec{v} = \frac{d\vec{x}}{dt} = \left(\frac{dx}{dt}, \frac{dy}{dt}, \frac{dz}{dt}\right)}$$ から $$\boxed{V^* = \frac{dx^*}{d\tau} = \left(c\frac{dt}{d\tau}, \frac{dx}{d\tau}, \frac{dy}{d\tau}, \frac{dz}{d\tau}\right)}$$

に、速度も置き換えられる[†3]。固有時間 τ は Lorentz 変換で変化しないため、位置座標が $\boxed{x^\mu \to \widetilde{x}^{\widetilde{\mu}} = \Lambda^{\widetilde{\mu}}{}_\nu x^\nu}$ と Lorentz 変換されるとき、$\boxed{V^\mu \to \widetilde{V}^{\widetilde{\mu}} = \Lambda^{\widetilde{\mu}}{}_\nu V^\nu}$ と Lorentz 変換される。すなわち V^* は 4 元ベクトルであり、「**4元速度 (four-velocity)**」と呼ばれる。

　V^* の自分自身との内積 $\eta_{\mu\nu}V^\mu V^\nu$ は Lorentz スカラーであり、

---- 4元速度の自乗 ----

$$\eta_{\mu\nu}V^\mu V^\nu = +\underbrace{\left(-c^2\left(\frac{dt}{d\tau}\right)^2\right.}_{\text{時間的速度の自乗}} + \underbrace{\left.\left(\frac{dx}{d\tau}\right)^2 + \left(\frac{dy}{d\tau}\right)^2 + \left(\frac{dz}{d\tau}\right)^2\right)}_{\text{空間的速度の自乗}} = -c^2 \quad (8.2)$$

が成り立つ[†4]。固有時間の定義 (6.11) の左辺と右辺をひっくり返した式

$$\boxed{dt^2 - \frac{1}{c^2}(dx^2 + dy^2 + dz^2) = d\tau^2}$$ に $-c^2$ を掛けて $d\tau^2$ で割ると上の式が得られる。

[†2] というより、相対論的力学は近似として Newton 力学を含まねばならない。新しい理論は、古い理論が説明していた物理現象も説明できるものでなくては意味が無いからである。

[†3] 光速で移動する粒子については $\boxed{d\tau = 0}$ なので 4 元速度が定義できないことに注意。

[†4] 物理屋は面倒くさがり屋が多いので、$\eta_{\mu\nu}V^\mu V^\nu$ を単に V^2 のように書くことも多い。あくまで省略形で、単なる「自乗」ではない。この省略形を使うと、$\boxed{V^2 = -c^2}$ である。

4元速度は常に時間的（自乗が $-c^2$ になるベクトル）であって、4元速度の自乗は一定値だ。3次元的に見ると物体はそれぞれ固有の速さを持って運動しているように見えるが、4次元的に見れば全て同じ速さで運動している、と考えることもできる。(8.2) を見ると「空間的速度の自乗と時間的速度の自乗の差が一定」なので、空間的方向の速度が速くなると時間的方向の速度も速くならなくてはいけない。

「時間方向の速度」というのは変な表現だが、ここで言う「速度」は「単位固有時間あたりの変化」であるから、「τ(固有時間) が単位時間だけ変化する間に ct($c\times$座標時間) はどれだけ変化するか」を示す。動いているとこれが大きくなる。「小さい τ の変化に対し、ct が大きく変化する」は、逆に言えば「ct が大きく変化しているのに τ があまり変化しない」である。「時間方向の速度が速くなる」は、「運動物体の時間は遅れる」の別の表現である。

4元速度の第 0 成分である $c\dfrac{\mathrm{d}t}{\mathrm{d}\tau}$ を3次元速度 $\boxed{\vec{v} = \dfrac{\mathrm{d}\vec{x}}{\mathrm{d}t}}$ を使って表そう。

(8.2) より、
$$-c^2 \left(\frac{\mathrm{d}t}{\mathrm{d}\tau}\right)^2 + \left|\underbrace{\frac{\mathrm{d}\vec{x}}{\mathrm{d}t}}_{\vec{v}}\frac{\mathrm{d}t}{\mathrm{d}\tau}\right|^2 = -c^2$$

$$-\left(\frac{\mathrm{d}t}{\mathrm{d}\tau}\right)^2 \left(c^2 - |\vec{v}|^2\right) = -c^2$$

$$\frac{\mathrm{d}(ct)}{\mathrm{d}\tau} = \frac{c}{\sqrt{1 - \frac{|\vec{v}|^2}{c^2}}} = c\gamma \qquad (8.3)$$

となって、ウラシマ効果の時間遅れの因子 $\sqrt{1 - \dfrac{|\vec{v}|^2}{c^2}}$ の逆数である γ に c をかけたものが出てくる (固有時間 τ と、座標時間と光速の積 ct の変化の割合を計算している)。また、3次元速度 v^i と 4 元速度 V^μ の関係 $\boxed{\dfrac{\mathrm{d}x^\mu}{\mathrm{d}\tau} = \dfrac{\mathrm{d}x^\mu}{\mathrm{d}t}\dfrac{\mathrm{d}t}{\mathrm{d}\tau}}$ から、

$$V^0 = c\gamma, \qquad V^i = \left[\vec{v}\right]^i \gamma \qquad (8.4)$$

となる。物体が静止している時、4元速度は $(c, 0, 0, 0)$ となる。そして、速さ v が c に近づくにつれて $\boxed{\gamma \to \infty}$ になるので、V^μ は無限大になる[†5]。

[†5] もちろん V^μ が無限大ということは「無限の速度で動く」ことを意味するのではない。無限大になることの物理的意味については、4元運動量（V に質量を掛けた量で、この後すぐ出てくる）が無限になる意味を p165 で説明するのでそれで理解して欲しい。

8.3　4元加速度、4元運動量と4元力

8.3.1　4元加速度

4元速度をさらに固有時間 τ で微分したものを「**4元加速度(four-acceleration)**」と言う。式で書けば $\boxed{A^\mu = \dfrac{dV^\mu}{d\tau} = \dfrac{d^2 x^\mu}{d\tau^2}}$ となる。4元速度の空間成分は3次元速度の γ 倍であった（参照→(8.4)）が、4元加速度の空間成分は、3次元の加速度 $\boxed{\vec{a} = \dfrac{d\vec{v}}{dt}}$ の空間成分とはだいぶ違う形になる。実際、4元速度の空間成分を3次元速度で書き直してから τ 微分すると、

$$
\begin{aligned}
A^i &= \frac{d}{d\tau}\left(\boxed{\vec{v}}^i \gamma\right) = \frac{d\boxed{\vec{v}}^i}{d\tau}\gamma + \boxed{\vec{v}}^i \overbrace{\left(\frac{-\frac{1}{2}}{\left(1-\frac{v^2}{c^2}\right)^{\frac{3}{2}}} \times \frac{-2\boxed{\vec{v}}^j}{c^2}\frac{d\boxed{\vec{v}}^j}{d\tau}\right)}^{\frac{d}{d\tau}\left(\frac{1}{\sqrt{1-\frac{v^2}{c^2}}}\right)} \\
&= \frac{d\boxed{\vec{v}}^i}{d\tau}\gamma + \frac{\boxed{\vec{v}}^i \boxed{\vec{v}}^j}{c^2}\frac{d\vec{v}^j}{d\tau}\gamma^3
\end{aligned}
\tag{8.5}
$$

と、結構ややこしい式になる。

4元速度の自乗が一定である（$\boxed{\dfrac{d}{d\tau}\left(\eta_{\mu\nu}V^\mu V^\nu\right) = 0}$）ことから、

─────── 4元加速度と4元速度は（4次元の意味で）直交する ───────

$$
0 = 2\eta_{\mu\nu}\frac{dV^\mu}{d\tau}V^\nu \tag{8.6}
$$

が成り立つ。後で、電磁力によって起こる運動がこの式を満たすことを確認する。

8.3.2　4元運動量

4元速度に質量[†6]をかけたものを「**4元運動量(four-momentum)**」と呼ぶ。

$$
P^* = \left(mc\frac{dt}{d\tau}, m\frac{dx}{d\tau}, m\frac{dy}{d\tau}, m\frac{dz}{d\tau}\right) \tag{8.7}
$$

[†6] 相対論では質量という言葉にいろんな定義があるのだが、本書に関しては、「質量」とは「静止質量」のことである。他の質量の定義は後で述べるが、基本的な量は「静止質量」であり、これは Lorentz 変換によって変化しない、Lorentz スカラーである。

のようなベクトルで、3次元の運動量

$$\vec{p} = m\frac{dx}{dt}\vec{e}_x + m\frac{dy}{dt}\vec{e}_y + m\frac{dz}{dt}\vec{e}_z \tag{8.8}$$

の成分と、以下のような関係にある。

$$P^* = \left(mc\gamma, \gamma[\vec{p}]^1, \gamma[\vec{p}]^2, \gamma[\vec{p}]^3\right) = \overbrace{(mc\gamma, \gamma\vec{p})}^{\text{省略形}} \tag{8.9}$$

4元運動量の第0成分の意味について考えたい。そこで、そもそもNewton力学において運動量やエネルギーがどのように導出されたか思い出そう。「そんなことは知ってるから大丈夫」という人は次の補足を飛ばしてよい。

【補足】✚✚✚✚✚✚✚✚✚✚✚✚✚✚✚✚✚✚✚✚✚✚✚✚✚✚✚✚✚✚✚✚✚✚

まず運動方程式 $\boxed{m\dfrac{d^2\vec{x}}{dt^2} = \vec{f}}$ から出発する。両辺を時間区間 $[t_i, t_f]$（添字 i,f は「initial」と「final」）で積分すると、

$$\underbrace{m\frac{d\vec{x}}{dt}}_{t=t_f} - \underbrace{m\frac{d\vec{x}}{dt}}_{t=t_i} = \int_{t_i}^{t_f}\vec{f}\,dt \tag{8.10}$$

という「運動量の変化が力積である」という式が出る。次に $d\vec{x}$ と内積を取って積分する。時刻 t_i での粒子の位置を $\vec{x}_i$ として（$\vec{x}_f$ も同様）、

$$\int_{\vec{x}_i}^{\vec{x}_f} m\frac{d^2\vec{x}}{dt^2} \cdot d\vec{x} = \int_{\vec{x}_i}^{\vec{x}_f} \vec{f} \cdot d\vec{x}$$

$$m\int_{t_i}^{t_f} \frac{d^2\vec{x}}{dt^2} \cdot \frac{d\vec{x}}{dt}\,dt = \int_{\vec{x}_i}^{\vec{x}_f} \vec{f} \cdot d\vec{x}$$

$$m\int_{t_i}^{t_f} \frac{d}{dt}\left(\frac{1}{2}\left|\frac{d\vec{x}}{dt}\right|^2\right)dt = \int_{\vec{x}_i}^{\vec{x}_f} \vec{f} \cdot d\vec{x}$$

$$\underbrace{\frac{1}{2}m\left|\frac{d\vec{x}}{dt}\right|^2}_{t=t_f} - \underbrace{\frac{1}{2}m\left|\frac{d\vec{x}}{dt}\right|^2}_{t=t_i} = \int_{\vec{x}_i}^{\vec{x}_f} \vec{f} \cdot d\vec{x} \tag{8.11}$$

という式が出る。これは「エネルギーの変化が仕事である」という式である。すなわち、エネルギーは仕事 $\vec{f} \cdot d\vec{x}$ によって変化する量として定義されている。なお、上の式の微分形は以下のようになる。

$$d\left(\frac{1}{2}m\left|\frac{d\vec{x}}{dt}\right|^2\right) = \vec{f} \cdot d\vec{x} \tag{8.12}$$

✚✚✚✚✚✚✚✚✚✚✚✚✚✚✚✚✚✚✚✚✚✚✚✚✚✚✚✚✚✚✚✚✚【補足終わり】

8.3 4元加速度、4元運動量と4元力

4元運動量の微分 dP^μ について考えてみる。4元加速度と4元速度が直交するという式(8.6)に m を掛ける。$\boxed{m\dfrac{d^2x^\mu}{d\tau^2} = \dfrac{d}{d\tau}\left(m\dfrac{dx^\mu}{d\tau}\right) = \dfrac{dP^\mu}{d\tau}}$ を使って、

$$\eta_{\mu\nu}\frac{dP^\mu}{d\tau}\frac{dx^\nu}{d\tau} = 0 \tag{8.13}$$

という式が出る。この式をさらに少し変形すると、

$$\eta_{\mu\nu}\,dP^\mu\,dx^\nu = 0$$

$$-dP^0 d(ct) + dP^i\,dx^i = 0$$
（移項）

$$dP^i\,dx^i = dP^0 d(ct)$$

$$\frac{dP^i}{dt}dx^i = c\,dP^0 \tag{8.14}$$

（÷dt）

となる[†7]。$\dfrac{dP^i}{dt}$ と dx^i の3次元内積が cP^0 の変化量となる。

───── 3次元力 ─────

$$\vec{f} = \frac{d\vec{P}}{dt}, \quad \text{成分を書くと} \quad \vec{f}^{\,i} = \frac{dP^i}{dt} \tag{8.15}$$

のようにして3次元力[†8]を定義するならば、(8.14)はまさに

$$\overbrace{\vec{f}^{\,i}\,dx^i}^{\text{仕事 }\vec{f}\cdot d\vec{x}} = \overbrace{c\,dP^0}^{cP^0\text{ の変化}} \tag{8.16}$$

という式になる。この式は

$$\vec{f}\cdot d\vec{x} = \underbrace{\frac{dP^0}{dt}}_{f^0_\text{仮}\text{とする}}\overbrace{dx^0}^{c\,dt} \quad \rightarrow \quad 0 = f^0_\text{仮}\,dx^0 - \vec{f}\cdot d\vec{x} \tag{8.17}$$

[†7] 途中の ÷dt を見て、「こんなことやっていいの？」と言う人が時々いるが、$\dfrac{dP^i}{dt}$ という量は「微小量 dP^i と微小量 dt の比」が定義（$dP^i = \dfrac{dP^i}{dt}dt$）なのだから、これは定義に則った計算である。

[†8] (8.15)で定義された力をこう呼び、後で定義する「4元力」と区別する。$\vec{f}$ は4元ベクトルではない。

158   第8章 相対論的力学

と書き直すこともできて、新しく定義した$f^0_{仮}$を合わせて$(f^0_{仮},\vec{f})$という量を考えると、これが4元ベクトルであるかのように見えるかもしれない。しかし、これら4成分の量のLorentz変換を考えると、4元ベクトルにはなっていないことがわかるので注意しよう。後で出てくる4元力は4元ベクトルである。
$\to$ p159

(8.16)と(8.12)を見比べると、cP^0 がエネルギーと解釈できる[†9]。つまりエネ
$\to$ p157　$\to$ p156

ルギーは「時間方向の運動量$\times c$」なのだ[†10]。

4元運動量の自乗は(8.2) により $\boxed{\eta_{\mu\nu}P^\mu P^\nu = m^2 \eta_{\mu\nu}V^\mu V^\nu} = -m^2c^2$ となっ
$\to$ p153　　　　　　　　　　　　　　　　　　　　+時

て定数であるから、
$$-m^2c^2 = -\left(\underbrace{\frac{E}{c}}_{P^0}\right)^2 + |\vec{P}|^2 \tag{8.18}$$

という式[†11] が成立する。上の式から、運動量の大きさが増えるとエネルギーも増加する（自乗の差が一定値なのだから）。

cP^0 がエネルギーと解釈されるべき量であることを、vがcより十分小さいとした近似で確認しよう。

$$c\underbrace{P^0}_{mc\gamma} = mc^2 \underbrace{\boxed{\frac{1}{\sqrt{1-\beta^2}}}}_{1+\frac{1}{2}\beta^2+\frac{3}{8}\beta^4+\cdots} = mc^2 + \frac{1}{2}mv^2 + \frac{3}{8}m\frac{v^4}{c^2}+\cdots \tag{8.19}$$

となって、定数項mc^2とvの4次以上の項を除けばなじみのある運動エネルギーの式 $\frac{1}{2}mv^2$ が出てくる。相対論で有名な公式[†12]である $\boxed{E=mc^2}$ はこの式の $\boxed{\beta=0}$ にしたものである (特別な状況での式であることは忘れてはならない)。

[†9] 前にも述べたように、質量0の粒子に対しては4元速度が定義できないので、4元運動量も（ここで説
$\to$ p153 の脚注†3
明した形では）定義できない。質量0の粒子の代表である光子については「エネルギーと運動量の保存則が成り立とう」に定義する。その結果はよく知られている $\boxed{E=h\nu, p=\dfrac{h}{\lambda}}$ である。

[†10] 量子力学で $\boxed{p=-i\hbar\dfrac{\partial}{\partial x}, E=i\hbar\dfrac{\partial}{\partial t}}$ と対応するのは、エネルギーが時間方向の運動量だからであるとも言える。Eの符号の違いは、$\eta_{\mu\nu}$ が時間的方向と空間的方向で符号が違うことと関係している。

[†11] 「質量殻条件(mass-shell condition)」と呼ぶ。理由は後述。
$\to$ p170

[†12] 意味はわからなくてもこの式だけは知っている、という人も多いので、もしかすると、物理の公式の中で一番有名かもしれない。

この式は静止している物体も mc^2 のエネルギーを持つことを表しているが、通常の力学ではエネルギーの原点には意味が無い。意味があるのは「エネルギーの差」である。cP^0 の最小値は mc^2 なのだから、この mc^2 は（この一個の粒子の運動を考えている限りにおいては）取り出すことのできないエネルギーになる。ここまで説明した範囲では、「静止エネルギー」mc^2 の意味は、単にエネルギーの原点のずれ（シフト）にすぎない。しかしこの mc^2 が無いと P^μ が4元ベクトルでなくなってしまうので、4元運動量として正しい変換性を持つためには mc^2 を消してしまうことはできない。

相対論的力学ではエネルギーと運動量は「4元運動量の時間成分と空間成分」という意味を持つため、（そういうつながりのなかった Newton 力学とは違って）エネルギーの原点を勝手に選ぶことができなくなったわけである。

この時点では mc^2 は、実用的な見地からは深い意味は無い。しかし、複数の物体が合体したり、あるいは逆に物体が分裂したりする現象を考えると、この式に含まれる深い意味が明らかになる。これについては後で話そう[†13]。

8.3.3　4元力

ここまでで定義した力 $\vec{f} = \dfrac{\mathrm{d}\vec{P}}{\mathrm{d}t}$（3次元力）は、その定義に t 微分を使っているので（たとえ $f^0_{仮}$ を定義して4成分の量にしたとしても）4元ベクトルではない。4元ベクトルになる「力」は、t 微分ではなく固有時間 τ の微分を使って

―――― 4元力 ――――
$$F^\mu = \frac{\mathrm{d}P^\mu}{\mathrm{d}\tau} \tag{8.20}$$

と定義する。F^μ を「**4元力 (four-force)**」または「Minkowski の力」と呼び、3次元力との間には関係 $F^i = \dfrac{\mathrm{d}t}{\mathrm{d}\tau}\vec{f}^{\,i} = \vec{f}^{\,i}\gamma(\vec{u})$ が成立する。ここで出てく

[†13] 薄い特殊相対論の解説を読むと、この部分の説明だけで $E = mc^2$ の説明が終わってしまっていたりする。だが、$E = mc^2$ という式のほんとうのすごさは、後で説明する「どんなエネルギーも質量と関係する」というところにあるのである。ここまでの話では、単に運動エネルギーの原点をずらしただけに過ぎないから、面白いところはまだ全然話してない。

る $\boxed{\gamma(\vec{u}) = \dfrac{1}{\sqrt{1 - \dfrac{|\vec{u}|^2}{c^2}}}}$ は力が作用している質点の3次元速度 $\vec{u}$（Lorentz 変換における座標間の速度 $\vec{v}$ とは別）に対応する γ 因子であることに注意。

F^μ の第0成分の意味が気になるところだが、(8.13) $\boxed{\eta_{\mu\nu} \dfrac{\mathrm{d}P^\mu}{\mathrm{d}\tau} \dfrac{\mathrm{d}x_\nu}{\mathrm{d}\tau} = 0}$ から、
→p157

$$\underbrace{\frac{\mathrm{d}P^0}{\mathrm{d}\tau}}_{F^0} \underbrace{\frac{\mathrm{d}x^0}{\mathrm{d}\tau}}_{c\gamma(\vec{u})} = \underbrace{\frac{\mathrm{d}P^i}{\mathrm{d}\tau}}_{\vec{f}^{\,i}\gamma(\vec{u})} \underbrace{\frac{\mathrm{d}x^i}{\mathrm{d}\tau}}_{\vec{u}^{\,i}\gamma(\vec{u})} \quad \to \quad F^0 = \frac{1}{c}\vec{f} \cdot \vec{u}\,\gamma(\vec{u}) \qquad (8.21)$$

という量になっている。$\vec{f}\cdot\vec{u}$ は単位時間に物体にされる仕事（仕事率）である。

4元力は4元ベクトルであるから、その変換性は他の4元ベクトルと同様で、x 方向に速さが $c\beta$ で移動する座標系へ変換した時、

$$\widetilde{F}^{\tilde{0}} = \gamma(F^0 - \beta F^1), \quad \widetilde{F}^{\tilde{1}} = \gamma(F^1 - \beta F^0), \quad \widetilde{F}^{\tilde{2}} = F^2, \quad \widetilde{F}^{\tilde{3}} = F^3 \quad (8.22)$$

となる。$\boxed{\vec{f}^{\,i} = \sqrt{1 - \dfrac{|\vec{u}|^2}{c^2}}\,F^i}$ が成立しているので、$\vec{f}$ の方の変換も計算できる。ただし、x^* 座標系から $\widetilde{x}^*$ 座標系に移る際には、$\vec{u}$ が速度の合成則に従って変換することに注意しよう。
→ p102

---------------------------練習問題---------------------------
【問い8-1】 $\widetilde{x}^*$ 座標系で物体が $\vec{u}$ の速度を持っている場合の $\vec{f}$ と F^μ の空間成分の関係を求めよ。
ヒント → p318 へ　　解答 → p328 へ

3次元力 $\vec{f}$ の変換は4元力 F^μ に比べると複雑なものになってしまう。一番簡単な場合である「$\widetilde{x}^*$ 座標系では物体が静止している場合」について3次元力の変換を考えよう。すると $\widetilde{x}^*$ 座標系では4元力の空間成分と3次元力は一致する（$\boxed{\widetilde{F}^{\tilde{i}} = \vec{\tilde{f}}^{\,\tilde{i}}}$）し、第 $\tilde{0}$ 成分は0である（この力は仕事をしていない）。

x^* 座標系では物体が速度 $\vec{v}$[†14] を持つので、$\boxed{F^i = \vec{f}^{\,i}\gamma}$ が成り立つ。ゆえにこの場合、(8.22) の逆変換を考え (8.21) も使って、

[†14]「物体が速度 $\vec{u}$ を持つ」と言っても同じこと。$\widetilde{x}^*$ 系では物体が止まっているので、x^* 系から見ると物体も「$\widetilde{x}^*$ の原点」も同じ速度を持っている。

8.3 4元加速度、4元運動量と4元力

$$\frac{1}{c}\vec{f}\cdot\vec{v}\gamma =\gamma\left(\overbrace{0}^{F^0}+\beta\overbrace{[\vec{\widetilde{f}}]^{\widetilde{1}}}^{\widetilde{F}^{\widetilde{1}}}\right), \qquad \overbrace{[\vec{f}]^1}^{F^1}\gamma =\gamma\left(\overbrace{[\vec{\widetilde{f}}]^{\widetilde{1}}}^{\widetilde{F}^{\widetilde{1}}}+\beta\overbrace{0}^{\widetilde{F}^{\widetilde{0}}}\right),$$

$$\overbrace{[\vec{f}]^2}^{F^2}\gamma =\overbrace{[\vec{\widetilde{f}}]^{\widetilde{2}}}^{\widetilde{F}^{\widetilde{2}}}, \qquad \overbrace{[\vec{f}]^3}^{F^3}\gamma =\overbrace{[\vec{\widetilde{f}}]^{\widetilde{3}}}^{\widetilde{F}^{\widetilde{3}}} \tag{8.23}$$

となり、これから

$$[\vec{f}]^1 = [\vec{\widetilde{f}}]^{\widetilde{1}}, \quad [\vec{f}]^2\gamma = [\vec{\widetilde{f}}]^{\widetilde{2}}, \quad [\vec{f}]^3\gamma = [\vec{\widetilde{f}}]^{\widetilde{3}} \tag{8.24}$$

がわかる（(8.23) の1個目の式は実は $[\vec{f}]^1 = [\vec{\widetilde{f}}]^{\widetilde{1}}$ と同じ式）。

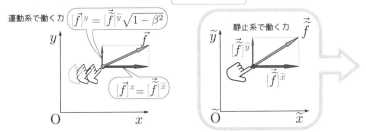

少し意外かもしれないが、運動系で観測すると、運動方向の3次元力は変化しないがそれと垂直な方向の3次元力が $\frac{1}{\gamma}=\sqrt{1-\beta^2}$ 倍に弱くなる[†15]。

8.3.4　力のLorentz変換とTrouton-Nobleの実験　✢✢✢✢　【補足】

ここまでで求めた3次元力の変換を使うと、3.5節で説明したTrouton-Nobleの実験で棒が回らない理由のざっくりとした説明ができる（3.5節を飛ばした人は戻って読むこと）。ざっくりでない正確な説明が欲しい人は、9.6.2項を待って欲しい。

なぜ「静止系では動かないのに運動系では回る」と考えてしまったかというと、（静止系では存在しない）磁場からの力が運動系では存在するためであった。電荷に作用する力は、

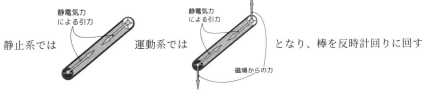

となり、棒を反時計回りに回すトルクが存在する（ように見える）。

[†15] 結果として、（最初は不思議に思うだろうが）力の向きも変わる。

静止系において、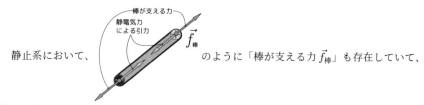のように「棒が支える力 $\vec{f}_\text{棒}$」も存在していて、

静電気力とつりあうように作用していたはずである。これが無いと二つの電荷は引き合ってくっついてしまう。運動系では、この棒が支える力 $\vec{f}_\text{棒}$ は、(8.24)で説明したようにと変化し、運動系では   のような力となって棒を時計回りに回すトルクを作る。これが磁場からの力によるトルクを打ち消し、「**静止系でも運動系でも棒は回らない**」という、もっともな結果を生む。ほんとにうまく消し合うのか？　──という不安は、電磁気学についてしっかり考えた後の9.6.2項で解消されるだろう。
→ p219

> 【FAQ】電場による力や磁場による力も Lorentz 変換しなくて大丈夫ですか？
>
> 　Lorentz 変換をした結果が、「磁場が発生してトルクが発生する（ように見える）」なので、さらに電場や磁場による力に対して Lorentz 変換を行うと「すでに行った操作をもう1回やってしまう」ことになる。Lorentz 変換によって電場・磁場・力が全部変化するが、それらが「どの座標系でも物理法則が成り立つように変化する」ところが肝要である。
>
> 　電磁場からの力は $\vec{f} = q\left(\vec{E} + \vec{v} \times \vec{B}\right)$ に従って発生する。力の変換則は、左辺と右辺が同じ変換を受けてどの座標系でもこの式が成り立つことを保証しているのである。

8.4　質量の増大？

よく相対論の本では「運動すると物体の質量が増大する」という意味のことが書いてある。本書ではここまで一貫して質量 m を定数として扱ってきた。ではこの m は増大するのか？

もちろん、しない。では「運動すると物体の質量が増大する」とはどういう

8.4 質量の増大？

意味なのか。ここで「そもそも質量の定義とは何か？」に立ち戻る必要がある。Newton 力学における質量は運動方程式

$$f^i = m\frac{\mathrm{d}^2 x^i}{\mathrm{d}t^2} \quad \text{もしくは} \quad f^i = \frac{\mathrm{d}p^i}{\mathrm{d}t} \tag{8.25}$$

によって規定されている。相対論的力学でも、力として $\vec{f}$ の方（4元力 F^μ ではなく）を使えば、Newton の運動方程式と同じ形の、

$$f^\mu = \frac{\mathrm{d}P^\mu}{\mathrm{d}t} \tag{8.26}$$

であるが、運動量 P^μ はこの場合 4 元運動量であって、3 次元運動量 $\vec{p}$ とは少し違う。具体的には 4 元運動量の 3 次元部分は

$$P^i = m\frac{\mathrm{d}x^i}{\mathrm{d}\tau} = \frac{m\,\vec{v}^{\,i}}{\sqrt{1-\left(\frac{v}{c}\right)^2}} \tag{8.27}$$

となるわけであるが、この運動量のどこまでを「質量」と考え、どこまでを「速度」と考えるかには、

$$\underbrace{m}_{\text{静止質量}} \underbrace{\frac{\vec{v}}{\sqrt{1-\left(\frac{v}{c}\right)^2}}}_{\text{4元速度の空間成分}} = \underbrace{\frac{m}{\sqrt{1-\left(\frac{v}{c}\right)^2}}}_{\text{相対論的質量}} \underbrace{\vec{v}}_{\text{3次元速度}} \tag{8.28}$$

のような二つの流儀がある。どちらかと言うと単に「質量」という時には静止質量 m、すなわち運動しているかいないかに関係無く同じ値をとるものを指す方が普通である。

どちらの流儀で考えるにせよ、ある 3 次元力 f^i を $\mathrm{d}t$ 秒間加えた時に運動量の 3 次元成分 $\dfrac{m\,\vec{v}^{\,i}}{\sqrt{1-\frac{v^2}{c^2}}}$ が $f^i\,\mathrm{d}t$ だけ増大するのは同じである。実際に P^i を時間で微分したとすると、

$$\frac{\mathrm{d}P^i}{\mathrm{d}t} = \frac{\mathrm{d}}{\mathrm{d}t}\left(\frac{m\,\vec{v}^{\,i}}{\sqrt{1-\frac{v^2}{c^2}}}\right) = \frac{m\frac{\mathrm{d}}{\mathrm{d}t}\vec{v}^{\,i}}{\sqrt{1-\frac{v^2}{c^2}}} + \frac{m\,\vec{v}^{\,i}\,\vec{v}^{\,j}\frac{\mathrm{d}}{\mathrm{d}t}\vec{v}^{\,j}}{c^2\left(1-\frac{v^2}{c^2}\right)^{\frac{3}{2}}} \tag{8.29}$$

となる。力 $\vec{f}$ の方向と加速度 $\dfrac{\mathrm{d}\vec{v}}{\mathrm{d}t}$ の方向は必ずしも一致しない。速度 $\vec{v}$ と加速度 $\dfrac{\mathrm{d}\vec{v}}{\mathrm{d}t}$ が直交している場合は第 2 項が消えるので非常に簡単になる。

磁場中を走る荷電粒子の場合、Lorentz力 $q\vec{v}\times\vec{B}$[†16] を受けて円運動するが、加速度は速度と垂直（中心向き）に $\dfrac{v^2}{r}$ となるので、

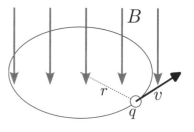

$$qvB = \frac{m}{\sqrt{1-\frac{v^2}{c^2}}}\frac{v^2}{r} \qquad (8.30)$$

となって、半径が $\boxed{r = \dfrac{mv}{qB\sqrt{1-\frac{v^2}{c^2}}}}$ となる。非相対論的な計算では分母の $\sqrt{1-\dfrac{v^2}{c^2}}$ は現れない。実験によって支持されるのはもちろん相対論的な計算であり、荷電粒子を磁場中で加速する装置（サイクロトロンなど）ではこのいわゆる「質量増大」の効果を考えて設計せねばならない。

逆に、速度と加速度が同じ方向を向いていると、また話が少し変わる。この場合、v^i も $\dfrac{\mathrm{d}v^i}{\mathrm{d}t}$ も x 成分だけが0でないとすると、

$$\begin{aligned}\frac{\mathrm{d}P^1}{\mathrm{d}t} &= \frac{m\frac{\mathrm{d}v}{\mathrm{d}t}}{\sqrt{1-\frac{v^2}{c^2}}} + \frac{mv^2\frac{\mathrm{d}v}{\mathrm{d}t}}{c^2\left(1-\frac{v^2}{c^2}\right)^{\frac{3}{2}}}\\ &= \frac{m\frac{\mathrm{d}v}{\mathrm{d}t}\left(1-\frac{v^2}{c^2}\right)}{\left(1-\frac{v^2}{c^2}\right)^{\frac{3}{2}}} + \frac{mv^2\frac{\mathrm{d}v}{\mathrm{d}t}}{c^2\left(1-\frac{v^2}{c^2}\right)^{\frac{3}{2}}} = \frac{m}{\left(1-\frac{v^2}{c^2}\right)^{\frac{3}{2}}}\frac{\mathrm{d}v}{\mathrm{d}t}\end{aligned} \qquad (8.31)$$

となり、この場合はむしろ質量が $\dfrac{m}{\left(1-\frac{v^2}{c^2}\right)^{\frac{3}{2}}}$ に増えている。こちらを「縦質量」、さっきの $\dfrac{m}{\sqrt{1-\frac{v^2}{c^2}}}$ を「横質量」[†17] として区別する場合もある。縦質量の方が横質量より大きいのは、横方向に押す場合は v の大きさは変化しない（つまり運動量の分母は変化しない）が、縦方向に押すと v の大きさを変える（運動量の分母も変える）のに余分な力が必要になるからである。このように、「質量が増大する」という考え方をすると、「質量と速度の両方が時間的に変化する」と

[†16] ここでは説明しないが、$q\vec{v}\times\vec{B}$ で表されるのが3次元力 $\vec{f}$ なのか4元力 F^μ の3次元成分なのかは、電磁場をLorentz変換した時どうなるべきかから決まる。

[†17] 波の振動方向が進行方向と同じ向きのとき「縦波」と呼ぶのと同じ言葉の使い方で、（今の場合は加速度が）速度方向と同じ向きのときを「縦」と表現する。「横」はこれに垂直な方向。

8.4 質量の増大？

考えなくてはいけないので、計算がかえって複雑になる場合もあり、あまり推奨されない。質量は常にmで一定だと考えて、運動量の式には分母に$\sqrt{1-\frac{v^2}{c^2}}$があるのだとした方が簡便である。どちらの流儀でも、「特殊相対論では運動量が$m\vec{v}$ではなく$m\vec{v}\gamma$になる」ことを把握しておけば問題は無い。mの部分を「質量」と呼ぶか、$m\gamma$の部分を「質量」と呼ぶかは定義の問題である。ただし、上に述べたように$m\gamma$を「質量（または相対論的質量）」と呼ぶ流儀はかえってややこしくなることも多いので、使わないようにした方がよさそうである。実際、最近はあまり使われていない[18]。

ここで、f^μが有限で時間経過も有限である限り、P^μは有限の値を取ることに注意しよう。速度を大きくしていくと、$\boxed{v=c}$となったところでP^μは無限大となる。有限の力で有限の時間加速したのではP^μも有限の量にしか成り得ないので、$\boxed{v=c}$に達することは無い。このことは光速cが物体が超えられない限界であることを示している。

簡単な例として物体の速度vも作用する力f（定数）もx軸の向きであるとする。この場合の運動方程式は

$$f = \frac{\mathrm{d}}{\mathrm{d}t}\left(\frac{mv}{\sqrt{1-\left(\frac{v}{c}\right)^2}}\right) \tag{8.32}$$

である。4元速度のx成分をVとして、$\boxed{V = \dfrac{v}{\sqrt{1-\left(\frac{v}{c}\right)^2}}}$を使って表現すれば

$$f = \frac{\mathrm{d}}{\mathrm{d}t}(mV) \tag{8.33}$$

となる。

$\boxed{t=0}$で$\boxed{V=0}$と初期条件を置けば、$\boxed{mV=ft}$と解けて、Vはtの1次関数で増加する。vとVの関係（右のグラフを参照）から、$\boxed{V\to\infty}$の極限で$\boxed{v\to c}$である（無限の時間を掛けないと光速cに達しない）。

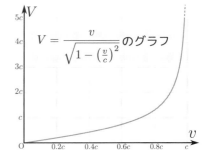

$V = \dfrac{v}{\sqrt{1-\left(\frac{v}{c}\right)^2}}$のグラフ

---

[18]「縦質量」「横質量」という言葉も最近は使わない。

8.5 運動量・エネルギーの保存則

Newton 力学において運動量の保存則がどのように導かれたかを思い出そう。

質量 $m_{(i)}(i = 1, 2, \cdots, N)$ の N 個の物体がそれぞれ $\vec{p}_{(i)}$ の運動量をもち、i 番目の物体から j 番目の物体へは力 $\vec{f}_{(ij)}$ が作用するとすると、

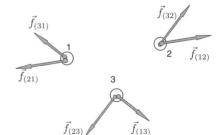

$$\frac{d\vec{p}_{(i)}}{dt} = \sum_{j \neq i} \vec{f}_{(ij)} \qquad (8.34)$$

である（自分自身には力を及ぼさないから、$\boxed{i = j}$ の場合は抜いている）。これを i で足し上げると、

$$\sum_i \frac{d\vec{p}_{(i)}}{dt} = \sum_{\substack{i,j \\ i \neq j}} \vec{f}_{(ij)} \qquad (8.35)$$

となる。

作用・反作用の法則により、$\boxed{\vec{f}_{(ij)} = -\vec{f}_{(ji)}}$（$i$ 番目が j 番目に及ぼす力は、j 番目が i 番目に及ぼす力と同じ大きさで逆向き）である。$\sum_{i,j}$ の和を取る段階でかならず $\vec{f}_{(ij)}$ と $\vec{f}_{(ji)}$ の両方の和が現れるので、この二つが消し合い、

$$\sum_i \frac{d\vec{p}_{(i)}}{dt} = \frac{d}{dt}\left(\sum_i \vec{p}_{(i)}\right) = \vec{0} \qquad (8.36)$$

となる。すなわち、運動量の和 $\sum_i \vec{p}_{(i)}$ は保存する。

相対論的力学においても $\boxed{\dfrac{dP^i}{dt} = \vec{f}^{\,i}}$ が成立しているので、$\vec{f}$ について作用・反作用の法則が成立していれば、同様に P^i の和が保存する。

ここで成立している式が $\boxed{\dfrac{d}{d\tau}\left(\sum P^i\right) = 0}$（これは間違い）ではなく $\boxed{\dfrac{d}{dt}\left(\sum P^i\right) = 0}$ であること（τ 微分ではなく t 微分であること）に注意せよ。固有時間 τ は粒子一個一個について独立に定義されているものだから、複数の粒子の運動量の固有時間微分 $\dfrac{dP^i}{d\tau}$ を足すことには意味が無い。

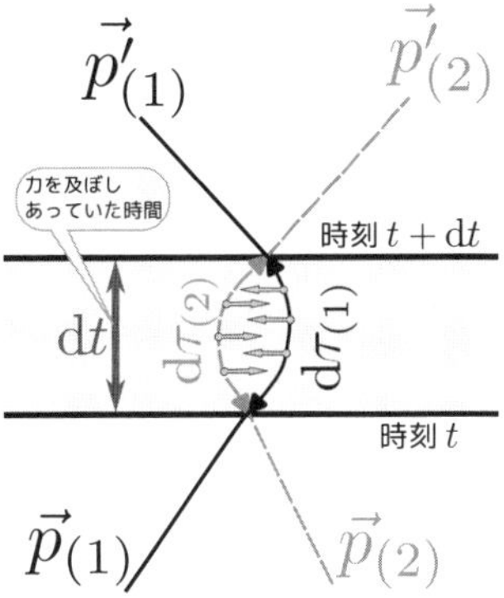

8.5 運動量・エネルギーの保存則

　右の図は微小時間 dt の間に二つの粒子の運動量がそれぞれ $\vec{p}_{(1)}, \vec{p}_{(2)}$ から $\vec{p}'_{(1)}, \vec{p}'_{(2)}$ へと変化するときの時空図である。二つの粒子が相互作用しているのは座標時間が $\boxed{t \to t + dt}$ と変化している間だけである。この間にそれぞれの固有時間は各々 $d\tau_{(1)}, d\tau_{(2)}$ だけ変化しているとする。一般に $\boxed{d\tau_{(1)} \neq d\tau_{(2)}}$ である（dt は両粒子に共通）。運動量保存則

$$\vec{p}_{(1)} + \vec{p}_{(2)} = \vec{p}'_{(1)} + \vec{p}'_{(2)} \tag{8.37}$$

から $\boxed{\dfrac{\vec{p}'_{(1)} - \vec{p}_{(1)}}{dt} = -\dfrac{\vec{p}'_{(2)} - \vec{p}_{(2)}}{dt}}$ が言える。$\boxed{\dfrac{\vec{p}'_{(1)} - \vec{p}_{(1)}}{d\tau_{(1)}} = -\dfrac{\vec{p}'_{(2)} - \vec{p}_{(2)}}{d\tau_{(2)}}}$（これは間違い）は成立しない。ゆえに、作用・反作用の法則が成立するのも、F^μ に対してではなく $\vec{f}$ に対してである。

　特殊相対論では運動量とエネルギーは同じ4元運動量の空間成分と時間成分という形にまとまっているので、運動量だけが保存してエネルギーが保存しないとか、あるいはこの逆のことはあり得ない。違う座標系に移れば時間成分と空間成分は入り交じる（例えば、$\boxed{\widetilde{P^0} = \gamma(P^0 - \beta P^1)}$ というふうに）ので、全ての座標系で運動量保存則が成立するためには、エネルギー（運動量の第0成分）も保存していてくれないと困る。よって、$\boxed{\dfrac{d}{dt}\left(\sum P^i\right) = 0}$ に連動するかのように $\boxed{\dfrac{d}{dt}\left(\sum P^0\right) = 0}$ も成り立ち、まとめて $\boxed{\dfrac{d}{dt}\left(\sum P^\mu\right) = 0}$ が成り立つ。これは相対性原理からの帰結である。Newton力学では「摩擦があるからエネルギーが保存しない」という状況が許されたが、相対論的力学では摩擦によって失われたエネルギーも勘定して保存する形になっていなくてはいけない。

　上では作用・反作用の法則の成立を仮定したが、特殊相対論の場合にはこの仮定にも注意が必要である。なぜなら、特殊相対論では空間的に離れた場所での同時刻には意味が無い。上の図では、離れた物体との間で力が「同時に」作用しているかのごとく書いているが、実際にはそんなことは起きない（そもそも、力も光速より速く伝わるはずが無い！）。したがって厳密には、作用・反作

用の法則を単純に適用してよいのは、物体と物体が接触して（同一時空点に存在して）力を及ぼす場合である。Coulomb力を「二つの電荷の押し合い（引き合い）」と考える場合、作用・反作用の法則が成立しているとは限らない。ただし、Coulomb力を「電荷と、その場所の電磁場との相互作用による力」と考えるならば、作用・反作用の法則が成立するのだが、その場合は「電磁場の持つ運動量」や「電磁場の伝える力（応力）」を計算してやらなくてはいけない。この計算は相対論的電磁気学について考えた後でじっくりやろう。
→ p253

まずは物体が接触して衝突するという単純な問題の場合で相対論的な場合と非相対論的な場合にどんな差があるかを確認しておこう。

静止している質量 m の物体に、同じ質量の物体が運動量 $\vec{p}_{(0)}$ を持って衝突したとする。結果として二つの物体の運動量が $\vec{p}_{(1)}, \vec{p}_{(2)}$ になったとすると、

$$\vec{p}_{(0)} = \vec{p}_{(1)} + \vec{p}_{(2)} \tag{8.38}$$

という式が成立する（運動量保存）。

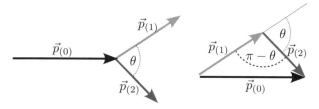

この式は $\vec{p}_{(0)}, \vec{p}_{(1)}, \vec{p}_{(2)}$ が三角形を形作ることを示している。一方、非相対論的な計算では、エネルギーの保存則が

$$\frac{|\vec{p}_{(0)}|^2}{2m} = \frac{|\vec{p}_{(1)}|^2}{2m} + \frac{|\vec{p}_{(2)}|^2}{2m} \quad \text{すなわち} \quad |\vec{p}_{(0)}|^2 = |\vec{p}_{(1)}|^2 + |\vec{p}_{(2)}|^2 \tag{8.39}$$

となる。これから $\vec{p}_{(0)}, \vec{p}_{(1)}, \vec{p}_{(2)}$ で作った三角形が Pythagoras の定理を満たすこと、すなわちこれが直角三角形となって、$\vec{p}_{(1)}$ と $\vec{p}_{(2)}$ が垂直であることがわかる。これはビリヤードの玉などでも確認できる現象である。

相対論的な計算では、エネルギー保存則は

$$\sqrt{|\vec{p}_{(0)}|^2 c^2 + m^2 c^4} + mc^2 = \sqrt{|\vec{p}_{(1)}|^2 c^2 + m^2 c^4} + \sqrt{|\vec{p}_{(2)}|^2 c^2 + m^2 c^4} \tag{8.40}$$

となる（止まっている粒子の分の mc^2 を忘れないように）ので、もはや $\vec{p}_{(1)}$ と $\vec{p}_{(2)}$ のなす角は直角ではなくなる。細かい計算は省略するが、角度 θ は 90 度よ

り小さくなる。この現象は霧箱の中に β 線（電子）を入射させて、電子と衝突させるなどの実験で実際に起こることが確認されており、相対論的力学が正しいことの証拠の一つとなっている。

8.6 質量とエネルギーが等価なこと

8.6.1 非相対論的力学における「質量の保存則」

質量の保存について考察するため、以下のような現象を、まずは非相対論的力学で考えてみる。

─── 物質の構成要素が変更されるプロセス ───

始状態 質量 $m_{(i)}(i=1,2,\cdots,M)$ の物体が各々速度 $\vec{v}_{(i)}$ を持って運動

から、なんらかの反応を起こした後、

終状態 質量 $M_{(j)}(j=1,2,\cdots,N)$ の物体が各々速度 $\vec{V}_{(j)}$ を持って運動

に変化した。

このとき起こった反応（化学反応でもよいし、物体の間の力の相互作用でもよい）により起こる力学的エネルギーの増加[19]を ΔE とすると、運動量保存則

$$\sum_i m_{(i)}\vec{v}_{(i)} = \sum_j M_{(j)}\vec{V}_{(j)} \tag{8.41}$$

と[20]、エネルギー保存則

$$\underbrace{\frac{1}{2}\sum_i m_{(i)}\left|\vec{v}_{(i)}\right|^2}_{\text{元のエネルギー}} + \underbrace{\Delta E}_{\substack{\text{反応により発生する}\\\text{エネルギー増加}}} = \underbrace{\frac{1}{2}\sum_j M_{(j)}\left|\vec{V}_{(j)}\right|^2}_{\text{増加した結果のエネルギー}} \tag{8.42}$$

が成り立つ。ここで Galilei 変換を行って、$\begin{cases} \vec{v}_{(i)} \to \vec{\tilde{v}}_{(i)} = \vec{v}_{(i)} - \vec{u} \\ \vec{V}_{(j)} \to \vec{\tilde{V}}_{(j)} = \vec{V}_{(j)} - \vec{u} \end{cases}$ と速度が変化したとしよう。Galilei 変換の後でも保存則が成り立つためには、

$$\sum_i m_{(i)}\left(\vec{v}_{(i)} - \vec{u}\right) = \sum_j M_{(j)}\left(\vec{V}_{(j)} - \vec{u}\right) \tag{8.43}$$

---

[19] この「反応」が化学反応ならば、力学的エネルギーの増加の分だけ化学エネルギーが減少している。
[20] $m_{(i)}$ の i の和については Einstein の規約を採用しない。線も引かない。

$$\frac{1}{2}\sum_{(i)} m_{(i)} |\vec{v}_{(i)} - \vec{u}|^2 + \Delta E = \frac{1}{2}\sum_j M_{(j)} \left|\vec{V}_{(j)} - \vec{u}\right|^2 \qquad (8.44)$$

が成り立たなくてはいけない。(8.43)の $\vec{u}$ の1次を取り出すと、

$$\sum_i m_{(i)} = \sum_j M_{(j)} \qquad (8.45)$$

が結論される。つまりこの反応により質量が保存することが、運動量保存則が Galilei 変換により壊れないことを保証している。

エネルギーの式(8.44)も $\vec{u}$ の次数で分解すると、任意の $\vec{u}$ で成立すべきことから、

$\vec{u}$ の0次 $\qquad \dfrac{1}{2}\sum_i m_{(i)} |\vec{v}_{(i)}|^2 + \Delta E = \dfrac{1}{2}\sum_j M_{(j)} \left|\vec{V}_{(j)}\right|^2 \qquad \to (8.42) \qquad (8.46)$

$\vec{u}$ の1次 $\qquad \sum_i m_{(i)}\vec{v}_{(i)} \cdot \vec{u} = \sum_j M_{(j)}\vec{V}_{(j)} \cdot \vec{u} \qquad \to (8.41) \qquad (8.47)$

$\vec{u}$ の2次 $\qquad \dfrac{1}{2}\sum_i m_{(i)} |\vec{u}|^2 = \dfrac{1}{2}\sum_j M_{(j)} |\vec{u}|^2 \qquad \to (8.45) \qquad (8.48)$

となる。Galilei 変換の不変性と質量の保存は密接に関連している。

8.6.2 相対論的力学における質量の変化と結合エネルギー

前項の結果からもわかるように、「どの量が保存するか？」は、座標変換に対する物理法則の共変性と結びついている。当然、座標変換が「Galilei 変換→Lorentz 変換」と変化するなら、保存すべき量も変わってくるだろう—となれば、相対論的力学の文脈の中では「質量保存則」はどう変化するであろうか？

最初に注意しておくが、ここで言う「質量」—本書で単に「質量」と呼ぶ量—は、静止質量、すなわち、エネルギー E、運動量 p としたとき、$\boxed{E^2 - p^2c^2 = m^2c^4}$（この式の解を右のグラフに描いた[†21]）で定義されるところの質

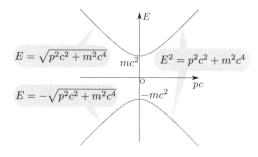

[†21] このグラフの形が「殻 (shell)」っぽいので $\boxed{E^2 - p^2c^2 = m^2c^4}$ を「質量殻条件」と呼ぶ。

量（つまり速度や座標系に依らずに定義される質量）である。物体が静止している場合は $p=0$ となって $E=mc^2$ となる。エネルギーの負符号は許さない。許してしまうと負のエネルギー $E=-\sqrt{p^2c^2+m^2c^4}$ は p が大きくなることによっていくらでも ($-\infty$ まで) 小さくなれる。「物体はエネルギーの低い方に行きたがる」という原則からすると物体がみな $E=-\infty$ へと落ち込んで具合が悪い。エネルギーには底がないといけない[†22]。

すでに述べたように、エネルギーは「4元運動量の時間成分 $\times c$」であり、物体が静止している場合でも mc^2 だけある。c が 3×10^8 m/s であるから、mc^2 は非常に大きなエネルギーである。1 g (10^{-3} kg) の質量は、9×10^{13} J、すなわち90兆ジュールのエネルギーに対応する。

エネルギー mc^2 が莫大だといっても、その事自体は驚くには当たらない。エネルギーを取り出すには、状態をエネルギーのより低い状態に「落とす」[†23] ことによってその差をもらう必要があるが、このエネルギーは最小値が mc^2 であるから、このエネルギーを取り出す方法が無い。取り出せないエネルギーはいくら大きくとも意味が無い。質量を持った物体と質量を持った物体が反応してその総質量を変える過程があれば、この質量の差が物理現象にエネルギーの差として現れてくる。そこで以下で、その過程を相対論的に考えると（すなわち、Lorentz不変性を要求していくと）どんな結果が得られるかを考察しよう。

> **非相対論的な考え**
>
> 質量 m の二つの物体が逆向きの速度 $\vec{v}$ と $-\vec{v}$ を持って正面衝突して合体したとすると、質量 $2m$ の静止した物体が残る。

と言いたいところだが、はたして正しいだろうか。

これらの物体の4元運動量を考えると、

$$\text{衝突前}:(mc\gamma(\vec{v}), m\vec{v}\gamma(\vec{v})) \text{ と } (mc\gamma(\vec{v}), -m\vec{v}\gamma(\vec{v})) \tag{8.49}$$

であるから、保存則の成立から

[†22]「エネルギーや運動量は連続的に変化しなくてはいけない」という制約があれば、（グラフからもわかるように）正のエネルギーを持った物体が負のエネルギー状態に変わることは無く、$E=-\infty$ へと落ち込むことは避けられる。

[†23] 水力発電はまさに水を落とす。火力発電は、燃料となる物質を化学反応（例えば、炭化水素+酸素→二酸化炭素+水）によりエネルギーの高い状態から低い状態へと変化させている（落としている）。原子力発電だって同じ。

$$\text{衝突後}: (2mc\gamma(\vec{v}), \vec{0}) \tag{8.50}$$

となる[†24]。 $\boxed{\gamma(\vec{v}) = \dfrac{1}{\sqrt{1 - \dfrac{|\vec{v}|^2}{c^2}}} > 1}$ だから、衝突後の質量は $2m$ より大きい。

こうなることが相対論的に考えれば必然であることを確認しよう。相対性原理により、同じ現象を、速度 $-\vec{v}$ を持って運動している観測者が見たとしても同じことが結論できねばならない。以下では全ての運動を x 軸方向としよう。ここでは速度の合成則を使わねばならないので、x 軸負の向きに速さ v で動きながら x 軸正の向きに速さ v で進む物体を見た時の速度は、$2v$ ではなく、$\dfrac{2v}{1+\dfrac{v^2}{c^2}}$ であることに注意せよ。この速度に対応する γ は、

$$\dfrac{1}{\sqrt{1 - \left(\dfrac{2v}{c\left(1+\dfrac{v^2}{c^2}\right)}\right)^2}} = \dfrac{1+\dfrac{v^2}{c^2}}{\sqrt{\left(1+\dfrac{v^2}{c^2}\right)^2 - \dfrac{4v^2}{c^2}}} = \dfrac{1+\dfrac{v^2}{c^2}}{\sqrt{1 - 2\dfrac{v^2}{c^2} + \dfrac{v^4}{c^4}}} = \dfrac{1+\dfrac{v^2}{c^2}}{1-\dfrac{v^2}{c^2}} \tag{8.51}$$

となることに注意して、二つの座標系で運動量とエネルギーを計算してみる。

もう一方はもちろん静止して見えるので、運動量

$$\text{衝突前}: \left(\dfrac{mc\left(1+\dfrac{v^2}{c^2}\right)}{1-\dfrac{v^2}{c^2}}, \dfrac{2mv}{1-\dfrac{v^2}{c^2}}, 0, 0\right) \text{ と } (mc, 0, 0, 0) \tag{8.52}$$

を持っている。この二つの和を取って、

$$\text{衝突後}: \left(\dfrac{2mc}{1-\dfrac{v^2}{c^2}}, \dfrac{2mv}{1-\dfrac{v^2}{c^2}}, 0, 0\right) \tag{8.53}$$

$\dfrac{2m}{\sqrt{1-\dfrac{v^2}{c^2}}} = M$ と書くと、 $\left(\dfrac{Mc}{\sqrt{1-\dfrac{v^2}{c^2}}}, \dfrac{Mv}{\sqrt{1-\dfrac{v^2}{c^2}}}, 0, 0\right)$ (8.54)

[†24] 「衝突後は止まっているから $2mc\gamma(\vec{v})$ の $\vec{v}$ は $\vec{0}$ なのでは？」と考えてはいけない。この式は衝突前のエネルギー $mc\gamma(\vec{v})$ を二つ足した和として出てきたものである（速度が $\vec{v}$ だから出てきた式ではない）。

という形になり、質量 M の物体が速さ v で動いている時の式となる。

以上からわかることは、二つの粒子が合体するという過程で、エネルギー保存、運動量保存を満足させたなら、必然的に質量は保存しないということである。

このことは以下のように考えることができる。

2個の粒子のエネルギーを足す時、E は常に正であるから、純粋に足し算される。ところが運動量を足す時は、この二つがベクトルであるため、運良く同じ方向を向いていた場合以外は、単純な数の和に比べ和が「小さく」なる[†25]。例えば $(E_{(1)}, \vec{p}_{(1)})$ というエネルギー、運動量を持った粒子と $(E_{(2)}, \vec{p}_{(2)})$ というエネルギー、運動量を持った粒子二つをひとまとめに考えると、全エネルギーは $E_{(1)} + E_{(2)}$ であり、全運動量は $\vec{p}_{(1)} + \vec{p}_{(2)}$ であって、この大きさは $|\vec{p}_{(1)}| + |\vec{p}_{(2)}|$ より大きくなることは無い（たいてい、より小さい）。

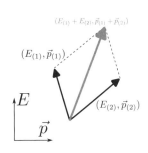

ここで大事なのは、時間成分 E は常に正の量を足していくことになるが空間成分 $\vec{p}$ の方は正負がある量の足し算になることである。ゆえに時間成分は常に増加するが空間成分は増加または減少する。つまり合体の結果、より「時間成分の割合が多い」ベクトルができあがる。質量は $\boxed{m^2 c^4 = E^2 - p^2 c^2}$ すなわち (時間成分)^2 − (空間成分)^2 で決まるのだから、時間成分の割合が増すことは質量を（単純な足し算より更に）増やす。

相対論的に考えれば、$\boxed{\vec{p}_{(1)} + \vec{p}_{(2)} = \vec{0}}$ となる座標系は必ずある。しかし、その座標系でも $E_{(1)} + E_{(2)}$ はもちろん 0 ではなく、しかもこの大きさは $m_{(1)} c^2 + m_{(2)} c^2$ より大きくなることがすぐにわかる。

Einstein 自身は1905年の論文で以下のようにして質量とエネルギーが等価であることを導いている。

今、静止した、質量 M の物体が反対向きに2個の光を出す。光のエネルギーが一個あたり E だとすると、物体のエネルギーは $2E$ 減るはずである。しかし、逆向きに飛び出したから、物体の運動量は変化せず、今も止まっているはずである。相対論以前の「常識」では物

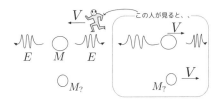

[†25] 長さ1のベクトルと長さ1のベクトルを足すと、多くの場合2より短いベクトルになる。

体の質量は M のままで変化しないだろうが、実はそうではないことがわかるので、$M_?$ に変化したとして考えていこう。以上の現象を、物体が速さ V で動いて見える座標系から見たとする。V の方向は光の飛び出した方向と同じだったとする (註：Einstein は角度 θ の方向に飛び出すとして一般的に解いている)。光はエネルギー E と運動量の大きさ p の間に $\boxed{E = pc}$ の関係がある[26]ので、物体の静止系ではエネルギー E で運動量 $\pm E/c$ である。運動している系では、これを Lorentz 変換した量となる[27]。表にまとめると、

		静止系		運動系	
		エネルギー	運動量	エネルギー	運動量
放射前	物体	Mc^2	0	$Mc^2\gamma$	$MV\gamma$
放射後	光1	E	E/c	$\gamma(E+VE/c)$	$\gamma(E/c+VE/c^2)$
	光2	E	$-E/c$	$\gamma(E-VE/c)$	$\gamma(-E/c+VE/c^2)$
	物体	$M_?c^2$	0	$M_?c^2\gamma$	$M_?V\gamma$
	合計	$M_?c^2+2E$	0	$(M_?c^2+2E)\gamma$	$(M_?+2E/c^2)V\gamma$

である。運動系において運動量の保存則が成り立つためには、放射後の物体の質量が $\boxed{M_? = M - 2E/c^2}$ になっていなくてはいけない[28]。

　Einstein がこの式を導いた時、光のエネルギーと運動量が運動系でどのようになるのかは Lorentz 変換によってではなく、電磁気学の法則から導いている。Einstein はこの考察から、どんな形であれエネルギーが放射されるとその物体の質量は E/c^2 だけ減少するであろうと結論した。もし、そうならないとしたらその現象は Lorentz 不変でないことになってしまって、相対論的考え方としては非常に不都合なことになってしまう。

　同様に、熱も質量に貢献する。熱が移動するとは、ミクロにみれば分子の運動エネルギーが増すことである。N 個の粒子からなる系があるとして、各粒子が4

---

[26] これは古典電磁気学のときからわかっていたことなのだが、量子力学を知っていると $\boxed{E = h\nu}$、$\boxed{p = h/\lambda}$ と $\boxed{c = \nu\lambda}$ からもわかる。実は $\boxed{E = |\vec{P}|c}$ を (8.18) に代入すると、ちゃんと $\boxed{m = 0}$ (電磁場に対応する粒子である光子の質量は 0) に合致した結果となる。

[27] $\boxed{\widetilde{P}^{\bar{0}} = E/c, \widetilde{P}^{\bar{1}} = \pm E/c}$ $\begin{cases} 複号 + が光1 \\ 複号 - が光2 \end{cases}$ として $\boxed{\begin{aligned} P^{0} &= \gamma\left(\widetilde{P}^{\bar{0}} + \beta\widetilde{P}^{\bar{1}}\right) \\ P^{1} &= \gamma\left(\widetilde{P}^{\bar{1}} + \beta\widetilde{P}^{\bar{0}}\right) \end{aligned}}$ と逆 Lorentz 変換。

[28] ここでエネルギー保存則を出さなくても、運動量保存則だけで $M_?$ が決まることに注意。

8.6 質量とエネルギーが等価なこと

元運動量 $P_{(i)}^{\mu}$ を持っている (i は粒子を区別する添字とする) とすると、全体としては $\sum_i P_{(i)}^{\mu}$ の 4 元運動量を持つ。この N 個の粒子が箱に閉じ込められた気体だとして、箱の静止系で見れば運動量の和 $\boxed{\sum_i P_{(i)}^j = 0}$ となる（全体として気体が動いてないのだから）。しかし $\sum_i cP_{(i)}^0$（エネルギーの和）はもちろん 0 ではない。それどころか、単なる静止エネルギーの和 $\sum_i m_{(i)}c^2$ より大きくなる（$\boxed{cP_{(i)}^0 = m_{(i)}c^2\gamma(v_{(i)})}$ に注意せよ）。箱に入った気体のように、個々の構成粒子は運動しているが全体としては静止している物体の質量は、内部エネルギーに対応する分だけ大きくなる。

$\boxed{E = mc^2}$ という式は原子力などでクローズアップされることが多いが、もちろん原子力特有のものではなく、全てのエネルギーで成立する。$\boxed{E = mc^2}$ は「エネルギー保存則は全ての基準系(フレーム)で成立すべし」という物理的要求から出てきた式なのだから、エネルギーの種類を区別したりはしないのである。

例えば伸び縮みしたバネは、自然長のバネより $\dfrac{\frac{1}{2}kx^2}{c^2}$ だけ質量が大きい。ただし日常的なレベルでは分子の $\frac{1}{2}kx^2$ が数百 J 程度なのに比べて分母にくる c^2 が $\boxed{299792458 \text{ m/s の自乗}}$ という大きさのため、観測可能な差にはならない。

実は $\boxed{E = mc^2}$ という式は、Einstein が作ったものでもなければ、相対論によって初めて導かれたものでもない。純粋に電磁気学的な計算から、電子のような荷電粒子を動かす時の抵抗（慣性に相当する）が、周りの電場のエネルギーの分だけ増えることが電磁気学の法則から導かれていた[†29]。簡単に言うと、電子を動かそうとすると、周りの電場も変化させなくてはいけない（運動により磁場も作られる）。電子を加速するためには、電磁場を変化させる作用の分だけ余計な力が必要になる。これがあたかも「電子の周りの電磁場も質量を持っている」かのように作用する。Poincaré や Lorentz の計算により、この質量は電磁場のエネルギーに比例し、かつ $\dfrac{m}{\sqrt{1 - v^2/c^2}}$ と同じ速度依存性を持つことがわかっていたのである。動いている点電荷の周りの電磁場の持つ運動量について

[†29] 電子の発見者でもある J.J. Thomson(トムソン) による 1881 年の論文でわかっていた。その計算を現代的に行ったものが 11.1 節にある。ちなみに電子の発見は 1897 年。
→ p259

は、11.1 節で計算するが、その結果を見ても、「電磁場のエネルギーが質量を持つ」ことが確認できる[†30]。Poincaré や Lorentz は相対論的見地を持って計算したわけではなかったのに、この結果が出た。それは驚くにはあたらない。特殊相対論はそもそも、電磁気学（Maxwell 方程式）を尊重することによって生まれたものである。だから Maxwell 方程式に従った計算を正しく実行すれば、相対論的にも正しい結果が出るのは当然だ。特殊相対論が Maxwell 方程式によって記述される電磁気学を正しく発展させた結果生まれたものであることがこの事実からもわかる。むしろ、特殊相対論の完成を以って電磁気学が完結すると言ってもよい。

　もちろんこれだけでは、電磁的なエネルギーを起源とする質量以外に対しても同じ式が成立するかどうかはわからない。ただ、Lorentz 不変性を考えると、そうであることがもっともらしい（相対論的には自然な結論である）と言えるのみである。Lorentz 変換という座標変換に対する不変性は、一般の物理現象に対して要求してよいほどに大事な原理であろうと考えられる（例えば力学と電磁気学は Lorentz 不変なのに、熱力学だけはそうではないことが考えられるだろうか？？）。

　実験は質量とエネルギーの等価性を支持している。例えばヘリウム $^{4}_{2}\mathrm{He}$（2 個の陽子、2 個の中性子、2 個の電子からなる原子である）の質量は 4.00260325u（u は原子質量単位）であって、重水素（1 個の陽子、1 個の中性子、1 個の電子よりなる）の質量 2.01410178u の 2 倍より少し軽い。構成要素は同じなのに、組み合わせによって質量が変わっているのである。

　そもそも原子質量単位（u または amu）は「$^{12}_{6}\mathrm{C}$ の質量を 12u とする」と定義されているが、水素 $^{1}_{1}\mathrm{H}$ の質量は 1.00782503u である。すなわち、構成要素である陽子・中性子および電子の質量の和より原子の質量の方が小さい。この差を質量欠損と呼ぶ。「構成要素から原子が作られる時に、γ 線などのさまざまな形でエネルギーが放出される（その分質量が減少する）」と考えると「質量 $\times c^2$ も含めたエネルギーが保存する」という意味で計算が合っている。

[†30] 電磁場は「光子」という粒子で構成され、光子の質量は 0 である。しかし電磁場は質量を持てる。すでに説明したように、粒子の集合体の質量は各々の粒子の質量の単純和より大きい。
→ p173

8.7 直角テコのパラドックス

相対論的力学で有名なパラドックスがあるので紹介しておこう（先を急ぐ人は飛ばしてもよい）。パラドックスは以下のようなものであるが、この本のこの段階ではまだ完全には解けない。

パラドックスと呼ばれるものはたいてい、どこかに間違いが含まれているものなので、以下の枠内を、疑いの目を持って読んでほしい。

> **直角テコのパラドックス**
>
> 図に示すような直角の角度のついたレバーを持った、支点を中心に回転できるテコがある。このテコの両端の部分に、手で大きさ f の力を図のように加える。静止系（$\tilde{x}^*$ 座標系）で、支点を中心とした力のモーメントを考えると、点1においては時計回りに $f_手 L$、点2においては反時計回りに $f_手 L$ なので、トルクの和は $\boxed{f_手 L - f_手 L = 0}$ となって動かない。これは普通に起こりそうな現象である。
>
>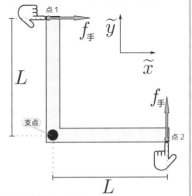
>
> 次に、同じ現象をこのテコが x 方向に速さ v で運動している座標系（x^*）で考えてみる。この座標系では、x 方向のテコの腕の長さは Lorentz 短縮して $L\sqrt{1-\beta^2}$ になる。また、運動方向と垂直な力（点2に作用する力）がやはり $\sqrt{1-\beta^2}$ 倍に弱まる。点2の方では腕は短くなり力は弱くなり、どちらもトルクを小さくする方向の変化である。図で見ても、このテコのつりあいが破れて時計回りに回転しそうに感じるだろう。
>
>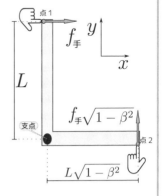
>
> つまり、このテコは静止系では回らないが、運動系では回りだす。

あたりまえだが、見る人の視点によって「回るか回らないか」が変わるなんて

ことは有り得ない。どこがおかしいのだろう？？

具体的に計算してみよう。静止系（$\widetilde{x}^*$ 座標系）において点1,2に作用する力を4元力で表示すると、

$$\begin{aligned}\widetilde{F}_{(1)}^{\widetilde{0}} &=0, & \widetilde{F}_{(1)}^{\widetilde{1}} &=f_手, & \widetilde{F}_{(1)}^{\widetilde{2}} &=0, & \widetilde{F}_{(1)}^{\widetilde{3}} &=0 \\ \widetilde{F}_{(2)}^{\widetilde{0}} &=0, & \widetilde{F}_{(2)}^{\widetilde{1}} &=0, & \widetilde{F}_{(2)}^{\widetilde{2}} &=f_手, & \widetilde{F}_{(2)}^{\widetilde{3}} &=0\end{aligned} \quad (8.55)$$

である。今は力の作用点は静止しているので、4元力の空間部分と3次元力は一致する。運動系（x^* 座標系）での4元力は（(8.55)を逆Lorentz変換して）

$$\begin{aligned}F_{(1)}^{0} &=\beta\gamma f_手, & F_{(1)}^{1} &=\gamma f_手, & F_{(1)}^{2} &=0, & F_{(1)}^{3} &=0 \\ F_{(2)}^{0} &=0, & F_{(2)}^{1} &=0, & F_{(2)}^{2} &=f_手, & F_{(2)}^{3} &=0\end{aligned} \quad (8.56)$$

である。ここで力の作用点も速さ v で動いているから、上の4元力の空間成分は、3次元力の γ 倍である。逆に3次元力は上の4元力の空間成分を γ で割ることにより、

$$\left[\vec{f}_{(1)}\right]^1 =f_手, \quad \left[\vec{f}_{(1)}\right]^2 =0, \quad \left[\vec{f}_{(1)}\right]^3 =0 \quad (8.57)$$

$$\left[\vec{f}_{(2)}\right]^1 =0, \quad \left[\vec{f}_{(2)}\right]^2 =\frac{f_手}{\gamma}=f_手\sqrt{1-\beta^2}, \quad \left[\vec{f}_{(2)}\right]^3 =0 \quad (8.58)$$

となる。以上で、前に示した「3次元力は運動方向に平行な成分は変化せず、運動方向に垂直な成分は $\sqrt{1-\beta^2}$ 倍になる」を確認したことになる。

また、レバーの長さは x 方向が伸縮する。ゆえに支点を基準としたトルクは

$$\underbrace{f_手\sqrt{1-\beta^2}}_{\text{点2に作用する力}} \times \underbrace{L\sqrt{1-\beta^2}}_{\text{点2の支点からの距離}} - \underbrace{f_手}_{\text{点1に作用する力}} \times \underbrace{L}_{\text{点1の支点からの距離}} = -f_手 L\beta^2 \neq 0 \quad (8.59)$$

（支点で作用する力はトルクに寄与しない）となって0ではない！

もちろん、ここまでの考えには、どこか間違いがある。

上の考えの間違いの一つは運動系におけるトルクの基準点である。静止系と同様にテコの支点を基準点としてトルクを考えているが、運動系では支点は移動する。トルクを定義する際の「基準点」は固定点でなくてはいけない。そこで基準点を運動系において動かない点である「時刻 $t=0$ に支点があった場所」にする（ $t>0$ ではこの場所にテコの支点は無い）。

8.7 直角テコのパラドックス

この場合、点2に対する「テコの腕の長さ」は$L\sqrt{1-\beta^2}$ではなく、$L\sqrt{1-\beta^2}+vt$になる。さらに、基準点がテコの支点でなくなったので、テコの支点で作用する力もトルクを持つ。

先の計算では支点が基準点としたので考えなくてよかったのだが、手の力$f_手$とつりあうような力$f_{支点}$が支点には作用している（でないとテコは静止しない）。

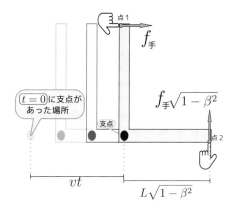

図を描くと下のようになる[†31]。もちろん $f_手 = f_{支点}$ である（向きは逆だが大きさは同じ）。支点にも力が必要なのは、静止系でも運動系でも同じであるが、運動系では運動方向と垂直な成分については$\sqrt{1-\beta^2}$倍になる。

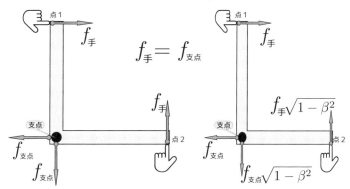

図を見ながら運動系で作用する力の持つトルクを計算すると

$$\underbrace{f_手\sqrt{1-\beta^2}}_{\text{点2に作用する力}} \times \underbrace{(L\sqrt{1-\beta^2}+vt)}_{\substack{\text{点2の基準点}\\\text{からの距離}}} - \underbrace{f_{支点}\sqrt{1-\beta^2}}_{\text{支点に作用する力}} \times \underbrace{vt}_{\substack{\text{支点の基準点}\\\text{からの距離}}} - \underbrace{f_手}_{\substack{\text{点1に}\\\text{作用する力}}} \times \underbrace{L}_{\substack{\text{点1の基準点}\\\text{からの距離}}} = -f_手 L\beta^2 \tag{8.60}$$

となる。つまり、トルク自体は変わらない[†32]。だが、基準点の違いは次の話には大きく効く。

もう一つの間違いは「トルクがある→回る」と考えたことである。

[†31] 支点に作用する力を縦横二つに分けて書いたが、斜めに一つの力で考えてもよい。
[†32] 偶力（同じ大きさで逆向きの力のペア）の作るトルクは基準点を変更しても変わらないのは、力学でよく知られていることである。

実はこのとき、右の図のように、「$-y$軸向きの運動量を持った物体がx方向に速度vで移動している」のである。すると、回転は無くても角運動量は増える。トルク$\vec{N}$と角運動量$\vec{L}$の間には、$\boxed{\dfrac{d}{dt}\vec{L} = \vec{N}}$という関係式があった。多くの場合、「角運動量が増える」は「物体が回転する」なのだが、右の図のような現象が起きれば確かに角運動量は増える。

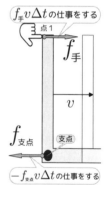

こう聞くと「え、$-y$軸向きの運動量なら$-y$軸向きに移動するんじゃないんですか？」と疑問に思う人がいるだろう。しかし、実は運動量の向きと「移動」の方向は一致しない。例えば、後で出てくる電磁場の運動量は静的な（移動の無い）状態でも存在する。
→ p233

精密な計算は「エネルギー運動量テンソル」（あるいは「応力テンソル」）を導入した後で行うが、ここでは応力テンソルの概念を使わずに$-y$方向の運動量の概要を説明しよう。
→ p244

上下方向の腕だけを考えると（$\boxed{f_\text{手} = f_\text{支点}}$に注意）、

$\begin{cases} 点1は & x軸向きの力f_\text{手}を受けながら \\ 支点は & -x軸向きの力f_\text{手}を受けながら \end{cases}$ 速さvでx軸向き

に移動するので、微小時間Δtの間に $\begin{cases} 点1は & f_\text{手}v\Delta t の仕事 \\ 支点は & -f_\text{手}v\Delta t の仕事 \end{cases}$

をされる。仕事をされたらその分エネルギーが増えるはずだが、このテコ自体にはエネルギーの増減が無い。ということはΔtごとに$f_\text{手}v\Delta t$のエネルギーが点1から流入し、支点から流出している。エネルギーの流れがそこに存在する。

$\boxed{E = mc^2}$ の関係がここでも成立するとすれば[33]、この棒の中には、Δtの間に $\dfrac{f_\text{手}v\Delta t}{c^2}$ の質量が上から入って来て下から抜け出していることになる[34]。

---

[33] 「$\boxed{E = mc^2}$の関係がここでも成立するとすれば」と言われても、本当にそんなことしていいの？——と怪しく思うかもしれない。応力テンソルについて考えた後の10.4.2項でもう一度確認しよう。
→ p252

[34] ここでの教訓は「離れた場所でエネルギーの受け渡しがされる以上、それらの場所の間にエネルギーの流れがあることを忘れてはいけない」ということだ。前にも書いたが、物理現象は「local」な物理法則
→ p146
に則って起こらねばならない。後でまたこの教訓に出会うだろう。
→ p266

8.7 直角テコのパラドックス

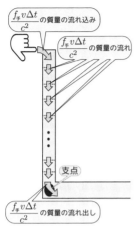

このエネルギー（質量）は各場所に溜まること無く流れ続けているので、左の図のように、「点1から入って棒を下に順に流れて、支点から同じ量だけ出る」という動きをしていることになる。

これを単位体積あたりの質量 $\widetilde{\rho}$ の「物質」が速さ V で流れてきた結果だと考える[†35] と流れ込む総質量は棒の断面積を $\widetilde{S}$[†36] として

$$\underbrace{\widetilde{\rho}\widetilde{S}V\Delta t}_{\Delta t\text{の間に隣に流れる体積}} = \frac{f_{\text{手}}v\Delta t}{c^2} \tag{8.61}$$

となる。両辺に $\dfrac{L}{\Delta t}$ を掛けると $\boxed{\widetilde{\rho}\widetilde{S}LV = \dfrac{f_{\text{手}}vL}{c^2}}$ となるが、$\widetilde{S}L$ は棒のこの部分の体積だから、$\boxed{\widetilde{\rho}\widetilde{S}LV = \dfrac{f_{\text{手}}vL}{c^2}}$ は棒のこの部分の持つ運動量の大きさである。流れは y 軸負の向きなので、棒のこの部分の持つ運動量の y 成分は

$$\left[\vec{P}\right]^y = -\frac{f_{\text{手}}vL}{c^2} \tag{8.62}$$

となる。

さらに角運動量を計算する。運動量の存在場所は基準点（トルクの基準点と同一地点）から vt 離れているので、角運動量を

$$\left[\vec{L}\right]^z = \underbrace{\left[\vec{x}\right]^x}_{vt}\left[\vec{P}\right]^y - \underbrace{\left[\vec{x}\right]^y}_{0}\left[\vec{P}\right]^x = -\frac{f_{\text{手}}v}{c^2}L\,vt\; = -f_{\text{手}}\beta^2 Lt \tag{8.63}$$

だけ持っている（− が付くのは z 軸周りで左ねじ向き回転の角運動量だから）。つまり、角運動量が時間に比例して増えている。角運動量の時間微分 $-f_{\text{手}}\beta^2 L$ がテコに掛かるトルクである。

こうしてこのパラドックスは「確かにトルクが発生するが、それでいい。結果としてどちらの立場でもテコは回転しない」という結論で解ける。後の10.4.2項で、この計算を応力テンソルを使ったやり方で確認しよう。

[†35] ここで、この計算の最後まで $\widetilde{\rho}$ と V それぞれの値は求めていないことに注意。求められたのは $\widetilde{\rho}$ と V の積である。これだけがわかれば棒の持つ運動量を計算するには十分なのだ。

[†36] $\widetilde{\rho}$ と $\widetilde{S}$ に〜をつけているのは、これがテコが運動している系で測った密度と面積だからである（L はどちらの系で測っても同じなので付けてない）。

8.8 等加速度運動

🖥 双子のパラドックスの話の中で図だけ描いて、兄にとっては「減速・加速」という短い時間が、弟にとっては長い時間になるという説明をした。しかし、加速する座標系についての詳しい計算はしていなかった。ここでは「等加速度運動する人にとっての静止系」となる座標系を紹介しておく。先を急ぐ人は飛ばして構わない。

Newton力学での等加速度運動は $x = \frac{1}{2}at^2$ で表されるが、これは相対論的には等加速度運動とは言いがたい[37]。ここでは

> **相対論的な「等加速度運動」**
> その物体が一瞬静止しているように見える基準系[38] に移ったとき、その基準系における加速度がつねに a であるような運動

を考える。そのような運動の軌跡を $(ct(\tau), x(\tau))$ で表す。固有時間が $\Delta\tau$ 経過すると、最初物体が静止しているように見える基準系においては速度が $0 \to a\Delta\tau$ と変化する。物体が最初すでに速度 v を持っている系では、加速後の速度は

$$\frac{v + a\Delta\tau}{1 + \frac{va\Delta\tau}{c^2}} = (v + a\Delta\tau) \times \overbrace{\left(1 - \frac{va\Delta\tau}{c^2} + \cdots\right)}^{\frac{1}{1 + \frac{va\Delta\tau}{c^2}}} = v + \left(1 - \frac{v^2}{c^2}\right)a\Delta\tau + \cdots \tag{8.64}$$

である(速度の合成則を使った)。よって、等加速度運動している時の $\frac{dv(\tau)}{d\tau}$ は

$$\frac{dv}{d\tau} = \left(1 - \frac{v^2}{c^2}\right)a \tag{8.65}$$

となる。変数分離すると $\frac{dv}{1 - \frac{v^2}{c^2}} = a\, d\tau$ で、$v = c\tanh\alpha$ と置く[39] ことで、

---

[37] この式に従うと、速度 $v = at$ は時刻 $t = \frac{c}{a}$ で光速に達してしまう!

[38] 固有時を定義したときと同じ考え方である。

[39] $\int dx \frac{1}{1 + x^2}$ を積分するには $x = \tan\alpha$ と置くのが積分の定番であるように、$\int dx \frac{1}{1 - x^2}$ を積分するには $x = \tanh\alpha$ と置くとよい。

$$\frac{\overbrace{\dfrac{c}{\cosh^2\alpha}\,\mathrm{d}\alpha}^{\mathrm{d}v}}{\underbrace{1-\tanh^2\alpha}_{\frac{1}{\cosh^2\alpha}}}=a\,\mathrm{d}\tau \quad \text{より} \qquad\qquad \mathrm{d}\alpha=\frac{a}{c}\,\mathrm{d}\tau$$

$$\alpha=\frac{a}{c}\tau+C \qquad (8.66)$$

（積分）

と積分でき（C は積分定数）、結果は $\boxed{v=c\tanh\left(\dfrac{a}{c}\tau+C\right)}$ となる。v は 3 次元速度 $\dfrac{\mathrm{d}x}{\mathrm{d}t}$ だが、右辺は τ の関数なので、この後の積分のため $\boxed{\dfrac{\mathrm{d}x}{\mathrm{d}\tau}=\dfrac{\mathrm{d}x}{\mathrm{d}t}\dfrac{\mathrm{d}t}{\mathrm{d}\tau}}$ を計算したい。そのために、まず $\dfrac{\mathrm{d}t}{\mathrm{d}\tau}$ を計算すると

$$\frac{\mathrm{d}t}{\mathrm{d}\tau}=\frac{1}{\sqrt{1-\underbrace{\tanh^2\left(\frac{a}{c}\tau+C\right)}_{\beta^2}}}=\cosh\left(\frac{a}{c}\tau+C\right) \qquad (8.67)$$

なので、

$$\frac{\mathrm{d}x}{\mathrm{d}\tau}=c\overbrace{\tanh\left(\frac{a}{c}\tau+C\right)}^{\frac{\mathrm{d}x}{\mathrm{d}t}}\overbrace{\cosh\left(\frac{a}{c}\tau+C\right)}^{\frac{\mathrm{d}t}{\mathrm{d}\tau}}=c\sinh\left(\frac{a}{c}\tau+C\right) \qquad (8.68)$$

（積分）

$$x_{(\tau)}=\frac{c^2}{a}\cosh\left(\frac{a}{c}\tau+C\right)+X \quad (X\text{ は積分定数}) \qquad (8.69)$$

のように双曲線関数を使って表現できる量になる。

(8.67) の $\dfrac{\mathrm{d}t}{\mathrm{d}\tau}$ を積分することにより、

$$ct_{(\tau)}=\frac{c^2}{a}\sinh\left(\frac{a}{c}\tau+C\right)+T \qquad (8.70)$$

となる（T は積分定数）。x は $\cosh$、ct は $\sinh$ で表せたので、軌跡 $(ct_{(\tau)},x_{(\tau)})$ は

$$(x_{(\tau)}-X)^2-(ct_{(\tau)}-T)^2=\frac{c^4}{a^2} \qquad (8.71)$$

という双曲線の方程式を満たす。ゆえに、この運動を「**双曲線運動**」と呼ぶ。

双子のパラドックスの解決で述べた加速度運動のグラフについて説明しておこう。加速している「兄」の同時刻線がどのように傾いていくかを考えていた。ここで出した式 (8.69) と (8.70) で、簡単のため $\boxed{C=0, X=0, T=0}$ の場合の、

$$x(\tau) = \frac{c^2}{a}\cosh\frac{a}{c}\tau, \quad (8.72)$$
$$ct(\tau) = \frac{c^2}{a}\sinh\frac{a}{c}\tau \quad (8.73)$$

で表される運動を「加速中の兄」がした場合について考えることにしよう。この場合、固有時間が τ のときの β は

$$\frac{dx}{c\,dt} = \frac{\frac{dx}{d\tau}}{c\frac{dt}{d\tau}} = \frac{\frac{c^2}{a}\times\frac{a}{c}\sinh\frac{a}{c}\tau}{\frac{c^2}{a}\times\frac{a}{c}\cosh\frac{a}{c}\tau}$$
$$= \tanh\frac{a}{c}\tau = \frac{ct}{x} \quad (8.74)$$

である（最後は (8.72) と (8.73) を使った）。

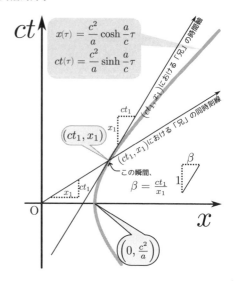

兄が (ct_1, x_1) にいるときの β が $\dfrac{ct_1}{x_1}$ なので、兄の世界線は すなわち の方向を向く。この一瞬において兄が静止して見える座標系の時間軸も同じ方向である。(ct, x) 座標系からこの座標系への Lorentz 変換により、時間軸と空間軸は同じだけ傾くから、空間軸（このときの兄にとっての同時刻線）は図で描くと ct_1 の向きを向く。ということは同時刻線を伸ばしていけば必ず (ct, x) 座標系の原点を通る。

右のグラフは (ct_1, x_1) を変化させていったときの空間軸の変化を描いたものである。加速している人はこれらの線の集合を「同時刻線」つまりは空間軸と考える。一方、この人にとっての時間軸は自分の世界線（曲がった線）である。「減速・加速中の兄」は慣性系ではない「曲がった座標系が張られた基準系」にいる。

自分の固有時間の変化 $\Delta\tau$ に対し、右側（加速中の「前」側）で静止している人の時間経過 Δt を長く感じる（「前」では時間が速く進む）。左

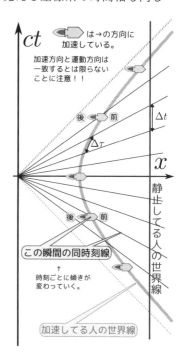

側（加速中の「後」側[40]）では逆に時間が遅く進む[41]。双子のパラドックスの話の中で「兄の減速・加速中（p141の図のB_1からB_5まで）に弟の時間がいっきに（p141の図のCからDまで）進む」という話があった。そこで、「兄が（加速中も）静止している座標系で見た場合、弟（およびその他の周囲）の時間変化がどう見えるか」という疑問を持っていた人もいると思うが、上のグラフに描いた、時間間隔が場所により変化してしまう座標系こそがそれなのである。

加速している観測者の環境（兄のロケット）内では、慣性系において静止している物体は「後」向きに加速度運動しているように感じられる。これを文字通りの「落下」と考えるなら、ロケットの「前」が「上」、「後」が「下」となる。一般相対論で導入される「等価原理」では加速によ

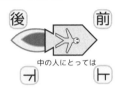

って発生する「疑似重力」と万有引力による重力を同一視する。つまり重力が観測されているときにはここで説明している「加速系」と同様の物理がそこにある（重力場中では「上」では時間が速く、「下」では時間が遅く経過する）。

双子のパラドックスについて説明したとき、p143で『一般相対論を使うと「重力が発生した」という立場で問題を解き直すことができる』と述べた。一般相対論を知っている人は『重力がある→「上」では時間が速く進んでいる』と考えることで兄と弟の時間差を解決できるのである。

このグラフを見ていると（p141のグラフもそうだったのだが）加速している人にとって時間が経過しない場所（(ct, x)座標系の原点）があることが非常に不思議に思えるが、加速系ではこういうことも起こり得る。一般相対論のSchwarzschild解（いわゆるブラックホール）などで現れる「事象の地平線」はこれである。

8.9 章末演習問題

★【演習問題8-1】

「γ線などのエネルギーにより、真空から電子と陽電子が発生する」という現象を「対発生」という。実際にはこの現象は γ線の光子一個＋もう一個の光子 → 電子＋陽電子 という反応である（もう一個の光子は、周囲にある物質から提供される）。

---

[40] ロケットの加速方向で「前」および「後」を判断している（ロケットの推進剤は「後」に噴射される）ことに注意。これは運動方向の前後とは一致しない。
[41] p141に描いた「減速・加速中の兄」のグラフとは左右が逆であることに注意。

第8章 相対論的力学

$\boxed{\gamma \text{線の光子一個} \rightarrow \text{電子＋陽電子}}$ という反応は決して起こらないことを、4元ベクトルの保存則から証明せよ。

ヒントその1：ここで光子は質量が0の粒子として扱えばよい。

ヒントその2：証明がやりやすい座標系を選んで証明しよう。ある座標系で起こらないことは、他の座標系でも起こらない。

ヒント→ p3wへ　　解答→ p15wへ

★【演習問題8-2】

無重力の宇宙空間において、ロケットが噴射剤を後方に噴射することで加速していく過程を、相対論的に考えてみる。ロケットと推進剤以外に4元運動量が逃げることは無いものとし、y, z 成分は常に0として考えていこう。

このロケットは静止状態なら推進剤を w の速さで噴射できるとする。ロケットがすでに v の速度を持っているとすると、噴射された推進剤の速度（ロケットの進行方向を正とする）は $\boxed{V = \dfrac{v-w}{1-\dfrac{vw}{c^2}}}$ であることに注意し、下の図のように微小変化を考える。

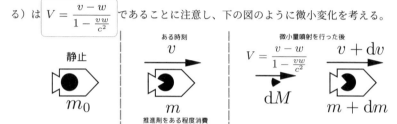

「ロケット＋まだ噴射してない推進剤」の静止質量は $m \to m + dm$ と変化する（実際は減るので、$\boxed{dm < 0}$）。このとき、噴射された推進剤の静止質量は $-dm$ ではない（相対論には「静止質量の保存則」は無い！）ので、これに dM という記号を与えた（後で消去する）。以上から、4元運動量の第0成分と第1成分の保存則の式を作り、それを解いて積分することで、「ロケット＋まだ噴射してない推進剤」の静止質量の変化からロケットの速度を求める式を作れ。

ヒント→ p3wへ　　解答→ p16wへ

★【演習問題8-3】

前問で噴射される推進剤の静止質量 dM と、「ロケット＋まだ噴射してない推進剤」の静止質量の変化 dm の関係を求めよ。

ヒント→ p3wへ　　解答→ p17wへ

★【演習問題8-4】

前問の答で、推進剤の静止質量が噴射前と噴射後で違うことがわかった。核融合燃料を使っているとすると、噴射前（反応前）と噴射後（反応後）で、約1％静止質量が減少することが知られている。この場合で、燃料の噴射速度はどれくらいになるかを見積もれ。なお、ここでの一連の計算はエネルギーや運動量に無駄が無いという前提のもとで行われたものなので、この噴射速度は理論上最適の噴射速度となる（これより速く噴射することはできない）。

解答→ p17wへ

第 9 章

電磁気学の 4 次元記述

せっかく、電磁気学の基本方程式が不変になるように Lorentz 変換を定義したのに、電磁場そのものがどのように Lorentz 変換されるのか、まだ計算していなかった。そこを今から実行する。

9.1 電磁場の Lorentz 共変な表現

9.1.1 ポテンシャルを使って書いた Maxwell 方程式

相対論的記述のためには、電場 $\vec{E}$ と磁束密度[†1] $\vec{B}$ を使うのは得策ではない。電場 $\vec{E}$ や磁束密度 $\vec{B}$ は 3 次元のベクトルではあるが、4 元ベクトルではないからである。そこでまず、真空中の Maxwell 方程式(3.2)に 源(ソース) の項を加えた

──── 源のある真空中の Maxwell 方程式 ────
$$\operatorname{div} \vec{B} = 0, \quad \operatorname{rot} \vec{E} = -\frac{\partial \vec{B}}{\partial t}, \quad \operatorname{div} \vec{E} = \frac{\rho}{\varepsilon_0}, \quad \operatorname{rot} \vec{B} = \frac{1}{c^2}\frac{\partial \vec{E}}{\partial t} + \mu_0 \vec{j} \tag{9.1}$$

を 4 元ベクトルポテンシャルを使った形に書き直していこう。これらの方程式を見ると、「場」である電場 $\vec{E}$ と磁束密度 $\vec{B}$ が、電流密度 $\vec{j}$ と電荷密度 ρ を 源(ソース) として作られていることがわかる。

磁束密度 $\vec{B}$ は $\boxed{\operatorname{div} \vec{B} = 0}$ を満たすので、「div が 0 になる量は rot で書ける」という定理のおかげで $\boxed{\vec{B} = \operatorname{rot} \vec{A}}$ のように「ベクトルポテンシャル」と呼ばれる量 $\vec{A}$ で書き表すことができる。電場の方はどうであろうか。静電気学では、

[†1] 「磁場」は $\vec{H}$ であるが、本書では E-B 対応の立場を取って、磁束密度 $\vec{B}$ を磁場の代表としておく。真空中であれば $\vec{B}$ と $\vec{H}$ には本質的な違いは無い。

$\boxed{\text{rot } \vec{E} = \vec{0}}$ であった。「rot が $\vec{0}$ になるベクトルは、スカラーの grad で書ける」という定理[†2]もあるので、静電場であれば、$\boxed{\vec{E} = -\text{grad } V}$ と書ける。V は電位、またはスカラーポテンシャルと呼ばれる。

静電気学を離れ、時間的に変化する電磁場を扱うとなると、この式は少し修正される。なぜなら、時間的に変化する電磁場では rot $\vec{E}$ は $\vec{0}$ ではなく、$\boxed{\text{rot } \vec{E} = -\dfrac{\partial}{\partial t}\vec{B}}$ が成立するからである（この式は「磁場の時間変化により誘導起電力が発生する」を意味する）。この式に $\boxed{\vec{B} = \text{rot } \vec{A}}$ を代入すると、

$$\text{rot } \vec{E} = -\frac{\partial}{\partial t}\text{rot } \vec{A} \quad \text{整理して、} \quad \text{rot}\left(\vec{E} + \frac{\partial}{\partial t}\vec{A}\right) = \vec{0} \tag{9.2}$$

となり、$\vec{E} + \dfrac{\partial}{\partial t}\vec{A}$ が「なにかの grad 」の形に書ける。静的な場合の式に合うように、「なにか」を $-V$ にすれば $\boxed{\vec{E} + \dfrac{\partial}{\partial t}\vec{A} = -\text{grad } V}$ となる。こうして、

$$\vec{B} = \text{rot } \vec{A}, \quad \vec{E} = -\text{grad } V - \frac{\partial}{\partial t}\vec{A} \tag{9.3}$$

と置くことで、$\boxed{\text{div } \vec{B} = 0}$ と $\boxed{\text{rot } \vec{E} = -\dfrac{\partial}{\partial t}\vec{B}}$ は自動的に満たされた。

残りの Maxwell 方程式がどうなるかを確認しておこう。$\boxed{\text{div } \vec{E} = \dfrac{\rho}{\varepsilon_0}}$ は、

$$\begin{aligned}\text{div}\underbrace{\left(-\text{grad } V - \frac{\partial}{\partial t}\vec{A}\right)}_{\vec{E}} &= \frac{\rho}{\varepsilon_0} \\ -\triangle V - \frac{\partial}{\partial t}\text{div } \vec{A} &= \frac{\rho}{\varepsilon_0}\end{aligned} \tag{9.4}$$

となり（$\boxed{\text{div (grad } V) = \triangle V}$ を使った）、$\boxed{\text{rot } \vec{B} = \dfrac{1}{c^2}\dfrac{\partial \vec{E}}{\partial t} + \mu_0 \vec{j}}$ は、

$$\text{rot}\underbrace{(\text{rot } \vec{A})}_{\vec{B}} = \frac{1}{c^2}\frac{\partial}{\partial t}\underbrace{\left(-\text{grad } V - \frac{\partial}{\partial t}\vec{A}\right)}_{\vec{E}} + \mu_0 \vec{j} \tag{9.5}$$

[†2] 実際は、この定理も、「div が0なら rot で書ける」の方も、適切な境界条件のもとでのみ成立する。たいていの場合は条件は適切である。

9.1 電磁場の Lorentz 共変な表現

となる。

ここで $\boxed{\text{rot }(\text{rot }\vec{A}) = \text{grad }(\text{div }\vec{A}) - \triangle \vec{A}}$ という式を使うと、

$$\text{grad }(\text{div }\vec{A}) - \triangle \vec{A} = \frac{1}{c^2}\left(\frac{\partial}{\partial t}\left(-\text{grad }V - \frac{\partial}{\partial t}\vec{A}\right)\right) + \mu_0 \vec{j}$$
$$\left(\frac{1}{c^2}\frac{\partial^2}{\partial t^2} - \triangle\right)\vec{A} + \text{grad }\left(\text{div }\vec{A} + \frac{1}{c^2}\frac{\partial V}{\partial t}\right) = \mu_0 \vec{j} \quad (9.6)$$

が出る。ややこしい式に感じられるが、実は4次元で書くと簡単な式になる。
→ p209の(9.68)

【補足】✚✚✚✚✚✚✚✚✚✚✚✚✚✚✚✚✚✚✚✚✚✚✚✚✚✚✚✚✚✚✚✚✚✚✚✚

後で理由は説明するが、実は常に $\boxed{\text{div }\vec{A} = 0}$ という条件を付けることができるの
→ p228
で、これを使うことにして、さらに静電場・静磁場の場合を考えることにして時間微分
の項を無視することにすれば、上の二つの方程式は、

$$-\triangle V = \frac{\rho}{\varepsilon_0} \quad (9.7)$$
$$-\triangle \vec{A} = \mu_0 \vec{j} \quad (9.8)$$

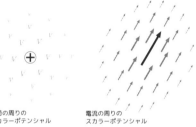

電荷の周りの　　　電流の周りの
スカラーポテンシャル　スカラーポテンシャル

という、Poisson方程式の形になる。これ
らの式はそれぞれ、「電荷によって作られ
るポテンシャルが静電ポテンシャルVで
ある」「電流によって作られるポテンシャ
ルがベクトルポテンシャル$\vec{A}$である」を表現している。上で求めた二つのPoisson方
程式は、上の図で表現されるように、電荷・電流がポテンシャルを作ることを意味して
いる。電流というベクトル量が作るポテンシャルはベクトルだ。
✚✚✚✚✚✚✚✚✚✚✚✚✚✚✚✚✚✚✚✚✚✚✚✚✚✚✚✚✚✚✚✚✚【補足終わり】

電荷qが場所$\vec{x}$に存在していると$qV(\vec{x})$という位置エ
ネルギーを持つ($V(\vec{x})$はその場所のスカラーポテンシャ
ルである)。

同様に、強さiの電流が場所$\vec{x}$にある微小なベクトル
$\Delta\vec{x}$に沿って流れている[†3]と、その場所のベクトルポテ
ンシャルを$\vec{A}(\vec{x})$として、「$-i\Delta\vec{x}\cdot\vec{A}(\vec{x})$」という位置エネ
ルギーを持つ。

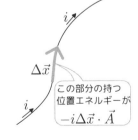

この部分の持つ
位置エネルギーが
$-i\Delta\vec{x}\cdot\vec{A}$

[†3] もちろん電流はそこで終わりではなく、その先も流れている。

電荷も電流も離散的でなく連続に分布している場合の位置エネルギーを、電荷密度 ρ と電流密度 $\vec{j}$ を使って表すと、単位体積あたり $\rho V - \vec{j}\cdot\vec{A}$ となる。

位置エネルギーが下がる方向に力を受けるという原則からすると、（正電荷が負電荷に引きつけられるように）同方向の電流は引きつけ合う。また、なるべくなら電流とベクトルポテンシャルは同じ方向を向きたがる。電磁石と電磁石の間に作用する力なども、このエネルギーで説明することができる。源からポテンシャルが作られる様子は同じなのに電荷は同種が反発するのに電流は同方向が引きつけ合うという違いが出るのは、位置エネルギーの符号の違い（ρV と $-\vec{j}\cdot\vec{A}$ の符号の違い）から来ていると言える。

> 実はこのベクトルポテンシャルとスカラーポテンシャルは、一つの4元ベクトルの空間成分と時間成分になる。そのことをこれから確認していこう。

9.1.2 ベクトルポテンシャルの4元ベクトル化

ベクトルポテンシャルを $\boxed{\vec{A} = \boxed{\vec{A}}^x \vec{e}_x + \boxed{\vec{A}}^y \vec{e}_y + \boxed{\vec{A}}^z \vec{e}_z}$ と書くと、磁束密度 $\boxed{\vec{B} = \boxed{\vec{B}}^x \vec{e}_x + \boxed{\vec{B}}^y \vec{e}_y + \boxed{\vec{B}}^z \vec{e}_z}$ の各成分は

$$\boxed{\vec{B}}^x = \partial_y \boxed{\vec{A}}^z - \partial_z \boxed{\vec{A}}^y,\quad \boxed{\vec{B}}^y = \partial_z \boxed{\vec{A}}^x - \partial_x \boxed{\vec{A}}^z,\quad \boxed{\vec{B}}^z = \partial_x \boxed{\vec{A}}^y - \partial_y \boxed{\vec{A}}^x \tag{9.9}$$

である。既に述べたように磁束密度 $\vec{B}$ という3次元ベクトルに対応する4元ベクトル（B^μ ？）は存在しない。しかし、ベクトルポテンシャル $\vec{A}$ という3次元ベクトルに対応する4元ベクトルポテンシャル A^μ は存在する。A^μ の添字が $1,2,3$ である成分には3次元ベクトルポテンシャルの x,y,z 成分が対応する。ここで対応の仕方に注意が必要である。これまで出てきた4元ベクトルの成分と3次元ベクトルの対応においては、座標は上付きの x^μ の空間成分を x,y,z にしたし、微分は下付きの ∂_μ の空間成分を $\dfrac{\partial}{\partial x}, \dfrac{\partial}{\partial y}, \dfrac{\partial}{\partial z}$ にした。上付き（反変）とすべきか下付き（共変）とすべきかは座標の微小変化 $\mathrm{d}x^\mu$ が反変ベクトルであり、微分 $\dfrac{\partial}{\partial x^\mu}$ が共変ベクトルであること（6.2.2項を参照）から自然に決まった。x^μ, ∂_μ については「自然な選択」があるのだがベクトルポテンシャルについては以下のごとく、{微小変化の例に合わせる / 微分の例に合わせる} の二つの流儀がある。

9.1 電磁場の Lorentz 共変な表現

A^μ の空間成分と $\vec{A}$ の対応の二つの流儀

A^μ（上付き）の空間成分が $\vec{A}$ の成分

$$A^1 = \left[\vec{A}\right]^x, \quad A^2 = \left[\vec{A}\right]^y, \quad A^3 = \left[\vec{A}\right]^z \tag{9.10}$$

A_μ（下付き）の空間成分が $\vec{A}$ の成分

$$A_1 = \left[\vec{A}\right]^x, \quad A_2 = \left[\vec{A}\right]^y, \quad A_3 = \left[\vec{A}\right]^z \tag{9.11}$$

この二つは、spacelike convention のときには差がない。

(9.10) のように A^i を定義して、かつ timelike convention のときのみ、A_i は

$$A_1 = -\left[\vec{A}\right]^x, \quad A_2 = -\left[\vec{A}\right]^y, \quad A_3 = -\left[\vec{A}\right]^z \tag{9.12}$$

となる。よって、$\underset{-\text{時}A^\mu}{+}$ という記号を「timelike convention で、かつ A^μ の空間成分を $\vec{A}$ としたときのみ -1、そうでない場合は $+1$ になる」として定義すると、

$$A_1 = \underset{-\text{時}A^\mu}{+}\left[\vec{A}\right]^x, \quad A_2 = \underset{-\text{時}A^\mu}{+}\left[\vec{A}\right]^y, \quad A_3 = \underset{-\text{時}A^\mu}{+}\left[\vec{A}\right]^z \tag{9.13}$$

となる[†4]。この記号を使うと、磁場を

$$\left[\vec{B}\right]^x = \underset{-\text{時}A^\mu}{+} (\partial_2 A_3 - \partial_3 A_2),$$
$$\left[\vec{B}\right]^y = \underset{-\text{時}A^\mu}{+} (\partial_3 A_1 - \partial_1 A_3), \quad \text{まとめると} \quad \left[\vec{B}\right]^i = \underset{-\text{時}A^\mu}{+} \epsilon^{ijk} \partial_j \left[\vec{A}\right]^k \tag{9.14}$$
$$\left[\vec{B}\right]^z = \underset{-\text{時}A^\mu}{+} (\partial_1 A_2 - \partial_2 A_1)$$

と書くことができる。電場の方は $\boxed{\vec{E} = -\text{grad } V - \dfrac{\partial \vec{A}}{\partial t}}$ であるが、4次元の式にするために $\boxed{\dfrac{\partial}{\partial t} = c \dfrac{\partial}{\partial (ct)} = c \dfrac{\partial}{\partial x^0} = c \partial_0}$ と直し、

$$\left[\vec{E}\right]^x = -\partial_x V - c\partial_0 \left[\vec{A}\right]^x = -\partial_1 V \underset{+\text{時}A^\mu}{-} c\partial_0 A_1,$$
$$\left[\vec{E}\right]^y = -\partial_y V - c\partial_0 \left[\vec{A}\right]^y = -\partial_2 V \underset{+\text{時}A^\mu}{-} c\partial_0 A_2, \tag{9.15}$$
$$\left[\vec{E}\right]^z = -\partial_z V - c\partial_0 \left[\vec{A}\right]^z = -\partial_3 V \underset{+\text{時}A^\mu}{-} c\partial_0 A_3$$

[†4] この記号についても、他の本と照らし合わせるときに悩まないようにつけているので、本書しか読まない人は下にある方の符号（$+$なら$\underset{-\text{時}}{-}$の方）は気にしなくてよい。

という式にする。両辺を c で割って、$\boxed{V/c = \underset{+時A^\mu}{-} A_0}$ のように A_0 を定義し[5]、

$$\begin{aligned}
\left[\vec{E}\right]^x/c &= \underset{-時A^\mu}{+} \partial_1 A_0 \underset{+時A^\mu}{-} \partial_0 A_1 = \underset{-時A^\mu}{+} (\partial_1 A_0 - \partial_0 A_1), \\
\left[\vec{E}\right]^y/c &= \underset{-時A^\mu}{+} \partial_2 A_0 \underset{+時A^\mu}{-} \partial_0 A_2 = \underset{-時A^\mu}{+} (\partial_2 A_0 - \partial_0 A_2), \\
\left[\vec{E}\right]^z/c &= \underset{-時A^\mu}{+} \partial_3 A_0 \underset{+時A^\mu}{-} \partial_0 A_3 = \underset{-時A^\mu}{+} (\partial_3 A_0 - \partial_0 A_3)
\end{aligned} \qquad (9.16)$$

とまとめる。ただし、現段階では「A_0 をこう選べば式がきれいになる」程度の意味しかない。$\boxed{A_0 = \underset{+時A^\mu}{-} V/c}$ が本当に「4元ベクトルの第0成分」かどうかは後で確認する。それまでは「後で確認する仮定」として続きを読んで欲しい。
→ p197

convention の違いによる符号の変化をまとめておくと以下の表になる[6]。

convention	A_μ	A^μ	$\left[\vec{E}\right]^x/c$	$\left[\vec{B}\right]^z$	$\underset{-時}{+}$	$\underset{-時A^\mu}{+}$	$\underset{-時A_\mu}{+}$
spacelike	$(-V/c, \vec{A})$	$(V/c, \vec{A})$	$\partial_1 A_0 - \partial_0 A_1$	$\partial_1 A_2 - \partial_2 A_1$	+	+	+
timelike A^μの空間成分が $\vec{A}$	$(V/c, -\vec{A})$	$(V/c, \vec{A})$	$-\partial_1 A_0 + \partial_0 A_1$	$-\partial_1 A_2 + \partial_2 A_1$	−	−	+
timelike A_μの空間成分が $\vec{A}$	$(-V/c, \vec{A})$	$(-V/c, -\vec{A})$	$\partial_1 A_0 - \partial_0 A_1$	$\partial_1 A_2 - \partial_2 A_1$	−	+	−

表の最後にある $\underset{-時A_\mu}{+}$ は、$\underset{-時}{+}$ と $\underset{-時A^\mu}{+}$ の積である（後で使う）。以上から、
→ p238

--- **電磁場テンソル** ---

$$\boxed{F_{\mu\nu} = \partial_\mu A_\nu - \partial_\nu A_\mu \qquad (9.17)}$$

なる量を定義すると、

$$\begin{aligned}
\left[\vec{E}\right]^x/c &= \underset{-時A^\mu}{+} F_{10} = \underset{+時A^\mu}{-} F_{01}, & \left[\vec{B}\right]^x &= \underset{-時A^\mu}{+} F_{23} = \underset{+時A^\mu}{-} F_{32}, \\
\left[\vec{E}\right]^y/c &= \underset{-時A^\mu}{+} F_{20} = \underset{+時A^\mu}{-} F_{02}, & \left[\vec{B}\right]^y &= \underset{-時A^\mu}{+} F_{31} = \underset{+時A^\mu}{-} F_{13}, \\
\left[\vec{E}\right]^z/c &= \underset{-時A^\mu}{+} F_{30} = \underset{+時A^\mu}{-} F_{03}, & \left[\vec{B}\right]^z &= \underset{-時A^\mu}{+} F_{12} = \underset{+時A^\mu}{-} F_{21}
\end{aligned} \qquad (9.18)$$

のように電場と磁場が一つのテンソル量の中に収まる。定義より $\boxed{F_{\nu\mu} = -F_{\mu\nu}}$ すなわち、$F_{\mu\nu}$ は反対称なので、

---

[5] まとめると、$A_\mu = \underset{-時A_\mu}{+}\left(-V/c, \vec{A}\right)$ と定義したことになる。$\boxed{V = \underset{-時A^\mu}{+} A_0}$ として、A_i の方も c 倍する定義のしかたもあるが本書では使わない。

[6] 本書のデフォルトはspacelike conventionである。本書を読んでいる間については、$\underset{-時}{+}, \underset{-時A^\mu}{+}, \underset{-時A_\mu}{+}$ は全て $+$、$\underset{+時}{-}, \underset{+時A^\mu}{-}, \underset{+時A_\mu}{-}$ は全て $−$ だと思っておけばよい。

9.1 電磁場の Lorentz 共変な表現

$$F_{00} = F_{11} = F_{22} = F_{33} = 0 \tag{9.19}$$

であり、成分は6個しかない。電場3個と磁束密度3個がちょうどこの6個である。行列の形にまとめて書くと

$$\begin{bmatrix} F_{00} & F_{01} & F_{02} & F_{03} \\ F_{10} & F_{11} & F_{12} & F_{13} \\ F_{20} & F_{21} & F_{22} & F_{23} \\ F_{30} & F_{31} & F_{32} & F_{33} \end{bmatrix} \underset{-\text{時}A^\mu}{=+} \begin{bmatrix} 0 & -[\vec{E}]^x/c & -[\vec{E}]^y/c & -[\vec{E}]^z/c \\ [\vec{E}]^x/c & 0 & [\vec{B}]^z & -[\vec{B}]^y \\ [\vec{E}]^y/c & -[\vec{B}]^z & 0 & [\vec{B}]^x \\ [\vec{E}]^z/c & [\vec{B}]^y & -[\vec{B}]^x & 0 \end{bmatrix} \tag{9.20}$$

である。上付きの F は、以下のようになる[†7]。

$$\begin{bmatrix} F^{00} & F^{01} & F^{02} & F^{03} \\ F^{10} & F^{11} & F^{12} & F^{13} \\ F^{20} & F^{21} & F^{22} & F^{23} \\ F^{30} & F^{31} & F^{32} & F^{33} \end{bmatrix} \underset{-\text{時}A^\mu}{=+} \begin{bmatrix} 0 & [\vec{E}]^x/c & [\vec{E}]^y/c & [\vec{E}]^z/c \\ -[\vec{E}]^x/c & 0 & [\vec{B}]^z & -[\vec{B}]^y \\ -[\vec{E}]^y/c & -[\vec{B}]^z & 0 & [\vec{B}]^x \\ -[\vec{E}]^z/c & [\vec{B}]^y & -[\vec{B}]^x & 0 \end{bmatrix} \tag{9.21}$$

「テンソル量の中に収まる」と書いたが、$F_{\mu\nu}$ がテンソルであることはまだ確認してない。そうであるためには、A^0 と A^i と合わせた A^μ が4元ベクトルとならなくてはいけない。それは9.2節で確認しよう。
→ p197

$\boxed{c\rho = j^0, V/c = \underset{+\text{時}A^\mu}{-} A_0}$ を使うとポテンシャル内の電荷と電流の持つ位置エネルギーの式も $\boxed{\rho V - \vec{j} \cdot \vec{A} = \underset{+\text{時}A^\mu}{-} j^0 A_0 - \underset{+\text{時}A^\mu}{-} j^i A_i = \underset{+\text{時}A^\mu}{-} j^\mu A_\mu}$ とまとめられる[†8]。j^μ が反変4元ベクトルで A_μ が共変4元ベクトルであるならば(実際そうであることは後で確認するのだが)、$j^\mu A_\mu$ は Lorentz 不変である。

9.1.3 テンソルで書いた Maxwell 方程式

Maxwell 方程式のうち、$\boxed{\text{div}\,\vec{B} = 0}$ は

[†7] 時間座標の添字と空間座標の添字を1個ずつ上げると符号マイナスがつく(例 $\boxed{F^{01} = -F_{01}}$)が、空間座標の添字を2個同時にあげたときは符号はつかない(例 $\boxed{F^{12} = F_{12}}$)ことに注意。これは convention が spacelike か timelike かには依らない。

[†8] 位置エネルギーの式に convention によって変わる $\underset{+\text{時}A^\mu}{-}$ がついていることにぎょっとする人もいるかもしれないが、A_μ の定義が convention によるので、それを吸収するためである。

第 9 章 電磁気学の 4 次元記述

$$\partial_x \underbrace{\left[\vec{B}\right]^x}_{+F_{23} \atop -\text{時}A^\mu} + \partial_y \underbrace{\left[\vec{B}\right]^y}_{+F_{31} \atop -\text{時}A^\mu} + \partial_z \underbrace{\left[\vec{B}\right]^z}_{+F_{12} \atop -\text{時}A^\mu} = 0 \qquad \left(\underset{-\text{時}A^\mu}{+}\text{で割る}\right)$$

$$\partial_1 F_{23} + \partial_2 F_{31} + \partial_3 F_{12} = 0 \qquad (9.22)$$

と書けるし、$\boxed{\mathrm{rot}\,\vec{E} = -\dfrac{\partial}{\partial t}\vec{B}}$ の両辺を c で割ってから x 成分を考えると、

$$\partial_y \underbrace{\left(\left[\vec{E}\right]^z/c\right)}_{+F_{30} \atop -\text{時}A^\mu} - \partial_z \underbrace{\left(\left[\vec{E}\right]^y/c\right)}_{-F_{02} \atop +\text{時}A^\mu} = -\frac{1}{c}\partial_t \underbrace{\left[\vec{B}\right]^x}_{+F_{23} \atop -\text{時}A^\mu} \qquad \left(\underset{-\text{時}}{+}\text{で割る}\right)$$

$$\partial_2 F_{30} + \partial_3 F_{02} = -\partial_0 F_{23} \qquad (9.23)$$

となり、(9.22) と似た形の

$$\partial_2 F_{30} + \partial_3 F_{02} + \partial_0 F_{23} = 0 \qquad (9.24)$$

と書ける。y, z 成分はこれらのサイクリック置換[†9]で得られる。結果、$\boxed{\mathrm{div}\,\vec{B} = 0}$ と $\boxed{\mathrm{rot}\,\vec{E} = -\dfrac{\partial}{\partial t}\vec{B}}$ は以下のようにまとめられる。

――― Maxwell 方程式の半分 ―――
$$\partial_\mu F_{\nu\rho} + \partial_\nu F_{\rho\mu} + \partial_\rho F_{\mu\nu} = 0 \qquad (9.25)$$

$\boxed{F_{\mu\nu} = \partial_\mu A_\nu - \partial_\nu A_\mu}$ であるから、(9.25) は $\boxed{A^*}$ で表すと恒等式である。この式は 4 次元の Levi-Civita 記号 ϵ を使って以下のように書くこともできる。

$$\epsilon^{\lambda\mu\nu\rho}_{(1)} \partial_\mu F_{\nu\rho} = 0 \qquad (9.26)$$

(9.25) は一見、μ, ν, ρ の取り得る値が $4 \times 4 \times 4$ で 64 本の式があるように見えるが、実は μ, ν, ρ について完全反対称[†10] なので、μ, ν, ρ に 0,1,2,3 のうち、三つの重ならない数字が入った式にのみ意味がある(それ以外の式は $\boxed{0=0}$ である)。つまり、(9.25) は 4 本の式である((9.26) を見た方がわかりやすいかも)。この式には幾何学的な意味がある(後で述べる)。

[†9] $xyz \to zxy \to yzx$ のような置換

[†10] μ, ν, ρ のうち、どの二つを交換しても全体にマイナス符号がつく。これは簡単に確認できるので気になる人はやっておこう。

9.1 電磁場の Lorentz 共変な表現

残る式を考えよう。$\boxed{\operatorname{div} \vec{E} = \dfrac{1}{\varepsilon_0}\rho}$ は、

$$\underbrace{\partial_x \vec{E}^x}_{\substack{-cF^{10} \\ +時A^\mu}} + \underbrace{\partial_y \vec{E}^y}_{\substack{-cF^{20} \\ +時A^\mu}} + \underbrace{\partial_z \vec{E}^z}_{\substack{-cF^{30} \\ +時A^\mu}} = \dfrac{1}{\varepsilon_0}\rho \quad \left(\times \underbrace{-\dfrac{1}{c}}_{+時A^\mu}\right)$$

$$\partial_1 F^{10} + \partial_2 F^{20} + \partial_3 F^{30} = -\underbrace{\dfrac{1}{c\varepsilon_0}\rho}_{+時A^\mu} = -\underbrace{\mu_0 c \rho}_{+時A^\mu} \tag{9.27}$$

となる（最後では $\boxed{c^2 = \dfrac{1}{\varepsilon_0 \mu_0}}$ を使った）。ここで、どうせ 0 である $\partial_0 F^{00}$ を足しておくと、

$$\underbrace{\partial_0 F^{00}}_{0} + \partial_1 F^{10} + \partial_2 F^{20} + \partial_3 F^{30} = \partial_\mu F^{\mu 0} = -\underbrace{\mu_0 c \rho}_{+時A^\mu} \tag{9.28}$$

となる。$\boxed{\operatorname{rot} \vec{B} = \dfrac{1}{c^2}\left(\dfrac{\partial \vec{E}}{\partial t}\right) + \mu_0 \vec{j}}$ の x 成分は

$$\underbrace{\partial_y \vec{B}^z}_{\substack{-F^{21} \\ +時A^\mu}} - \underbrace{\partial_z \vec{B}^y}_{\substack{+F^{31} \\ -時A^\mu}} = \dfrac{1}{c^2}\left(\dfrac{\partial}{\partial t}\left(\underbrace{\vec{E}^x}_{\substack{+cF^{01} \\ -時A^\mu}}\right)\right) + \mu_0 j^x \tag{9.29}$$

であるから、$\underbrace{+}_{-時A^\mu}$ で割ってから変形すると、

$$\underbrace{-\partial_2 F^{21} - \partial_3 F^{31}}_{\text{移項}} = \partial_0 F^{01} + \underbrace{\mu_0 j^1}_{-時A^\mu}$$

$$-\partial_0 F^{01} - \underbrace{\partial_1 F^{11}}_{0} - \partial_2 F^{21} - \partial_3 F^{31} = +\underbrace{\mu_0 j^1}_{-時A^\mu}$$

$$\partial_\mu F^{\mu 1} = -\underbrace{\mu_0 j^1}_{+時A^\mu} \tag{9.30}$$

になる。(9.28) と (9.30) および y, z 成分を同様に計算した式を見ると、$\boxed{c\rho = j^0}$ とすることで $\boxed{\operatorname{div} \vec{E} = \dfrac{1}{\varepsilon_0}\rho}$ と $\boxed{\operatorname{rot} \vec{B} = \mu_0 \left(\varepsilon_0 \dfrac{\partial \vec{E}}{\partial t} + \vec{j}\right)}$ はテンソルを使うと以下のようにまとめられることがわかる。

―― Maxwell 方程式の残り半分 ――

$$\partial_\mu F^{\mu\nu} = -\underbrace{\mu_0 j^\nu}_{+時A^\mu} \tag{9.31}$$

なお、行列を使うと (9.31) は以下のように表現できる。

$$\begin{bmatrix} \partial_0 & \partial_x & \partial_y & \partial_z \end{bmatrix} \underbrace{\left\{ + \begin{bmatrix} 0 & [\vec{E}]^x/c & [\vec{E}]^y/c & [\vec{E}]^z/c \\ -[\vec{E}]^x/c & 0 & [\vec{B}]^z & -[\vec{B}]^y \\ -[\vec{E}]^y/c & -[\vec{B}]^z & 0 & [\vec{B}]^x \\ -[\vec{E}]^z/c & [\vec{B}]^y & -[\vec{B}]^x & 0 \end{bmatrix} \right\}}_{-\text{時}A^\mu}$$

$$= \underbrace{+}_{-\text{時}A^\mu} \begin{bmatrix} -\underbrace{\partial_i E^i/c}_{\dfrac{\rho}{\varepsilon_0}} & \underbrace{\dfrac{1}{c}\partial_0 [\vec{E}]^x - \partial_y [\vec{B}]^z + \partial_z [\vec{B}]^y}_{\dfrac{1}{c^2}\partial_t [\vec{E}]^x - [\text{rot } \vec{B}]^x = -\mu_0 j^x} & * & * \\ & & & \end{bmatrix} \begin{matrix} \\ y,z \text{ 成分省略} \end{matrix}$$

$$= \underbrace{-}_{+\text{時}A^\mu} \mu_0 \begin{bmatrix} c\rho & j^x & j^y & j^z \end{bmatrix} \tag{9.32}$$

9.1.4 双対テンソル ++++++++++++++++++++++++ 【補足】

> 📖 Maxwell 方程式が、二つのグループに分かれて表現されたが、「双対テンソル」を使うと、この二つを似た形で表現できる。このことに興味がない人はこの項は飛ばしてよい。

4次元時空において、2階反対称なテンソル $A_{\mu\nu}$ に「双対 (dual)」なテンソルを

―― 2階反対称テンソルの双対 ――

$$*A^{\mu\nu} = \frac{1}{2}\epsilon^{\mu\nu\alpha\beta}_{(1)} A_{\alpha\beta} \tag{9.33}$$

のように記号 $*$ (「**Hodge**スター演算子 (Hodge star operator)」と呼ぶ) を使って定義する[†11]。記号 $\epsilon^{\mu\nu\rho\lambda}_{(1)}$ は4次元の Levi-Civita 記号である。
→ p314

上の定義に従い計算してみるとわかるが、$F_{\mu\nu}$ から $*F^{\mu\nu}$ を作る操作は、電場と磁場を入れ替えると同時に片方の符号を反転させること $\begin{cases} \vec{E}/c \to \vec{B} \\ \vec{B} \to -\vec{E}/c \end{cases}$ である。結果を行列で表現すると以下のようになる。

[†11] 本書では使わないが、1階のテンソルの双対は $*A^{\mu\nu\alpha} = \epsilon^{\mu\nu\alpha\beta}_{(1)} A_\beta$ のように3階のテンソルになる。同様に、3階のテンソルの双対は $*A^\mu = \dfrac{1}{3!}\epsilon^{\mu\nu\alpha\beta}_{(1)} A_{\nu\alpha\beta}$ のように、1階のテンソルである。2階で上付きのテンソルに対して $\epsilon^{(-1)}_{\mu\nu\rho\lambda}$ を使って双対を定義する場合もある。

9.2　$c\rho$が4元電流密度の第0成分であることの確認

$$*F^{\mu\nu} \xrightarrow[\text{行列}]{\text{表示}} + \begin{bmatrix} 0 & \vec{B}^{\,x} & \vec{B}^{\,y} & \vec{B}^{\,z} \\ -\vec{B}^{\,x} & 0 & -\vec{E}^{\,z}/c & \vec{E}^{\,y}/c \\ -\vec{B}^{\,y} & \vec{E}^{\,z}/c & 0 & -\vec{E}^{\,x}/c \\ -\vec{B}^{\,z} & -\vec{E}^{\,y}/c & \vec{E}^{\,x}/c & 0 \end{bmatrix} \quad (9.34)$$

「双対」という操作は、二回やると（符号の違いを除いて）元に戻る。双対の双対を取るためには、まず $A_{\alpha\beta} \to *A^{\mu\nu}$ として上付き2階テンソルを作った後、下付きη_{**}を使って下付き2階テンソルにしてもう一度双対を取る。実際計算すると、

$$**A^{\mu\nu} = \frac{1}{2}\epsilon^{\mu\nu\alpha\beta}_{(1)}\eta_{\alpha\rho}\eta_{\beta\lambda}\frac{1}{2}\epsilon^{\rho\lambda\tau\sigma}_{(1)}A_{\tau\sigma}$$
$$= -\frac{1}{4}\epsilon^{\mu\nu\alpha\beta}_{(1)}\epsilon^{(-1)}_{\alpha\beta\tau\sigma}A^{\tau\sigma} = -\frac{1}{2}\left(\delta^{\mu}{}_{\tau}\delta^{\nu}{}_{\sigma} - \delta^{\mu}{}_{\sigma}\delta^{\nu}{}_{\tau}\right)A^{\tau\sigma} = -A^{\mu\nu} \quad (9.35)$$

である。双対テンソルを使うと(9.25)を以下のように書くことができる。

$$\partial_{\mu}*F^{\mu\nu} = 0 \quad (9.36)$$

--------------------------------練習問題--------------------------------

【問い9-1】実際には存在しないと考えられているが、「磁荷密度$\rho_{磁}$」と「磁流$\vec{j}_{磁}$」があるとすると、Maxwell方程式の半分が

$$\text{div}\,\vec{B} = 0 \quad \longrightarrow \quad \text{div}\,\vec{B} = \rho_{磁} \quad (9.37)$$

$$\text{rot}\,\vec{E} = -\frac{\partial\vec{B}}{\partial t} \quad \longrightarrow \quad \text{rot}\,\vec{E} = -\frac{\partial\vec{B}}{\partial t} - \vec{j}_{磁} \quad (9.38)$$

と修正される。この修正後の方程式を、$*F^{\mu\nu}$と、磁荷密度と磁流密度をまとめた4元ベクトル $j^{\mu}_{磁} = \left(c\rho_{磁}, \vec{j}_{磁}\right)$ を使って書け。　　ヒント→ p318 へ　　解答→ p328 へ

9.2　$c\rho$が4元電流密度の第0成分であることの確認

9.2.1　$c\rho$が Lorentz 変換を受けること

ここまで、Maxwell方程式をLorentz共変な形で書くという作業を進めてきたが、$F_{\mu\nu}$がその添字の示す通りのテンソルであるためには、j^{μ}の第0成分が電荷密度×cであるという関係が必要であった——$c\rho = j^0$とすることは正しいだろうか？ ——以下で確認していく。

電荷密度ρと電流密度$\vec{j}$を$(c\rho, \vec{j})$と組み合わせ、4元ベクトルj^{μ}であると考えることができる。j^{μ}を「4元電流密度(four-current)」と呼ぶ。4元電流密

度の第0成分 j^0 が $c\rho$ であり、空間成分 j^i が $\vec{j}$ の各成分となる。4元ベクトルであるから、x方向に速度 $\boxed{v=\beta c}$ の Lorentz ブーストにより、

―――― 4元電流密度の Lorentz 変換 ――――
$$\widetilde{j^0} = \gamma(j^0 - \beta j^1), \quad \widetilde{j^1} = \gamma(j^1 - \beta j^0), \quad \widetilde{j^2} = j^2, \quad \widetilde{j^3} = j^3 \quad (9.39)$$

と変換されるべきである。要はこの変換性を持つことが納得できればよい。以下でいくつかの方法でそれを示していくが、「長いな」と思った人は自分が納得できる方法で納得したらさっと次へ進んでもよい。

【FAQ】電荷密度はスカラーなのでは？
・・・・・・・・・・・・・・・・・・・・・・・・・・・・・・・・・・

と、思う人が多い――そういう人は、$\boxed{j^0 = c\rho}$ が座標系によって違う値を取ることに驚くのだが、なぜ「密度」が Lorentz スカラー量にならないかは、以下でじっくり説明する。実はスカラー（座標系に依らない量）なのは電荷密度ではなく、その積分である電荷である。電荷密度と電荷は変換性が違うのだ。「スカラー」という言葉の定義を「(3次元の)向きのない量」と捉えている（3次元感覚が残っている）と、このあたりがピンと来ないかもしれない。

4元運動量 P^μ が「4次元時空の中の運動」を表現するものであったこと、そして「3次元のスカラー」であるエネルギーが4元運動量の0成分 P^0 を c 倍したものであったことを思い出そう。密度もそういう意味で「(4次元時空内を流れる)4元電流の0番目の成分」なのである。

9.2.2 運動する立方体の電荷密度

簡単な場合で (9.39) を確認しよう。$\widetilde{x}^*$ 座標系を電荷の静止系とし、$\widetilde{x}, \widetilde{y}, \widetilde{z}$ の3方向にそれぞれ L の広がりを持った立方体の中に静止した電荷 Q がまんべん無く分布しているとしよう。このとき、$\boxed{\widetilde{\rho} = \dfrac{Q}{L^3}}$ であり、$\boxed{\vec{\widetilde{j}} = 0}$ である。$\widetilde{x}$ 軸負の向きに

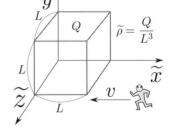

速さ v で動いている、図の人が見る物理現象を考える。この人の座標系（x^* 座標系）において電荷は x 軸正の向きに速さ v で運動している。

9.2 $c\rho$ が4元電流密度の第0成分であることの確認

その状況が右の図である。立方体の x 方向の辺は Lorentz 短縮され長さが $L\sqrt{1-\frac{v^2}{c^2}}$ になる[†12]。

電気量 Q は座標変換で変わらない[†13] とすると、この座標系での電荷密度は

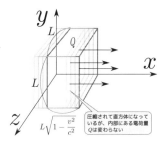

$$\rho = \frac{Q}{L^3\sqrt{1-\frac{v^2}{c^2}}} = \frac{\widetilde{\rho}}{\sqrt{1-\frac{v^2}{c^2}}} = \widetilde{\rho}\gamma \quad (9.40)$$

である。面積 L^2 の中を単位時間あたり L^2v の体積が通過していくから、電荷密度に L^2v を掛けてから単位面積あたりにするために L^2 で割ると電流密度が

$$j^x = \frac{Qv}{L^3\sqrt{1-\frac{v^2}{c^2}}} = \frac{\widetilde{\rho}v}{\sqrt{1-\frac{v^2}{c^2}}} = \widetilde{\rho}v\gamma, \quad j^y = j^z = 0 \quad (9.41)$$

となる。この式は $\widetilde{j}^\mu = (c\widetilde{\rho}, 0, 0, 0)$ から速度 v の Lorentz 変換の逆変換をした結果 $j^\mu = (c\widetilde{\rho}\gamma, \widetilde{\rho}v\gamma, 0, 0)$ とぴったり一致する。

x 方向に圧縮されることにより電荷密度が増加することは、電荷が連続的に分布しているのではなく離散的な荷電粒子の集まりと考えて、次のような図を描いても理解できる。

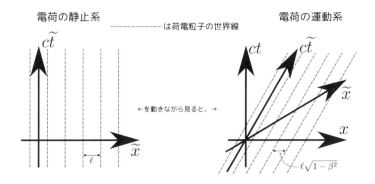

静止または一様に等速運動している荷電粒子の集まりの世界線は上の図の破線のように描くことができ、その世界線の1本1本に電荷が割り振られている。

[†12] この「短縮され」の意味も4.4節で述べたように「2本の世界線の距離」が短くなることである。
→ p78

[†13] 本当にこれが成り立つのかどうかは実験によって確認すべきことだが、もちろん正しい。

1本の世界線が担っている電荷の量はLorentz不変[†14]である。世界線と世界線のx方向の間隔がLorentz短縮により圧縮されれば、結果として密度が上がる。
→ p78

9.2.3　1個の荷電粒子と電流密度

次は別の角度から確認する。1個の荷電粒子について「電荷密度」と「電流密度」を考えて、それが正しく4元ベクトルとしてLorentz変換されるかを見てみよう。ここでいう「○○密度」とは「（適切な）積分を行うと○○になるもの」という意味である。

まず1個の電荷Qがあって$\widetilde{x}^*$座標系の原点にずっと静止し続けているとしよう。その場合の電荷／電流密度は

── 原点に静止している電荷の電荷密度と電流密度 ──

$$\widetilde{\rho}(\widetilde{x}^*) = Q\delta^3(\vec{\widetilde{x}}), \quad \vec{\widetilde{j}}(\widetilde{x}^*) = \vec{0} \tag{9.42}$$

ただし、$\boxed{\delta^3(\vec{\widetilde{x}}) = \delta(\widetilde{x})\delta(\widetilde{y})\delta(\widetilde{z})}$[†15]。

のように書くことができる。

時刻$\widetilde{t}$を一定とし、ある空間領域[†16]で$\widetilde{\rho}$を積分するとその結果

$\displaystyle\int_{領域} \mathrm{d}^3\vec{\widetilde{x}}\, \widetilde{\rho}(\widetilde{x}^*)$ は領域内に電荷が

$\begin{cases} 含まれていれば Q \\ 含まれていなければ 0 \end{cases}$ になる。

$c\rho$が4元電流密度の第0成分j^0であるという仮定に従うとどうなるかを計算していこう。

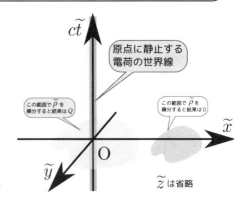

[†14] 「電荷が座標変換で不変」ということだが、これが正しそうであることは納得できると思う（実験的に確認されている）。

[†15] 本来電荷密度はct, x, y, zの関数だが、ここで考えているのは電荷が静止したままの状態なので、(9.42)の右辺は時間依存性を持っていない。

[†16] 例えば、$\boxed{\displaystyle\int_{領域}\mathrm{d}^3\vec{\widetilde{x}} = \int_{x_1}^{x_2}\mathrm{d}\widetilde{x}\int_{y_1}^{y_2}\mathrm{d}\widetilde{y}\int_{z_1}^{z_2}\mathrm{d}\widetilde{z}}$。

9.2 $c\rho$ が4元電流密度の第0成分であることの確認

x^* 座標系では右の図のように電荷が運動していることになる。(9.42)を、j^0 が $c\rho$ であると考えて(9.39)のLorentz変換の逆変換である

$$\boxed{\begin{aligned} j^0 &= \gamma\left(\widetilde{j^0} + \beta\widetilde{j^1}\right) \\ j^1 &= \gamma\left(\widetilde{j^1} + \beta\widetilde{j^0}\right) \end{aligned}}$$

(y, z 方向は無視)を行えば、

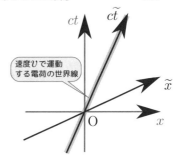

速度vで運動する電荷の世界線

$$j^0(x^*) = \gamma c Q \underbrace{\delta(\gamma(x-vt))}_{\widetilde{x}}\delta(y)\delta(z), \qquad j^1(x^*) = \beta\gamma c Q \underbrace{\delta(\gamma(x-vt))}_{\widetilde{x}}\delta(y)\delta(z) \tag{9.43}$$

となるが、デルタ関数の性質 $\boxed{\delta(ax) = \dfrac{1}{|a|}\delta(x)}$ により、$\boxed{\delta(\gamma(x-vt)) = \dfrac{1}{\gamma}\delta(x-vt)}$

のように γ を「外に出す」ことができる (γ は正なので絶対値は不要)。こうして、$\boxed{\rho = j^0/c}$ や j^1 についていた γ は打ち消され

$$\rho(x^*) = j^0(x^*)/c = Q\delta(x-vt)\delta(y)\delta(z),$$
$$j^1(x^*) = Q\overbrace{v}^{\beta c}\delta(x-vt)\delta(y)\delta(z), \quad j^2(x^*) = j^3(x^*) = 0 \tag{9.44}$$

となる[17]。ここでは x 方向へのLorentz変換を使ったが、任意の方向に対しても同様の計算ができる[18]ので、速度が $\vec{v}$ である場合、以下のように書ける。

──── 等速直線運動する電荷の電荷／電流密度 ────

$$\rho(x^*) = Q\delta^3(\vec{x}-\vec{v}t), \quad \vec{j}(x^*) = Q\vec{v}\delta^3(\vec{x}-\vec{v}t) \tag{9.45}$$

ここのデルタ関数は $\boxed{\delta^3(\vec{x}-\vec{v}t) = \delta(x-\vec{v}^x t)\delta(y-\vec{v}^y t)\delta(z-\vec{v}^z t)}$ である。

---

[17] 相対論的計算の象徴である γ が消えたので、「相対論的効果は入っているのか?」と心配になるかもしれないが、この式はLorentz変換を使って求めたものだから、これで相対論的なのだ。デルタ関数の部分に相対論的計算の中身が入っている。逆に言えば、相対論的に計算したからこそ γ が消えたのである。

[18] 一般的方向のLorentz変換は、4.8節で考えたように「第1段階:回転」+「第2段階:x 方向へのLorentz変換」+「第3段階:回転」で表現できるので、それぞれの段階で考えればよい。第2段階でのみ、γ が出てきて打ち消される。

時刻 t が一定のある領域で ρ を積分 $\int_{領域} \mathrm{d}^3\vec{x}\,\rho(x^*)$ [19] すると、領域内に電荷のいる場所 $\vec{x}=\vec{v}t$ が $\begin{cases} 含まれていれば Q \\ 含まれていなければ 0 \end{cases}$ になる。これは $\tilde{\rho}$ と同じであり、どちらで考えても「総電荷量」は変わらない[20]。Lorentz 変換により ρ に現れた因子 γ は、デルタ関数に現れる余計な因子を打ち消してくれる。

---------練習問題---------

【問い9-2】(9.44)で表される電荷密度と電流密度は、x^* 座標系から見て x 軸正の向きに速さ V で動いている座標系ではどう見えるか。

解答 → p329 へ

9.2.4 曲線運動をする電荷

ここまでは電荷は等速直線運動をしていたが、速度変化がある運動であっても同様に考えられる[21]。粒子が $\vec{x}=\vec{X}(t)$ で表されるような曲線運動をしているとしよう。曲線運動でも、微小な時間を切り出して考えれば等速直線運動とみなせる。右の図のように各時空点ごとに「その瞬間において粒子が静止している基準系(フレーム)」を考える[22]。このような基準系は「共動系 (comoving frame)」と呼ばれる[23]。各時刻の共動系では(9.42)のような電荷／電流密度があるとして、そこから Lorentz 変換することで電荷密度と

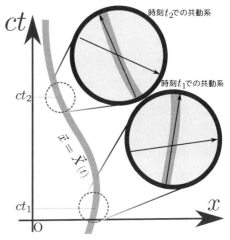

---

[19] $\mathrm{d}^3\vec{x}$ は $\mathrm{d}x\,\mathrm{d}y\,\mathrm{d}z$ という体積積分要素の略記。

[20] 実際こうなって正しいのだが、そうなるべきかどうかは実験により定まる話である。

[21] 余談であるが、「特殊相対論では加速度運動を考えない」と思い込んでいる人がときどきいるが、もちろんそんなことはない。慣性系の中で物体が加速度運動することは特殊相対論の範疇で普通に考える。「座標系が加速度運動することはあまり考えない（慣性系ではなくなってしまうから）」という点が誤解されているのかもしれない。座標系が加速度運動していたとしても、この節で行っているように「微小な時間を切り出して等速直線運動として」という考え方は有効である。

[22] 固有時を定義したときと同じ考え方である。

[23] いわば「瞬間ごとの粒子の静止系」なので「瞬間静止系」のように呼ぶこともある。なお「物体が常に止まっているような座標系（一般には慣性系ではない）」を「共動系」と呼ぶ場合もある。

9.2 $c\rho$ が4元電流密度の第0成分であることの確認

電流密度を考える。(9.45)と同様の計算を各微小区間ごとに繰り返し、

$$\rho(x^*) = Q\delta^3(\vec{x} - \vec{X}(t)), \quad \vec{j}(x^*) = Q\vec{v}(t)\delta^3(\vec{x} - \vec{X}(t)) \tag{9.46}$$

と書くことができるだろう。4元電流密度の形でまとめると、

$$j^\mu(x^*) = Q\frac{\mathrm{d}X^\mu(t)}{\mathrm{d}t}\delta^3(\vec{x} - \vec{X}(t)) \tag{9.47}$$

となる。ここで、$\boxed{X^0(t) = ct}$ としておく。よって $\boxed{\dfrac{\mathrm{d}X^0(t)}{\mathrm{d}t} = c}$ である。

この式を見ると $\dfrac{\mathrm{d}X}{\mathrm{d}t}$ や3次元デルタ関数 $\delta^3(\vec{x}-*)$ が登場するので Lorentz 共変に見えないかもしれない。しかしこの式は

粒子の4元電流密度の共変な表現

$$j^\mu(x^*) = Qc\int_{\tau_\mathrm{i}}^{\tau_\mathrm{f}} \mathrm{d}\tau\, \frac{\mathrm{d}X^\mu(\tau)}{\mathrm{d}\tau}\underbrace{\delta^4(x^* - X^*(\tau))}_{\underbrace{\delta(x^0 - X^0(\tau))}_{ct}\underbrace{\delta^3(\vec{x}-\vec{X}(\tau))}_{cT(\tau)}} \tag{9.48}$$

τ は軌跡 $\boxed{\vec{x} = \vec{X}(t)}$ にそって時空を進行する粒子の固有時間[24]で、τ_i と τ_f はその初期値と終値[25]である。

のように書き直すことができる。(9.48)は ct に関するデルタ関数 $\delta(ct - cT(\tau))$ を含んでいるが、これを τ で積分する。$\boxed{ct = cT(\tau)}$ を満たす τ を τ_0 とする[26]と、デルタ関数の性質(B.31)を使って、

$$\delta(ct - cT(\tau)) = \frac{1}{c\left|\dfrac{\mathrm{d}T(\tau_0)}{\mathrm{d}\tau}\right|}\delta(\tau - \tau_0) \tag{9.49}$$

と置き換えられる。$\dfrac{\mathrm{d}T(\tau)}{\mathrm{d}\tau}$ は常に正なので絶対値は不要である。

---

[24] t と τ は1対1対応する(t を決めれば τ はただ一つ決まる)。よって X^μ を t の関数だと考えても τ の関数だと考えてもよいので、ここから先は X^μ を τ の関数として扱う。$X^\mu(\tau)$ は τ の関数だと考えた場合の表記である。

[25] 多くの場合、$-\infty$ と ∞ に取るが、粒子が生成・消滅する場合は有限区間になる。

[26] 座標時間が増加すると固有時間も増加する(τ は t の一価関数)ので $\boxed{ct = cT(\tau)}$ を満たす解は一つしかない。$\boxed{ct - cT(\tau) = c\dfrac{\mathrm{d}T(\tau_0)}{\mathrm{d}\tau}(\tau - \tau_0) + \cdots}$ と展開できる。

$T(\tau)$ は粒子の固有時間が τ のときの座標時間なのだから、粒子の軌跡に沿って考えているこの式の中では $\boxed{\dfrac{\mathrm{d}T(\tau)}{\mathrm{d}\tau} = \dfrac{\mathrm{d}t}{\mathrm{d}\tau}}$ としてよく、積分結果は

$$j^\mu(x^*) = Qc \underbrace{\frac{\mathrm{d}X^\mu(\tau)}{\mathrm{d}\tau} \frac{1}{c\frac{\mathrm{d}t}{\mathrm{d}\tau}}}_{\frac{\mathrm{d}X^\mu}{\mathrm{d}t}} \delta^3(\vec{x} - \vec{X}(\tau)) \tag{9.50}$$

となって(9.47)に一致する。
→ p203

9.2.5 複数個の荷電粒子と電流密度

電荷が1個ではなく N 個あって、「i 番目 $\boxed{i=1,2,\cdots,N}$ の粒子は電気量 $Q_{(i)}$ を持ち、時刻 t には場所 $\vec{X}_{(i)}(t)$ にいる」[†27] という状況では、4元電流密度は

$$j^\mu(x^*) = \sum_{i=1}^{N} Q_{(i)} \frac{\mathrm{d}X^\mu_{(i)}(t)}{\mathrm{d}t} \delta^3(\vec{x} - \vec{X}_{(i)}(t)) \tag{9.51}$$

となる。以下、$\dfrac{\mathrm{d}X^\mu_{(i)}(t)}{\mathrm{d}t}$ の空間成分は $\left[\vec{v}_{(i)}(t)\right]^x, \left[\vec{v}_{(i)}(t)\right]^y, \left[\vec{v}_{(i)}(t)\right]^z$ と書く。

(9.51)の空間成分が電流密度すなわち「単位時間に単位面積を通過していく正味の[†28]電荷の量」であることを以下で説明する。

右の面積 S を時間 Δt の間に電荷 $Q_{(2)}, Q_{(3)}, Q_{(4)}$ が図のように通り抜けたとすると、この場所の電流密度は $\dfrac{Q_{(2)} - Q_{(3)} + Q_{(4)}}{S\Delta t}$ である（$Q_{(3)}$ は逆向きに抜けていることに注意）。yz 平面上のある領域に時間 Δt の間に通過する電荷の量は

$$\iint_{領域} \mathrm{d}y\,\mathrm{d}z \int_t^{t+\Delta t} \mathrm{d}t\, j^x(x^*) \tag{9.52}$$

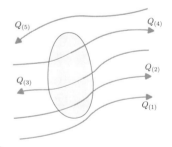

である。$\boxed{j^x(x^*) = \sum_{i=1}^{N} Q_{(i)} \left[\vec{v}_{(i)}(t)\right]^x \delta^3(\vec{x} - \vec{X}_{(i)}(t))}$ を代入して積分すると $\mathrm{d}y\,\mathrm{d}z$ 積分が終わった時点で y, z のデルタ関数は無くなり、結果は以下のようになる。

[†27] $\vec{X}_{(i)}(t)$ は単なる関数で力学変数ではないことに注意。なお、$\boxed{X^0_{(i)}(t) = ct}$ である。

[†28] ここで考えている「面積」には向きがある（表と裏を区別する）。面を正電荷が表から裏へと抜けたときには正の量とカウントするが、裏から表へと抜けたときは負の量とカウントする。また、抜けたのが正電荷ではなく負電荷なら符号を反転させる。以上のように符号を考慮して和を取るときに「正味の量」という言い方をする。

9.2 $c\rho$ が4元電流密度の第0成分であることの確認

$$\sum_{\substack{i=\\ \text{世界線が領域に}\\ \text{交差する電荷}}} Q_{(i)} \left[\vec{v}_{(i)}(t)\right]^x \delta\left(x - \left[\vec{X}_{(i)}(t)\right]^x\right) \tag{9.53}$$

最後にt積分をして、積分範囲$[t, t+\Delta t]$の中で $\boxed{x - \left[\vec{X}_{(i)}(t)\right]^x = 0}$ になる場所があると、積分結果は0ではなくなる。デルタ関数を

$$\delta\left(x - \left[\vec{X}_{(i)}(t)\right]^x\right) = \frac{1}{\left|\left[\vec{v}_{(i)}\right]^x\right|}\delta(t - T_{(i)}) \tag{9.54}$$

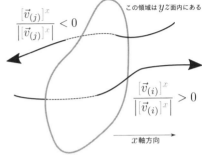

と変形して [†29] 積分すると結果は

$$\sum_{\substack{\text{時間内に}\\ \text{通過した電荷}}} Q_{(i)} \frac{\left[\vec{v}_{(i)}\right]^x}{\left|\left[\vec{v}_{(i)}\right]^x\right|} = \sum_{\substack{\text{正の向きに}\\ \text{通過した電荷}}} Q_{(i)} - \sum_{\substack{\text{負の向きに}\\ \text{通過した電荷}}} Q_{(i)} \tag{9.55}$$

となる。$\dfrac{\left[\vec{v}_{(i)}\right]^x}{\left|\left[\vec{v}_{(i)}\right]^x\right|}$ は粒子が $\begin{cases} \text{正の向きに通過したとき } +1 \\ \text{負の向きに通過したとき } -1 \end{cases}$ になることに注意しよう。結果は、領域を正方向に通過した正味の電荷量である。

電荷のある場所について積分すると、電荷の総和が計算できる。

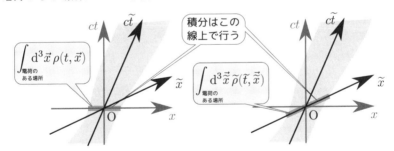

上の図の灰色の領域が電荷が存在している部分である。二つの座標系のそれぞれで行った空間積分 $\begin{cases} x^* \text{ 座標系の積分} \int_{\substack{\text{電荷の}\\ \text{ある場所}}} \mathrm{d}^3\vec{x}\, \rho(t, \vec{x}) \\ \widetilde{x}^* \text{ 座標系の積分} \int_{\substack{\text{電荷の}\\ \text{ある場所}}} \mathrm{d}^3\vec{\widetilde{x}}\, \widetilde{\rho}(\widetilde{t}, \vec{\widetilde{x}}) \end{cases}$ は結果は同じに

[†29] $T_{(i)}$ は $\boxed{x - \left[\vec{X}_{(i)}(t)\right]^x = 0}$ が成り立つ時刻。$\boxed{\left[\vec{v}_{(i)}\right]^x = \dfrac{\mathrm{d}X^x_{(i)}(t)}{\mathrm{d}t}}$ である。

なるが、4次元的に見ると「違う時空点」の積分を行っていることに注意しよう。

違う時空点を積分しているのに結果が同じになるのはなぜかといえば、結果としてどちらの積分も同じ電荷を数えているからに他ならない。数式の上では

---連続の式---
$$\partial_\mu j^\mu(x^*) = 0 \tag{9.56}$$

により保証される。

ここで求めた4元電流密度 $j^\mu(x^*)$（第0成分が $c\rho(x^*)$ で空間成分が $\vec{j}(x^*)$）が連続の式を満たすことは、具体的に計算しても確認できるし、この電流を構成するそれぞれの電荷の世界線が決して途切れないことを考えれば理解できる。

連続の式の左辺は4次元 divergence[30] である。4次元の divergence が0だということは、右の図に描いた二つの領域[31]（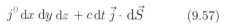

と　　　　　　）で

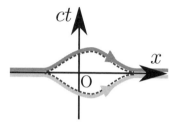

$$j^0\, dx\, dy\, dz + c\, dt\, \vec{j} \cdot d\vec{S} \tag{9.57}$$

という量の積分結果が一致することを意味する。別の言い方をすれば、二つの経路の差である破線で描いた領域の積分結果は連続の式が成り立つなら0である。

---練習問題---

【問い9-3】 (9.45)の場合で、連続の式を確認せよ。デルタ関数の微分の連鎖律
→ p201

$$\frac{d}{dx}\delta(ax) = a\frac{d}{dx}\delta(x)$$

（付録の(B.37)を参照）を使ってよい。
→ p309

ヒント → p318へ　解答 → p329へ

9.2.6　電荷の連続の式

連続の式の意味を具体的に見ておく。(9.56)を以下のように書き直す。

---

[30] 3次元の divergence は $\text{div}\, \vec{A} = \partial_i A^i = \partial_x A^x + \partial_y A^y + \partial_z A^z$ である。

[31] y, z を省略して2次元で描いているので「線」に見えるが、実際は3次元の広がりのある領域である。

9.2 $c\rho$ が4元電流密度の第0成分であることの確認

─── 電荷の連続の式 ───

$$\partial_0(c\rho) + \partial_i j^i = 0 \tag{9.58}$$

$\partial_t\rho = $ 電荷密度の時間微分　　　電荷の流れ出し

この式に $\mathrm{d}t\,\mathrm{d}x\,\mathrm{d}y\,\mathrm{d}z$ を[32] 掛けると、

$$\partial_0(c\rho)\,\mathrm{d}t\,\mathrm{d}x\,\mathrm{d}y\,\mathrm{d}z + \partial_1 j^1\,\mathrm{d}t\,\mathrm{d}x\,\mathrm{d}y\,\mathrm{d}z + \cdots = 0 \tag{9.59}$$

第2、第3成分

となる。第1項の $\partial_0(c\rho)\,\mathrm{d}t\,\mathrm{d}x\,\mathrm{d}y\,\mathrm{d}z = \partial_t\rho\,\mathrm{d}t\,\mathrm{d}x\,\mathrm{d}y\,\mathrm{d}z$ は

$\rho(t+\mathrm{d}t,x,y,z) = \rho(t,x,y,z) + \partial_t\rho(t,x,y,z)\,\mathrm{d}t$ を使うと

$$\partial_0(c\rho)\,\mathrm{d}t\,\mathrm{d}x\,\mathrm{d}y\,\mathrm{d}z = \underbrace{\rho(t+\mathrm{d}t,x,y,z)\,\mathrm{d}x\,\mathrm{d}y\,\mathrm{d}z}_{\text{時刻}t+\mathrm{d}t\text{での電気量}} - \underbrace{\rho(t,x,y,z)\,\mathrm{d}x\,\mathrm{d}y\,\mathrm{d}z}_{\text{時刻}t\text{での電気量}} \tag{9.60}$$

と書き直すことができて、「微小時間 $\mathrm{d}t$ の間に微小体積 $\mathrm{d}x\,\mathrm{d}y\,\mathrm{d}z$ 内の電気量がどれだけ変化したか」となる。同様に (9.59) の第2項は以下のようになる。

$$\partial_1 j^1\,\mathrm{d}t\,\mathrm{d}x\,\mathrm{d}y\,\mathrm{d}z = \underbrace{j^1(t,x+\mathrm{d}x,y,z)\,\mathrm{d}y\,\mathrm{d}z\,\mathrm{d}t}_{\text{右の壁から流れ出る電気量}} - \underbrace{j^1(t,x,y,z)\,\mathrm{d}y\,\mathrm{d}z\,\mathrm{d}t}_{\text{左の壁から流れ込む電気量}} \tag{9.61}$$

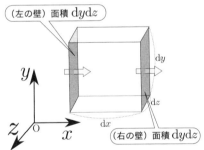

式に記した「右の壁」「左の壁」の意味するところは、右の図に示した面積 $\mathrm{d}y\,\mathrm{d}z$ を持つ二つの面である。電流密度 j^1 に $\mathrm{d}y\,\mathrm{d}z$ を掛けた量は、ここを単位時間内に正の方向に抜ける電気量を表す。右の壁では「出ていく電気量」、左の壁では「入ってくる電気量」を計算していることになるので、この引き算の結果は「左の壁と右の壁で出ていく電気量の総和」である。(9.59)では「$\cdots$」と省略した部分も含めると、第2項から第4項までが「体積 $\mathrm{d}x\,\mathrm{d}y\,\mathrm{d}z$ の箱から出ていく電気量」を計算していることになる。

連続の式は「流れ出した分減り、流れ込んだ分増える」という当たり前のことの数式的表現なのである。ここではスカラーである「電荷」に関して連続の式を考えたが、後で運動量のようなベクトル量に対する連続の式を考える。

→ p244

---

[32] $\mathrm{d}x^0\,\mathrm{d}x\,\mathrm{d}y\,\mathrm{d}z$ にしてもいいのだが、それだとすべて c 倍になる。

9.3 テンソルで書いた Maxwell 方程式

以上で、次の結果を得て、この式の右辺が Lorentz 共変であることを確認した。

---- $F_{\mu\nu}$ で書いた Maxwell 方程式 ----

$$\partial_\mu F^{\mu\nu} = -\underset{+\text{時}A^\mu}{\mu_0 j^\nu} \tag{9.62}$$

この式の右辺は4元ベクトルである。すなわち、$\boxed{-\underset{+\text{時}A^\mu}{\mu_0 j^\nu} \to -\underset{+\text{時}A^\mu}{\mu_0 \alpha^{\widetilde{\nu}}_{\ \nu} j^\nu}}$ という Lorentz 変換を受ける。(9.62) がどの座標系でも成立するためには、左辺も4元ベクトルでなくてはならない。左辺のうち ∂_μ の部分が

$$\partial_\mu \to \widetilde{\partial}_{\widetilde{\mu}} = \alpha^{\ \mu}_{\widetilde{\mu}} \partial_\mu \tag{9.63}$$

のような Lorentz 変換をすることを我々は知っている。よって、

$$F^{\mu\nu} \to \widetilde{F}^{\widetilde{\mu}\widetilde{\nu}} = \alpha^{\widetilde{\mu}}_{\ \rho} \alpha^{\widetilde{\nu}}_{\ \lambda} F^{\rho\lambda} \tag{9.64}$$

のように Lorentz 変換されるとすれば、(9.62) の左辺は

$$\partial_\mu F^{\mu\nu} \to \widetilde{\partial}_{\widetilde{\mu}} \widetilde{F}^{\widetilde{\mu}\widetilde{\nu}} = \alpha^{\ \mu}_{\widetilde{\mu}} \partial_\mu \alpha^{\widetilde{\mu}}_{\ \rho} \alpha^{\widetilde{\nu}}_{\ \nu} F^{\rho\nu} = \partial_\mu \alpha^{\widetilde{\nu}}_{\ \nu} F^{\mu\nu} \tag{9.65}$$

のように Lorentz 変換される（途中で $\boxed{\alpha^{\ \mu}_{\widetilde{\mu}} \alpha^{\widetilde{\mu}}_{\ \rho} = \delta^\mu_{\ \rho}}$ を使った）。

(9.64) は $F^{\mu\nu}$ が2階の4元テンソルであることを意味する。この変換を行うことで、Maxwell 方程式は

$$\partial_\mu F^{\mu\nu} = -\underset{+\text{時}A^\mu}{\mu_0 j^\nu} \quad \to \quad \widetilde{\partial}_{\widetilde{\mu}} \widetilde{F}^{\widetilde{\mu}\widetilde{\nu}} = -\underset{+\text{時}A^\mu}{\mu_0 \widetilde{j}^\nu}$$

$$\alpha^{\widetilde{\nu}}_{\ \nu} (\partial_\mu F^{\mu\nu}) = \alpha^{\widetilde{\nu}}_{\ \nu} \left(-\underset{+\text{時}A^\mu}{\mu_0 j^\nu} \right) \tag{9.66}$$

と Lorentz 変換される。

$\boxed{\partial_\mu F^{\mu\nu} = -\underset{+\text{時}A^\mu}{\mu_0 j^\nu}}$ が成り立てば $\alpha^{\widetilde{\nu}}_{\ \nu} (\partial_\mu F^{\mu\nu}) = \alpha^{\widetilde{\nu}}_{\ \nu} \left(-\underset{+\text{時}A^\mu}{\mu_0 j^\nu} \right)$ が成り立つこと（およびこの逆）は明らかなので、Maxwell 方程式は Lorentz 変換で移り得る全ての座標系で成立する。と言うより、そうなるように「$F^{\mu\nu}$ の Lorentz 変換」が定められる。

9.3 テンソルで書いた Maxwell 方程式

この Maxwell 方程式の両辺に ∂_ν を掛けて足し上げを行うと

$$\underbrace{\partial_\mu \partial_\nu}_{\mu\nu 対称} \underbrace{F^{\mu\nu}}_{\mu\nu 反対称} = -\mu_0 \partial_\nu j^\nu_{+時A^\mu} \tag{9.67}$$

となるが、$F^{\mu\nu}$ は $\mu \leftrightarrow \nu$ の取り替えで反対称なのに対し、前にかかっている微分演算子 $\partial_\mu \partial_\nu$ は $\mu \leftrightarrow \nu$ で対称であるから、左辺は自動的に 0 である[†33]。ゆえに、$\boxed{\partial_\nu j^\nu = 0}$ でなくてはならない。これは前に説明した連続の式(9.56)であり、電荷の保存則である（元々の Maxwell 方程式が電荷保存の式を内包していたから、4次元化してもその点は同じ）。

このことは、テンソルで書いた Maxwell 方程式(9.62)は、4本の式にみえるが独立なのは3本であることを示している。A^μ を使って書くと、

―――― 4元ポテンシャルで書いた Maxwell 方程式 ――――

$$\partial_\mu \partial^\mu A^\nu - \partial^\nu \partial_\mu A^\mu = -\mu_0 j^\nu_{+時A^\mu} \tag{9.68}$$

となる。この式は

$$(\underbrace{\partial_\rho \partial^\rho \eta^\nu{}_\mu - \partial^\nu \partial_\mu}_{K^\nu{}_\mu}) A^\mu = -\mu_0 j^\nu_{+時A^\mu} \tag{9.69}$$

と書き直すことができる。左辺の前についている微分演算子を

$$K^\nu{}_\mu \equiv \partial_\rho \partial^\rho \eta^\nu{}_\mu - \partial^\nu \partial_\mu \tag{9.70}$$

と書こう。この微分演算子が、

$$K^\nu{}_\mu \partial_\nu (任意の式) = 0, \quad \partial_\nu K^\nu{}_\mu (任意の式) = 0 \tag{9.71}$$

を満たす[†34] ことに注意しよう。後で「ゲージ変換」の話と絡んでくる。

[†33] μ, ν の足し上げを行っていくと、$\partial_1 \partial_2 F^{12}$ と $\partial_2 \partial_1 F^{21}$ が一回ずつ現れるが、この二つは逆符号 $\boxed{\partial_1 \partial_2 F^{12} = -\partial_2 \partial_1 F^{21}}$ なので消し合う、と考えてもよい。他の添字の組み合わせも同様である。また、$\boxed{\mu = \nu}$ の項は $\boxed{F^{\mu\mu} = 0}$ となって現れない。

[†34] この式は、$K^\nu{}_\mu$ を行列として見たとき 0 固有値を持つ（固有値 0 の固有ベクトルがある）ことを意味する。このような場合、行列 $K^\nu{}_\mu$ には逆行列がない。これは微分方程式 (9.69) がこのままでは解けないことを意味する。

(9.68) の右辺が Lorentz 変換に対してベクトルだから、左辺もやはり Lorentz 変換に対して同じ形のベクトルでなくてはならない（そうでなかったら、電磁気学は相対論的に不変ではないことになってしまう！）。よって、A^μ は 4 元ベクトルとして変換しなくてはいけない。$\boxed{A^0 = -V/c}$ と置く意義は、単に「そうすると式がまとまるから」だけではなく、A^0 が確かに 4 元ポテンシャル A^μ の第 0 成分として変換されるからだと確認できた。

逆に、(9.68) が 4 元ベクトルで表現されていることから、Maxwell 方程式が相対論的に共変であることは自明であるとも言える。もちろん、自信を持ってこう言い切れるのは、実験による支持があるからである。

9.4　Lorentz 力の導出

電磁場から電荷にどんな力が作用するかは、もちろん実験的に決定されることなのだが、特殊相対性原理を使うと簡単な仮定だけから求めることができる（そして、その結果は実験的にも確認されている）。

特殊相対性原理によればどの座標系をとっても物理法則は同じ形を持つ。その方程式は必然的にテンソルの形になっていなくてはいけない。力に関しては 4 次元的に考える時は 4 元力 F^μ で考えなくてはいけない。そこで、電磁場による力の式は 4 元力を用いて、

$$F^\mu = （なにか、4元ベクトルになる式） \tag{9.72}$$

と書けるはずである。この式の右辺には、まず電場および磁場を表す $F_{\mu\nu}$ が入るであろうことはすぐ予想できる。また、答を盗み見するようだが、結果として磁場と電荷の間に作用する力に電荷の速度が入ることを知っているので、4 元速度 V^μ も式に入ってきそうである。となると、左辺と右辺で添字の付き方が揃っていなくてはいけないことから、

$$F^\mu = （未知の定数） \times F^\mu{}_\nu V^\nu \tag{9.73}$$

という答が推測される[†35]。未知の定数を決定するために、たまたま今考えている粒子が静止しているとする。その場合、$\boxed{V^0 = c, V^i = 0}$ であるから、

[†35] 4 元力 F^μ と電磁場テンソル $F^{\mu\nu}$ が同時に出てきてややこしいが、添字の数で区別しよう。

9.4 Lorentz力の導出

$$F^\mu = (未知の定数) \times F^\mu{}_0 \, c \tag{9.74}$$

となる。$F^0{}_0 = 0$ で、$F^i{}_0 = +F_{i0} = +\vec{E}^i/c$ であることを考えると、

$$F^i = + (未知の定数) \times \vec{E}^i \tag{9.75}$$

となる。静電場における電場の定義式 $\vec{f} = q\vec{E}$ [†36] から、+(未知の定数) は今考えている電荷の電気量 q にすればよい。結論として、

---- 電荷の受ける4元力 ----

$$F^\mu = + qF^\mu{}_\nu V^\nu \tag{9.76}$$

と書ける。この式の $\mu = 1$ 成分を見てみると、

$$F^1 = + qF^1{}_\nu V^\nu = + q\left(F^1{}_0 V^0 + F^1{}_1 V^1 + F^1{}_2 V^2 + F^1{}_3 V^3\right)$$

$$= q\left(\frac{\vec{E}^x}{c}c\gamma + \vec{B}^z \vec{v}^y \gamma - \vec{B}^y \vec{v}^z \gamma\right) = q\gamma \left|\vec{E} + \vec{v} \times \vec{B}\right|^x \tag{9.77}$$

となる[†37]。この力は4元力 F^μ の第1成分である。3次元力 $\vec{f}$ との関係は $F^i = \vec{f}^i \gamma$ であるから、$\vec{f}^x = q\left(\vec{E}^x + \vec{v} \times \vec{B}^x\right)$ となる。第2、第3成分も同様なので

$$\vec{f} = q\left(\vec{E} + \vec{v} \times \vec{B}\right) \tag{9.78}$$

となり、この式はLorentz力の式そのものである。ゆえに、

(1) 特殊相対性原理。
(2) 電荷に作用する4元力は $F^{\mu\nu}$ と V^μ を使って作られた4元ベクトルになる。

[†36] 電荷が静止している話なので、$\vec{f}$ と4元力 F^μ の空間成分は同じと思っていい。
[†37] 粒子が静止している場合の式を作り、動いているときは「粒子が動いているような基準系(フレーム)」に移って考えればよい——というのが特殊相対性原理の主張なのだ。

(3) 電荷が止まっていればその力は $q\vec{E}$ である。

という条件だけから、Lorentz 力の式を導出することができた。特殊相対性原理が電磁気学の根幹を成す原理であると確認できる。

4元ベクトルの自乗に関して $\boxed{V^\mu V_\mu = -c^2}_{+時}$ が成り立つから、$\boxed{\dfrac{\mathrm{d}V^\mu}{\mathrm{d}\tau}V_\mu = 0}$

でなくてはいけなかった（4元速度と4元加速度は直交しなくてはいけなかった）。ここで考えた電磁場中の作用する力を使って運動方程式を立てると、
$$m\frac{\mathrm{d}V^\mu}{\mathrm{d}\tau} = \underset{-時A_\mu}{+}qF^\mu{}_\nu V^\nu \tag{9.79}$$
→ p155

となるわけだが、この式の両辺に V_μ を掛けて縮約すると、

$$m\frac{\mathrm{d}V^\mu}{\mathrm{d}\tau}V_\mu = \underset{-時A_\mu}{+}q\overbrace{F^{\mu\nu}}^{\mu\nu反対称}\underbrace{V_\nu V_\mu}_{\mu\nu対称} = 0 \tag{9.80}$$

となって、4元速度と4元加速度が直交するようにできている。

9.5 電場・磁場の Lorentz 変換

> 電場と磁場がどのように Lorentz 変換されるかを導く二つの方法について説明する。以下の 9.5.1 項と 9.5.2 項のどちらか好きな方で理解しよう。
> → p214

9.5.1 4元ポテンシャルの変換から

4元ベクトルポテンシャルは x 軸方向への Lorentz 変換に対し、

$$\widetilde{A^0} = \gamma(A^0 - \beta A^1), \quad \widetilde{A^1} = \gamma(A^1 - \beta A^0), \quad \widetilde{A^2} = A^2, \quad \widetilde{A^3} = A^3 \tag{9.81}$$

または（共変ベクトルで表すと）

$$\widetilde{A_0} = \gamma(A_0 + \beta A_1), \quad \widetilde{A_1} = \gamma(A_1 + \beta A_0), \quad \widetilde{A_2} = A_2, \quad \widetilde{A_3} = A_3 \tag{9.82}$$

のように変換される[†38] ので、電場や磁場の Lorentz 変換はこれから導くことができる。このとき、微分演算子（これも共変ベクトルである）の方も、

[†38] (9.81) と (9.82) が同じ式であることは、$\boxed{A^0 = -A_0,\ A^i = +A_i}_{+時\ -時}$ を使えばすぐ導ける。

9.5 電場・磁場の Lorentz 変換

$$\partial_{\widetilde{0}} = \gamma\left(\partial_0 + \beta\partial_x\right), \quad \partial_{\widetilde{x}} = \gamma\left(\partial_x + \beta\partial_0\right), \quad \partial_{\widetilde{y}} = \partial_y, \quad \partial_{\widetilde{z}} = \partial_z \tag{9.83}$$

と変換される（これらの式は微分の連鎖律で導ける。【問い6-5】を参照せよ）。

ここで、∂_X は $\dfrac{\partial}{\partial_X}$ の略記（特に、$\boxed{\partial_0 = \dfrac{\partial}{\partial(ct)} = \dfrac{1}{c}\dfrac{\partial}{\partial t}}$ ）である。

以上を使うと、電場の x 成分は

$$\vec{\widetilde{E}}\,^{\widetilde{x}}/c = \underset{-\text{時}A^\mu}{+} \left(\partial_{\widetilde{x}}\widetilde{A}_{\widetilde{0}} - \partial_{\widetilde{0}}\widetilde{A}_{\widetilde{x}}\right) \tag{9.84}$$

$$= \underset{-\text{時}A^\mu}{+} \gamma^2\left((\partial_x + \beta\partial_0)(A_0 + \beta A_x) - (\partial_0 + \beta\partial_x)(A_x + \beta A_0)\right) \tag{9.85}$$

$$= \underset{-\text{時}A^\mu}{+} \underbrace{\gamma^2(1-\beta^2)}_{1}(\partial_x A_0 - \partial_0 A_x) = \vec{E}\,^x/c \tag{9.86}$$

となって変化しない。同様に、

$$\begin{aligned}
\vec{\widetilde{E}}\,^{\widetilde{y}}/c &= \underset{-\text{時}A^\mu}{+} \left(\partial_{\widetilde{y}}\widetilde{A}_{\widetilde{0}} - \partial_{\widetilde{0}}\widetilde{A}_{\widetilde{y}}\right) \\
&= \underset{-\text{時}A^\mu}{+} \gamma\left(\partial_y(A_0 + \beta A_x) - (\partial_0 + \beta\partial_x)A_y\right) \\
&= \underset{-\text{時}A^\mu}{+} \gamma\left(\partial_y A_0 - \partial_0 A_y + \beta(\partial_y A_x - \partial_x A_y)\right) = \gamma\left(\vec{E}\,^y/c - \beta\vec{B}\,^z\right)
\end{aligned} \tag{9.87}$$

$$\begin{aligned}
\vec{\widetilde{E}}\,^{\widetilde{z}}/c &= \underset{-\text{時}A^\mu}{+} \left(\partial_{\widetilde{z}}\widetilde{A}_{\widetilde{0}} - \partial_{\widetilde{0}}\widetilde{A}_{\widetilde{z}}\right) \\
&= \underset{-\text{時}A^\mu}{+} \gamma\left(\partial_z(A_0 + \beta A_x) - (\partial_0 + \beta\partial_x)A_z\right) \\
&= \underset{-\text{時}A^\mu}{+} \gamma\left(\partial_z A_0 - \partial_0 A_z + \beta(\partial_z A_x - \partial_x A_z)\right) = \gamma\left(\vec{E}\,^z/c + \beta\vec{B}\,^y\right)
\end{aligned} \tag{9.88}$$

となる。磁場の方も同様に計算できるので、まとめると以下の通り。

$$\begin{aligned}
\vec{\widetilde{E}}\,^{\widetilde{x}}/c &= \vec{E}\,^x/c, & \vec{\widetilde{B}}\,^{\widetilde{x}} &= \vec{B}\,^x, \\
\vec{\widetilde{E}}\,^{\widetilde{y}}/c &= \gamma\left(\vec{E}\,^y/c - \beta\vec{B}\,^z\right), & \vec{\widetilde{B}}\,^{\widetilde{y}} &= \gamma\left(\vec{B}\,^y + \beta\vec{E}\,^z/c\right), \\
\vec{\widetilde{E}}\,^{\widetilde{z}}/c &= \gamma\left(\vec{E}\,^z/c + \beta\vec{B}\,^y\right), & \vec{\widetilde{B}}\,^{\widetilde{z}} &= \gamma\left(\vec{B}\,^z - \beta\vec{E}\,^y/c\right)
\end{aligned} \tag{9.89}$$

なお、あえて「電場と磁場」の変換を求めたが、実際に計算するときはできる限り4元ベクトルポテンシャルで計算した方が楽である。

9.5.2 電磁場テンソルを使う方法

せっかく電磁場を $F_{\mu\nu}$ という4次元のテンソルでまとめたのだから、そちらを使おう。テンソルの二つの下付き添字それぞれに対してLorentz変換の行列を適用するので、計算すべきは

$$\begin{bmatrix} \gamma & \beta\gamma & 0 & 0 \\ \beta\gamma & \gamma & 0 & 0 \\ 0 & 0 & 1 & 0 \\ 0 & 0 & 0 & 1 \end{bmatrix} \begin{bmatrix} 0 & F_{01} & F_{02} & F_{03} \\ F_{10} & 0 & F_{12} & F_{13} \\ F_{20} & F_{21} & 0 & F_{23} \\ F_{30} & F_{31} & F_{32} & 0 \end{bmatrix} \begin{bmatrix} \gamma & \beta\gamma & 0 & 0 \\ \beta\gamma & \gamma & 0 & 0 \\ 0 & 0 & 1 & 0 \\ 0 & 0 & 0 & 1 \end{bmatrix} \quad (9.90)$$

という行列計算だが、Lorentz変換の行列を $\begin{bmatrix} \mathbf{A} & \mathbf{B} \\ \mathbf{C} & \mathbf{D} \end{bmatrix}$ のように 2×2 に区分けして考えると、$\mathbf{A} = \begin{bmatrix} \gamma & \beta\gamma \\ \beta\gamma & \gamma \end{bmatrix}$、$\mathbf{B}$ と $\mathbf{C}$ は零行列 $\mathbf{0}$ で $\mathbf{D}$ は単位行列である。

よって

$$\overbrace{\begin{bmatrix} \gamma & \beta\gamma \\ \beta\gamma & \gamma \end{bmatrix}}^{\mathbf{A}} \begin{bmatrix} 0 & F_{01} \\ F_{10} & 0 \end{bmatrix} \overbrace{\begin{bmatrix} \gamma & \beta\gamma \\ \beta\gamma & \gamma \end{bmatrix}}^{\mathbf{A}} \quad (9.91)$$

および

$$\begin{bmatrix} F_{20} & F_{21} \\ F_{30} & F_{31} \end{bmatrix} \begin{bmatrix} \gamma & \beta\gamma \\ \beta\gamma & \gamma \end{bmatrix} \quad \text{と} \quad \begin{bmatrix} \gamma & \beta\gamma \\ \beta\gamma & \gamma \end{bmatrix} \begin{bmatrix} F_{02} & F_{03} \\ F_{12} & F_{13} \end{bmatrix} \quad (9.92)$$

を計算すればよい。

(9.91) は

$$\gamma^2 F_{10} \begin{bmatrix} 1 & \beta \\ \beta & 1 \end{bmatrix} \begin{bmatrix} 0 & -1 \\ 1 & 0 \end{bmatrix} \begin{bmatrix} 1 & \beta \\ \beta & 1 \end{bmatrix}$$

$$= \gamma^2 F_{10} \begin{bmatrix} \beta & -1 \\ 1 & -\beta \end{bmatrix} \begin{bmatrix} 1 & \beta \\ \beta & 1 \end{bmatrix} = \gamma^2 F_{10} \begin{bmatrix} 0 & \beta^2 - 1 \\ 1 - \beta^2 & 0 \end{bmatrix} = \begin{bmatrix} 0 & F_{01} \\ F_{10} & 0 \end{bmatrix} \quad (9.93)$$

となる。つまりこの部分はLorentz変換で不変である[†39]。

(9.92) の一つめの式は

$$\gamma \begin{bmatrix} F_{20} & F_{21} \\ F_{30} & F_{31} \end{bmatrix} \begin{bmatrix} 1 & \beta \\ \beta & 1 \end{bmatrix} = \gamma \begin{bmatrix} F_{20} + \beta F_{21} & F_{21} + \beta F_{20} \\ F_{30} + \beta F_{31} & F_{31} + \beta F_{30} \end{bmatrix} \quad (9.94)$$

[†39] 実はこれは2次元の座標変換で2次元のLevi-Civitaテンソル $\epsilon_{\mu\nu}$ が不変テンソル(正確には不変テンソル密度)であることからただちにわかる。

9.5 電場・磁場の Lorentz 変換

以上をまとめると、

$$\begin{bmatrix} \gamma & \beta\gamma & 0 & 0 \\ \beta\gamma & \gamma & 0 & 0 \\ 0 & 0 & 1 & 0 \\ 0 & 0 & 0 & 1 \end{bmatrix} \begin{bmatrix} 0 & F_{01} & F_{02} & F_{03} \\ F_{10} & 0 & F_{12} & F_{13} \\ F_{20} & F_{21} & 0 & F_{23} \\ F_{30} & F_{31} & F_{32} & 0 \end{bmatrix} \begin{bmatrix} \gamma & \beta\gamma & 0 & 0 \\ \beta\gamma & \gamma & 0 & 0 \\ 0 & 0 & 1 & 0 \\ 0 & 0 & 0 & 1 \end{bmatrix}$$

$$= \begin{bmatrix} 0 & F_{01} & \gamma(F_{02}+\beta F_{12}) & \gamma(F_{03}+\beta F_{13}) \\ F_{10} & 0 & \gamma(F_{12}+\beta F_{02}) & \gamma(F_{13}+\beta F_{03}) \\ \gamma(F_{20}+\beta F_{21}) & \gamma(F_{21}+\beta F_{20}) & 0 & F_{23} \\ \gamma(F_{30}+\beta F_{31}) & \gamma(F_{31}+\beta F_{30}) & F_{32} & 0 \end{bmatrix} \tag{9.95}$$

である。$\boxed{F_{10} = +\underset{-時間A^\mu}{\left[\vec{E}\right]^x}/c}$ と $\boxed{F_{23} = +\underset{-時間A^\mu}{\left[\vec{B}\right]^x}}$ は不変で、それ以外の nonzero 成分については

$$\widetilde{F_{\widetilde{20}}} = \gamma(F_{20}+\beta F_{21}) \quad \rightarrow \quad \left[\vec{\widetilde{E}}\right]^{\widetilde{y}}/c = \gamma\left(\left[\vec{E}\right]^y/c - \beta\left[\vec{B}\right]^z\right) \tag{9.96}$$

$$\widetilde{F_{\widetilde{30}}} = \gamma(F_{30}+\beta F_{31}) \quad \rightarrow \quad \left[\vec{\widetilde{E}}\right]^{\widetilde{z}}/c = \gamma\left(\left[\vec{E}\right]^z/c + \beta\left[\vec{B}\right]^y\right) \tag{9.97}$$

$$\widetilde{F_{\widetilde{12}}} = \gamma(F_{12}+\beta F_{02}) \quad \rightarrow \quad \left[\vec{\widetilde{B}}\right]^{\widetilde{z}} = \gamma\left(\left[\vec{B}\right]^z - \beta\left[\vec{E}\right]^y/c\right) \tag{9.98}$$

$$\widetilde{F_{\widetilde{13}}} = \gamma(F_{13}+\beta F_{03}) \quad \rightarrow \quad \left[\vec{\widetilde{B}}\right]^{\widetilde{y}} = \gamma\left(\left[\vec{B}\right]^y + \beta\left[\vec{E}\right]^z/c\right) \tag{9.99}$$

となる。この結果は(9.89)に一致する。少し整理すると、

電場と磁場の Lorentz 変換

x 軸方向に速度 v で動く座標系への Lorentz 変換

$$\left[\vec{\widetilde{E}}\right]^{\widetilde{x}} = \left[\vec{E}\right]^x, \quad \left[\vec{\widetilde{E}}\right]^{\widetilde{y}} = \gamma\left(\left[\vec{E}\right]^y - v\left[\vec{B}\right]^z\right), \quad \left[\vec{\widetilde{E}}\right]^{\widetilde{z}} = \gamma\left(\left[\vec{E}\right]^z + v\left[\vec{B}\right]^y\right),$$

$$\left[\vec{\widetilde{B}}\right]^{\widetilde{x}} = \left[\vec{B}\right]^x, \quad \left[\vec{\widetilde{B}}\right]^{\widetilde{y}} = \gamma\left(\left[\vec{B}\right]^y + \frac{v}{c^2}\left[\vec{E}\right]^z\right), \quad \left[\vec{\widetilde{B}}\right]^{\widetilde{z}} = \gamma\left(\left[\vec{B}\right]^z - \frac{v}{c^2}\left[\vec{E}\right]^y\right)$$

$$\tag{9.100}$$

となる。電場は x 成分は変化せず、y,z 成分が γ 倍されている（電気力線が圧縮されている）と同時に磁場と速度の外積の項が現れる。磁場に関しても同様である。ベクトルでまとめると、以下の式になる[40]。

---

[40] (9.101)で $\mathcal{O}(\beta^2)$ を無視すると（つまり $\boxed{\gamma = 1}$ とすると）、近似式である(3.21)と(3.22)になる。

216　第 9 章　電磁気学の 4 次元記述

――― 電場と磁場の Lorentz 変換（ベクトルで表現）―――

$$\begin{aligned}\vec{\tilde{E}} &= \frac{1-\gamma}{v^2}(\vec{v}\cdot\vec{E})\vec{v} + \gamma\left(\vec{E} + \vec{v}\times\vec{B}\right), \\ \vec{\tilde{B}} &= \frac{1-\gamma}{v^2}(\vec{v}\cdot\vec{B})\vec{v} + \gamma\left(\vec{B} - \frac{1}{c^2}\vec{v}\times\vec{E}\right)\end{aligned} \quad (9.101)$$

(9.101)はややこしい形をしているが、電場 $\vec{E}$ を $\vec{v}$ に平行な部分 $\vec{E}_\parallel$ と垂直な $\vec{E}_\perp$ に分けて $\boxed{\vec{E} = \vec{E}_\parallel + \vec{E}_\perp}$ と表現（磁場も同様）すると以下のようになる。

――― 電場と磁場の Lorentz 変換（平行成分と垂直成分で表現）―――

$$\begin{aligned}\vec{\tilde{E}}_\parallel &= \vec{E}_\parallel, & \vec{\tilde{E}}_\perp &= \gamma\left(\vec{E}_\perp + \vec{v}\times\vec{B}_\perp\right), \\ \vec{\tilde{B}}_\parallel &= \vec{B}_\parallel, & \vec{\tilde{B}}_\perp &= \gamma\left(\vec{B}_\perp - \frac{1}{c^2}\vec{v}\times\vec{E}_\perp\right)\end{aligned} \quad (9.102)$$

――――――――― 練習問題 ―――――――――

【問い 9-4】 (9.100)で $\boxed{v \to -v}$ と置き換えると逆変換になることを確認せよ。

解答 → p329 へ

【問い 9-5】 (9.101) を (9.100) から導け[41]。　　ヒント → p319 へ　解答 → p330 へ

【問い 9-6】 (9.101) に $\boxed{\vec{E} = \vec{E}_\parallel + \vec{E}_\perp,\ \vec{B} = \vec{B}_\parallel + \vec{B}_\perp}$ を代入して (9.102) を導け。

解答 → p330 へ

　結局電場も磁場も、座標系の運動方向と平行な方向は変化せず、垂直な方向が変化する。垂直な方向の電場や磁場が γ 倍になる（増える）のは、図のように電気力線（あるいは磁力線）が Lorentz 短縮により圧縮される効果であると考えると理解しやすい。

　電場に磁場が（逆に磁場に電場が）混ざるという現象が現れるが、これは電荷が動けば電流となり磁場が発生することを考えると納得できる。

　電場・磁場の Lorentz 変換の式は複雑であり、4元ベクトルポテンシャルを

---

[41] ここでは $\vec{v}$ が x 方向を向いている場合で考えたが、(9.101) は一般の速度方向で正しい。

使った式(9.82)の方が（A_μ が 4 元ベクトルとして変換するので）覚えやすく便利である。実は、電磁場を表す物理量としては $\vec{E}, \vec{B}$ よりも A_μ の方が本質的なのだと考えることができる。

9.6　静電場を Lorentz 変換する

9.6.1　点電荷の電場の Lorentz 変換

等速運動する電荷の作る電磁場は、（静止系を $\widetilde{x}^*$ 座標系として）静止している電荷の作る電磁場

$$\vec{\widetilde{E}} = \frac{Q}{4\pi\varepsilon_0 \widetilde{r}^3}\left(\widetilde{x}\,\vec{\mathbf{e}}_{\widetilde{x}} + \widetilde{y}\,\vec{\mathbf{e}}_{\widetilde{y}} + \widetilde{z}\,\vec{\mathbf{e}}_{\widetilde{z}}\right), \quad \vec{\widetilde{B}} = \vec{0} \tag{9.103}$$

を Lorentz 変換することで得られる。電磁場テンソルの行列表示で書くと

$$\widetilde{F}_{\widetilde{\mu}\widetilde{\nu}} \xrightarrow[\text{表示}]{\text{行列}} + \frac{Q}{4\pi\varepsilon_0 c\,(\widetilde{r})^3} \begin{bmatrix} 0 & -\widetilde{x} & -\widetilde{y} & -\widetilde{z} \\ \widetilde{x} & 0 & 0 & 0 \\ \widetilde{y} & 0 & 0 & 0 \\ \widetilde{z} & 0 & 0 & 0 \end{bmatrix} \tag{9.104}$$

であるから、行列表示の Lorentz 変換を計算する。その場合、下付きで $\widetilde{x} \to x$ の変換をするので

$$F_{\mu\nu} \xrightarrow[\text{表示}]{\text{行列}} + \frac{Q}{4\pi\varepsilon_0 c\,(\widetilde{r})^3} \begin{bmatrix} \gamma & -\beta\gamma & 0 & 0 \\ -\beta\gamma & \gamma & 0 & 0 \\ 0 & 0 & 1 & 0 \\ 0 & 0 & 0 & 1 \end{bmatrix} \begin{bmatrix} 0 & -\widetilde{x} & -\widetilde{y} & -\widetilde{z} \\ \widetilde{x} & 0 & 0 & 0 \\ \widetilde{y} & 0 & 0 & 0 \\ \widetilde{z} & 0 & 0 & 0 \end{bmatrix} \begin{bmatrix} \gamma & -\beta\gamma & 0 & 0 \\ -\beta\gamma & \gamma & 0 & 0 \\ 0 & 0 & 1 & 0 \\ 0 & 0 & 0 & 1 \end{bmatrix}$$

$$= \frac{+Q}{4\pi\varepsilon_0 c\,(\widetilde{r})^3} \begin{bmatrix} 0 & \gamma^2(\beta^2-1)\widetilde{x} & -\gamma\widetilde{y} & -\gamma\widetilde{z} \\ \gamma^2(1-\beta^2)\widetilde{x} & 0 & \beta\gamma\widetilde{y} & \beta\gamma\widetilde{z} \\ \gamma\widetilde{y} & -\beta\gamma\widetilde{y} & 0 & 0 \\ \gamma\widetilde{z} & -\beta\gamma\widetilde{z} & 0 & 0 \end{bmatrix} \tag{9.105}$$

となる。x, y, z を使って表すと $F_{\mu\nu}$ の行列表示は

$$\frac{+Q}{4\pi\varepsilon_0 c\left(\gamma^2(x-\beta ct)^2 + y^2 + z^2\right)^{\frac{3}{2}}} \begin{bmatrix} 0 & -\gamma(x-\beta ct) & -\gamma y & -\gamma z \\ \gamma(x-\beta ct) & 0 & \beta\gamma y & \beta\gamma z \\ \gamma y & -\beta\gamma y & 0 & 0 \\ \gamma z & -\beta\gamma z & 0 & 0 \end{bmatrix} \tag{9.106}$$

であり、$\boxed{[\vec{B}]^y \underset{-\text{時}A^\mu}{=} +F_{31} = -\dfrac{Q\beta\gamma z}{4\pi\varepsilon_0 c\,(\widetilde{r})^3}, \quad [\vec{B}]^z \underset{-\text{時}A^\mu}{=} +F_{12} = \dfrac{Q\beta\gamma y}{4\pi\varepsilon_0 c\,(\widetilde{r})^3}}$ がわかる。これらを y-z 平面上に図示すると のようになる（紙面裏から表へ向かう向きが x 軸）。(9.106)は、「x 軸方向に流れる電流（今の場合は正電荷の移動）に対して右ねじの方向に磁場が生じる」現象を再現している。

【FAQ】無限に遠い遠方に磁場が生じているのはおかしくありませんか？

....

　この電荷が「最初止まっていて、ある時刻に動き出した」のであれば、無限に遠い遠方までその情報が伝わっているのはもちろんおかしい。実は今計算したのは「$t=-\infty$ から $t=\infty$ まで、等速直線運動を続けている電荷」の作る電場と磁場なのだ。だからすでに無限の遠方まで磁場が届いていても不思議は無い。
　では電荷が加速しているとどうなるのか？　——については11.3.4項で考えよう。
　　　　　　　　　　　　　　　　　　　　　→ p284

同じことを、4元ポテンシャルで考えると、

$$\widetilde{A}_{\tilde{0}} \underset{+\text{時}A^\mu}{=} -V/c \underset{+\text{時}A^\mu}{=} -\dfrac{Q}{4\pi\varepsilon_0 c\widetilde{r}}, \quad \widetilde{A}_{\tilde{i}} = 0 \qquad (9.107)$$

を Lorentz 変換して、

$$A_0 = \gamma \widetilde{A}_{\tilde{0}} \underset{+\text{時}A^\mu}{=} -\dfrac{Q\gamma}{4\pi\varepsilon_0 c\widetilde{r}} \underset{+\text{時}A^\mu}{=} -\dfrac{Q\gamma}{4\pi\varepsilon_0 c\sqrt{\gamma^2(x-\beta ct)^2 + y^2 + z^2}}, \qquad (9.108)$$

$$A_1 = -\beta\gamma\widetilde{A}_{\tilde{0}} \underset{-\text{時}A^\mu}{=} +\dfrac{Q\beta\gamma}{4\pi\varepsilon_0 c\sqrt{\gamma^2(x-\beta ct)^2 + y^2 + z^2}}, \qquad (9.109)$$

$$A_2 = A_3 = 0 \qquad (9.110)$$

となる。これから電場と磁場を求めると、上と同じ結果が出る。

------------------------------ 練習問題 ------------------------------

【問い 9-7】上の4元ベクトルポテンシャルから電場と磁場を求める計算を具体的に実行せよ。

解答 → p331 へ

9.6.2 Trouton-Nobleの実験の計算 ++++++++++++++ 【補足】

前項の結果を使ってTrouton-Nobleの実験で電荷に作用する力を計算してみよう。正電荷は$\vec{\tilde{x}}$が$(L\cos\theta, L\sin\theta, 0)$である場所にいるので、(9.105)を平行移動することで、

$$F_{\mu\nu} \xrightarrow{\text{行列表示}} \frac{\overbrace{+Q}^{-\text{때}A^\mu}}{4\pi\varepsilon_0 c\left((\tilde{x}-L\cos\theta)^2+(\tilde{y}-L\sin\theta)^2+\tilde{z}^2\right)^{\frac{3}{2}}}$$
$$\times \begin{bmatrix} 0 & -\tilde{x}+L\cos\theta & -\gamma(\tilde{y}-L\sin\theta) & -\gamma\tilde{z} \\ \tilde{x}-L\cos\theta & 0 & \beta\gamma(\tilde{y}-L\sin\theta) & \beta\gamma\tilde{z} \\ \gamma(\tilde{y}-L\sin\theta) & -\beta\gamma(\tilde{y}-L\sin\theta) & 0 & 0 \\ \gamma\tilde{z} & -\beta\gamma\tilde{z} & 0 & 0 \end{bmatrix} \quad (9.111)$$

がわかる(負電荷の方も電磁場を作るが、それは「負電荷に作用する力」に関係ない[†42]ので無視する)。負電荷のいる場所$(-L\cos\theta, -L\sin\theta, 0)$での電磁場は

$$\frac{\overbrace{+Q}^{-\text{때}A^\mu}}{4\pi\varepsilon_0 c\underbrace{\left((-2L\cos\theta)^2+(-2L\sin\theta)^2\right)^{\frac{3}{2}}}_{4L^2}} \times \begin{bmatrix} 0 & 2L\cos\theta & -\gamma(-2L\sin\theta) & 0 \\ -2L\cos\theta & 0 & \beta\gamma(-2L\sin\theta) & 0 \\ \gamma(-2L\sin\theta) & -\beta\gamma(-2L\sin\theta) & 0 & 0 \\ 0 & 0 & 0 & 0 \end{bmatrix}$$
$$= \frac{\overbrace{+Q}^{-\text{때}A^\mu}}{16\pi\varepsilon_0 cL^2} \begin{bmatrix} 0 & \cos\theta & \gamma\sin\theta & 0 \\ -\cos\theta & 0 & -\beta\gamma\sin\theta & 0 \\ -\gamma\sin\theta & \beta\gamma\sin\theta & 0 & 0 \\ 0 & 0 & 0 & 0 \end{bmatrix} \quad (9.112)$$

すなわち、

$$\vec{E} = \frac{Q}{16\pi\varepsilon_0 L^2}\left(\cos\theta\vec{e}_x + \gamma\sin\theta\vec{e}_y\right), \quad (9.113)$$

$$\vec{B} = \frac{Q}{16\pi\varepsilon_0 cL^2}\beta\gamma\sin\theta\vec{e}_z = \frac{\mu_0 Q}{16\pi L^2}v\gamma\sin\theta\vec{e}_z \quad (9.114)$$

となり、負電荷に作用する力は

$$\vec{f} = -Q\left(\overbrace{\frac{Q}{16\pi\varepsilon_0 L^2}\left(\cos\theta\vec{e}_x + \gamma\sin\theta\vec{e}_y\right)}^{\vec{E}} + v\vec{e}_x\times\overbrace{\frac{Q}{16\pi\varepsilon_0 cL^2}\beta\gamma\sin\theta\vec{e}_z}^{\vec{B}}\right)$$
$$= -\frac{Q^2}{16\pi\varepsilon_0 L^2}\left(\left(\cos\theta\vec{e}_x + \gamma\sin\theta\vec{e}_y\right) - \frac{v}{c}\beta\gamma\sin\theta\vec{e}_y\right)$$
$$= -\frac{Q^2}{16\pi\varepsilon_0 L^2}\left(\cos\theta\vec{e}_x + \underbrace{(1-\beta^2)\gamma}_{\sqrt{1-\beta^2}}\sin\theta\vec{e}_y\right) \quad (9.115)$$

[†42] 電荷は自分で自分を引っ張る(または押す)ことはできない。なお、真面目に計算すると分母が0になって困るが、それは点電荷を考えたときの宿命である。

となる。このうち磁場から作用する力は $\frac{Q^2}{16\pi\varepsilon_0 L^2}\beta^2\gamma\sin\theta\vec{\mathbf{e}}_y$ で、【問い 3-4】の答えである（定数）$\times \frac{Q^2 v^2}{\varepsilon_0 c^2 L^2}$ に合致している。

静止している（$\boxed{\beta = 0}$）場合に作用する力 $\boxed{-\frac{Q^2}{16\pi\varepsilon_0 L^2}\left(\cos\theta\vec{\mathbf{e}}_x + \sin\theta\vec{\mathbf{e}}_y\right)}$ と (9.115) の最後の表現とを比較すると、力の運動方向成分は変化せず、運動に垂直な成分は $\sqrt{1-\beta^2}$ 倍に小さくなっている（力の変換則が再現されている）。実際に電荷に作用している力は、上で計算した電磁場による力 $\vec{f}_{電磁}$ と、支えている棒の力 $\vec{f}_{棒}$ である。この二つは $\boxed{\vec{f}_{電磁} + \vec{f}_{棒} = \vec{0}}$ となってつりあっている。$\vec{f}_{棒}$ も力の変換則に従って変換されれば[†43]、どの座標系でも $\boxed{\vec{f}_{電磁} + \vec{f}_{棒} = \vec{0}}$ が成立し、つりあいはどの場所でも保たれる。

よって、「電場による力が力の変換則に従う」ことが確認できたことで「どの座標系でもこの棒は回らない」と結論できる。

9.7 静磁場を Lorentz 変換する

9.7.1 直線電流の Lorentz 変換

前項では「静止している電場を動きながら見るとどうなるか」という問題を考えたが、逆に「静止している磁場を動きながら見るとどうなるか」を考えてみよう。そのため、静磁場のできる例として定常電流を考える。

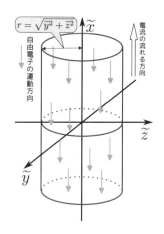

定常電流が流れる導線の静止系[†44] を $\widetilde{x}^*$ 座標系とする。$\widetilde{x}$ 軸方向を向いた半径 R の円柱状の導線（静止している）に電流 I が一様に流れている[†45] 状況を考える。通常とはちょっと違う y-z 平面に極座標を取った円筒座標

$$x = x, \quad y = r\cos\phi, \quad z = r\sin\phi \tag{9.116}$$

[†43] 結局、$\vec{f}_{電磁}$ も $\vec{f}_{棒}$ も静止系と運動系では向きと大きさが違うのだが、それが連動して変わるので「足して $\vec{0}$」という関係は保たれる。

[†44] 「導線の静止系」であって「電荷の静止系」ではないことに注意。電流が流れているので止まっている導線の中で電荷（多くの場合は自由電子）は動いている。自由電子の運動は電流とは逆向き。

[†45] こういう場合、z 方向に電流を流すことが多いのだが、Lorentz 変換の方向を x 方向にするので電流の方向もそちらに合わせる。

9.7 静磁場をLorentz変換する

を採用しよう[†46]。~付き座標系も同様であるが、y,z および r,ϕ については~付きと無しで差がない。

電流密度は $\begin{cases} r \leq R\text{ の領域：} & \vec{\tilde{j}} = \dfrac{I}{\pi R^2} \vec{e}_{\tilde{x}} \\ r > R\text{ の領域：} & \vec{\tilde{j}} = \vec{0} \end{cases}$ であり、まとめると

$$\vec{\tilde{j}} = \frac{I}{\pi R^2}\theta(r-R)\vec{e}_{\tilde{x}} \tag{9.117}$$

となる（$\theta(x)$ は階段関数）。電荷密度 $\tilde{\rho}$ はどの場所でも0である[†47]。このときの磁場は（Maxwell方程式より）

$$\begin{cases} r \leq R\text{ の領域：} & \vec{\tilde{B}} = \dfrac{\mu_0 I}{2\pi R^2} r\,\vec{e}_{\phi} = \dfrac{\mu_0 I}{2\pi R^2}(-z\vec{e}_y + y\vec{e}_z) \\ r > R\text{ の領域：} & \vec{\tilde{B}} = \dfrac{\mu_0 I}{2\pi r}\vec{e}_{\phi} = \dfrac{\mu_0 I}{2\pi r^2}(-z\vec{e}_y + y\vec{e}_z) \end{cases} \tag{9.118}$$

である。ただし、$\vec{e}_{\phi} = \dfrac{-z\vec{e}_y + y\vec{e}_z}{\underbrace{\sqrt{y^2+z^2}}_{r}}$ は ϕ 方向を向いた単位

ベクトルである（右図参照。通常の円筒座標とは x,y,z と r,ϕ,z の対応が違うことに注意）。

x^* 座標系における電荷密度と電流密度は逆Lorentz変換を使って計算でき、

$$c\rho = \gamma\left(c\tilde{\rho} + \beta\tilde{j}^{\tilde{x}}\right) = \beta\gamma\frac{I}{\pi R^2}\theta(r-R) \tag{9.119}$$

$$j^x = \gamma\left(\tilde{j}^{\tilde{x}} + \beta c\tilde{\rho}\right) = \frac{I}{\pi R^2}\gamma\theta(r-R) \tag{9.120}$$

である。つまり導線は x^* 座標系で見ると正に帯電する（「基準系（フレーム）が違うと帯電するなんて、そんな馬鹿な！」と思った人は、次の9.7.2項の種明かしをお楽しみに）。

電場は(9.100)の逆（$x \to \tilde{x}$ ではなく $\tilde{x} \to x$）の変換を適用して、

$$\left[\vec{\tilde{E}}\right]^{\tilde{x}} = \left[\vec{E}\right]^{x} = 0 \tag{9.121}$$

[†46] この円筒座標の半径座標は r とした。よくやるように ρ にすると電荷密度とかぶる。

[†47] この「電荷密度は0」は実は、正電荷が電荷密度 ρ、負電荷が電荷密度 $-\rho$ を持って分布して全体として0という意味である。金属を使った導線の場合、正電荷は金属イオンで負電荷が自由電子、そして自由電子の方の運動が電流となる。

$$\left[\vec{E}\right]^y = \gamma\left(\left[\vec{\tilde{E}}\right]^{\bar{y}} + v\left[\vec{B}\right]^{\bar{z}}\right) = \begin{cases} v\gamma\dfrac{\mu_0 I}{2\pi r^2}y & (r > R) \\ v\gamma\dfrac{\mu_0 I}{2\pi R^2}y & (r \leq R) \end{cases} \qquad (9.122)$$

$$\left[\vec{E}\right]^z = \gamma\left(\left[\vec{\tilde{E}}\right]^{\bar{z}} - v\left[\vec{B}\right]^{\bar{y}}\right) = \begin{cases} v\gamma\dfrac{\mu_0 I}{2\pi r^2}z & (r > R) \\ v\gamma\dfrac{\mu_0 I}{2\pi R^2}z & (r \leq R) \end{cases} \qquad (9.123)$$

まとめて $\quad \vec{E} = \begin{cases} v\gamma\dfrac{\mu_0 I}{2\pi r^2}(y\vec{e}_y + z\vec{e}_z) & (r > R) \\ v\gamma\dfrac{\mu_0 I}{2\pi R^2}(y\vec{e}_y + z\vec{e}_z) & (r \leq R) \end{cases} \qquad (9.124)$

となる。この電場は x 軸から離れる向き（$\vec{e}_r$ の向き）で、強さが導線の外では $v\gamma\dfrac{\mu_0 I}{2\pi r}$、内では $v\gamma\dfrac{\mu_0 I}{2\pi R^2}r$ である。

------------------------------ 練習問題 ------------------------------

【問い 9-8】(9.121)～(9.123) の電場が $\boxed{\mathrm{div}\,\vec{E} = \dfrac{\rho}{\varepsilon_0}}$ と $\boxed{\mathrm{rot}\,\vec{E} = \vec{0}}$ を満たすことを確認せよ。
→ p221

解答 → p331 へ

上の問いで確認した電荷密度 ρ は (9.119) そのもの、つまり実際にそこにある電荷密度である。「静止している磁場を動きながら観測するとそこに電場がある」のだが、その「電場」はどこからともなく現れるわけではなく、実在の電荷から出現したものである（正電荷から出て負電荷に入る電気力線がそこには存在する）。当然このときの電場は $\boxed{\mathrm{div}\,\vec{E} = \dfrac{\rho}{\varepsilon_0}, \mathrm{rot}\,\vec{E} = \vec{0}}$ を満たす[†48]。

9.7.2 導線のパラドックスを解く

ここで、「なぜ Lorentz 変換すると電荷密度 0 から正の電荷密度が現れるのか？」という疑問に答えるとともに、3.7 節で考えたパラドックスを解いておこう。前項で計算したように、導線に対して動く人には、「導線に対して止まって
→ p56

[†48] 「動きながら磁場を見ると電場ができることが電磁誘導の原理である」という説明をする場合があるが、ここでわかるように、ただ磁場を動きながら見るだけだと、それによって現れる電場は rot が $\vec{0}$ なので、起電力を作らない。誘導起電力を起こすには、さらにいくつかの仕掛けが必要である。その仕掛けは多くの場合、回路の接点がこすれ合う（摺動する）メカニズムである。
→ p40 の脚注 †6

9.7 静磁場をLorentz変換する

いる人には見えない電場」が見える。この電場はもちろん、どこからともなく発生するのではない。先に述べたように、この立場では導線が帯電しているのである。電場が発生する原因は、導線の中を考えるとわかる。

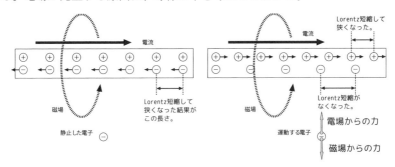

導線の静止系では、導線内には等密度の正負電荷があるので外部の電場は$\vec{0}$である（正電荷の作る電場と負電荷の作る電場がキャンセルしている）。しかし、動いている物体はLorentz短縮で長さが縮むので、運動する一群の電荷は運動方向に圧縮されて電荷密度が上がっている。つまり、導線内にある電子の流れは「すでにLorentz短縮した結果」の密度が金属イオンなどの正電荷の密度と等しい。これを動きながら見ると、今

度は正電荷がLorentz短縮により圧縮され、電子の方は圧縮の原因がなくなり、むしろ密度が減少する。正電荷密度が濃くなり負電荷密度が薄くなるので、運動しながら見ると導線は正に帯電する。正に帯電した導線は電子を内側にひっぱり、磁場によるLorentz力を打ち消す。

こう説明しても「0であった電荷密度が系を変えると0でなくなるのはおかしい」と腑に落ちない人がいるだろう[†49]。そこで正電荷負電荷両方の時空図を描いてみよう。右の図は静止している正電荷と運動している負電荷の世界線である。正電荷の静止系で考えると、正電荷と負電荷の密度は等しく、電荷は消し合っている。

[†49] それでいいのだ。学問の世界において「物分りがよいこと」は美徳とは限らない。

次に、負電荷が静止する系で考えてみる。この系は正電荷の静止系とは空間軸と時間軸、両方が傾いている。負電荷の静止系の（傾いた）時空軸でさきほどの図を描きなおしてみると右のようになり、「負電荷の静止系の同時刻線」の上に並ぶ電荷の量は、正電荷の方が多いことが（図を見て数えても）わかる。これが、導線が帯電する理由である。

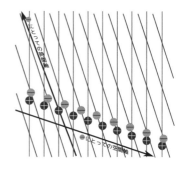

【FAQ】回路全体の総電荷量は0ではなくなるのですか？

　正電荷の密度が上がって回路全体が正に帯電する——などということが起こると電荷が保存しないことになってしまいそうだが、総電荷量は変化しない[†50]。ここで電荷が増えてしまったように感じるのは、回路の一箇所だけを切り出して考えたからである。回路全体で考えれば必ず[†51]、総電荷量は不変（ある系で総電荷量が0ならどの系でも0）になる。

　この問題が教えてくれる教訓は「相対論なんてのは宇宙の話や素粒子の話をする時にしか出てこない、特殊な世界の話」と思いこんではいけないということである。量子力学がミクロな世界にとどまらないように、相対論も普段見る物理現象にも効いている。相対論の助けなしには、電磁気現象を完全に理解することはできない。

9.8　$F_{\mu\nu}$ の幾何学的意味

　$F_{\mu\nu}$ は、いわば A_μ の4次元 rot である。3次元であれ4次元であれ、rot は「微小な面の周りをぐるっと回る」操作に対応している。より具体的には、あるベクトル場 $\vec{A}(x,y)$ を各時空点に存在する粒子に作用する力だと考えたとき、次の図のような仮想的経路でこの粒子を動かすときに粒子にされる仕事を計算すると、$\left[\operatorname{rot}\vec{A}(x,y)\right]^z \Delta x \Delta y$ となるというのが定義である（図を見て検算して欲

[†50] 電荷密度はスカラーではないが総電荷量はスカラーだったことを思い出せ。
→ p198
[†51] 周回電流をLorentz変換すると正負の電荷がペアになって現れる話は、ずっと後だが、11.2.4項に出てくる。
→ p274

しい)。よってこの仮想的経路を一周したときにこの粒子に対してなされる仕事が0であるとき、rot $\vec{A}$ も $\vec{0}$ となる。

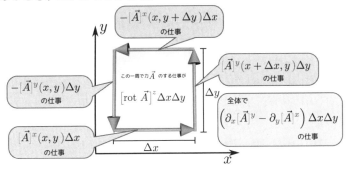

上の図は2次元の場合であるが、3次元なら上の図のような xy 面に平行な面で定義されたものを「rot $\vec{A}$ の z 成分」とする。3次元では、微小面の取り方の独立なものは xy 平面、yz 平面、zx 平面の三つがあり、これらがそれぞれ $\vec{A}$ というベクトルの z 成分、x 成分、y 成分になっている。

しかし、2次元では xy 平面一つしかないし、4次元では xy, yz, zx の他に xt, yt, zt を合わせて合計6つある。重複を許さず二つの方向を決めれば面が決まるので、一般に n 次元では $\dfrac{n(n-1)}{2}$ 個の面がある。面の数と次元の数が一致するのは3次元だけである(つまり rot $\vec{A}$ がベクトルなのは3次元だけ)。$F_{\mu\nu}$ もまた、「面」で定義されている量だが、3次元空間での「面」ではなく、4次元時空の中の「面」なので、「6成分」あるわけである。

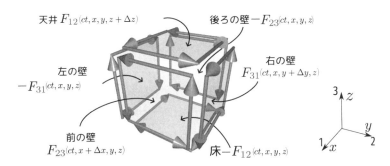

3次元の rot の div を取ると0になることは、空間内に上の図のような直方体を描くことで示すことができる。4次元の rot である $F_{\mu\nu} = \partial_\mu A_\nu - \partial_\nu A_\mu$ でも、四つの座標軸 (ct, x, y, z) のうちから三つ選んで直方体を作り、その直方体

の各面を回るような rot を考えることで同様の式を作ることができる。

(x, y, z) の三つの軸で直方体を作った場合、図に描かれた 6 面に付随する rot を考えると、各辺ごとに、⇄ のように「行き」と「帰り」の仕事の積分がされるので、それぞれが打ち消し合い、全体の rot による寄与の和は 0 となる。天井の $(ct, x, y, z+\Delta z)$ の位置における F_{12} と床の (ct, x, y, z) の位置における F_{12} の寄与の和は $\partial_3 F_{12}$ になる(天井と床では積分の向きが逆で結果も逆符号なので、(天井) − (床) という計算がされ、微分になる)。同様に、左と右から $\partial_2 F_{31}$ が、前と後ろから $\partial_1 F_{23}$ が出る。全部足すと $\boxed{\partial_1 F_{23} + \partial_2 F_{31} + \partial_3 F_{12} = 0}$ すなわち $\boxed{\mathrm{div}\,\vec{B} = 0}$ が出る。

(ct, x, y) の三つの軸を使って作った図が次である。

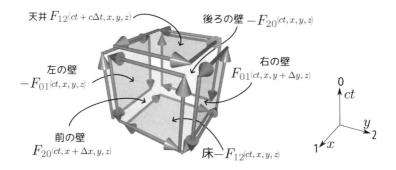

この図では z 軸は完全に省略されていることに注意しよう。この場合は天井と床から $\partial_0 F_{12}$、左と右から $\partial_2 F_{01}$、前と後ろから $\partial_1 F_{20}$ が出る。全部足して出る $\boxed{\partial_0 F_{12} + \partial_2 F_{01} + \partial_1 F_{20} = 0}$ は $\boxed{\mathrm{rot}\,\vec{E} = -\dfrac{\partial \vec{B}}{\partial t}}$ の x 成分である。同様に y 成分、z 成分の式も出る。

F_{ij} は「x^i 方向とも x^j 方向とも垂直な方向の磁場」を表しているのに、F_{i0} が「x^i 方向の電場」を表しているのは、なにかアンバランスなものがあるように感じるかもしれない。しかし、4 次元的な立場で電荷に作用する 4 元力の式 $\boxed{\dfrac{\mathrm{d}P^\mu}{\mathrm{d}\tau} = +\underbrace{qF^\mu{}_\nu}_{-\text{時}A_\mu} V^\nu}$ ((9.76)の左辺を運動量の微分の形に直したもの) を見直してみると、電場と磁場が一つの反対称テンソルに収まっている意味が見えてくる。この式は「4 元速度 V^ν と、電磁場テンソル $F^\mu{}_\nu$ があれば、P^ν の増加が起こる」ことを表現している。qV^μ は電荷の流れすなわち電流を表すと考え

9.8 $F_{\mu\nu}$ の幾何学的意味

ればよい。「$+F^i_j{}_{-時A_\mu}$ は j 向きの電流に、i 向きの加速度を生じさせるもの」と解釈できる。

我々は「磁場」のベクトルの向きを「磁石のN極（正の磁極）が力を受ける向き」と考えるので、「F^1_2 なのに、x^3 向きを向いているなんて変だな」と感じてしまうわけだが、実は「$+F^1_2{}_{-時A_\mu}$ は x^2 向きの電流に対し x^1 向きの力を与えるものだ」と考えれば、F^1_2 という添字の付き方の意味もわかってくる。$\boxed{F^1_2 = -F^2_1}$ であるから、この $+F^1_2{}_{-時A_\mu}$ は同時に「x^1 向きの電流に対して $-x^2$ 向きの力を与えるものだ」と解釈できる。以上のことを図で表現すると以下のようになる。

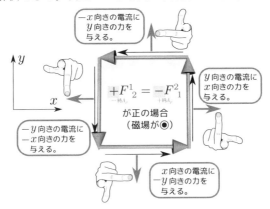

では、$+F^i_0{}_{-時A_\mu}$ の方はどうか？——同様に図を描いてみよう。

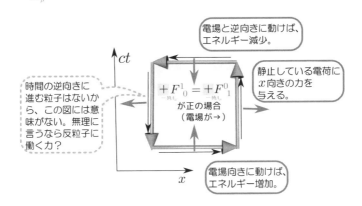

$+F^i_0{}_{-時A_\mu}$ は「0向きの速度を持っているものに、i 向きの加速度を生じさせるもの」になる。0向きの速度、つまり4元速度の第0成分である V^0 は、物体が（空

間的に）止まっていても存在する。$\pm F^i{}_0$ は物体が静止していても作用する力
（電場による力）を表現しているのだとわかる。一方、$\pm F^0{}_i$ は電場と同じ方向
に動けば V^0 が増える（エネルギーが増加する）ことを意味している。図の天井
と床では作用する「力」が「面の外側」ではなく「面の内側」を向いているのは、
$F^i{}_j = -F^j{}_i$ と $F^0{}_i = F^i{}_0$ の符号の違いから来る。

　こうして考えていくと、電磁気学を4次元時空の中での現象と考えることで統
一的な見方ができることがよくわかる（第0成分の符号の違いには注意が必要）。

9.9　ゲージ変換

　電場と磁場は反対称テンソル $F_{\mu\nu} = \partial_\mu A_\nu - \partial_\nu A_\mu$ の中に含まれているわけ
だが、この式をよく見ると、

$$A_\mu \to A_\mu + \partial_\mu \Lambda \tag{9.125}$$

のように、任意のスカラー関数 Λ の微分の分だけ、A_μ の値をシフトさせても

$$\begin{array}{ccc} F_{\mu\nu} = \partial_\mu A_\nu & -\partial_\nu A_\mu & \\ \downarrow & \downarrow & \\ F_{\mu\nu} = \partial_\mu A_\nu + \partial_\mu \partial_\nu \Lambda & -\partial_\nu A_\mu - \partial_\nu \partial_\mu \Lambda & \\ \underbrace{\hphantom{\partial_\mu\partial_\nu\Lambda\ \ \ \partial_\nu\partial_\mu\Lambda}}_{\text{消し合う}} & & \end{array} \tag{9.126}$$

となって $F_{\mu\nu}$ が不変であることに気づく。この変換は、歴史的経緯から「ゲー
ジ変換」[†52] と呼ばれる。$F_{\mu\nu}$ はゲージ変換で不変な量である。

　また、ある A_μ が運動方程式(9.69) $K^\nu{}_\mu A^\mu = -\mu_0 j^\nu$ の解であったなら、
$A_\mu + \partial_\mu \Lambda$ も解であることは $K^\nu{}_\mu \partial^\mu (\text{任意の式}) = 0$ からすぐわかる。つまり、
解をゲージ変換したものはやはり解である（解の一意性が保たれない）。

　ゲージ変換を適当に行えば、A_μ を特別な条件を満たすようにすることができ
る。例えば極端な例としては、

$$\Lambda(x^0, \vec{x}) = -\int^{x^0} \mathrm{d}s\, A_0(s, \vec{x}) \tag{9.127}$$

[†52] 意味するところは「ものさし変換」である。実は一般相対論と電磁気学を融合させようとするWeylの
統一理論の中で、物体の長さを変換するものだった。今ではそういう意味は無くなってしまったのだ
が、名前だけが残っている。

9.9 ゲージ変換

と選ぶ（積分の下端はどこでもいいので省略しておくことにする）。すると、

$$A_0 \to A_0 - \partial_0 \int^{x^0} \mathrm{d}s\, A_0(s, \vec{x}) = 0 \tag{9.128}$$

となって、$\boxed{A_0 = 0}$ と選ぶことができる（A_1, A_2, A_3 も一緒に変換される）。

ここでは条件を、$\boxed{A_0 = 0}$ としたが、問題に応じて計算が楽になるような条件を選べばよい。この条件を「ゲージ条件」と呼ぶ。$\boxed{A_0 = 0}$ は radiation ゲージと呼ばれる。他にも、Coulombゲージ $\boxed{\partial_i A_i = 0}$、Lorenzゲージ[53] $\boxed{\partial_\mu A^\mu = 0}$ などがある。

このゲージ変換があるため、物理的には同じ状況であるのに、A_μ の値が違うことが起こりえる。そういう意味で A_μ は測定によって決定できる量ではない。この点で「A_μ は非物理的な量であって、本質的なのは $\vec{E}, \vec{B}$（あるいは $F^{\mu\nu}$）である」とする考え方も以前にはあった。しかし、後に $\boxed{\vec{B} = \vec{0}}$ であっても $\boxed{A_\mu \neq \vec{0}}$ であるような状況で A_μ の影響が観測に現れることがある（もちろん、その影響の現れ方はゲージ変換しても変化しない）ことが確認[54]されたので、今では「A_μ は非物理的」などと言う人はいない。

ここでは、Lorenz ゲージを取ろう。すると Maxwell 方程式は、

$$\partial_\mu \partial^\mu A_\nu = -\mu_0 j_\nu \tag{9.129}$$

という解きやすい形の式となる。これらの式の解については、11.3 節で扱う。

---

[53] この Lorenz さんは、Lorentz 力の Lorentz さんとは別人なのだが、非常によく混同され、「Lorentz ゲージ」と書いてある本がたくさんある。日本語で表記するとどっちも「ローレンツ」（「ローレンス」としている本もある）なのも大変ややこしい。Lorenz ゲージが Lorentz 不変なゲージであることが混乱を深めている。

[54] この効果をAharonov–Bohm効果と言い、実際に実験で確認したのは日本の外村彰氏である。その詳細は量子力学を知らないとわからないので、ここでは触れない。

9.10　章末演習問題

★【演習問題 9-1】
3.7 節の問題を考え直したい。

導線を半径 R の円柱状として、導線の静止系では、正電荷の電荷密度が ρ で静止し、負電荷の電荷密度が $-\rho$、負電荷の流れで作られる電流密度が $(j, 0, 0)$ だったとする。この系では、導線は帯電してなく（トータル電荷密度は 0 である）、電子の移動速度は x 方向に $-\dfrac{j}{\rho}$ である。

この現象を、x 方向に $\boxed{\dfrac{速度}{c} = \beta}$ で運動している $\tilde{x}^*$ 座標系から見る（ここでは β は一般の速度で、電子の移動速度とは別である）。

(1) $\tilde{x}^*$ 座標系では、トータルの電荷密度はどれだけになるか、考えよ。
(2) この電荷が導線からの距離 r の位置につくる電場はどれだけか。
(3) $\tilde{x}^*$ 座標系では、どれだけの電流が流れているか。
(4) この電流が導線からの距離 r の位置につくる磁場はどれだけか。
(5) 導線の静止系において静止している荷電粒子に作用する、電場による力と磁場による力は相殺するか、説明せよ。

ヒント → p4w へ　解答 → p18w へ

★【演習問題 9-2】
真空中に単位長さあたりの電荷密度が ρ である無限に長い導線が 2 本、距離 r 離れて平行に張られている。一方の導線の電荷がもう一方の導線の位置につくる電場の大きさは $\dfrac{\rho}{2\pi\varepsilon_0 r}$ であり、導線のうち長さ ℓ の部分に作用する力は $\dfrac{\rho^2 \ell}{2\pi\varepsilon_0 r}$ である。

導線と平行な方向に速さ v で動きながらこの導線を見ると、導線に平行電流が流れているように見えるから、磁場による引力も作用する。この場合の電場による力と磁場による力を計算し、合力が引力になるか斥力になるかを判定せよ。

ヒント → p4w へ　解答 → p18w へ

★【演習問題 9-3】
3.7 節において、どの座標系においても電子が静止を続けることを「$\dfrac{v^2}{c^2}$ を無視する」計算で確認した。無視しない計算でも電子が静止を続けることをより一般の状況で確認したい。x^* 座標系で電子が静止して磁場 $\vec{B}$ があり電場がない状況を、x^* 座標系に対し速度 $\vec{v}$ で動いている $\tilde{x}^*$ 座標系で観測したとき、電子には力が作用しないことを確認せよ。

ヒント → p4w へ　解答 → p19w へ

第 10 章

電磁場のエネルギー運動量テンソル

電磁場の相対論的力学について理解するために、電磁場のエネルギーや運動量について計算していこう。

10.1 真空中の電磁気学におけるエネルギーと運動量

🔜 電磁場はエネルギーや運動量を持っている。ここではそれらをテンソルを使って表現していこう。

10.1.1 テンソルを使わずに

まずはテンソルを使わない書き方から始めよう。電磁気学では、

—— 真空中の電磁場のエネルギー密度 ——
$$\frac{\varepsilon_0}{2}\left|\vec{E}\right|^2 + \frac{1}{2\mu_0}\left|\vec{B}\right|^2 \tag{10.1}$$

が知られている。電磁場はエネルギーを持っているので、電磁場がそのエネルギーを消費することで他に仕事をしたり、逆に外から仕事をされることでその分のエネルギーを電磁場の中に溜め込むことができる[†1]。これから求めていく

[†1] 念の為力学の復習。エネルギーとはそもそも「仕事をしたらそれだけ減り、仕事をされたらそれだけ増える」ように定義された物理量である。別の言い方をすれば「仕事はエネルギーの流量（flow）である」が「エネルギーの定義」である（熱力学では「熱」もエネルギーの流量となる）。だから「どうして仕事をしたらエネルギーが減るの？」という質問に対する答は「そうなるようにエネルギーを定義したから」となる。そんなにうまく定義できるのか？ ——と心配になる人がいるかもしれないが、常にできるのではなく、力の種類によりできる場合とできない場合がある（たとえば万有引力はできるが摩擦力はできない）。できる場合にその力を「保存力」と呼ぶのである。電磁力はもちろん保存力である。

第10章 電磁場のエネルギー運動量テンソル

「エネルギー・運動量テンソル」という量を考えると、電磁場がそういう「物を押したり引いたりできる（そしてエネルギーや運動量を持つ）物理的実体」であることが実感できるようになるだろう。

上の式(10.1)が確かにエネルギー密度であることを確認するために、その変化
→ p231

を考えよう。(10.1)を時間微分すると $\varepsilon_0 \vec{E} \cdot \dfrac{\partial \vec{E}}{\partial t} + \dfrac{1}{\mu_0} \vec{B} \cdot \dfrac{\partial \vec{B}}{\partial t}$ となる。
→ p231

源のある真空中のMaxwell方程式を使うと、
→ p187 の (9.1)

$$\varepsilon_0 \vec{E} \cdot \frac{\partial \vec{E}}{\partial t} + \frac{1}{\mu_0} \vec{B} \cdot \frac{\partial \vec{B}}{\partial t} = \vec{E} \cdot \overbrace{\left(-\vec{j} + \frac{1}{\mu_0} \operatorname{rot} \vec{B}\right)}^{\varepsilon_0 \frac{\partial \vec{E}}{\partial t}} + \frac{1}{\mu_0} \vec{B} \cdot \overbrace{\left(-\operatorname{rot} \vec{E}\right)}^{\frac{\partial \vec{B}}{\partial t}} \quad (10.2)$$

となり、ここで(B.58)から $\boxed{\vec{E} \cdot \left(\operatorname{rot} \vec{B}\right) - \left(\operatorname{rot} \vec{E}\right) \cdot \vec{B} = -\operatorname{div} \left(\vec{E} \times \vec{B}\right)}$ と
→ p312

いう式を作って使うと、次の式ができる。

―――― 電磁場のエネルギーの保存則 ――――
$$\frac{\partial}{\partial t}\left(\frac{\varepsilon_0}{2}\left|\vec{E}\right|^2 + \frac{1}{2\mu_0}\left|\vec{B}\right|^2\right) = -\vec{E} \cdot \vec{j} - \frac{1}{\mu_0}\operatorname{div}\left(\vec{E} \times \vec{B}\right) \quad (10.3)$$

右辺第1項の $-\vec{E} \cdot \vec{j}$ は「電場が単位時間にする仕事×(−1)」である。そのことを確認するため、この $\vec{j}$ に(9.51)の電流密度を代入し
→ p204

$$\int_{領域} d^3\vec{x} \left(-\vec{E}(t,\vec{x}) \cdot \overbrace{\left(\sum_{i=1}^{N} Q_{(i)} \vec{v}_{(i)}(t) \delta^3\left(\vec{x} - \vec{X}_{(i)}(t)\right)\right)}^{\vec{j}(t,\vec{x})}\right) \quad (10.4)$$

のようにある領域で積分する。

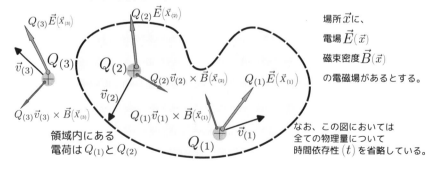

10.1 真空中の電磁気学におけるエネルギーと運動量

積分の結果、領域内で0でないデルタ関数の寄与が残り

$$\int_{領域} \mathrm{d}^3\vec{x} \left(-\vec{E}(t,\vec{x}) \cdot \vec{j}(t,\vec{x})\right) = -\sum_{\substack{領域内に \\ ある電荷}} Q_{(i)} \vec{E}\left(t, \vec{X}_{(i)}(t)\right) \cdot \vec{v}_{(i)}(t) \tag{10.5}$$

となる。領域内の場所 $\vec{X}_{(i)}(t)$ にある電荷 $Q_{(i)}$ には、上の図のように、その時刻のその場所の電場と磁場から $Q_{(i)}\left(\vec{E}\left(t,\vec{X}_{(i)}(t)\right) + \vec{v}_{(i)}(t) \times \vec{B}\left(t,\vec{X}_{(i)}(t)\right)\right)$ の力が加わる。電荷は単位時間に $\vec{v}_{(i)}(t)$ だけ移動する。このとき電荷に対して、$Q_{(i)}\vec{E}\left(t,\vec{X}_{(i)}(t)\right) \cdot \vec{v}_{(i)}(t)$ の仕事がされる[†2]。仕事をしたのは電磁場なので、電磁場のエネルギーが減る。

(10.3)の左辺は「エネルギーの単位時間あたりの変化」なので、この式はまさに「電場が仕事をすればその分電磁場のエネルギーが減る」を表現している[†3]。

右辺第2項の $-\dfrac{1}{\mu_0}\mathrm{div}\left(\vec{E}\times\vec{B}\right)$ は仕事とは別のエネルギーの増減

を示している。連続の式(9.58) $\boxed{\dfrac{\partial \rho}{\partial t} = -\mathrm{div}\,\vec{j}}$ (ρの減少は$\vec{j}$の流れ出し) と(10.3)を見比べると、$\dfrac{1}{\mu_0}\left(\vec{E}\times\vec{B}\right)$ を「電磁場のエネルギーの流れ密度」と解釈することができる[†4]。このベクトルは、電磁気学の世界ではよく知られている「**Poynting**ベクトル（**Poynting vector**）」である。

10.1.2 4次元テンソルの表現に直す

> 電磁場に関する計算は、テンソルを使ってLorentz対称性が明白な形で行ったほうが楽になることが多い。というわけで、ここから電磁場のエネルギーと運動量をテンソルの形で表現していこう。

[†2] 磁場からの力 $Q_{(i)}\vec{v}_{(i)}(t) \times \vec{B}\left(t,\vec{X}_{(i)}(t)\right)$ は $\vec{v}_{(i)}(t)$ と直交するので仕事をしない。

[†3] 電荷を持っている粒子の運動エネルギー $\dfrac{1}{2}m|\vec{v}|^2$ を時間微分すると、$\boxed{m\dfrac{\mathrm{d}\vec{v}}{\mathrm{d}t}\cdot\vec{v} = \vec{F}\cdot\vec{v}}$ となる。今の場合 $\boxed{\vec{F} = q\vec{E}}$ だから $q\vec{E}\cdot\vec{v}$ は荷電粒子の運動エネルギーの単位時間あたりの増加である。

[†4] ここで、$\vec{E},\vec{B}$ が静的なものであっても「エネルギーの流れ」があることに注意。「エネルギーの流れ」とか「運動量」とか言われると、「何物かが時間的に変化しているところ」を思い浮かべてしまうのだが、そうとは限らないのだ。

第 10 章 電磁場のエネルギー運動量テンソル

エネルギー密度(10.1)は(電場)^2+(磁場)^{2}の形をしている。$F_{\mu\nu}$の形を見ると、$F_{\mu\nu}F^{\mu\nu}$ という計算をすると(電場)^2+(磁場)^{2}が出てくるように思えるかもしれない。しかし、(磁場)^{2}の係数が合うように $\dfrac{1}{4\mu_0}$ を掛けてやると

$$\frac{1}{4\mu_0}\overbrace{\left(-\frac{2}{c^2}[\vec{E}]^i[\vec{E}]^i+2[\vec{B}]^i[\vec{B}]^i\right)}^{F_{\mu\nu}F^{\mu\nu}} = -\overbrace{\frac{\varepsilon_0}{2}}^{\frac{1}{2\mu_0 c^2}}|\vec{E}|^2+\frac{1}{2\mu_0}|\vec{B}|^2 \tag{10.6}$$

となって$^{\dagger 5}$、(電場)^2 の前の符号が合わない$^{\dagger 6}$。そこで、

$$\frac{1}{\mu_0}F_{0\mu}F^{0\mu}=\frac{1}{\mu_0}\overbrace{\left(-[\vec{E}]^i/c\right)}^{F_{0i}}\overbrace{\left(+[\vec{E}]^i/c\right)}^{F^{0i}}=-\varepsilon_0|\vec{E}|^2 \tag{10.7}$$

を引くことで

$$-\frac{1}{\mu_0}F_{0\mu}F^{0\mu}+\frac{1}{4\mu_0}F_{\alpha\beta}F^{\alpha\beta}=\frac{\varepsilon_0}{2}|\vec{E}|^2+\frac{1}{2\mu_0}|\vec{B}|^2 \tag{10.8}$$

という量を作る。(10.3)の左辺はこれの時間微分である。次に(10.3)の右辺の第2項にある $-\dfrac{1}{\mu_0}\mathrm{div}\left(\vec{E}\times\vec{B}\right)$ を書き直す。まず $\vec{E}\times\vec{B}$ の x 成分を考えると

$$\left[\vec{E}\times\vec{B}\right]^x=(\overbrace{-cF_{02}}^{[\vec{E}]^y})(\overbrace{+F^{12}}^{[\vec{B}]^z})-(\overbrace{-cF_{03}}^{[\vec{E}]^z})(\overbrace{-F^{13}}^{[\vec{B}]^y})=-c\left(F_{02}F^{12}+F_{03}F^{13}\right)$$

$$=-c\left(\underbrace{F_{00}F^{10}}_{0}+\underbrace{F_{01}F^{11}}_{0}+F_{02}F^{12}+F_{03}F^{13}\right)=-cF_{0\mu}F^{1\mu} \tag{10.9}$$

となる。y,z 成分も同様に考え、さらに div を取ると以下のように書き直せる。

$$-\frac{1}{\mu_0}\mathrm{div}\left(\vec{E}\times\vec{B}\right)=\frac{c}{\mu_0}\partial_i\left(F_{0\mu}F^{i\mu}\right) \tag{10.10}$$

$^{\dagger 5}$ 電場の項の前にマイナス符号が出るのは、F_{0i} と F^{0i} が逆符号の量だから。全ての項に因子2が出てくる理由は、例えば $F_{12}F^{12}$ と $F_{21}F^{21}$ が両方出てくるから。自乗するため、流儀に由来する符号因子 + は出ず、(電場)^2 の前の係数は常にマイナス、(磁場)^2 の前の係数は常にプラスである。

$^{\dagger 6}$ 考えてみれば $F_{\mu\nu}F^{\mu\nu}$ は Lorentz 不変(スカラー)であるから、これがそのままエネルギーという非スカラー量になることは有り得ない。

10.1 真空中の電磁気学におけるエネルギーと運動量

次に、(10.3)の右辺第1項の $-\vec{E}\cdot\vec{j}$ の項は

$$-E^x j^x - E^y j^y - E^z j^z = \underbrace{+cF_{01}j^1 + cF_{02}j^2 + cF_{03}j^3}_{-cF_{01}\ -cF_{02}\ -cF_{03}} \underbrace{+\ cF_{0i}j^i}_{-\text{時}A^\mu} + \underbrace{\overbrace{cF_{00}j^0}^{0}}_{-\text{時}A^\mu} = \underbrace{+\ cF_{0\lambda}j^\lambda}_{-\text{時}A^\mu} \quad (10.11)$$

と書き直すことができる。

以上を(10.3)に代入して、全体を c で割りつつ、右辺第2項を左辺に移項し

$$\partial_0\left(-\frac{1}{\mu_0}F_{0\mu}F^{0\mu}+\frac{1}{4\mu_0}F_{\alpha\beta}F^{\alpha\beta}\right)+\partial_i\left(-\frac{1}{\mu_0}F_{0\mu}F^{i\mu}\right)=\underbrace{+F_{0\lambda}j^\lambda}_{-\text{時}A^\mu}$$
$$\underbrace{-\frac{1}{\mu_0}F_{0\mu}F^{\rho\mu}\text{の}\rho=0\text{成分}}\qquad\underbrace{-\frac{1}{\mu_0}F_{0\mu}F^{\rho\mu}\text{の}\rho=i\text{成分}}\qquad(10.12)$$

という式ができた。左辺第1項が「時間成分の時間微分」、第2項が「空間成分の空間微分」であるように見える式になったが、$\frac{1}{4\mu_0}F_{\alpha\beta}F^{\alpha\beta}$ の項は第1項にはあるが第2項には無い。そこで $\delta^\rho{}_0$（ $\rho=0$ なら1、それ以外なら0）を使って

$$\partial_\rho\left(-\frac{1}{\mu_0}F_{0\mu}F^{\rho\mu}+\underbrace{\delta^\rho{}_0\frac{1}{4\mu_0}F_{\alpha\beta}F^{\alpha\beta}}_{\rho=0\text{でのみ現れる項}}\right)=\underbrace{+F_{0\lambda}j^\lambda}_{-\text{時}A^\mu}\quad(10.13)$$

と書くと4次元の式としてまとまる。この式を見ると、以下のような関係式の $\boxed{\nu=0}$ 成分なのではないかと期待したくなるだろう。

成り立つのではと期待する式

$$\partial_\rho\left(-\frac{1}{\mu_0}F_{\nu\mu}F^{\rho\mu}+\delta^\rho{}_\nu\frac{1}{4\mu_0}F_{\alpha\beta}F^{\alpha\beta}\right)=\underbrace{+F_{\nu\lambda}j^\lambda}_{-\text{時}A^\mu}\quad(10.14)$$

我々は電磁気学も力学も Lorentz 不変な理論であることを知っているので、「0成分に関して成り立つ式は i 成分でも成り立つだろう」と予想できる。そうでなかったら電磁気学が Lorentz 不変ではないことになってしまう。

幸い、（$\boxed{\nu=0}$ 成分以外の）(10.14)の成立は「期待」にはとどまらない。以下のようにテンソルで書いた Maxwell 方程式を使えばすぐ証明できる[†7]。

[†7] テンソルを使わず電場と磁場の3次元ベクトル表示を使って証明する方法は、下の【問い 10-3】を見よ。

第10章 電磁場のエネルギー運動量テンソル

左辺の微分を

$$-\frac{1}{\mu_0}(\partial_\rho F_{\nu\mu})F^{\rho\mu} - \frac{1}{\mu_0}F_{\nu\mu}\partial_\rho F^{\rho\mu} + \frac{1}{2\mu_0}(\partial_\nu F_{\alpha\beta})F^{\alpha\beta} \qquad (10.15)$$

のように実行してから Maxwell 方程式(9.62) $\partial_\mu F^{\mu\nu} = -\mu_0 j^\nu$ を使うと、

$$-\frac{1}{\mu_0}(\partial_\rho F_{\nu\mu})F^{\rho\mu} + F_{\nu\mu}j^\mu + \frac{1}{2\mu_0}(\partial_\nu F_{\alpha\beta})F^{\alpha\beta} \qquad (10.16)$$

となる。第1項と第3項はどちらも F^{**} の形のテンソルと $\partial_* F_{**}$ の形のテンソル積である。この二つをまとめるために、第1項のダミー添字を $\rho \to \alpha, \mu \to \beta$ と置き換えることで F^{**} の添字を $\alpha\beta$ に揃える。第1項と第2項を入れ替え、添字の位置を調整することで

$$+ F_{\nu\mu}j^\mu - \frac{1}{\mu_0}(\partial_\alpha F_{\nu\beta})F^{\alpha\beta} + \frac{1}{2\mu_0}(\partial_\nu F_{\alpha\beta})F^{\alpha\beta}$$

$$= + F_{\nu\mu}j^\mu - \frac{1}{\mu_0}\left(\partial_\alpha F_{\nu\beta} - \frac{1}{2}\partial_\nu F_{\alpha\beta}\right)F^{\alpha\beta} \qquad (10.17)$$

を得る。最後の式の括弧内は、後ろの $F^{\alpha\beta}$ という「$\alpha \leftrightarrow \beta$ で反対称なテンソル」と縮約が取られているので

$$\partial_\alpha F_{\nu\beta} - \frac{1}{2}\partial_\nu F_{\alpha\beta} \;\to\; \overbrace{\frac{1}{2}\partial_\alpha F_{\nu\beta} - \frac{1}{2}\partial_\beta F_{\nu\alpha}}^{\partial_\alpha F_{\nu\beta}\text{の反対称化}} - \frac{1}{2}\partial_\nu F_{\alpha\beta} \qquad (10.18)$$

と置き換えることができる[†8]。$\partial_\mu F_{\nu\rho} + \partial_\nu F_{\rho\mu} + \partial_\rho F_{\mu\nu} = 0$ の添字を変えて

$$\partial_\alpha F_{\nu\beta} + \partial_\beta \underbrace{F_{\alpha\nu}}_{-F_{\nu\alpha}} + \partial_\nu \underbrace{F_{\beta\alpha}}_{-F_{\alpha\beta}} = 0 \qquad (10.19)$$

という式を作ると、(10.17) の最後の式の第2項は0になることがわかり、めでたく(10.14)は証明された。

[†8] $F_{\alpha\beta}A^{\alpha\beta} = \frac{1}{2}F_{\alpha\beta}\left(A^{\alpha\beta} - A^{\beta\alpha}\right)$ という操作を行った。この $A_{\alpha\beta} \to \frac{1}{2}(A_{\alpha\beta} - A_{\beta\alpha})$ なる操作を「$A_{\alpha\beta}$ の反対称化」と呼ぶ。

10.1 真空中の電磁気学におけるエネルギーと運動量

---練習問題---

【問い10-1】 (10.17)の最後の式の第2項が0になることを、第2項の括弧内の F_{**} に $\boxed{F_{\mu\nu} = \partial_\mu A_\nu - \partial_\nu A_\mu}$ を代入することで示せ。

解答→ p332へ

10.1.3 エネルギー運動量テンソルの定義

(10.14)の左辺の括弧内の、ダミーでない添字を両方上に上げて符号因子をつけた量[†9]として、以下を定義する。

──── 電磁場のエネルギー運動量テンソル ────
$$T^{\mu\nu}_{\text{電磁}} \equiv -\underset{+\text{時}}{\frac{1}{\mu_0}} F^\mu{}_\lambda F^{\nu\lambda} + \underset{-\text{時}}{\frac{1}{4\mu_0}} \eta^{\mu\nu} F_{\alpha\beta} F^{\alpha\beta} \tag{10.20}$$

$T^{\mu\nu}_{\text{電磁}}$ を「電磁場のエネルギー運動量テンソル (energy momentum tensor of electromagnetic field)」と呼ぶ理由は T^{00} がエネルギー密度で、T^{0i} が i 方向の運動量密度 $\times c$ であると解釈できるからである。

【FAQ】エネルギーが0成分ではなく、00成分なのはなぜですか？

....

4元運動量の場合「0成分がエネルギー」であった。今考えているのは「エネルギー密度」である。密度がスカラーではなく「4元ベクトルの0成分」だということは9.2節でも（あのときは電荷密度に関してであったが）説明した。つまり二つの0のうち片方は「エネルギー」を、もう片方は「密度」を表す[†10]。

(10.14)から、この $T^{\mu\nu}$ は $\boxed{+\partial_\mu T^{\mu\nu}_{\text{電磁}} = -F^\nu{}_\lambda j^\lambda}$ を満たす。すなわち、

──── 電磁場のエネルギー運動量保存則 ────
$$\partial_\mu T^{\mu\nu}_{\text{電磁}} = -F^\nu{}_\lambda j^\lambda \tag{10.21}$$

[†9] 符号 $-$ と $+$ は、$T^{00}_{\text{電磁}}$ がどの convention でも正の量（すなわち、エネルギー）となるように選んだ。多くの本がこうしている。$T^0{}_0$ が正になるように選ぶ本もあり、その流儀でしかも spacelike convention の場合はここでの定義と符号が逆転する。

[†10] $T^{\mu\nu}$ は対称テンソル（$T^{\mu\nu} = T^{\nu\mu}$）なので、T^{00} のどっちの0がエネルギーでどっちの0が密度を表しているかを悩む必要は無い。

第10章 電磁場のエネルギー運動量テンソル

が満たされる。ただし、記号 $\underset{+\text{時}A_\mu}{-}$ は $\underset{-\text{時}}{+}$ と $\underset{+\text{時}A^\mu}{-}$ の積である（p192の表を参照）。

(10.21)の右辺の第0成分は $-\vec{E}\cdot\vec{j}$ であり、電荷によってされる仕事に対応していることは(10.5)のあたりで述べた。
$\to$ p233

(10.21)の空間成分の意味を考えるために、右辺を具体的に電場と磁場で表してみよう。例えば $\boxed{\nu=1}$ の成分は $\underset{+\text{時}A_\mu}{-}F^1{}_\lambda j^\lambda$ である。
$\to$ p237

(9.20)から $F_{1\lambda}$ が $\underset{-\text{時}A^\mu}{+}\Big(\overbrace{\boxed{\vec{E}}^x/c}^{\lambda=0}, \overbrace{0}^{\lambda=1}, \overbrace{\boxed{\vec{B}}^z}^{\lambda=2}, \overbrace{-\boxed{\vec{B}}^y}^{\lambda=3}\Big)$ だから、添字1を上付きにした $F^1{}_\lambda$ は $\underset{-\text{時}}{+}$ が掛かるので $\underset{-\text{時}}{+}\underset{-\text{時}A^\mu}{+}\Big(\boxed{\vec{E}}^x/c, 0, \boxed{\vec{B}}^z, -\boxed{\vec{B}}^y\Big)$ となる。よって、
$\underset{-\text{時}A_\mu}{+}$

$$\underset{+\text{時}A_\mu}{-}F^1{}_\lambda j^\lambda = -\Big(\underset{+\text{時}A_\mu}{F^1{}_0}\underset{c\rho}{j^0} + F^1{}_1\underset{0}{j^1} + F^1{}_2\underset{+\boxed{\vec{B}}^z}{j^2} + F^1{}_3\underset{-\boxed{\vec{B}}^y}{j^3}\Big)$$
$$\underset{-\text{時}A_\mu}{+\boxed{\vec{E}}^x/c}\quad\quad\underset{-\text{時}A_\mu}{}\quad\underset{-\text{時}A_\mu}{}$$

$$= -\Big(\rho\boxed{\vec{E}}^x + \boxed{\vec{B}}^z j^y - \boxed{\vec{B}}^y j^z\Big) = \Big[-\rho\vec{E} - \vec{j}\times\vec{B}\Big]^x \quad (10.22)$$

のような式が出てくる。結論として $\boxed{\partial_\mu T^{\mu 1}_{\text{電磁}} = \Big[-\rho\vec{E} - \vec{j}\times\vec{B}\Big]^x}$ が出てきた。

ここで $\rho, \vec{j}$ に点電荷の集合としての式である(9.51)を代入し、時刻一定の空間
$\to$ p204
領域で体積積分を行えば、デルタ関数により電荷のある場所での値が出てきて、

$$-\sum_{\substack{\text{領域内に}\\\text{ある電荷}}} Q_{(i)}\Big[\vec{E}(\vec{X}_{(i)}) + \vec{v}_{(i)}\times\vec{B}(\vec{X}_{(i)})\Big]^x \quad (10.23)$$

という式になる。これはまさに「個々の荷電粒子に作用する力の x 成分」の逆符号である。つまり(10.21)の右辺の $\underset{+\text{時}A_\mu}{-}F^\nu{}_\lambda j^\lambda$ は「積分すると荷電粒子に作用
$\to$ p237
する力 $\times(-1)$ になる量」である。ここ (10.23) の右辺に現れている力は(9.78)
$\to$ p211
に出てくる3次元力 $\boxed{\vec{f} = \dfrac{d\vec{p}}{dt}}$ の方[†11] なので、

$$\int_{\text{ある領域}} d^3\vec{x}\ \partial_\mu T^{\mu i}_{\text{電磁}} = -\sum_{\text{その領域内}} \frac{dP^i_{(i)}}{dt} \quad (10.24)$$

[†11] 4元力の x 成分ではないことに注意。4元力なら γ 因子がいる。

が言える。右辺の $\sum$ は考えている領域内に入っている (i) 番目の粒子に作用する力の和を取っている。

我々は力学において以下が成り立つことを知っており、よく使っている。

力学における運動量の時間変化と力の関係

物体 A が物体 B に力 $\vec{f}$ を及ぼしたとき、
物体 A の運動量の時間微分は $-\vec{f}$ に等しく、
物体 B の運動量の時間微分は $\vec{f}$ に等しい。
よって運動量変化については

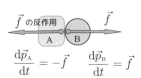

$$\frac{d\vec{p}_A}{dt} = -\vec{f} \quad \frac{d\vec{p}_B}{dt} = \vec{f}$$

$\boxed{\dfrac{d\vec{p}_A}{dt} + \dfrac{d\vec{p}_B}{dt} = \vec{0}}$ （運動量保存則）が成り立つ。

より正確に言うならば、そうなるようにうまく定義された量が「運動量」なのである。ここで、物体 A と物体 B の運動量変化がちょうど逆なのは、作用・反作用の法則が成り立つおかげである。

そこでこの関係の「物体 A」を電磁場に、「物体 B」を荷電粒子に置き換えた以下の関係があることを期待する。

電磁気学における運動量の時間変化と力の関係

電磁場が荷電粒子に力 $\vec{f}$ を及ぼしたとき、
電磁場の運動量の時間微分は $-\vec{f}$ に等しく、
荷電粒子の運動量の時間微分は $\vec{f}$ に等しい。
よって運動量変化については

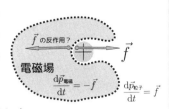

$$\frac{d\vec{p}_{電磁}}{dt} = -\vec{f} \quad \frac{d\vec{p}_{粒子}}{dt} = \vec{f}$$

$\boxed{\dfrac{d\vec{p}_{電磁}}{dt} + \dfrac{d\vec{p}_{粒子}}{dt} = \vec{0}}$ （運動量保存則）が成り立つ。

上の $-\vec{f}$ が(10.23)である。$\boxed{\partial_0 = \dfrac{1}{c}\partial_t}$ に注意して $\partial_0 T^{0i}_{電磁}$ と $\dfrac{d\vec{p}_{電磁}}{dt}$ を比較すると、$T^{0i}_{電磁}$ の持つ意味は電磁場の運動量 $\times c$ の密度であることがわかる。

ここで求めた(10.24)に対応して第 0 成分については

$$\int_{ある領域} \mathrm{d}^3\vec{x}\ \partial_\mu T^{\mu 0}_{電磁} = -\sum_{その領域内} \frac{\mathrm{d}P^0_{(i)}}{\mathrm{d}t} \tag{10.25}$$

が成り立つことも、エネルギー密度の時間微分の式を積分した結果が(10.5)$_{\to \text{p233}}$ であったことからわかる。(10.25) の右辺は領域内の電荷に対してされる仕事 $\times \dfrac{-1}{c}$ である。$\dfrac{1}{c}$ は左辺の ∂_0 が $\dfrac{1}{c}\partial_t$ であることから来る。

📺 $T^{\rho\nu}_{電磁}$ が電磁場のエネルギーおよび運動量を表していて、それらは荷電粒子に対して行った仕事や力積の分だけ減少することがわかった。エネルギーと運動量は保存するから、その分「荷電粒子のエネルギーと運動量」が増加していると思われる。

となれば、荷電粒子のエネルギーや運動量も $T^{\mu\nu}$ の形でまとめたくなる。それを次の節で考えよう。

ここで「T^{ij} の意味は何なのか？」という点も気になるところだと思うが、それは粒子のエネルギー運動量テンソルの説明が終わった後で明らかにしよう。
$_{\to \text{p244}}$

---------------- 練習問題 ----------------

【問い10-2】 $T^{\mu\nu}_{電磁}$ の成分のうち、

$$T^{00}_{電磁} = \frac{\varepsilon_0}{2}|\vec{E}|^2 + \frac{1}{2\mu_0}|\vec{B}|^2 \tag{10.26}$$

$$T^{0i}_{電磁} = \frac{1}{\mu_0 c}\left(\vec{E}\times\vec{B}\right)_i \tag{10.27}$$

はすでにわかっている。残りの $T^{ij}_{電磁}$ を $\vec{E},\vec{B}$ で表すと

$$T^{ii}_{電磁} = \frac{\varepsilon_0}{2}\sum_{\substack{i番目は複号-\\それ以外+}} \pm\left(\left[\vec{E}\right]^i\right)^2 + \frac{1}{2\mu_0}\sum_{\substack{i番目は複号-\\それ以外+}} \pm\left(\left[\vec{B}\right]^i\right)^2 \quad (i\text{は足し上げなし}) \tag{10.28}$$

$$T^{ij}_{電磁} = -\varepsilon_0\left[\vec{E}\right]^i\left[\vec{E}\right]^j - \frac{1}{\mu_0}\left[\vec{B}\right]^i\left[\vec{B}\right]^j \quad (i\neq j) \tag{10.29}$$

となることを確認せよ。
解答 → p332 へ

【問い10-3】 (10.14)$_{\to \text{p235}}$ の左辺の $\boxed{\nu=1}$ 成分を $\vec{E},\vec{B}$ を使って書き下し、Maxwell 方程式を使うと(10.14)$_{\to \text{p235}}$ の右辺の $\boxed{\nu=1}$ 成分になることを示せ。

この問題は上でテンソルを使って行った計算を3次元ベクトルの形でやり直すものである。よって上の計算で納得した人はやらなくてよい。
解答 → p333 へ

10.2 粒子のエネルギー・運動量テンソル

電磁場のエネルギー運動量テンソルを作ると、$\partial_\mu T^{\mu\nu}_{電磁}$ という量が「電磁場に及ぼされる力」の密度になる[†12]ことが前節でわかった。もう一つ、粒子のエネルギー運動量テンソル $T^{\mu\nu}_{粒子}$ があって、その4次元発散にあたる $\partial_\mu T^{\mu\nu}_{粒子}$ が「粒子に及ぼされる力」の密度になっていて、

$$\underbrace{\partial_\mu T^{\mu\nu}_{電磁}}_{粒子が電磁場に及ぼす力の密度} + \underbrace{\partial_\mu T^{\mu\nu}_{粒子}}_{電磁場が粒子に及ぼす力の密度} = 0 \tag{10.30}$$

のように消し合うとすれば、作用・反作用の法則およびそれから導かれる運動量保存則の一般化として自然である[†13]。実際これが成り立つことを以下で確認するため、$T^{\mu\nu}_{粒子}$ を作っていこう。

作り方は簡単である。4元電流密度を考えたときと同様に、まず粒子が静止している座標系で考えて、次に等速直線運動する座標系へと移り、さらにそれを曲線運動に拡張するという手順を踏んでいけばよい。

まずは粒子の静止系($\widetilde{x}^*$ 座標系とする)でのエネルギー運動量テンソルは

$$\widetilde{T}^{\widetilde{0}\widetilde{0}}_{粒子} = mc^2 \delta^3(\vec{\widetilde{x}}), \quad \text{それ以外の}\widetilde{T}^{\widetilde{\mu}\widetilde{\nu}}_{粒子} = 0 \tag{10.31}$$

である。座標原点 $\vec{\widetilde{x}} = \vec{0}$ に mc^2 のエネルギーが集中して存在していて、運動量はすべて 0 と考えるとこうなる。これに逆 Lorentz 変換を行って等速直線運動をする粒子のエネルギー運動量テンソルを作る。そのためには一般方向への Lorentz 変換の行列(4.33)を(逆変換なので)$\beta \to -\beta$ の置き換えを行った行列(結果に関係ない部分は省略して * で表現する)を使って、

$$\begin{bmatrix} \gamma & \vec{\beta}^x\gamma & \vec{\beta}^y\gamma & \vec{\beta}^z\gamma \\ \vec{\beta}^x\gamma & * & * & * \\ \vec{\beta}^y\gamma & * & * & * \\ \vec{\beta}^z\gamma & * & * & * \end{bmatrix} \overbrace{\begin{bmatrix} mc^2\delta^3(\vec{\widetilde{x}}) & 0 & 0 & 0 \\ 0 & 0 & 0 & 0 \\ 0 & 0 & 0 & 0 \\ 0 & 0 & 0 & 0 \end{bmatrix}}^{\widetilde{T}^{\widetilde{\mu}\widetilde{\nu}}_{粒子}\text{の行列}} \begin{bmatrix} \gamma & \vec{\beta}^x\gamma & \vec{\beta}^y\gamma & \vec{\beta}^z\gamma \\ \vec{\beta}^x\gamma & * & * & * \\ \vec{\beta}^y\gamma & * & * & * \\ \vec{\beta}^z\gamma & * & * & * \end{bmatrix}$$

[†12] 誰が電磁場に力を及ぼすのか? —もちろんここでの登場人物は残り一人しかない。この力は「粒子が電磁場に及ぼす力」である。
[†13] 解析力学を使うと「作用の並進不変性」から運動量の保存則が出てくる。その立場ではまさに自然に(10.30)が導かれるわけである。本書では解析力学までには立ち入らない。

$$
=mc^2\delta^3(\vec{\tilde{x}})\begin{bmatrix} \gamma^2 & [\vec{\beta}]^x\gamma^2 & [\vec{\beta}]^y\gamma^2 & [\vec{\beta}]^z\gamma^2 \\ [\vec{\beta}]^x\gamma^2 & [\vec{\beta}]^x[\vec{\beta}]^x\gamma^2 & [\vec{\beta}]^x[\vec{\beta}]^y\gamma^2 & [\vec{\beta}]^x[\vec{\beta}]^z\gamma^2 \\ [\vec{\beta}]^y\gamma^2 & [\vec{\beta}]^y[\vec{\beta}]^x\gamma^2 & [\vec{\beta}]^y[\vec{\beta}]^y\gamma^2 & [\vec{\beta}]^y[\vec{\beta}]^z\gamma^2 \\ [\vec{\beta}]^z\gamma^2 & [\vec{\beta}]^z[\vec{\beta}]^x\gamma^2 & [\vec{\beta}]^z[\vec{\beta}]^y\gamma^2 & [\vec{\beta}]^z[\vec{\beta}]^z\gamma^2 \end{bmatrix}
\quad (10.32)
$$

のように計算を行う。デルタ関数の部分は電荷密度と電流密度の式のときと同様に、$\boxed{\delta^3(\vec{\tilde{x}})=\frac{1}{\gamma}\delta^3(\vec{x}-\vec{v}t)}$ と変わる（変換で $\frac{1}{\gamma}$ が出ることに注意）。

今考えている粒子が静止または等速直線運動しているのではなく、固有時間 τ をパラメータにして $\boxed{\vec{x}=\vec{X}(\tau)}$ と表せる運動をしている場合、上の $\delta^3(\vec{x}-\vec{v}t)$ を $\delta^3(\vec{x}-\vec{X}(\tau))$ に直す（このあたりも4元電流密度を考えたときと同様）。

$$
\boxed{c\gamma=\frac{\mathrm{d}X^0(\tau)}{\mathrm{d}\tau},\, c\gamma[\vec{\beta}]^i=\gamma[\vec{v}]^i=\frac{\mathrm{d}X^i(\tau)}{\mathrm{d}\tau}}
$$

を使って $T^{\mu\nu}_{\text{粒子}}$ を書き直すと、

── 粒子のエネルギー運動量テンソル ──
$$
T^{\mu\nu}_{\text{粒子}}=m\frac{\mathrm{d}X^\mu(\tau)}{\mathrm{d}\tau}\frac{\mathrm{d}X^\nu(\tau)}{\mathrm{d}\tau}\frac{1}{\gamma}\delta^3(\vec{x}-\vec{X}(\tau))
\quad (10.33)
$$

と書くことができる。$\boxed{\mu=0}$ の場合を考えると、$\boxed{\dfrac{\mathrm{d}X^0(\tau)}{\mathrm{d}\tau}=c\gamma}$ なので、

$$
T^{0\nu}_{\text{粒子}}=mc\frac{\mathrm{d}X^\nu(\tau)}{\mathrm{d}\tau}\delta^3(\vec{x}-\vec{X}(\tau))=cP^\nu(\tau)\delta^3(\vec{x}-\vec{X}(\tau))
\quad (10.34)
$$

となって、以下が確認できる。

── $T^{0\nu}_{\text{粒子}}$ は4元運動量 P^ν に c を掛けた量の密度 ──
$$
\int_{\text{ある領域}}\mathrm{d}^3\vec{x}\, T^{0\nu}_{\text{粒子}}=cP^\nu
\quad (10.35)
$$

(10.33) は（電流密度のときと同様に）相対論的共変性が明白な式

── 粒子のエネルギー運動量テンソルの共変的表現 ──
$$
T^{\mu\nu}_{\text{粒子}}=mc\int_{\tau_\mathrm{i}}^{\tau_\mathrm{f}}\mathrm{d}\tau\,\frac{\mathrm{d}X^\mu}{\mathrm{d}\tau}\frac{\mathrm{d}X^\nu}{\mathrm{d}\tau}\delta^4(x^*-X^*(\tau))
\quad (10.36)
$$

10.2 粒子のエネルギー・運動量テンソル

(τ_i と τ_f は固有時間の初期値と終値) に書き直すことができる。

エネルギー運動量テンソルの 4 次元発散 $\partial_\mu T^{\mu\nu}_{粒子}$ を考えよう。4 次元発散を考えるのだから、相対論的に共変な(10.36)を使うのがよい。

$$\partial_\mu T^{\mu\nu}_{粒子} = mc \int_{\tau_i}^{\tau_f} d\tau \frac{dX^\mu(\tau)}{d\tau} \frac{dX^\nu(\tau)}{d\tau} \partial_\mu \delta^4(x^* - X^*(\tau)) \tag{10.37}$$

となる。微分はデルタ関数の中の x^* に掛かる ($X^*(\tau)$ の方は「場所 x^* の関数」ではない)。この式に現れた $\frac{dX^\mu(\tau)}{d\tau} \partial_\mu \delta^4(x^* - X^*(\tau))$ の部分は

$$\frac{dX^\mu(\tau)}{d\tau} \partial_\mu \delta^4(x^* - X^*(\tau)) = -\frac{d}{d\tau} \delta^4(x^* - X^*(\tau)) \tag{10.38}$$

と書くことができる。右辺の微分を実際に実行[†14]すれば左辺にたどり着く。

τ に関する部分積分を行うことにより、

$$\partial_\mu T^{\mu\nu}_{粒子} = \left[-mc \frac{dX^\nu}{d\tau} \delta^4(x^* - X^*(\tau)) \right]_{\tau_i}^{\tau_f} + mc \int_{\tau_i}^{\tau_f} d\tau \frac{d^2 X^\nu}{d\tau^2} \delta^4(x^* - X^*(\tau)) \tag{10.39}$$

となる。今、時刻がある値 T を取っているとすると、その時刻では $X^0(\tau_i)$ と $X^0(\tau_f)$ は cT には一致せず、第 1 項は消える。第 2 項は $\int_{\tau_i}^{\tau_f} d\tau \, \delta(ct - cT(\tau)) = \frac{1}{c} \frac{d\tau}{dt}$ のように τ 積分を行うと結果は以下のようになる。

$$\partial_\mu T^{\mu\nu}_{粒子} = \frac{d\tau}{dt} \left(m \frac{d^2 X^\nu}{d\tau^2} \right) \delta^3(\vec{x} - \vec{X}(\tau)) = \frac{d}{dt} \underbrace{\left(m \frac{dX^\nu}{d\tau} \right)}_{P^\nu} \delta^3(\vec{x} - \vec{X}(\tau)) \tag{10.40}$$

P^ν は今考えている粒子の 4 元運動量である。

これは「空間積分すると $\frac{dP^\nu}{dt}$ になる量」つまり、「4 元運動量の時間変化[†15]」の密度である。ここまでは 1 粒子の話だったが、複数個の粒子を考えることにして、上の式の積分を考えると、

$$\int_{ある領域} d^3\vec{x} \; \partial_\mu T^{\mu\nu}_{粒子} = \sum_{その領域内} \frac{dP^\nu_{(i)}}{dt} \tag{10.41}$$

[†14] $\delta^4(x^* - X^*(\tau)) = \delta(x^0 - X^0(\tau))\delta(x^1 - X^1(\tau))\delta(x^2 - X^2(\tau))\delta(x^3 - X^3(\tau))$ に注意。4 箇所にある τ を微分する必要がある。

[†15] この「時間変化」の時間は固有時間 τ ではなく座標時間 t であることに注意。「4 元運動量の座標時間あたりの変化」は 4 元力ではない。4 元力は「4 元運動量の固有時間あたりの変化」である。

が言える。この式と(10.24)と(10.25)を合わせた式

$$\int_{\text{ある領域}} d^3\vec{x}\; \partial_\mu T^{\mu\nu}_{\text{電磁}} = -\sum_{\text{その領域内}} \frac{dP^\nu_{(i)}}{dt}$$

を組み合わせると以下が成立している。

---- エネルギー・運動量の保存則 ----

$$\partial_\mu \left(T^{\mu\nu}_{\text{電磁}} + T^{\mu\nu}_{\text{粒子}} \right) = 0 \tag{10.42}$$

10.3 応力テンソル

ここまで、T^{00} がエネルギー密度、T^{0i} が運動量密度×cと説明してきた。となると T^{ij} の物理的意味が気になる人もいるだろう。この節でそれを説明する。

10.3.1 運動量の連続の式

T^{ij} の意味を知るには、それが満たす方程式 $\partial_\mu T^{\mu j} = 0$ の意味を知ればよい。この式は、電荷の連続の式(9.58)と同様に、

---- 運動量の連続の式 ----

$$\underbrace{\partial_0 T^{0j}}_{j\text{方向運動量密度の時間微分}} + \underbrace{\partial_i T^{ij}}_{j\text{方向運動量の流れ出し}} = 0 \tag{10.43}$$

という意味を持つと解釈できる[†16]。たとえば $j=1$ の場合、T^{01} が「x方向の運動量×cの密度であり、T^{i1} は「i番目の方向に抜けていくx方向の運動量の流れ」になる。

『運動量の流れ』には二つの種類が考えられる。一つは「物体が移動してくることによる運動量の移動」であり、もう一つは「物体間[†17]に力が作用することによる運動量の移動」である。

[†16] T^{0j} は「運動量密度×c」だが、この式の第1項の微分 ∂_0 は $\frac{1}{c}\partial_t$ なので、ちょうどcが消えて第1項は「運動量密度の時間微分」になる。$c\rho$ の c が消えたのと同じ。

[†17] ここでいう「物体」は質点や剛体に限らない、より広い意味に使っている。電磁場も力を及ぼしあえるから、ここでいう「物体」の仲間である。

次の図の場合、どちらも境界線の右側の運動量が増加し、左側では同じだけ運動量が減少する。

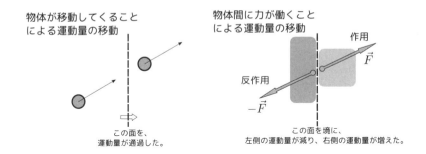

これらの現象のどちらも、「左の領域から右の領域へと運動量が移動した」と解釈できる。T^{ij} はこの二つの意味での「運動量の移動」を表現する量である。添字 i, j は「x^i 軸に垂直な面を通過して移動する、x^j 軸の向きの運動量」を表す（後で示すが、T^{ij} は添字 i, j に関して対称なので、この二つの役割は交換可能）。
→ p248

10.3.2 物体の移動による運動量の流れ

まずは物体が移動してくることによる運動量の移動を考えよう。質量 $m_{(i)}$ で 4 元速度 $V_{(i)}^\mu$ ($i = 1, 2, \cdots, N$) を持った N 個の粒子がそれぞれ、時刻 t に位置 $\vec{X}_{(i)}(t)$ にいるとする。4 元運動量密度は

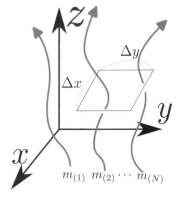

$$\sum_{i=1}^N m_{(i)} V_{(i)}^\mu \delta^3\left(\vec{x} - \vec{X}_{(i)}(t)\right) \tag{10.44}$$

と表現できる。図のように、時刻 t の場所 (x, y, z) に存在する微小な長方形（面積 $\Delta x \Delta y$）を考えて、微小時間 Δt の間に、この微小面積を（z 軸正の向きに）抜けていく 4 元運動量を計算するには、

$$\sum_{i=1}^N \int_{z-[\vec{v}_{(i)}]^z \Delta t}^{z} dz \int_{x}^{x+\Delta x} dx \int_{y}^{y+\Delta y} dy \, m_{(i)} V_{(i)}^\mu(t) \delta^3\left(\vec{x} - \vec{X}_{(i)}(t)\right) \tag{10.45}$$

という計算を行えばよい。

上の式のうち、質量に関係する部分を

$$\rho_{質}(t,\vec{x}) = \sum_{i=1}^{N} m_{(i)} \delta^3\left(\vec{x} - \vec{X}_{(i)}(t)\right) \tag{10.46}$$

と置き換える（$\rho_{質}$ は質量密度。両辺とも「積分すると総質量になる」という式である）。同時に、場所 $\vec{x}$ と時刻 t を指定すればその場所にいる粒子の4元速度は一つに決まるとする（一つの場所にいろんな方向へ進む粒子が同時に存在することは無いとする）。その4元速度を $V^\mu(t,\vec{x})$ とすると、考えている量は

$$\int_{z-\underbrace{[\vec{v}(t,\vec{x})]^z \Delta t}_{\vec{v}(t,\vec{x})^z \Delta t に 置換え可}}^{z} dz \int_{x}^{x+\Delta x} \underbrace{dx}_{\Delta x に 置換え可} \int_{y}^{y+\Delta y} \underbrace{dy}_{\Delta y に 置換え可} \rho_{質}(t,\vec{x}) V^\mu(t,\vec{x}) \tag{10.47}$$

となる。微小範囲の積分なので、高次の微小量を無視すると、積分は単に範囲の長さの掛算 $\boxed{\int_{x}^{x+\Delta x} dx\, f(x) \simeq f(x)\Delta x}$ に置換え可能である。

積分結果を $\Delta t \Delta x \Delta y$ で割る（単位面積単位時間あたりにする）と、

$$\rho_{質}(t,\vec{x}) \underbrace{[\vec{v}(t,\vec{x})]^z}_{\frac{V^z(t,\vec{x})}{\gamma}} V^\mu(t,\vec{x}) = \frac{\rho_{質}(t,\vec{x})}{\gamma} V^z(t,\vec{x}) V^\mu(t,\vec{x}) \tag{10.48}$$

となり、(10.33)のエネルギー運動量テンソルの $T^{z\mu}$ 成分に対し、置き換え $\boxed{m\delta^3\left(\vec{x}-\vec{X}(t)\right) \to \rho_{質}(t,\vec{x})}$ を施した結果に一致する。つまり、(10.33)で求めたエネルギー運動量テンソルの中には、ここで考えた「物体の移動による運動量の流れ」が入っていたのである。

ここで出てきた $\frac{\rho_{質}(t,\vec{x})}{\gamma}$ という量は「共動系での質量密度」と解釈できる。そのことを説明するため「4元質量流密度 $j^*_{質}$」を（「4元電流密度 j^*」に習って）定義する。$\boxed{j^0_{質} = c\rho_{質}}$ としたときの $\rho_{質}$ が質量密度すなわち「単位体積あたりの質量」で、$j^x_{質}$ は「yz 面の単位体積を単位時間に x 軸正の向きに通り抜けていく質量」である（$j^y_{質}, j^z_{質}$ も同様）。4元電流密度同様に4元質量密度も4元ベクトルとなるので、共動系で $(c\rho_{質_0}, \vec{0})$ という成分を持っているなら、速度 $\vec{v}$ で運動している系では $(c\rho_{質_0}\gamma, \rho_{質_0}\vec{v}\gamma)$ という成分を持つ。よって運動している系での $\rho_{質}$ は $\rho_{質_0}\gamma$ に等しい。逆に言えば、$\boxed{\frac{\rho_{質}}{\gamma} = \rho_{質_0}}$ である。$\rho_{質_0}$ は座標系に依存しない

量である。なぜなら「そこにある物体がどんな運動をしていようと共動系（その物体が静止する座標系）に移ってから測定した密度」というのがその定義だからである（これは静止質量が「共動系に移ってから測定したエネルギー $\div c^2$」だから座標系に依らないのと同じ）。$\rho_{質_0}$ というスカラー量を使えば

―― 静止質量密度を使った粒子のエネルギー運動量テンソル ――
$$T^{\mu\nu} = \rho_{質_0} V^\mu V^\nu \tag{10.49}$$

と書くことができる。スカラーと反変ベクトル二つの積なので、この量が 2 階の反変テンソルとなる。

ここで結果として応力テンソルは対称テンソル $T^{\mu\nu} = T^{\nu\mu}$ となったことに注意しておこう。実はこれには意味がある（後で説明する）。
→ p248

10.3.3 力による運動量の流れ

物体間に力が作用することによる運動量の移動を考えよう。連続的に分布した物体を考えて、その物体の中に、次の図に示したような $\mathrm{d}y\,\mathrm{d}z$ の仮想的な枠を考え、この枠を微小時間 $\mathrm{d}t$ の間に通過する運動量を考える。

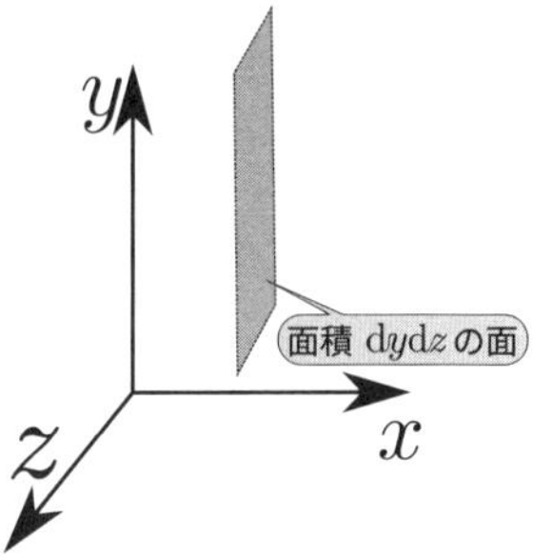

この面には x 方向に単位面積あたり T^{xx} の力[18]が作用しているとすると、境界の右側（正の側）の運動量の x 成分は

$$\underbrace{T^{xx}\,\mathrm{d}y\,\mathrm{d}z\,\mathrm{d}t}_{\text{作用する力}} \tag{10.50}$$

だけ増加する。同じ面に、y 方向に $T^{xy}\,\mathrm{d}y\,\mathrm{d}z$ だけ力が作用しているとすれば、同様に y 方向の運動量が

$$T^{xy}\,\mathrm{d}y\,\mathrm{d}z\,\mathrm{d}t \tag{10.51}$$

だけ増加する。体積 $\mathrm{d}x\,\mathrm{d}y\,\mathrm{d}z$ の箱を考えると、$T^{xx}\,\mathrm{d}y\,\mathrm{d}z$ と $T^{xy}\,\mathrm{d}y\,\mathrm{d}z$ は次の図のように作用する力を表現していることになる。

---

[18] この T^{xx} は面が押し合う力を単位面積あたりにしたものだから、つまりは圧力である。

さらに z 方向の運動量の増減もある
のだがそれは図が煩雑になるので省略
して、xy 平面の図として描くと、境界
面の右側と左側には右図のような力が
作用している。境界の左にある物質に
作用する力は境界の右にある物質に作
用する力と作用・反作用の関係にある。

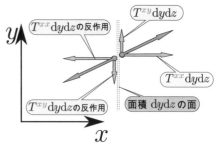

体積 $dx\,dy\,dz$ の微小な箱に作用する T^{xx} と T^{xy} による力は

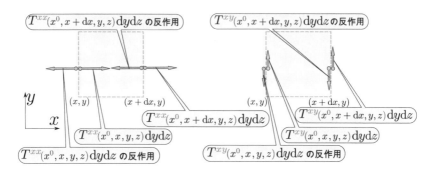

のようになる。微小な箱に作用する力に着目すると、T^{xx} による力は のように箱を押しつぶそうとする力[19]であると言える（箱の外に作用する力に着目すると、「箱が外を押す力」となる）。一方、T^{xy} による力は であり、箱を のように変形させようとする力（剪断応力）に対応する。

なお、添字を逆にした T^{yx} の表す力は となる。$T^{xy} = T^{yx}$ でないとこの「箱」は回転を始めてしまうので、エネルギー運動量テンソルには「添字に関し対称」という条件がつく[20]。

---

[19] $T^{xx} > 0$ の場合、T^{xx} は「圧力」と解釈できる。$T^{xx} < 0$ の場合、$-T^{xx}$ が「張力の面積密度」となる。「圧力」は力そのものではなく面積で割った「単位面積あたりの力」の意味であるので注意。
[20] エネルギー運動量テンソルが対称でないときは後で示す角運動量が（一見）保存しないという事態になる。そういう場合は、ここで計算したエネルギー運動量テンソルでは表されてない「隠れた角運動量」があって、合計が保存するようになっている。
→ p250

(10.28)で求めたように、電磁場の T^{xx} は以下のようになる。

$$T^{xx} = \frac{\varepsilon_0}{2}\left(-\left([\vec{E}]^x\right)^2 + \left([\vec{E}]^y\right)^2 + \left([\vec{E}]^z\right)^2\right)$$
$$+ \frac{1}{2\mu_0}\left(-\left([\vec{B}]^x\right)^2 + \left([\vec{B}]^y\right)^2 + \left([\vec{B}]^z\right)^2\right) \quad (10.52)$$

これは x 方向の電場は張力（引き合う力）を、y,z 方向の電場が圧力（押し合う力）を持つことを意味する（磁場も同様）。

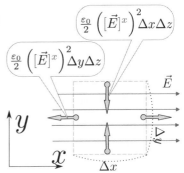

x 方向の電場のみがある（$[\vec{E}]^y = [\vec{E}]^z = 0$）場合[†21]の T^{xx}, T^{yy}（z 方向は省略したので T^{zz} は描いていない）の意味を描いたのが右の図である。考えている微小領域には

- 電場に平行な方向（x 方向）には張力
- 電場に垂直な方向（y,z 方向）には圧力

が作用している（図は z 方向は省略）。

「T^{xy} などの非対角成分の意味は何だろう？」と疑問に思った人は、【演習問題10-2】を解いてみよう。適切な座標を取れば非対角成分は消せる[†22]ことがわかる。

ここで $\partial_\mu T^{\mu\nu} = 0$ の意味を図解しておこう。$\nu = y$ として、z 軸方向を無視すると

$$\partial_0 T^{0y} + \partial_x T^{xy} + \partial_y T^{yy} = 0 \quad (10.53)$$

が成り立つ。$\partial_x T^{xy} > 0$ で $\partial_y T^{yy} > 0$ の場合を図に描いたのが右の図である。この場合、全体として力が y 軸負の向きを向き、$\partial_0 T^{0y} < 0$ となる（y 軸向きの運動量が減少する）。

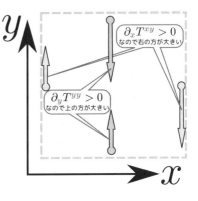

もっともシンプルかつ理想的な応力の例は「粘性が無く等方的な圧力のみが存在する場合」で、これを満たす物質は「完全流体」と呼ばれる。例

[†21] この場合、$T^{xx} = -\frac{\varepsilon_0}{2}\left([\vec{E}]^x\right)^2, T^{yy} = T^{zz} = \frac{\varepsilon_0}{2}\left([\vec{E}]^x\right)^2$ である。

[†22] 電場の方向が空間軸に対して斜めになっているときには非対角成分がある。

第10章 電磁場のエネルギー運動量テンソル

によってまず流体が完全に静止している状態を考える。静止した完全流体には剪断応力が無く（$T^{xy} = T^{yz} = T^{zx} = 0$）、等方的な圧力が作用する（$T^{xx} = T^{yy} = T^{zz} = P$）。この場合のエネルギー運動量テンソルは

$$\widetilde{T}^{\tilde{\mu}\tilde{\nu}} \xrightarrow[\text{表示}]{\text{行列}} \begin{bmatrix} \rho_{\text{質}0}c^2 & 0 & 0 & 0 \\ 0 & P & 0 & 0 \\ 0 & 0 & P & 0 \\ 0 & 0 & 0 & P \end{bmatrix} \tag{10.54}$$

である[†23]。これをLorentz変換して運動する流体の式を出すことができる。静止しているのだから流体の流れの4元速度が $\widetilde{V}^* = (c, 0, 0, 0)$ であることを考えると、(10.54)はテンソルの式で

$$\widetilde{T}^{\tilde{\mu}\tilde{\nu}} = \rho_{\text{質}0} \widetilde{V}^{\tilde{\mu}} \widetilde{V}^{\tilde{\nu}} + P \left(\underset{\text{一時}}{+\eta^{\tilde{\mu}\tilde{\nu}}} + \frac{1}{c^2} \widetilde{V}^{\tilde{\mu}} \widetilde{V}^{\tilde{\nu}} \right) \tag{10.55}$$

と書ける。この式はLorentz共変な量だけで書かれているので、任意の座標系において

―― 完全流体のエネルギー運動量テンソル ――

$$T^{\mu\nu}_{\text{完全流体}} = \left(\rho_{\text{質}0} + \frac{P}{c^2} \right) V^{\mu} V^{\nu} + P \underset{\text{一時}}{\eta^{\mu\nu}} \tag{10.56}$$

だとしてよい（~を取るだけでよい）。

10.4 角運動量テンソル

10.4.1 角運動量テンソルを定義する

Newton力学においては、運動量 $\vec{p}$ に対応して角運動量 $\vec{L} = \vec{x} \times \vec{p}$（以下、角運動量の中心はすべて原点とする）という物理量が定義された。そして相対論的力学では3次元運動量 $\vec{p}$ が4元運動量 P^* へと拡張された。よって角運動量も4次元に拡張しよう。3次元角運動量はベクトルであるが、成分は $\vec{L}^1 = \vec{x}^2 \vec{p}^3 - \vec{x}^3 \vec{p}^2$ のように計算される量であったから、

[†23] ここで現れた P も「共動系で測った圧力」と定義してあるので座標系に依存しないスカラーである。
→ p202

10.4 角運動量テンソル

───── 4次元角運動量 ─────
$$L^{\mu\nu} = x^\mu P^\nu - x^\nu P^\mu \tag{10.57}$$

のように定義しておくと、空間成分 L^{ij} が $\vec{L}$ に対応する量となる[†24]。

──────── 練習問題 ────────

【問い 10-4】 (10.57) を固有時間で微分することで、トルクテンソル

$$N^{\mu\nu} = \frac{dL^{\mu\nu}}{d\tau}$$

を求めよ。

解答 → p334 へ

4元運動量は $cP^\mu = \int_{\text{ある領域}} d^3\vec{x}\, T^{\mu 0}$ のように「エネルギー運動量テンソルの体積積分」で書ける。$T^{\mu 0}$ は cP^μ の密度である。よって「$L^{\mu\nu}$ の密度」となるような量として、$M^{\mu\nu 0} = x^\mu T^{\nu 0} - x^\nu T^{\mu 0}$ を、さらに添字を一般化した

───── 角運動量密度テンソル ─────
$$M^{\mu\nu\rho} = x^\mu T^{\nu\rho} - x^\nu T^{\mu\rho} \tag{10.58}$$

を定義することもできる[†25]。$T^{\mu\nu}$ は $\mu \leftrightarrow \nu$ の入れ替えに対し対称だが、$M^{\mu\nu\rho}$ にはこのような対称性は無い。$\mu \leftrightarrow \nu$ の入れ替えに対しては反対称である[†26]。

エネルギー運動量テンソルは保存則 $\partial_\mu T^{\mu\nu} = F^\nu$ (F^ν は外力の密度)を満たしたが、角運動量テンソルはどうだろう？ ─計算してみると、

$$\begin{aligned}
\partial_\rho M^{\mu\nu\rho} &= \partial_\rho (x^\mu T^{\nu\rho} - x^\nu T^{\mu\rho}) \\
&= \delta_\rho{}^\mu T^{\nu\rho} + x^\mu \partial_\rho T^{\nu\rho} - \delta_\rho{}^\nu T^{\mu\rho} - x^\nu \partial_\rho T^{\mu\rho} \\
&= T^{\nu\mu} - T^{\mu\nu} + \underbrace{x^\mu F^\nu - x^\nu F^\mu}_{\text{外力によるトルクの密度}}
\end{aligned} \tag{10.59}$$

[†24] となると、L^{0i} は何に対応しているのだろう？ と気になる人がいるかもしれない。解析力学および量子力学において角運動量が「3次元回転の生成子」であったことを思い出し、さらに「3次元回転」の4次元への拡張が広義の Lorentz 変換であったことも思い出すと、L^{0i} は「Lorentz ブーストの生成子」になる。

[†25] p237 の FAQ で T^{00} の添字のうち片方は「密度」を表していて、対称テンソルだからどっちが「密度」を表すかは気にしなくてよいという話をしたが、上の作り方からして、M に関しては $M^{\mu\nu 0}$ の最後の添字 0 が密度を表す。

[†26] $M^{\mu\nu\rho}$ の添字はこの順番ではなく、$M^{\rho\mu\nu}$ の順で定義している本もある。

となるので、$\boxed{T^{\mu\nu} = T^{\nu\mu}}$であれば外力のトルクに等しい。逆に$\boxed{T^{\mu\nu} = T^{\nu\mu}}$が成り立たないと外力によるトルクが無くても角運動量が保存しないことになる。ここまで出てきたエネルギー運動量テンソルはすべて対称であったので、角運動量は保存する[†27]。

10.4.2 応力テンソルで考える直角テコのパラドックス

直角テコのパラドックスの解答を、応力テンソルを使って考えてみよう。
→ p177

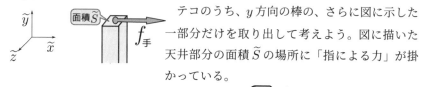

テコのうち、y方向の棒の、さらに図に示した一部だけを取り出して考えよう。図に描いた天井部分の面積$\widetilde{S}$の場所に「指による力」が掛かっている。

これまでテコの上端(点1)で作用する力を $f_{手}$ と表現していたが、この力の掛け方だと計算しにくいので、$f_{手}$ のように、「側面に指を押し付けて押す」という形にする(指が直接剪断応力を加えている)。

テコは静止または等速直線運動しているので、棒のどの領域を取り出しても力はつりあっていなくてはいけない。テコを右の図のように領域に分割して考えると、各々の領域の天井に作用する力は、領域の床に作用する力(逆向き)と のようになって打ち消しあう(天井と床以外の面は接する物体がないのでx方向の力は無い)。よって、棒のどの位置のx-z面で切り出しても、x方向に作用している力は等しい。

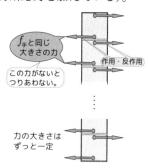

力 $f_{手}$ の単位面積あたりの密度が $-T^{\widetilde{x}\widetilde{y}}$ である[†28]。$T^{\widetilde{x}\widetilde{y}}$ をテコの断面 $\widetilde{S}$ 全体で積分すると、断面にx方向に作用している力になるので、棒のどのx-z面の断

[†27] エネルギー運動量テンソルが対称でなかった場合、対称になるように修正する方法が知られている。

[†28] マイナス符号をつけるのは、$f_{手}$ による作用が、正の $T^{\widetilde{x}\widetilde{y}}$ の場合(p248のT^{yx}の図)と逆向きだから。

面においても、
$$\int_{\widetilde{S}} \mathrm{d}\widetilde{x}\,\mathrm{d}\widetilde{z}\,\widetilde{T}^{\widetilde{x}\widetilde{y}} = -f_\text{手} \tag{10.60}$$
が成り立っている[29]。

(8.62)で示したように、x^*座標系ではこの棒がy方向の運動量を持つことが、直角テコのパラドックスを解く肝であった。y方向の運動量を計算するため、T^{0y}を計算してみよう。x方向のLorentzブーストを行うと、y方向と$\widetilde{y}$方向成分はLorentz変換を受けないので、
$$T^{0y} = \gamma\left(\underbrace{T^{\widetilde{0}\widetilde{y}}}_{0} + \beta T^{\widetilde{x}\widetilde{y}}\right) = \gamma\beta T^{\widetilde{x}\widetilde{y}} \tag{10.61}$$
がわかる。これを棒全体で積分すると棒の持つy軸向きの運動量がわかる。まずx, zの積分を行うと
$$\int_S \mathrm{d}x\,\mathrm{d}z\,T^{0y} = \gamma\beta \int_S \mathrm{d}x\,\mathrm{d}z\,T^{\widetilde{x}\widetilde{y}} \tag{10.62}$$
である。z積分は(10.60)の$\widetilde{z}$積分と同じだが、x積分の範囲はLorentz短縮により$\widetilde{x}$積分の範囲に比べ$\boxed{\sqrt{1-\beta^2} = \dfrac{1}{\gamma}}$倍に縮んでいる。結果として積分の結果は$-f_\text{手}\beta$になる。さらに$y$方向に長さ$L$の積分を行うので、
$$\int_\text{棒全体} \mathrm{d}x\,\mathrm{d}y\,\mathrm{d}z\,T^{0y} = -f_\text{手}\beta L \tag{10.63}$$
となる。これが「運動量$\times c$」であるから、運動量は
$$P^y = -\frac{f_\text{手}v}{c^2}L \tag{10.64}$$
となる。これは8.7節で得た(8.62)に一致する。この運動量がx軸正の向きに移動することにより、角運動量が時間変化することになる。

10.5 応力テンソルと電磁力の関係

応力テンソルから、電荷や電流が電磁場から受ける力を求めることができる。それを計算して確認しておこう。

---

[29] 剪断応力は場所に依らずに一定ではないので、$\boxed{\dfrac{f_\text{手}}{S} = T^{\widetilde{x}\widetilde{y}}}$のような単純な関係にはなってない。

10.5.1 点電荷の受ける静電気力

外部から $E_{外}\vec{e}_x$ という外部電場がかけられている空間の原点に電気量 Q の点電荷が静止しているとしよう。この空間での電磁場のエネルギー運動量テンソルを考えると、電荷に作用する Coulomb 力が導出できる。

点電荷がある場合の電場は次の図のようになる（図の上が x 軸正の向き）[30]。

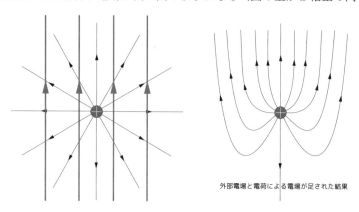

外部電場と電荷による電場が足された結果

電場を式で表すと

$$\vec{E} = E_{外}\vec{e}_x + \frac{Q}{4\pi\varepsilon_0 r^3}\left(x\vec{e}_x + y\vec{e}_y + z\vec{e}_z\right) \tag{10.65}$$

であり、x 方向の圧力を表現する T^{xx} を計算すると

$$T^{xx} = \frac{\varepsilon_0}{2}\left(-\left(E_{外} + \frac{Qx}{4\pi\varepsilon_0 r^3}\right)^2 + \left(\frac{Qy}{4\pi\varepsilon_0 r^3}\right)^2 + \left(\frac{Qz}{4\pi\varepsilon_0 r^3}\right)^2\right) \tag{10.66}$$

となる。

以下で我々は $\boxed{-L < x < L}$ の領域を切り出して、この領域に作用する力を計算する。もちろん実際には切れないのだが、頭の中では $\boxed{x = \pm L}$ の面で上下に切り離して（空間を三つに分けて）考えていこう。

電荷を含む領域 $\boxed{-L < x < L}$ の上下の面（天井と床）には電場の応力として互いを引っ張り合ったり押し合ったりする力が作用している。

---

[30] このあたりの図は「イメージ図」で、厳密な計算のもとに描かれたものではない。

10.5 応力テンソルと電磁力の関係

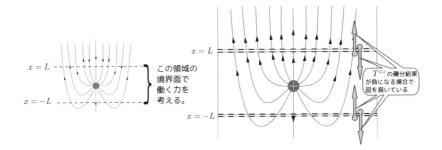

上の図では面に作用する力を「引き合う力」として表現した（T^{xx} の積分結果が負になるのでそうなる）[†31]。

$$\boxed{x=L\text{で上と引き合う力}} \quad -\int_{-\infty}^{\infty} dy \int_{-\infty}^{\infty} dz\, T^{xx}(x=L, y, z) \quad (10.67)$$

$$\boxed{x=-L\text{で下と引き合う力}} \quad -\int_{-\infty}^{\infty} dy \int_{-\infty}^{\infty} dz\, T^{xx}(x=-L, y, z) \quad (10.68)$$

なので、結局考えている領域に上向き（x 軸正の向き）に作用する力は (10.68) の方の符号を反転して足して

$$-\int_{-\infty}^{\infty} dy \int_{-\infty}^{\infty} dz\, T^{xx}(x=L, y, z) + \int_{-\infty}^{\infty} dy \int_{-\infty}^{\infty} dz\, T^{xx}(x=-L, y, z)$$

$$= \int_{-\infty}^{\infty} dy \int_{-\infty}^{\infty} dz\, [-T^{xx}(x=L, y, z) + T^{xx}(x=-L, y, z)] \quad (10.69)$$

となる。[ ] 内の引き算によって多くの部分が消える。これは上下方向（x 方向）の力であるが、下の問いでわかるように、y, z 方向の力は積分すると 0 になる。

------練習問題------

【問い 10-5】 x 方向に垂直な面（yz 面）に作用する剪断応力の密度である T^{xy}, T^{xz} を計算し、これらを $\boxed{x=\pm L}$ の面で積分すると 0 になることを確認せよ。

ヒント → p319 へ　　解答 → p334 へ

(10.69) の括弧内の計算をすると、(10.66) の T^{xx} のうち、$E_{外}$ の 1 次に比例する項以外は効かないことがわかる。実際計算してみると、

[†31] 以下の計算では二つの面での T^{xx} の積分を合わせた量しか計算しない。各面ごとに計算すると、一定の外部電場 $E_{外}$ が無限の領域に存在するので、$-\infty$ になってしまうだろう。

(10.69) の $\left[\quad\right]$ 内 $= \dfrac{\varepsilon_0}{2}\left(\left(E_{外}+\dfrac{QL}{4\pi\varepsilon_0 r^3}\right)^2 - \left(E_{外}-\dfrac{QL}{4\pi\varepsilon_0 r^3}\right)^2\right) = \dfrac{QE_{外}L}{2\pi r^3}$ (10.70)

となる（y, z 成分の項は消える）。後は y, z を $-\infty$ から ∞ で積分した

$$\dfrac{QE_{外}L}{2\pi}\int_{-\infty}^{\infty}\mathrm{d}y\int_{-\infty}^{\infty}\mathrm{d}z\,\dfrac{1}{\underbrace{(L^2+y^2+z^2)}_{r^2}{}^{\frac{3}{2}}} \tag{10.71}$$

を計算すればよい。$\boxed{z=\sqrt{L^2+y^2}\tan\theta}$ と置換積分して、

$$= \dfrac{QE_{外}L}{2\pi}\int_{-\infty}^{\infty}\mathrm{d}y\overbrace{\int_{-\frac{\pi}{2}}^{\frac{\pi}{2}}\mathrm{d}\theta\,\dfrac{\sqrt{L^2+y^2}}{\cos^2\theta}}^{\int_{-\infty}^{\infty}\mathrm{d}z}\dfrac{1}{\left((L^2+y^2)(1+\tan^2\theta)\right)^{\frac{3}{2}}}$$

$$= \dfrac{QE_{外}L}{2\pi}\int_{-\infty}^{\infty}\mathrm{d}y\,\dfrac{1}{L^2+y^2}\underbrace{\int_{-\frac{\pi}{2}}^{\frac{\pi}{2}}\mathrm{d}\theta\cos\theta}_{[\sin\theta]_{-\frac{\pi}{2}}^{\frac{\pi}{2}}=2}\quad\dfrac{1}{\cos^2\theta}$$

$$= \dfrac{QE_{外}L}{\pi}\int_{-\infty}^{\infty}\mathrm{d}y\,\dfrac{1}{L^2+y^2} \tag{10.72}$$

となる。続けて $\boxed{y=L\tan\phi}$ と置換し、

$$= \dfrac{QE_{外}L}{\pi}\overbrace{\int_{-\frac{\pi}{2}}^{\frac{\pi}{2}}\mathrm{d}\phi\,\dfrac{L}{\cos^2\phi}}^{\int_{-\infty}^{\infty}\mathrm{d}y}\dfrac{1}{L^2\underbrace{(1+\tan^2\phi)}_{\frac{1}{\cos^2\phi}}} = \dfrac{QE_{外}}{\pi}\left[\phi\right]_{-\frac{\pi}{2}}^{\frac{\pi}{2}} = QE_{外} \tag{10.73}$$

と積分が終わる[†32]。

この力（Maxwell 応力の和）があるため、もし電荷 Q に他に力が作用していないなら、電荷は加速を開始し、静止していられない。静止しているということはすなわち、電磁気力以外の外力（大きさは $QE_{外}$）が $-x$ 方向に作用している。

[†32] 結果が L に依らないことに注意。つまりどのような線で切り出しても結果は変わらない。

10.5.2 電流と外部磁場

x軸上に電流Iを流すと、できる磁場は

$$\vec{B} = \frac{\mu_0 I(-z\,\vec{e}_y + y\,\vec{e}_z)}{2\pi(y^2+z^2)} \tag{10.74}$$

である。これに外部からy軸向きの磁場$B_{外}\vec{e}_y$をかける。合成すると図のような磁場ができることになる。

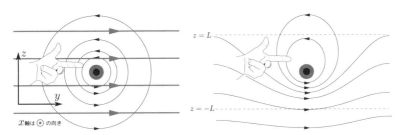

この磁場によるMaxwell応力は、$\boxed{-L<z<L}$の領域に$+z$方向の力を及ぼす。図を見ても「$\boxed{z<0}$の領域の方が磁力線の密度が高いから圧力が大きくなって上に押されるだろう」という判断ができるであろう。

具体的に計算しよう。全体の磁場は

$$\vec{B} = \left(B_{外} - \frac{\mu_0 Iz}{2\pi(y^2+z^2)}\right)\vec{e}_y + \frac{\mu_0 Iy}{2\pi(y^2+z^2)}\vec{e}_z \tag{10.75}$$

であり、この磁場による応力テンソルのzz成分は

$$\begin{aligned}T^{zz} &= \frac{1}{2\mu_0}\left((\lfloor\vec{B}\rfloor^x)^2 + (\lfloor\vec{B}\rfloor^y)^2 - (\lfloor\vec{B}\rfloor^z)^2\right)\\ &= \frac{1}{2\mu_0}\left(\left(B_{外} - \frac{\mu_0 Iz}{2\pi(y^2+z^2)}\right)^2 - \left(\frac{\mu_0 Iy}{2\pi(y^2+z^2)}\right)^2\right)\end{aligned} \tag{10.76}$$

である。10.5.1項の場合と同様に、$\boxed{z=L}$の面での積分と$\boxed{z=-L}$の面での積分の差を計算する。今度はx方向の長さも有限で切ることにして、$\boxed{z=\pm L}$を固定してxに関しては0からℓまで、yに関しては全領域で積分する。

10.5.1項の場合と同様に$B_{外}$について0次の項と2次の項は$\boxed{z=L}$の寄与と$\boxed{z=-L}$の寄与が消し合い、

$$\int_0^\ell dx \int_{-\infty}^\infty dy\, \frac{B_{外}I\ell}{\pi(y^2+\ell^2)} = B_{外}I\ell \tag{10.77}$$

となる。y 積分は10.5.1項と同様に実行できる。
→ p254

これは導線の長さ ℓ に対して $B_\text{外} I \ell$ の力がこの領域に対して作用することを意味する。いわゆる「Flemingの左手の法則」による力は以上のように電磁場の応力から導出できる。

10.6　章末演習問題

★【演習問題 10-1】
10.5.2項の電流を「x 方向に速さ v で移動する電荷 Q」に置き換えてみよう。この場合
→ p257
の磁場は

$$\vec{B} = B_\text{外} \vec{e}_y + \frac{Q}{4\pi\varepsilon_0 c \tilde{r}^3} \beta\gamma \left(-z\vec{e}_y + y\vec{e}_z\right) \tag{10.78}$$

である。応力テンソルを考えてこの電荷に作用する力が $QvB_\text{外}$ であることを示せ。

ヒント → p4w へ　　解答 → p19w へ

★【演習問題 10-2】
電磁場のエネルギー運動量テンソル $T^{\mu\nu}$ のうち、電場に関連する空間部分の行列

$$\frac{\varepsilon_0}{2}\begin{bmatrix} -\left(\vec{E}^x\right)^2 + \left(\vec{E}^y\right)^2 + \left(\vec{E}^z\right)^2 & -2\vec{E}^x\vec{E}^y & -2\vec{E}^x\vec{E}^z \\ -2\vec{E}^y\vec{E}^x & \left(\vec{E}^x\right)^2 - \left(\vec{E}^y\right)^2 + \left(\vec{E}^z\right)^2 & -2\vec{E}^y\vec{E}^z \\ -2\vec{E}^z\vec{E}^x & -2\vec{E}^z\vec{E}^y & \left(\vec{E}^x\right)^2 + \left(\vec{E}^y\right)^2 - \left(\vec{E}^z\right)^2 \end{bmatrix}$$

は対称行列なので、直交変換で対角化することができる。対角化せよ。

hint: この行列は

$$-\varepsilon_0 \underbrace{\begin{bmatrix} \vec{E}^x\vec{E}^x & \vec{E}^x\vec{E}^y & \vec{E}^x\vec{E}^z \\ \vec{E}^y\vec{E}^x & \vec{E}^y\vec{E}^y & \vec{E}^y\vec{E}^z \\ \vec{E}^z\vec{E}^x & \vec{E}^z\vec{E}^y & \vec{E}^z\vec{E}^z \end{bmatrix}}_{\mathbf{E} \text{とする}} + \frac{\varepsilon_0}{2}\begin{bmatrix} |\vec{E}|^2 & 0 & 0 \\ 0 & |\vec{E}|^2 & 0 \\ 0 & 0 & |\vec{E}|^2 \end{bmatrix} \tag{10.79}$$

と分離することができる。

ヒント → p4w へ　　解答 → p20w へ

第 11 章

相対論的電磁気学に関する話題

相対論的電磁気学についていくつかの話題を紹介する。最後の章なので、少々計算も面倒で難解な部分もあるかもしれないが、歯ごたえを感じながら読んで欲しい。

11.1 荷電粒子のまわりの電磁場のエネルギー・運動量

この節では、前の章で考えた電磁場のエネルギー・運動量についての例を考えて、$E = mc^2$ の持つ意味を考えていこう。

11.1.1 点電荷の作る電磁場のエネルギー・運動量

9.6.1 項では点電荷が外部電場の中を動いているときに作用する力を考えたが、ここでは外部電磁場がない場合で、動く点電荷の作る電磁場のエネルギーと運動量を考えてみよう。9.6.1 項で考えた電磁場

$$F_{\mu\nu} \xrightarrow[\text{表示}]{\text{行列}} +\frac{Q}{4\pi\varepsilon_0 c\widetilde{r}^3} \begin{bmatrix} 0 & -\widetilde{x} & -\gamma\widetilde{y} & -\gamma\widetilde{z} \\ \widetilde{x} & 0 & \beta\gamma\widetilde{y} & \beta\gamma\widetilde{z} \\ \gamma\widetilde{y} & -\beta\gamma\widetilde{y} & 0 & 0 \\ \gamma\widetilde{z} & -\beta\gamma\widetilde{z} & 0 & 0 \end{bmatrix} \quad (9.106)\text{の再掲} \tag{11.1}$$

を考える。この電磁場のエネルギー密度は

$$\underbrace{\frac{\varepsilon_0}{2}|\vec{E}|^2 + \frac{1}{2\mu_0}|\vec{B}|^2}_{T^{00}_{\text{電磁}}} = \frac{Q^2}{16\pi^2\varepsilon_0\widetilde{r}^6} \times \frac{1}{2}\left(\overbrace{\widetilde{x}^2 + \gamma^2\widetilde{y}^2 + \gamma^2\widetilde{z}^2}^{|\vec{E}|^2\text{から}} + \overbrace{\beta^2\gamma^2\widetilde{y}^2 + \beta^2\gamma^2\widetilde{z}^2}^{|\vec{B}|^2\text{から}}\right)$$

$$= \frac{Q^2}{32\pi^2\varepsilon_0\widetilde{r}^6}\left(\widetilde{x}^2 + \gamma^2(1+\beta^2)\left(\widetilde{y}^2 + \widetilde{z}^2\right)\right) \tag{11.2}$$

であり、運動量 ×c の密度は

$$T^{01}_{\text{電磁}} = \frac{1}{\mu_0 c}\left([\vec{E}]^y[\vec{B}]^z - [\vec{E}]^z[\vec{B}]^y\right) = \frac{Q^2\beta\gamma^2}{16\pi^2\varepsilon_0\widetilde{r}^6}\left(\widetilde{y}^2 + \widetilde{z}^2\right) \tag{11.3}$$

$$T^{02}_{\text{電磁}} = \frac{1}{\mu_0 c}\left([\vec{E}]^z[\vec{B}]^x - [\vec{E}]^x[\vec{B}]^z\right) = -\frac{Q^2\beta\gamma}{16\pi^2\varepsilon_0\widetilde{r}^6}\widetilde{x}\widetilde{y} \tag{11.4}$$

$$T^{03}_{\text{電磁}} = \frac{1}{\mu_0 c}\left([\vec{E}]^x[\vec{B}]^y - [\vec{E}]^y[\vec{B}]^x\right) = -\frac{Q^2\beta\gamma}{16\pi^2\varepsilon_0\widetilde{r}^6}\widetilde{x}\widetilde{z} \tag{11.5}$$

となる。この $T^{\mu\nu}$ は ~なし座標系の量なので、上の式の中の $\widetilde{x},\widetilde{y},\widetilde{z}$ および $\widetilde{r}$ は x,y,z,ct で書き直す必要がある（y,z に関しては~の有無による違いは無い）。

これらの量は $\boxed{\widetilde{r}=0}$ の点において発散し、このままでは全エネルギー・全運動量を計算すると ∞ となり意味のある計算にならない。そこで Q を

$$Q_{\text{内}}(\widetilde{r}) = \begin{cases} Q\,(\text{定数}) & \widetilde{x}^2 + \widetilde{y}^2 + \widetilde{z}^2 \geq R^2 \\ 0 & \widetilde{x}^2 + \widetilde{y}^2 + \widetilde{z}^2 < R^2 \end{cases} \tag{11.6}$$

という関数に置き換える。これで点電荷ではなく球殻電荷を考えたことになる。

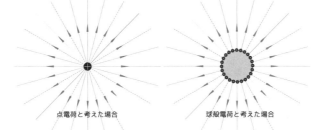

点電荷と考えた場合　　　　　　球殻電荷と考えた場合

$Q_{\text{内}}(\widetilde{r})$ は「原点を中心とした半径 $\widetilde{r}$ の球の中に入っている電気量」を表現している（電荷は $\boxed{\widetilde{r}=R}$ の面に集中して存在している[†1]）。

T^{02}, T^{03} は y,z に関して奇関数なので、全空間の積分を行うと 0 になることはすぐにわかるので、この後は T^{00}, T^{01} を計算していく。

11.1.2　エネルギーの積分

ここでも9.7.1項と同様に通常と違う円筒座標(9.116)を使おう。$T^{00}_{\text{電磁}}$ を全空間で積分した量はエネルギー（4元運動量の第0成分 ×c）になるので、

[†1] 球対称な電荷分布で電荷が静止しているとき、電場はそれよりも内側にある電荷の量で決まることは電磁気学でよく知られている。よって球の内側に電場は無い。そして、値が全て0である $F^{\mu\nu}$ は Lorentz ブーストしても0であるから、運動系でも内部の電磁場は0になる。

11.1 荷電粒子のまわりの電磁場のエネルギー・運動量

$$cP^0_{\text{電磁}} = \overbrace{\int_{-\infty}^{\infty} \mathrm{d}x \int_{-\infty}^{\infty} \mathrm{d}y \int_{-\infty}^{\infty} \mathrm{d}z}^{} \int_0^{2\pi} \mathrm{d}\phi\, \rho\, T^{00}$$

$$= \frac{1}{32\pi^2 \varepsilon_0} \int_{-\infty}^{\infty} \mathrm{d}x \int_0^{\infty} \mathrm{d}\rho \int_0^{2\pi} \mathrm{d}\phi\, \rho \frac{(Q_{\text{内}}(\widetilde{r}))^2}{\widetilde{r}^6} \left(\widetilde{x}^2 + \gamma^2(1+\beta^2)(\widetilde{y}^2 + \widetilde{z}^2) \right)$$

$$= \frac{1}{16\pi\varepsilon_0} \int_{-\infty}^{\infty} \mathrm{d}x \int_0^{\infty} \mathrm{d}\rho\, \frac{(Q_{\text{内}}(\widetilde{r}))^2}{(\widetilde{x}^2 + \rho^2)^3} \left(\widetilde{x}^2 \rho + \gamma^2(1+\beta^2)\rho^3 \right) \quad (11.7)$$

を計算する。ここで、被積分関数は ϕ に依らないので、ϕ 積分はすぐに実行できる（結果は 2π で、上の 2 行目→3 行目で実行済み）。

$\boxed{\widetilde{x}^2 + \rho^2 < R^2}$ の範囲では $\boxed{Q_{\text{内}}(\widetilde{r}) = 0}$ だから、右の図の $\boxed{0 \leq \rho < \sqrt{R^2 - \underbrace{\gamma^2(x-\beta ct)^2}_{\widetilde{x}^2}}}$ の範囲（つまり帯電球の内側）は積分結果は 0 である。

ρ 積分を行うために $\boxed{\rho = |\widetilde{x}| \tan\theta}$ と置く。

$Q_{\text{内}}$ が 0 になる範囲を積分範囲から取り除いてしまおう。θ の積分範囲の上限は $\boxed{\rho = \infty}$ となる $\frac{\pi}{2}$ だが、下限を

$$\alpha_{(x)} = \begin{cases} \arctan \dfrac{\sqrt{R^2 - \gamma^2(x-\beta ct)^2}}{\gamma |x - \beta ct|} & -\dfrac{R}{\gamma} + \beta ct < x < \dfrac{R}{\gamma} + \beta ct \\ 0 & \text{それ以外} \end{cases} \quad (11.8)$$

としよう。取り除かれた結果の積分範囲内では $Q_{\text{内}}(\widetilde{r})$ は定数 Q である。

$\boxed{\rho = |\widetilde{x}| \tan\theta}$ と置くことで

$$= \frac{1}{16\pi\varepsilon_0} \int_{-\infty}^{\infty} \mathrm{d}x \int_{\alpha_{(x)}}^{\frac{\pi}{2}} \mathrm{d}\theta \overbrace{\frac{|\widetilde{x}|}{\cos^2\theta}}^{\mathrm{d}\rho} \frac{Q^2}{\left(\frac{\widetilde{x}^2}{\cos^2\theta}\right)^3} \left(\widetilde{x}^2 |\widetilde{x}| \tan\theta + \gamma^2(1+\beta^2) |\widetilde{x}|^3 \tan^3\theta \right)$$

$$= \frac{1}{16\pi\varepsilon_0} \int_{-\infty}^{\infty} \mathrm{d}x \int_{\alpha_{(x)}}^{\frac{\pi}{2}} \mathrm{d}\theta \frac{Q^2}{\widetilde{x}^2} \Big(\underbrace{\cos^3\theta \sin\theta}_{\left(-\frac{\cos^4\theta}{4}\right)'} + \gamma^2(1+\beta^2) \underbrace{\cos\theta \sin^3\theta}_{\left(\frac{\sin^4\theta}{4}\right)'} \Big)$$

$$= \frac{Q^2}{64\pi\varepsilon_0} \int_{-\infty}^{\infty} \mathrm{d}x\, \frac{1}{\widetilde{x}^2} \left(\cos^4 \alpha_{(x)} + \gamma^2(1+\beta^2)\left(1 - \sin^4 \alpha_{(x)}\right) \right) \quad (11.9)$$

と積分ができる。

第 11 章　相対論的電磁気学に関する話題

のように図を描くと、$-\dfrac{R}{\gamma} + \beta ct < x < \dfrac{R}{\gamma} + \beta ct$ の範囲では $\sin\alpha(x) = \dfrac{\sqrt{R^2 - \widetilde{x}^2}}{R}, \quad \cos\alpha(x) = \dfrac{|\widetilde{x}|}{R}$ になることがわかる。範囲外では $\sin\alpha(x) = 0, \quad \cos\alpha(x) = 1$ になるので、積分領域を分けてそれぞれ代入し、

$$= \dfrac{Q^2}{64\pi\varepsilon_0}\left\{\left(\int_{-\infty}^{-\frac{R}{\gamma}+\beta ct} + \int_{\frac{R}{\gamma}+\beta ct}^{\infty}\right) \mathrm{d}x\,\dfrac{1}{\widetilde{x}^2}\underbrace{\left(1 + \gamma^2(1+\beta^2)\right)}_{1 + \frac{1+\beta^2}{1-\beta^2} = 2\gamma^2}\right.$$

$$\left. + \int_{-\frac{R}{\gamma}+\beta ct}^{\frac{R}{\gamma}+\beta ct} \mathrm{d}x\,\dfrac{1}{\widetilde{x}^2}\left(\underbrace{\dfrac{\widetilde{x}^4}{R^4}}_{\cos^4\alpha(x)} + \gamma^2(1+\beta^2)\left(1 - \underbrace{\dfrac{(R^2-\widetilde{x}^2)^2}{R^4}}_{\sin^4\alpha(x)}\right)\right)\right\}$$

$$\underbrace{\dfrac{R^4 - R^4 + 2R^2\widetilde{x}^2 - \widetilde{x}^4}{R^4} = \dfrac{2R^2 - \widetilde{x}^2}{R^4}\widetilde{x}^2}$$

$$= \dfrac{Q^2}{64\pi\varepsilon_0}\left\{2\gamma^2\left(\int_{-\infty}^{-\frac{R}{\gamma}+\beta ct} + \int_{\frac{R}{\gamma}+\beta ct}^{\infty}\right)\mathrm{d}x\,\dfrac{1}{\widetilde{x}^2}\right.$$

$$\left. + \int_{-\frac{R}{\gamma}+\beta ct}^{\frac{R}{\gamma}+\beta ct}\mathrm{d}x\,\dfrac{1}{R^4}\left(\widetilde{x}^2 + \gamma^2(1+\beta^2)\left(2R^2 - \widetilde{x}^2\right)\right)\right\}$$

$$\underbrace{2\gamma^2(1+\beta^2)R^2 + (1 - \gamma^2(1+\beta^2))\widetilde{x}^2 = 2\gamma^2\left((1+\beta^2)R^2 - \beta^2\widetilde{x}^2\right)}_{-2\beta^2\gamma^2}$$

$$= \dfrac{Q^2 \times 2\gamma^2}{\underset{32}{64\pi\varepsilon_0}}\left\{\left(\int_{-\infty}^{-\frac{R}{\gamma}+\beta ct} + \int_{\frac{R}{\gamma}+\beta ct}^{\infty}\right)\dfrac{\mathrm{d}x}{\widetilde{x}^2} + \int_{-\frac{R}{\gamma}+\beta ct}^{\frac{R}{\gamma}+\beta ct}\dfrac{\mathrm{d}x}{R^4}\left((1+\beta^2)R^2 - \beta^2\widetilde{x}^2\right)\right\}$$

(11.10)

となる。$\widetilde{x} = \gamma(x - \beta ct)$ を代入して積分変数を $X = x - \beta ct$ に変えて[†2]、

$$= \dfrac{Q^2\gamma^2}{32\pi\varepsilon_0}\left\{\left(\int_{-\infty}^{-\frac{R}{\gamma}} + \int_{\frac{R}{\gamma}}^{\infty}\right)\dfrac{\mathrm{d}X}{\gamma^2 X^2} + \int_{-\frac{R}{\gamma}}^{\frac{R}{\gamma}}\mathrm{d}X\,\dfrac{1}{R^4}\left((1+\beta^2)R^2 - \beta^2\gamma^2 X^2\right)\right\}$$

$$= \dfrac{Q^2\gamma^2}{32\pi\varepsilon_0}\left\{\left[-\dfrac{1}{\gamma^2 X}\right]_{-\infty}^{-\frac{R}{\gamma}} + \left[-\dfrac{1}{\gamma^2 X}\right]_{\frac{R}{\gamma}}^{\infty} + \dfrac{1}{R^4}\left[(1+\beta^2)R^2 X - \beta^2\gamma^2\dfrac{X^3}{3}\right]_{-\frac{R}{\gamma}}^{\frac{R}{\gamma}}\right\}$$

[†2] X と x は原点がずれているだけなので、$\mathrm{d}x = \mathrm{d}X$ である。

11.1 荷電粒子のまわりの電磁場のエネルギー・運動量

$$= \frac{Q^2\gamma^2}{32\pi\varepsilon_0}\left\{\frac{1}{R\gamma}+\frac{1}{R\gamma}+\frac{1}{R^4}\left((1+\beta^2)\left(\frac{R^3}{\gamma}+\frac{R^3}{\gamma}\right)-\beta^2\gamma^2\left(\frac{R^3}{3\gamma^3}+\frac{R^3}{3\gamma^3}\right)\right)\right\}$$

$$= \frac{Q^2\gamma^2}{32\pi\varepsilon_0}\underbrace{\left\{\frac{2}{R\gamma}+\frac{2}{R\gamma}\left((1+\beta^2)-\frac{\beta^2}{3}\right)\right\}}_{\frac{2}{R\gamma}\left(1+1+\beta^2-\frac{1}{3}\beta^2\right)=\frac{4}{R\gamma}\left(1+\frac{1}{3}\beta^2\right)} = \frac{Q^2\gamma}{8\pi\varepsilon_0 R}\left(1+\frac{1}{3}\beta^2\right) \tag{11.11}$$

となる。静止している場合は $\boxed{\beta=0}$ の代入で得られるので、静止系では

$\boxed{c\widetilde{P}^{\widetilde{0}}_{\text{電磁}}=\frac{Q^2}{8\pi\varepsilon_0 R}}$ となる[†3]。これを逆 Lorentz 変換すると運動系ではこの γ

倍になるはずだ。上の結果 $\boxed{cP^0_{\text{電磁}}=\frac{Q^2\gamma}{8\pi\varepsilon_0 R}\left(1+\frac{1}{3}\beta^2\right)}$ は、$\frac{1}{3}\beta^2$ が余計に思

える。

11.1.3 運動量 $\times c$ の密度の積分

次に(11.3)の $T^{01}_{\text{電磁}}$ を全空間で積分した量

$$cP^1_{\text{電磁}} = \frac{\beta\gamma^2}{16\pi^2\varepsilon_0}\int_{-\infty}^{\infty}dx\int_0^{\infty}d\rho\int_0^{2\pi}d\phi\,\rho\frac{(Q_{\text{内}}(\widetilde{r}))^2}{\widetilde{r}^6}\left(\widetilde{y}^2+\widetilde{z}^2\right)$$

$$= \frac{\beta\gamma^2}{8\pi\varepsilon_0}\int_{-\infty}^{\infty}dx\int_0^{\infty}d\rho\,\rho^3\frac{(Q_{\text{内}}(\widetilde{r}))^2}{(\gamma^2(x-\beta ct)^2+\rho^2)^3} \tag{11.12}$$

を計算する（$T^{02}_{\text{電磁}}$ は y の奇関数、$T^{03}_{\text{電磁}}$ は z の奇関数なので、積分すると0になる）。上と同様の置換を行い、

$$= \frac{\beta\gamma^2}{8\pi\varepsilon_0}\int_{-\infty}^{\infty}dx\int_{\alpha(x)}^{\frac{\pi}{2}}\underbrace{\frac{\gamma|x-\beta ct|}{\cos^2\theta}d\theta}_{d\rho}(\gamma|x-\beta ct|\tan\theta)^3\frac{Q^2}{\left(\frac{\gamma^2(x-\beta ct)^2}{\cos^2\theta}\right)^3}$$

$$= \frac{\beta}{8\pi\varepsilon_0}\int_{-\infty}^{\infty}dx\int_{\alpha(x)}^{\frac{\pi}{2}}d\theta\,\sin^3\theta\cos\theta\frac{Q^2}{(x-\beta ct)^2}$$

$$\underbrace{\left[\frac{\sin^4\theta}{4}\right]_{\alpha(x)}^{\frac{\pi}{2}}}$$

$$= \frac{Q^2\beta}{32\pi\varepsilon_0}\int_{-\infty}^{\infty}dx\,\left(1-\sin^4\alpha(x)\right)\frac{1}{(x-\beta ct)^2} \tag{11.13}$$

[†3] この式は $\boxed{R\to 0}$ の極限で発散するので、球殻に大きさがないとまずいことが確認できる。

となる。ここで $X = x - \beta ct$ と置いて

$$= \frac{Q^2\beta}{32\pi\varepsilon_0}\left\{\left(\int_{-\infty}^{-\frac{R}{\gamma}} + \int_{\frac{R}{\gamma}}^{\infty}\right)\frac{\mathrm{d}X}{X^2} + \int_{-\frac{R}{\gamma}}^{\frac{R}{\gamma}}\mathrm{d}X\frac{1}{X^2}\left(1 - \underbrace{\frac{(R^2 - \gamma^2 X^2)^2}{R^4}}_{\sin^4\alpha(x)}\right)\right\}$$

$$= \frac{Q^2\beta}{32\pi\varepsilon_0}\left\{\left[\frac{-1}{X}\right]_{-\infty}^{-\frac{R}{\gamma}} + \left[\frac{-1}{X}\right]_{\frac{R}{\gamma}}^{\infty} + \left[2\frac{\gamma^2}{R^2}X - \frac{\gamma^4 X^3}{3R^4}\right]_{-\frac{R}{\gamma}}^{\frac{R}{\gamma}}\right\}$$

被積分関数は $2\frac{\gamma^2}{R^2} - \frac{\gamma^4 X^2}{R^4}$

$$= \frac{\beta Q^2}{32\pi\varepsilon_0}\left\{\underbrace{\frac{\gamma}{R} + \frac{\gamma}{R} + 2\frac{\gamma}{R} + 2\frac{\gamma}{R} - \frac{\gamma^4}{3R^4}\left(\frac{R^3}{\gamma^3} + \frac{R^3}{\gamma^3}\right)}_{\frac{\gamma}{R}\times\left(6-\frac{2}{3}\right) = \frac{\gamma}{R}\times\frac{16}{3}}\right\} = \frac{Q^2\beta\gamma}{8\pi\varepsilon_0 R} \times \frac{4}{3}$$

(11.14)

となる。この結果 $cP^1_{電磁} = \dfrac{Q^2\beta\gamma}{8\pi\varepsilon_0 R} \times \dfrac{4}{3}$ は、静止している場合の $c\widetilde{P}^0_{電磁} = \dfrac{Q^2}{8\pi\varepsilon_0 R}$

を逆 Lorentz 変換すると現れると期待される $cP^1_{電磁} = \beta\gamma c\widetilde{P}^0_{電磁} = \dfrac{Q^2\beta\gamma}{8\pi\varepsilon_0 R}$ の $\dfrac{4}{3}$

倍である。前項の $cP^0_{電磁}$ で $+\dfrac{1}{3}\beta^2$ が余計なことも含めて、ここで計算した $P^\mu_{電磁}$ は4元ベクトルになってない。これを「$\dfrac{4}{3}$ 問題」と呼ぶ。

11.1.4 $\dfrac{4}{3}$ 問題の解決

だがこの問題は、「関係している物理量全部を考えてない」ことからきた間違いなのである。我々が上では無視していた事情を考慮すると、全体の P^μ は4元ベクトルになる。何を無視していたのか？——このモデルの電荷は、半径 R の球の表面に分布している。もしこれ以外の力が存在しないと、電荷は消し飛んでしまう。そこで電荷をつなぎとめる力[†4] として、球体の静止系において

$$\widetilde{T}^{\widetilde{\rho\nu}}_{球体} \xrightarrow[表示]{行列} \begin{bmatrix} \rho_{質_0}c^2 & & & \\ & P & & \\ & & P & \\ & & & P \end{bmatrix}\theta(R - \widetilde{r}) \quad (11.15)$$

のようなエネルギー運動量テンソルを持つ物質が分布していたとする（$\rho_{質_0}$ は物質の静止質量密度である）。

[†4] この「電荷をつなぎとめる力」は Poincaré により導入されたので「**Poincaré応力**」と呼ばれる。

11.1 荷電粒子のまわりの電磁場のエネルギー・運動量

この圧力 P は実は張力である。表面の電荷密度が $\boxed{\sigma = \dfrac{Q}{4\pi R^2}}$ で、電場の強さが球殻の内側では 0、外側では $\boxed{E = \dfrac{Q}{4\pi\varepsilon_0 R^2}}$ である[†5] ことを考えると、作用する Coulomb 力は単位面積あたり

$$\frac{1}{2} \times \underbrace{\frac{Q}{4\pi R^2}}_{\sigma} \underbrace{\frac{Q}{4\pi\varepsilon_0 R^2}}_{E} = \frac{Q^2}{32\pi^2\varepsilon_0 R^4} \tag{11.16}$$

である。これを引き止めるため

$$P = -\frac{Q^2}{32\pi^2\varepsilon_0 R^4} \tag{11.17}$$

の圧力（マイナスなので実は張力）が必要である。

(11.15)を逆 Lorentz 変換すると以下がわかる。

$$T^{\rho\nu}_{球体} \xrightarrow[表示]{行列} \begin{bmatrix} \gamma^2(\rho_{質_0}c^2 + \beta^2 P) & \beta\gamma^2(\rho_{質_0}c^2 + P) & & \\ \beta\gamma^2(\rho_{質_0}c^2 + P) & \gamma^2(P + \beta^2\rho_{質_0}c^2) & & \\ & & P & \\ & & & P \end{bmatrix} \theta(R - \widetilde{r}) \tag{11.18}$$

この $T^{\rho\nu}_{球体}$ を積分するが、今度は球体の内部だけを積分するとよい。球内部では密度が一様としたので、x^* 座標系でのこの球の体積である $\dfrac{4\pi}{3}R^3 \times \dfrac{1}{\gamma}$ を掛けることで積分は終わる[†6]。結果は

$$cP^0_{球体} = \int_{球体内部} \mathrm{d}^3\vec{x}\, T^{00}_{球体} = \frac{4\pi}{3}R^3(\rho_{質_0}c^2 + \beta^2 P)\gamma = Mc^2\gamma - \frac{1}{3} \times \frac{Q^2}{8\pi\varepsilon_0 R}\beta^2\gamma \tag{11.19}$$

$$cP^1_{球体} = \int_{球体内部} \mathrm{d}^3\vec{x}\, T^{01}_{球体} = \frac{4\pi}{3}R^3(\rho_{質_0}c^2 + P)\beta\gamma = Mvc\gamma - \frac{1}{3} \times \frac{Q^2}{8\pi\varepsilon_0 R}\beta\gamma \tag{11.20}$$

[†5] このような場合は球殻にある電荷に作用する力は $\boxed{\vec{F} = q\vec{E}}$ の半分になる（コンデンサの極板に作用する力などもこうなる）。それが(11.16)の最初に付けた $\dfrac{1}{2}$ である。これは Maxwell 応力の式からも計算できる。

[†6] 「球」と書いたが、x^* 座標系では x 方向に $\dfrac{1}{\gamma}$ 倍に圧縮（Lorentz 短縮）されていることに注意。真面目に積分をやってももちろん結果は同じになる。

である。ただし、$\boxed{M = \dfrac{4\pi}{3}R^3 \rho_{質_0}}$ はこの球体の「電磁的でない質量」である。
最後の式では上で求めた $\boxed{P = -\dfrac{Q^2}{32\pi^2 \varepsilon_0 R^4}}$ を代入した。

こうして「電荷を持った球」を構成している、全てのエネルギーと運動量の総和を考えると、

$$cP^0_{電磁} + cP^0_{球体} = \left(Mc^2 + \frac{Q^2}{8\pi\varepsilon_0 R}\right)\gamma = \left(M + \frac{Q^2}{8\pi c^2 \varepsilon_0 R}\right)c^2 \gamma \qquad (11.21)$$

$$cP^1_{電磁} + cP^1_{球体} = \left(Mc^2 + \frac{Q^2}{8\pi\varepsilon_0 R}\right)\beta\gamma = \left(M + \frac{Q^2}{8\pi c^2 \varepsilon_0 R}\right)v\gamma \times c \qquad (11.22)$$

という形になっている。(11.21) は質量 $M + \dfrac{Q^2}{8\pi c^2 \varepsilon_0 R}$ を持った粒子のエネルギー、(11.22) はその粒子の運動量 $\times c$ であると解釈できる。つまり、電磁場のエネルギー $\div c^2$ の質量が「非電磁的な質量 M」に加算されている。$\boxed{E = mc^2}$ の E には全ての種類のエネルギーが含まれ、当然電磁場もそうである[†7]。

ここで、Poincaré 応力を勘定に加えたことで「負の向きの運動量」が出てきたが、これは直角テコのパラドックスのときに力に対応する仕事により、「エネルギーの流れ」が
→ p181

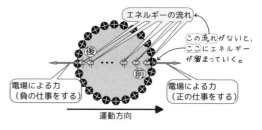

現れたのと同様である。今考えている電荷球の運動の「前」の部分では電場からプラスの仕事を、「後」の部分では電場からマイナスの仕事をされるので「前」

[†7] 電磁場により追加される質量は想像以上に大きい。この荷電粒子が電子だとする。電子のサイズが大きくても 10^{-18} m 以下であることは実験的にわかっているので、$\boxed{R \simeq 10^{-18}\text{ m}}$ とする。電子の電荷が $\boxed{e \simeq 10^{-19}\text{ C}}$ で、定数が $\boxed{\varepsilon_0 \simeq 10^{-11}\text{ m}^{-3}\text{kg}^{-1}\text{s}^4\text{A}^2}$ で $\boxed{c^2 \simeq 10^{17}\text{ m}^2/\text{s}^2}$ と考えると、$\boxed{\dfrac{Q^2}{8\pi c^2 \varepsilon_0 R} \simeq \dfrac{10^{-38}}{10 \times 10^{17} \times 10^{-11} \times 10^{-18}}\text{ kg} = 10^{-27}\text{ kg}}$ となって、電子の質量 $\boxed{9.1 \times 10^{-31}\text{kg} \simeq 10^{-30}\text{ kg}}$ を3桁程度超えてしまう。つまり、M は負の量である。「負の質量なんてあるの！」とびっくりするかもしれないが、観測できるのは $M + \dfrac{Q^2}{8\pi c^2 \varepsilon_0 R}$ という組合せであり、負の質量 M を単独で測定することはできないのだから、驚くには当たらない。

→「後」のエネルギーの流れが存在しないと、エネルギーの流れに途切れが生じてしまう。Poincaré応力は途切れが出ないよう「エネルギーの流れ」を繋ぐ役目をしている。p181のエネルギー（質量）の流れの図と比較して理解して欲しい。 この流れが運動量の一部を打ち消す。こう考えていくと、4元運動量が正しい「保存する流れ」であることが、問題の解決に肝要であったとわかる[†8]。

11.2　媒質中の相対論的電磁気学

　　ここまでは真空中の電磁気学だけを扱ってきたので、この章では物質中の電磁気学について考え、前に示したRöntgen-Eichenwaldの実験の結果が相対論から導かれることを示しておこう。
→ p49

11.2.1　3次元記法での媒質中の電磁気学

　　この項では真空中と媒質中でのMaxwell方程式の違いを3次元の（従来の）書き方で確認しておく。この辺りに慣れている人は飛ばしてよい。

媒質中では媒質の分極 $\vec{P}$ と磁化 $\vec{M}$ が存在する。

分極 $\vec{P}$ は、電気双極子モーメントの体積密度と定義される。電気双極子とは、右図のように同じ大きさの正負の電荷が微小な距離だけ離れて分布している状況を言う。電気双極子モーメントは $\boxed{\vec{p} = q\vec{L}}$ というベクトルで定義される。現実の電気双極子では図に描いたベクトル $\vec{L}$ は原子サイズで、非常に小さい。計算上、電気双極子を考えるときは $\vec{p}$ を一定にしつつ、$\boxed{\vec{L} \to \vec{0}}$ の極限を取る[†9]。

原子レベルの電気双極子が乱雑な方向を向いていると全体の分極は $\vec{0}$ になるが、方向が揃っていると全体として $\vec{0}$ ではない分極 $\vec{P}$ がある。単位体積あたり n 個の電気双極子が均等に同じ向きを向いて分布していたなら、$\boxed{\vec{P} = n\vec{p}}$ である。

分極は全体として電荷を持っていないが、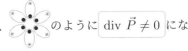のように $\boxed{\mathrm{div}\,\vec{P} \neq 0}$ にな

[†8] 9.6.2項のTrouton-Nobleの実験の計算で、力のつりあいが肝要であったことと同様である。
→ p219
[†9] なぜそんな極限を取ってしまうかというと、実際に実験で測定できるのは $q, \vec{L}$ それぞれではなく $\vec{p}$ の方だからである。遠方でできる電場を測定すると $\vec{p}$ しかわからない。

る状況があると、そこに電荷密度 $-\mathrm{div}\,\vec{P}$ の電荷がいるのと同じことになる[10]。また $\vec{P}$ が時間変化するとそこには電流がある。媒質中の電磁気学を考えるときには、このようなミクロな現象由来の電荷と電流も考慮せねばならない。

「分極 $\vec{P}$ は電気双極子モーメントの密度」であり、「電気双極子モーメントはミクロな正負電荷ペア」であるのと同様に、「磁化 $\vec{M}$ は磁気双極子モーメントの密度」であり、「磁気双極子モーメントはミクロな周回電流（分子電流）」である。

面積 S を囲む線上を流れる電流 I の作る磁気双極子モーメントは $\boxed{\vec{m} = IS\vec{e}_S}$（$\vec{e}_S$ は面積の法線ベクトルで、電流の方向にネジを回したときにネジが進む向きを向いている）である。電気双極子モーメントと同様に、磁気双極子モーメントに関しても IS を一定にして $\boxed{S \to 0}$ の極限を取った量として定義する[11]。

磁気双極子モーメントの密度が磁化 $\vec{M}$ である。そして、この磁化が右の図のように $\boxed{\mathrm{rot}\,\vec{M} \neq \vec{0}}$ になるような分布をしていると、そこ（図の中央部分：同じ向きの電流が集中している）に電流 $\boxed{\vec{j}_{媒質} = \mathrm{rot}\,\vec{M}}$ があるのと同じことになる。

分極と磁化の存在によって、$\boxed{\rho_{媒質} = -\mathrm{div}\,\vec{P}}$ という分極による電荷密度と、$\boxed{\vec{j}_{媒質} = \dfrac{\partial \vec{P}}{\partial t} + \mathrm{rot}\,\vec{M}}$ という分極の時間変化による電流と磁化による電流（分子電流）の密度が加わる。Maxwell 方程式のうち電荷を含む式 $\boxed{\mathrm{div}\,\vec{E} = \dfrac{\rho}{\varepsilon_0}}$ が

左辺に移項

$$\mathrm{div}\,\vec{E} = \dfrac{\rho}{\varepsilon_0} - \boxed{\dfrac{1}{\varepsilon_0}\mathrm{div}\,\vec{P}}$$

（両辺 $\times \varepsilon_0$）

$\vec{D}$

$$\mathrm{div}\,\boxed{\left(\varepsilon_0 \vec{E} + \vec{P}\right)} = \rho \tag{11.23}$$

に変わり、電流を含む式 $\boxed{\mathrm{rot}\,\vec{B} = \mu_0\left(\varepsilon_0\dfrac{\partial \vec{E}}{\partial t} + \vec{j}\right)}$ が

---

[10] 詳しい計算は「よくわかる電磁気学」などの電磁気学の教科書を参照して欲しい。
[11] こちらも、実験で測定できるのは I, S それぞれではなく IS である。

11.2 媒質中の相対論的電磁気学

$$\text{rot } \vec{B} \underbrace{}_{\text{左辺に移項}} = \mu_0 \left(\varepsilon_0 \frac{\partial \vec{E}}{\partial t} + \vec{j} + \frac{\partial \vec{P}}{\partial t} + \boxed{\text{rot } \vec{M}} \right) \quad \text{(両辺} \div \mu_0\text{)}$$

$$\text{rot } \underbrace{\boxed{\left(\frac{1}{\mu_0}\vec{B} - \vec{M}\right)}}_{\vec{H}} = \frac{\partial \overbrace{\boxed{\left(\varepsilon_0 \vec{E} + \vec{P}\right)}}^{\vec{D}}}{\partial t} + \vec{j} \tag{11.24}$$

に変わる。二つの補助場 $\boxed{\vec{D} \equiv \varepsilon_0 \vec{E} + \vec{P}}$ と $\boxed{\vec{H} \equiv \frac{1}{\mu_0}\vec{B} - \vec{M}}$ を定義[†12]したことで、$\boxed{\text{div } \vec{D} = \rho}$ と $\boxed{\text{rot } \vec{H} = \frac{\partial \vec{D}}{\partial t} + \vec{j}}$ と式がまとまる。

多くの物質では、$\vec{E}, \vec{D}, \vec{P}$ は平行であり、$\vec{B}, \vec{H}, \vec{M}$ も平行になる。このような性質を持つ媒質を「等方性媒質」と呼ぼう[†13]。その場合、

---- 等方性媒質における電場と電束密度、磁場と磁束密度の関係 ----

$$\vec{D} = \varepsilon \vec{E}, \quad \vec{H} = \mu \vec{B} \tag{11.25}$$

のように物質によって決まる比例定数 ε(誘電率)と μ(透磁率)を使って関係がつく。この式が成り立つのは「媒質が静止している場合」である。運動したときにどうなるかは、相対論的に正しくなるように決まる(それを次で考える)。

11.2.2 4次元記法で考える

前項で考えたことをテンソルで表現しよう。そのために、F^{0i}, F^{ij} に組み入れる「媒質由来の量」を表す、

$$\boxed{F^{0i} = + \underbrace{\boxed{\vec{E}}}_{-\text{時}A^\mu}{}^i /c}$$
$$\boxed{F^{ij} = + \epsilon^{ijk} \underbrace{\boxed{\vec{B}}}_{-\text{時}A^\mu}{}^k}$$

$$\pi^{0i} = + \underbrace{c \boxed{\vec{P}}}_{-\text{時}A^\mu}{}^i, \quad \pi^{ij} = - \underbrace{\epsilon^{ijk}}_{+\text{時}A^\mu} \boxed{\vec{M}}^k \tag{11.26}$$

のような $\vec{P}, \vec{M}$ を含んだテンソルを作る(大きな文字の π を使用する)[†14]。

[†12] 電荷および電流に作用する力を使って定義されているのは $\vec{E}, \vec{B}$ であり、$\vec{D}, \vec{H}$ は式をまとめるために導入された量であると考えてもよい。$\vec{D}, \vec{H}$ は、$\vec{E}, \vec{B}$ に「媒質由来の量」を組み入れた量である。

[†13] 非等方性媒質の例としては、「x 方向には分極しやすいが、y, z 方向には分極しにくい結晶」「外部磁場が無くても特定の方向に $\vec{M}$ が存在している強磁性体」などがある。非等方性媒質の場合は ε, μ が 3 次元の 2 階テンソルになる。

[†14] $\vec{E}, \vec{B}$ から F を作ったときに比べ、係数の違いと $\vec{M}$ の符号が逆なことに注意。

$$\pi^{\mu\nu} \xrightarrow[\text{表示}]{\text{行列}} + \begin{bmatrix} 0 & c[\vec{P}]^x & c[\vec{P}]^y & c[\vec{P}]^z \\ -c[\vec{P}]^x & 0 & -[\vec{M}]^z & [\vec{M}]^y \\ -c[\vec{P}]^y & [\vec{M}]^z & 0 & -[\vec{M}]^x \\ -c[\vec{P}]^z & -[\vec{M}]^y & [\vec{M}]^x & 0 \end{bmatrix} \quad (11.27)$$

が行列表示である。こうすると、

$$F^{0i} + \mu_0 \pi^{0i} = +\frac{1}{c} \left([\vec{E}]^i + \frac{1}{\varepsilon_0}[\vec{P}]^i \right) = + \mu_0 c [\vec{D}]^i \quad (11.28)$$

$$F^{ij} + \mu_0 \pi^{ij} = + \epsilon^{ijk} \left([\vec{B}]^k - \mu_0 [\vec{M}]^k \right) = + \mu_0 \epsilon^{ijk} [\vec{H}]^k \quad (11.29)$$

のようにして $\vec{D}, \vec{H}$ を含むテンソルができる。μ_0 で割って2階反対称テンソル

$$G^{\mu\nu} \equiv \frac{1}{\mu_0} F^{\mu\nu} + \pi^{\mu\nu} \xrightarrow[\text{表示}]{\text{行列}} + \begin{bmatrix} 0 & c[\vec{D}]^x & c[\vec{D}]^y & c[\vec{D}]^z \\ -c[\vec{D}]^x & 0 & [\vec{H}]^z & -[\vec{H}]^y \\ -c[\vec{D}]^y & -[\vec{H}]^z & 0 & [\vec{H}]^x \\ -c[\vec{D}]^z & [\vec{H}]^y & -[\vec{H}]^x & 0 \end{bmatrix} \quad (11.30)$$

を定義する。$\text{div}\,\vec{D} = \rho$ と $\text{rot}\,\vec{H} = \dfrac{\partial \vec{D}}{\partial t} + \vec{j}$ は

$$\partial_\mu \left(\frac{1}{\mu_0} F^{\mu\nu} + \pi^{\mu\nu} \right) = \partial_\mu G^{\mu\nu} = -j^\nu \quad (11.31)$$

のようにテンソルで表記することができる。

Maxwell 方程式はどの慣性系でも成り立つから当然そうなるべきなのだが、「$G^{\mu\nu}, \pi^{\mu\nu}$ は添字の表すようなテンソルなのか？」という疑問が湧くだろう。$F^{\mu\nu}$ と $G^{\mu\nu}$ のテンソル成分の対応は $E/c \to c\vec{D}, \vec{B} \to \vec{H}$ という置換えなので、(9.100)〜(9.102) に同じ置き換えを行った以下の式が成り立つべきである。

―― $\vec{D}, \vec{H}$ の Lorentz 変換（x 方向）――

$$[\vec{\tilde{D}}]^{\tilde{x}} = [\vec{D}]^x, \quad [\vec{\tilde{D}}]^{\tilde{y}} = \gamma\left([\vec{D}]^y - \frac{v}{c^2}[\vec{H}]^z\right), \quad [\vec{\tilde{D}}]^{\tilde{z}} = \gamma\left([\vec{D}]^z + \frac{v}{c^2}[\vec{H}]^y\right),$$
$$[\vec{\tilde{H}}]^{\tilde{x}} = [\vec{H}]^x, \quad [\vec{\tilde{H}}]^{\tilde{y}} = \gamma\left([\vec{H}]^y + v[\vec{D}]^z\right), \quad [\vec{\tilde{H}}]^{\tilde{z}} = \gamma\left([\vec{H}]^z - v[\vec{D}]^y\right)$$

$$(11.32)$$

11.2 媒質中の相対論的電磁気学

―― $\vec{D}, \vec{H}$ の Lorentz 変換（ベクトルで表現）――

$$\vec{\tilde{D}} = \frac{1-\gamma}{v^2}(\vec{v} \cdot \vec{D})\vec{v} + \gamma \left(\vec{D} + \frac{1}{c^2} \vec{v} \times \vec{H} \right),$$
$$\vec{\tilde{H}} = \frac{1-\gamma}{v^2}(\vec{v} \cdot \vec{H})\vec{v} + \gamma \left(\vec{H} - \vec{v} \times \vec{D} \right)$$

(11.33)

―― $\vec{D}, \vec{H}$ の Lorentz 変換（平行成分と垂直成分で表現）――

$$\vec{\tilde{D}}_\parallel = \vec{D}_\parallel, \quad \vec{\tilde{D}}_\perp = \gamma \left(\vec{D}_\perp + \frac{1}{c^2} \vec{v} \times \vec{H}_\perp \right),$$
$$\vec{\tilde{H}}_\parallel = \vec{H}_\parallel, \quad \vec{\tilde{H}}_\perp = \gamma \left(\vec{H}_\perp - \vec{v} \times \vec{D}_\perp \right)$$

(11.34)

同様に $\pi^{\mu\nu}$ が $F^{\mu\nu}$ と同じ形のテンソルとなる。$\pi^{\mu\nu}$ が「正しい変換」をするためには、$c\vec{P}, -\vec{M}$ が $\vec{E}/c, \vec{B}$ と同じ Lorentz 変換をすればよい。よって、

―― $\vec{P}, \vec{M}$ の Lorentz 変換（x 方向）――

$$\vec{\tilde{P}}\Big|^{\tilde{x}} = \vec{P}\Big|^x, \quad \vec{\tilde{P}}\Big|^{\tilde{y}} = \gamma \left(\vec{P}\Big|^y + \frac{v}{c^2} \vec{M}\Big|^z \right), \quad \vec{\tilde{P}}\Big|^{\tilde{z}} = \gamma \left(\vec{P}\Big|^z - \frac{v}{c^2} \vec{M}\Big|^y \right),$$
$$\vec{\tilde{M}}\Big|^{\tilde{x}} = \vec{M}\Big|^x, \quad \vec{\tilde{M}}\Big|^{\tilde{y}} = \gamma \left(\vec{M}\Big|^y - v \vec{P}\Big|^z \right), \quad \vec{\tilde{M}}\Big|^{\tilde{z}} = \gamma \left(\vec{M}\Big|^z + v \vec{P}\Big|^y \right)$$

(11.35)

―― $\vec{P}, \vec{M}$ の Lorentz 変換 ――

$$\vec{\tilde{P}} = \frac{1-\gamma}{v^2}(\vec{v} \cdot \vec{P})\vec{v} + \gamma \left(\vec{P} - \frac{1}{c^2} \vec{v} \times \vec{M} \right),$$
$$\vec{\tilde{M}} = \frac{1-\gamma}{v^2}(\vec{v} \cdot \vec{M})\vec{v} + \gamma \left(\vec{M} + \vec{v} \times \vec{P} \right)$$

(11.36)

―― $\vec{P}, \vec{M}$ の Lorentz 変換（平行成分と垂直成分で表現）――

$$\vec{\tilde{P}}_\parallel = \vec{P}_\parallel, \quad \vec{\tilde{P}}_\perp = \gamma \left(\vec{P}_\perp - \frac{1}{c^2} \vec{v} \times \vec{M}_\perp \right),$$
$$\vec{\tilde{M}}_\parallel = \vec{M}_\parallel, \quad \vec{\tilde{M}}_\perp = \gamma \left(\vec{M}_\perp + \vec{v} \times \vec{P}_\perp \right)$$

(11.37)

になる。「運動する分極は磁化を持つ」およびこの逆が言えることになる。

272　第11章　相対論的電磁気学に関する話題

> 次とその次の項で、簡単なモデルについて上の式が成り立っていることを確認した後、11.2.5項で運動する媒質についての式を導き、11.2.6項で上の結果から
> → p275　　　　　　　　　　　　　　　　　　　　　→ p276
> Röntgen-Eichenwaldの実験の結果が導けることを示す。先を急ぐ人は次の項とそ
> → p49
> の次の項は飛ばしてもかまわない。

11.2.3　運動する分極は磁化を持つ　+++++++++++++++++　【補足】

以下では1個のシンプルな電気双極子が存在していたとき、それをLorentz変換するとどう見えるかを考察していく。

右の図のように、$\tilde{x}^*$ 座標系の座標 $(0, 0, \pm\Delta z)$ の点に $\pm q$ の電荷が存在しているとする。この場合電荷分布が、

$$\tilde{\rho} = q\delta(\tilde{x})\delta(\tilde{y})\left(\delta(\tilde{z}-\Delta z) - \delta(\tilde{z}+\Delta z)\right) \tag{11.38}$$

であり、$\vec{p} = q(2\Delta z)\vec{\mathbf{e}}_{\tilde{z}}$ の電気双極子モーメントがある。

$\vec{p}$ を一定にしつつ $\Delta z \to 0$ の極限を取れば、原点に孤立した $\tilde{z}$ 方向を向いた分極 $\vec{P} = p\vec{\mathbf{e}}_{\tilde{z}}\delta(\tilde{x})\delta(\tilde{y})\delta(\tilde{z})$ が存在していることになる。

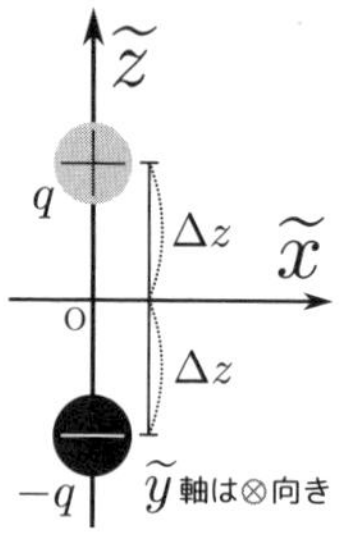

x^* 座標系を、この電荷が x 方向に速度 v で動いているような基準系(フレーム)に属する座標系と設定する。

$\tilde{x}^*$ 座標系では分極は z 方向を向き、電荷は静止して $\vec{M}$ は $\vec{0}$ であるから、(11.35)の逆変換で $\vec{\tilde{P}}{}^z$
→ p271
のみが0でない場合の式である、以下が成り立つはずである。

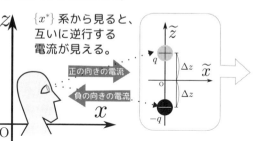

$$\begin{aligned}&[\vec{P}]^x = 0, \quad [\vec{P}]^y = 0, \quad [\vec{P}]^z = [\vec{\tilde{P}}]^{\tilde{z}}\gamma,\\ &[\vec{M}]^x = 0, \quad [\vec{M}]^y = v[\vec{\tilde{P}}]^{\tilde{z}}\gamma, \quad [\vec{M}]^z = 0\end{aligned} \tag{11.39}$$

これは、x^* 座標系から観測すると分極による電荷が互いに逆行する2本の電流になり、磁化が存在することを示している。

x^* 座標系での電荷密度および電流密度は、(11.38)の電荷密度を x 方向へLorentzブーストすることで

$$\rho = \tilde{\rho}\gamma = q\delta(x-vt)\delta(y)\delta(z-\Delta z) - q\delta(x-vt)\delta(y)\delta(z+\Delta z) \tag{11.40}$$

$$\vec{j}(\vec{x}) = c\tilde{\rho}\vec{\beta}\gamma = qv\vec{\mathbf{e}}_x\left(\delta(x-vt)\delta(y)\left(\delta(z-\Delta z) - \delta(z+\Delta z)\right)\right) \tag{11.41}$$

11.2 媒質中の相対論的電磁気学

のように得られる[15]。

このときの分極 $\vec{P}$ を考えよう。$\boxed{x = vt, y = 0, z = \pm\Delta z}$ に電荷 $\pm q$ がいるので、一個の電気双極子モーメントの大きさは変わってない。電気双極子モーメント一つを見れば変化してないが、その密度は γ 倍になるので $\boxed{\vec{P}{}^z = \vec{\tilde{P}}{}^{\tilde{z}}\gamma}$ が成り立つ[16]。

このときの磁化 $\vec{M}$ を考えるため、(11.41)の電流を、デルタ関数を矩形関数の極限 ((B.25)参照) にして

$$qv\,\vec{e}_x \underbrace{\frac{1}{2\Delta x}\left(\theta(x-vt+\Delta x)-\theta(x-vt-\Delta x)\right)}_{\delta(x-vt)}\delta(y)\left(\delta(z-\Delta z)-\delta(z+\Delta z)\right) \quad (11.42)$$

のように書き直す。上の式は $\boxed{\Delta x \to 0}$ の極限で元の(11.41)に戻る。

(11.42)は、右の図のような2本の（途切れた）電流を表している。電流を途切れさせないように、この2本の電流に電流を付け足して のような周回電流にする。式で書くならば

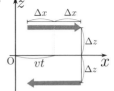

$$\frac{qv}{2\Delta x}\vec{e}_x \left(\theta(x-vt+\Delta x)-\theta(x-vt-\Delta x)\right)\delta(y)\left(\delta(z-\Delta z)-\delta(z+\Delta z)\right)$$
$$-\frac{qv}{2\Delta x}\vec{e}_z \left(\delta(x-vt-\Delta x)-\delta(x-vt+\Delta x)\right)\delta(y)\left(\theta(z+\Delta z)-\theta(z-\Delta z)\right) \quad (11.43)$$

となり、大きさが $\boxed{I = \dfrac{qv}{2\Delta x}}$ で、面積が $\boxed{S = 4\Delta x \Delta z}$ の周回電流である。この電流の持つ磁気双極子モーメントは大きさ $\boxed{IS = qv(2\Delta z)}$ で向きは y 軸正の向きとなり、$\boxed{\Delta x \to 0, \Delta z \to 0}$ の極限で

$$\vec{M} = \underbrace{q(2\Delta z)v}_{p}\,\vec{e}_y\,\delta(x-vt)\delta(y)\delta(z) \quad (11.44)$$

である。この結果は「運動する $\vec{P}$ は磁化 $\vec{M}$ を伴う」ことを示しており、(11.36)の逆関係である $\boxed{\vec{M}{}^y = \gamma\left(\vec{\tilde{M}}{}^{\tilde{y}} + v\,\vec{\tilde{P}}{}^{\tilde{z}}\right)}$ を満たしている。

---

[15] (11.40)の $\widetilde{\rho}$ の γ 因子は、デルタ関数を $\boxed{\delta(\gamma(x-vt)) = \dfrac{1}{\gamma}\delta(x-vt)}$ と書き換えるときに消える。(11.41)でも同様。

[16] γ が出る理由は $\boxed{\delta(\tilde{x})\delta(\tilde{y})\delta(\tilde{z}) = \dfrac{1}{\gamma}\delta(x-vt)\delta(y)\delta(z)}$ からと考えても同じことである。

[17] 付け足した電流は $\boxed{\Delta x \to 0}$ の極限を取れば逆向きで同じ位置になってしまうので、ないのと同じ。x 方向に流れる電流はこの極限でも位置が違うので残る。

第 11 章 相対論的電磁気学に関する話題

------- 練習問題 -------

【問い 11-1】 (11.43) の電流が rot $\vec{M}$ で得られるとしたときの $\vec{M}$（つまりは磁化）を求めよ。その式の $\boxed{\Delta x \to 0, \Delta z \to 0}$ の極限が (11.44) であることを確認せよ。

ヒント → p319 へ　　解答 → p334 へ

電気双極子モーメントが $\widetilde{y}$ 軸方向を向いてると (11.39) ではなく

$$\begin{aligned}&\left[\vec{P}\right]^x=0,\quad \left[\vec{P}\right]^y=\left[\vec{\widetilde{P}}\right]^{\widetilde{y}}\gamma,\quad \left[\vec{P}\right]^z=0,\\ &\left[\vec{M}\right]^x=0,\quad \left[\vec{M}\right]^y=0,\quad \left[\vec{M}\right]^z=-v\left[\vec{\widetilde{P}}\right]^{\widetilde{y}}\gamma\end{aligned} \tag{11.45}$$

が成り立つことになるが、$\boxed{\left[\vec{M}\right]^z = -\gamma v \left[\vec{\widetilde{P}}\right]^{\widetilde{y}}}$ は上と同様に示すことができる。

また、電気双極子モーメントが $\widetilde{x}$ 軸方向を向いている場合は以下が成り立つ。

$$\begin{aligned}&\left[\vec{P}\right]^x=\left[\vec{\widetilde{P}}\right]^{\widetilde{x}},\quad \left[\vec{P}\right]^y=0,\quad \left[\vec{P}\right]^z=0,\\ &\left[\vec{M}\right]^x=0,\quad \left[\vec{M}\right]^y=0,\quad \left[\vec{M}\right]^z=0\end{aligned} \tag{11.46}$$

この場合は Lorentz 変換によって生まれる電流は右の図のようになり面積を作らず、磁気双極子モーメントは発生しない（もちろん磁化も発生しない）。このときの電気双極子モーメントは正負電荷間の距離が $\sqrt{1-\beta^2}$ に縮まるので（密度が γ 倍になることと打ち消し合い）変化せず、$\boxed{\left[\vec{P}\right]^x = \left[\vec{\widetilde{P}}\right]^{\widetilde{x}}}$ となる。

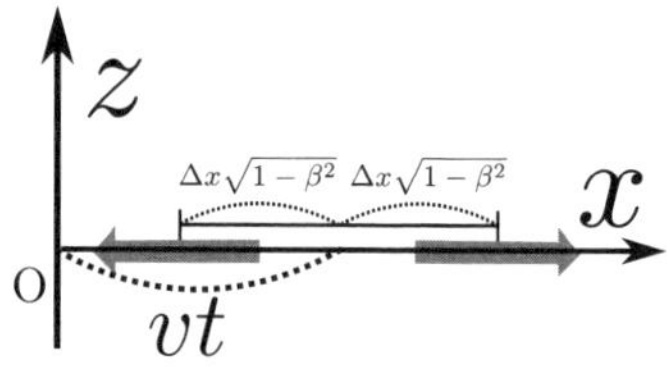

11.2.4　運動する磁化は分極を持つ　＋＋＋＋＋＋＋＋＋＋＋＋＋＋＋＋【補足】

逆に、運動する $\vec{M}$ が $\vec{P}$ を持つことを確認しよう。前項とは逆の現象として四角形の形の微小回路を考えて、そこに流れる電流の持つ磁気双極子モーメントを動きながら見るとどうなるかを考える。図のように微小電流を設定する。面積 $4\Delta x \Delta z$ の長方形の辺を電流 I が流れているので、原点に $\boxed{m = 4I\Delta x \Delta z}$ の y 軸正の向きを向いた磁気双極子モーメントが存在していることになる。この電流を式で表現すると

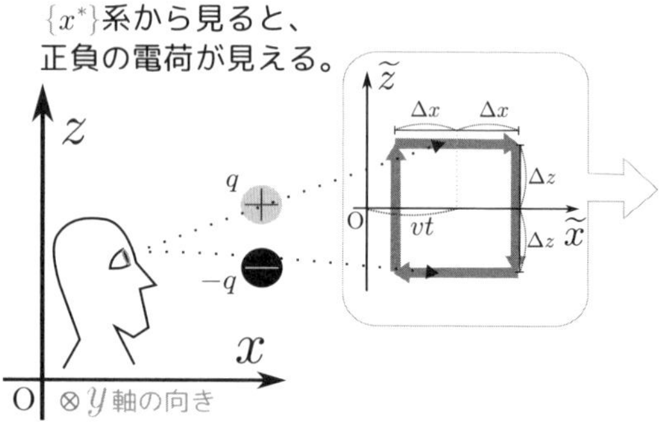

$$\vec{\widetilde{j}} = I\,\mathbf{e}_{\widetilde{x}}\left(\theta(\widetilde{x}+\Delta x)-\theta(\widetilde{x}-\Delta x)\right)\delta(\widetilde{y})\left(\delta(\widetilde{z}-\Delta z)-\delta(\widetilde{z}+\Delta z)\right)$$

$$- I\vec{\mathbf{e}}_{\tilde{z}}\left(\delta(\tilde{x}-\Delta x)-\delta(\tilde{x}+\Delta x)\right)\delta(\tilde{y})\left(\theta(\tilde{z}+\Delta z)-\theta(\tilde{z}-\Delta z)\right) \tag{11.47}$$

である。m を一定として $\boxed{\Delta x \to 0, \Delta z \to 0}$ の極限を取ると、

$$\left[\vec{\tilde{M}}\right]^x = 0, \quad \underbrace{\left[\vec{\tilde{M}}\right]^y = 4I\Delta x\Delta z\delta(\tilde{x})\delta(\tilde{y})\delta(\tilde{z})}_{m}, \quad \left[\vec{\tilde{M}}\right]^z = 0 \tag{11.48}$$

という磁化があると考えてよい。分極は $\vec{0}$ なので、これらを逆 Lorentz 変換することにより、x^* 座標系では、

$$\left[\vec{P}\right]^z = \gamma\frac{v}{c^2}\left[\vec{M}\right]^y = m\gamma\frac{v}{c^2}\delta(\tilde{x})\delta(\tilde{y})\delta(\tilde{z}) = m\frac{v}{c^2}\delta(x-vt)\delta(y)\delta(z) \tag{11.49}$$

$$\left[\vec{M}\right]^y = \gamma\left[\vec{M}\right]^y = m\gamma\delta(\tilde{x})\delta(\tilde{y})\delta(\tilde{z}) = m\delta(x-vt)\delta(y)\delta(z) \tag{11.50}$$

のような値を持たなくてはいけない。上記以外の $\vec{P}, \vec{M}$ の成分は 0 である。これを以下で確認する。

電流密度を $\boxed{c\rho = \gamma\left(c\tilde{\rho}+\beta\tilde{j}^{\tilde{x}}\right)}$ で逆 Lorentz 変換して、x^* 座標系での電荷密度が

$$\rho = \frac{\beta\gamma}{c}I\left(\theta(\tilde{x}+\Delta x)-\theta(\tilde{x}-\Delta x)\right)\delta(\tilde{y})\left(\delta(\tilde{z}-\Delta z)-\delta(\tilde{z}+\Delta z)\right)$$
$$= \frac{\beta\gamma}{c}I\left(\theta(\gamma(x-vt)+\Delta x)-\theta(\gamma(x-vt)-\Delta x)\right)\delta(y)\left(\delta(z-\Delta z)-\delta(z+\Delta z)\right) \tag{11.51}$$

となる。$\boxed{y=0, z=\pm\Delta z}$ で $\boxed{vt-\dfrac{\Delta x}{\gamma} < x < vt+\dfrac{\Delta x}{\gamma}}$ の範囲に正負の電荷がいることになる（元々電荷 0 であるから Lorentz 変換後も総電荷は 0 である）。積分することにより、$\boxed{\pm\dfrac{\beta\gamma}{c}I\times 2\dfrac{\Delta x}{\gamma} = \pm 2\dfrac{\beta}{c}I\Delta x}$ の電荷が $2\Delta z$ だけ離れた距離に存在することを意味するから、原点に z 軸向きを向いた $\boxed{4\dfrac{\beta}{c}I\Delta x\Delta z = \dfrac{v}{c^2}m}$ の電気双極子モーメントがあることになる（これで (11.49) が確認できた）。

11.2.5　運動する媒質中の関係式

物質が等方性媒質である場合の線形な関係式(11.25) $\boxed{\vec{D}=\varepsilon\vec{E}, \vec{B}=\mu\vec{H}}$ は「媒質が静止している」特定の座標系でのみ成立する式である。その座標系を $\tilde{x}^*$ 座標系とすれば、それから Lorentz 変換された x^* 座標系（この系では媒質が速度 $\vec{v}$ で運動している）では以下の式が成り立つ。

第 11 章 相対論的電磁気学に関する話題

$$\underbrace{\vec{D}_\parallel = \varepsilon \vec{E}_\parallel}_{}, \quad \gamma \left(\underbrace{\vec{D}_\perp}_{} + \frac{1}{c^2} \vec{v} \times \underbrace{\vec{H}_\perp}_{} \right) = \varepsilon \gamma \left(\underbrace{\vec{E}_\perp}_{} + \vec{v} \times \underbrace{\vec{B}_\perp}_{} \right)$$

$$\mu \vec{H}_\parallel = \vec{B}_\parallel, \quad \mu \gamma \left(\vec{H}_\perp - \vec{v} \times \vec{D}_\perp \right) = \gamma \left(\vec{B}_\perp - \frac{1}{c^2} \vec{v} \times \vec{E}_\perp \right) \quad (11.52)$$

⊥成分の式を見ると両辺に γ があるので、

$$\vec{D}_\perp + \frac{1}{c^2} \vec{v} \times \vec{H}_\perp = \varepsilon \left(\vec{E}_\perp + \vec{v} \times \vec{B}_\perp \right) \quad (11.53)$$

$$\mu \left(\vec{H}_\perp - \vec{v} \times \vec{D}_\perp \right) = \vec{B}_\perp - \frac{1}{c^2} \vec{v} \times \vec{E}_\perp \quad (11.54)$$

と簡単化できる。これらの式と ∥ 成分の式を合わせて、以下が成り立つ[18]。

$$\vec{D} + \frac{1}{c^2} \vec{v} \times \vec{H} = \varepsilon \left(\vec{E} + \vec{v} \times \vec{B} \right) \quad (11.55)$$

$$\vec{H} - \vec{v} \times \vec{D} = \frac{1}{\mu} \left(\vec{B} - \frac{1}{c^2} \vec{v} \times \vec{E} \right) \quad (11.56)$$

----------練習問題----------

【問い 11-2】 (11.53) と (11.54) から、「$\vec{D}_\perp, \vec{H}_\perp$ から $\vec{B}_\perp$ を求める式」を作れ。

ヒント → p319 へ　解答 → p334 へ

11.2.6　Röntgen-Eichenwald の実験の考察

前項の結果を元に、Röntgen-Eichenwald の実験で成り立っていた式を導出しよう。実際の実験は回転運動だが、それだと計算が面倒なので、等速直線運動にして、右の図のような状況を考えることにする[19]。無限に広いコンデンサ（図は一部を切り出して描いた）に単位面積あたり電荷 $\pm \sigma$ が蓄えられている。

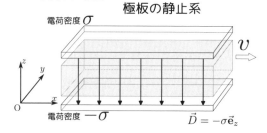

---

[18] $\boxed{\vec{?} = \vec{?}_\parallel + \vec{?}_\perp}$ であることと、$\vec{v} \times \vec{?}_\perp$ は $\vec{v} \times (\vec{?}_\perp + \vec{?}_\parallel)$ と書いても同じであることに注意。

[19] 回転している誘電体の微小な体積部分の微小な時間の間の動きを考えて、それを等速直線運動と近似したと考えればよい。

11.2 媒質中の相対論的電磁気学

極板の静止系（x^* 座標系）では、電荷はあるが電流は無いので $\boxed{\vec{H}=\vec{0}}$ である。極板の単位面積あたりの電気量を $\pm\sigma$ とすれば、$\boxed{\vec{D}=-\sigma\vec{e}_z}$ となることは、この系における Maxwell 方程式を解けばわかる。この系においてはコンデンサ間の誘電体は $\boxed{\vec{v}=v\vec{e}_x}$ の速度で動いているので、$\boxed{\vec{D}=\varepsilon\vec{E}}$ は成立していない（まだ電場 $\vec{E}$ は求められていない）。

一方、誘電体の静止系（$\tilde{x}^*$ 座標系とする）では、電束密度が $\boxed{\vec{\tilde{D}}=-\sigma\gamma\vec{e}_{\tilde{z}}}$、磁場が $\boxed{\vec{\tilde{H}}=-\sigma v\gamma\vec{e}_{\tilde{y}}}$ となる。

この $\vec{\tilde{D}}, \vec{\tilde{H}}$ は x^* 座標系の $\boxed{\vec{D}=-\sigma\vec{e}_z, \vec{H}=\vec{0}}$ を(11.32)に従って Lorentz 変換することで得られる[20]。

$\tilde{x}^*$ 座標系では誘電体は静止しているから、

$$\vec{\tilde{E}}=\frac{1}{\varepsilon}\vec{\tilde{D}}=-\frac{\sigma\gamma}{\varepsilon}\vec{e}_{\tilde{z}}, \qquad \vec{\tilde{B}}=\mu\vec{\tilde{H}}=-\mu\sigma v\gamma\vec{e}_{\tilde{y}} \qquad (11.57)$$

となる。これを逆 Lorentz 変換することで、x^* 座標系での磁束密度が

$$\vec{B} = \underbrace{\frac{1-\gamma}{v^2}(\vec{v}\cdot\vec{\tilde{B}})\vec{v}}_{0} + \gamma\left(\underbrace{-\mu\sigma v\gamma\vec{e}_y}_{\vec{\tilde{B}}} + \frac{1}{c^2}\underbrace{v\vec{e}_x}_{\vec{v}}\times\underbrace{\left(-\frac{\sigma\gamma}{\varepsilon}\vec{e}_z\right)}_{\vec{\tilde{E}}}\right)$$

$$= -\left(\mu-\frac{1}{c^2}\times\frac{1}{\varepsilon}\right)\gamma^2\sigma v\vec{e}_y \qquad (11.58)$$

となる[21]。ここで使っている物質では $\boxed{\mu\simeq\mu_0}$ であるとして、最後の括弧を

$$\underbrace{\mu}_{\simeq\mu_0}-\underbrace{\boxed{\frac{1}{c^2}}}_{\varepsilon_0\mu_0}\times\frac{1}{\varepsilon}=\mu_0-\frac{\mu_0\varepsilon_0}{\varepsilon}=\mu_0\times\frac{\varepsilon-\varepsilon_0}{\varepsilon} \qquad (11.59)$$

---

[20] 4元電流密度を Lorentz 変換すると極板内の電荷密度が $\sigma\gamma$、電流密度が $\sigma\gamma v$ になるので、これらにより作られる電束密度と磁場を考えても同じ結果が得られる。なお、σ は面積密度であり、4元電流密度に現れる ρ は体積密度であるが、極板の厚さを Δz としておけば、$\boxed{\rho=\frac{\sigma}{\Delta z}}$ だと考えればよい。

[21] この結果は【問い 11-2】の結果である(C.91)を使っても出すことができる。ここでは「Lorentz 変換で出せる」ことを強調するためにあえて手順を踏んで求めた。

のように書き直すことができる。極板の静止系において $\vec{B} = -\mu_0 \dfrac{\varepsilon - \varepsilon_0}{\varepsilon} \gamma^2 \sigma v \vec{e}_y$ で表される磁束密度が存在する[22]。

さて、ここで実験の状況と照らし合わせる。ここで考えた「直線運動する誘電体」は、実験装置の外周の微小部分を右の図のように切り出したものだと考えよう。誘電体内には上で求めた磁束密度が存在する。上で y 軸負の向きだったということは円の外側向きなので、磁束

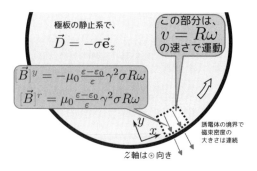

密度の r 成分は $\mu_0 \dfrac{\varepsilon - \varepsilon_0}{\varepsilon} \gamma^2 \sigma R\omega$ である（速さが $R\omega$ であることも使った）。磁束密度は境界面の法線方向成分が連続となるから、誘電体のすぐ外での磁束密度もこれに等しい。よって誘電体のすぐ外側での磁場の r 成分は $\dfrac{\varepsilon - \varepsilon_0}{\varepsilon} \gamma^2 \sigma R\omega$ である。実験では誘電体の外側での磁場を測って $\vec{H} = \dfrac{\varepsilon - \varepsilon_0}{\varepsilon} |\vec{D}| R\omega \vec{e}_r$ を得た。誘電体の移動速度は光速より十分遅くて $\gamma \simeq 1$ とおいてよい。また面積あたりの電荷密度 σ と電束密度の大きさ $|\vec{D}|$ は等しい。以上のように、実験によって測定された磁場の大きさは特殊相対論を使った計算に一致する[23]。

11.3 電磁輻射

11.3.1 Green 関数

> この節では相対論的に（Lorentz 共変に）扱うことで電磁場の計算が整理されたものになる例として、電磁輻射（荷電粒子からの電磁波の放射）について述べる。
> 電磁輻射を取り扱うときには、Green関数を使って微分方程式を解くテクニックを使用することが多いので、まず Green 関数について説明しておく。

---

[22] 極板の静止系では $\vec{H} = \vec{0}$ だった。磁場の定義 $\vec{H} = \dfrac{1}{\mu_0}\vec{B} - \vec{M}$ から、極板の静止系では $\dfrac{1}{\mu_0}\vec{B} = \vec{M}$ が成立している。

[23] 実際は円運動なのだから、ここでの計算はあくまで近似である。もちろん、厳密に計算しても結果が実験に合うことは同じ。

11.3 電磁輻射

Green 関数

D 次元空間（時空間を含む）で定義された微分演算子 $\mathcal{D}$ に対して、
$$\mathcal{D}G(\,x^*,(x')^*\,) = \delta^D(\,x^* - (x')^*\,) \tag{11.60}$$
となる関数を $\mathcal{D}$ の Green 関数と呼ぶ。

この関数を $\boxed{f(\,x^*\,) = \int_{\text{全領域}} \mathrm{d}^D x'\, G(\,x^*,(x')^*\,) J(\,(x')^*\,)}$ [†24] のように使うことで、微分方程式 $\boxed{\mathcal{D}f(\,x^*\,) = J(\,x^*\,)}$ の解が求められる。両辺に $\mathcal{D}$ を掛けると、

$$\mathcal{D}f(\,x^*\,) = \int_{\text{全領域}} \mathrm{d}^D x'\, \underbrace{\mathcal{D}G(\,x^*,(x')^*\,)}_{\delta^D(\,x^*-(x')^*\,)} J(\,(x')^*\,) = J(\,x^*\,) \tag{11.61}$$

のように $\mathcal{D}G$ の部分がデルタ関数になり、微分方程式が満足される[†25]。シンボリックに書くと $\boxed{\mathcal{D}f = J}$ ならば $\boxed{f = \int GJ}$ が成り立つ。つまり、「G を掛けて積分する」操作が「$\mathcal{D}$ の逆」になっているのである。

「Green 関数」という名前で呼ばないことが多いが

真空中の静電気学における電位 V と電荷密度 ρ の関係

$$\triangle V(\vec{x}) = -\frac{1}{\varepsilon_0}\rho(\vec{x}) \tag{11.62}$$

$$V(\vec{x}) = \frac{1}{4\pi\varepsilon_0} \int_{\text{全領域}} \mathrm{d}^3\vec{x}'\, \frac{\rho(\vec{x}')}{|\vec{x}-\vec{x}'|} = \int_{\text{全領域}} \mathrm{d}^3\vec{x}' \left(-\frac{1}{4\pi}\frac{1}{|\vec{x}-\vec{x}'|}\right)\left(-\frac{1}{\varepsilon_0}\rho(\vec{x}')\right) \tag{11.63}$$

の $-\dfrac{1}{4\pi}\dfrac{1}{|\vec{x}-\vec{x}'|}$ は Green 関数の例である。二つの式を見比べると、

$$\begin{cases} \text{微分演算子 } \triangle \text{ を掛ける} \\ -\dfrac{1}{4\pi}\dfrac{1}{|\vec{x}-\vec{x}'|} \text{ を掛けてから } \vec{x}' \text{ で積分する} \end{cases}$$ が一種の「逆演算」[†26] であること

[†24] $\mathrm{d}^D x$ は $\mathrm{d}x^0 \mathrm{d}x^1 \cdots \mathrm{d}x^D$ または $\mathrm{d}x^1 \mathrm{d}x^2 \cdots \mathrm{d}x^D$ である。

[†25] 厳密には $f(\,x^*\,)$ に $\boxed{\mathcal{D}f_{(0)}(\,x^*\,) = 0}$ になる関数 $f_{(0)}(\,x^*\,)$ を足したものが解である。

[†26] 適切な境界条件が課されてないと、「逆演算」は定義できない。$\boxed{\triangle f_{(0)} = 0}$ を満たす関数があると、$f_{(0)}$ の分だけ V が決まらないからである（無限遠方で 0 となる境界条件は $f_{(0)}$ を 0 にする）。これは、固有値 0 の固有ベクトルがある（$\boxed{\mathbf{M}\vec{v} = \vec{0}}$ を満たす $\vec{v}$ がある）と $\mathbf{M}$ に逆行列がないのと同じ。

に気づく。つまり「△ の逆演算」が定義できている。Green 関数という言葉を使えば「△ に対する Green 関数が $-\dfrac{1}{4\pi|\vec{x}-\vec{x}'|}$ である」と言える。

11.3.2　3+1 次元時空のダランベルシアンの Green 関数

微分方程式 (9.129) $\partial_\mu \partial^\mu A_\nu = -\mu_0 j_\nu$ を解くため、3+1 次元における演算子 $\partial_\mu \partial^\mu$ の逆演算を求めよう。空間微分の符号がプラスになるようにした演算子として記号 $\Box$ を $\Box = -\dfrac{1}{c^2}\dfrac{\partial^2}{\partial t^2} + \triangle = +\partial_\mu \partial^\mu$ と定義する（「ダランベルシアン」と呼ばれる）。

―――― ダランベルシアンの Green 関数の満たすべき方程式 ――――
$$\Box G(x^*, X^*) = \delta^4(x^* - X^*) \tag{11.64}$$

を満たす関数を知りたい。Fourier 変換で求めることにして、

$$G(x^*, X^*) = \dfrac{1}{(2\pi)^4}\int_{全領域} d^4k\ G(k^*)\ e^{+ik_\mu(x^\mu - X^\mu)} \tag{11.65}$$

と置こう。以下、ここで計算している式は x^* と X^* に関して並進不変なので、$X^\mu = 0$ となるように並進させて

$$G(x^*, 0) = \dfrac{1}{(2\pi)^4}\int_{全領域} d^4k\ G(k^*)\ e^{+ik_\mu x^\mu} \tag{11.66}$$

を計算することにする（後で逆並進させて戻る）。

$\Box$ を両辺に掛ける。e^{ikx} に ∂_x が掛かると ik になることを使うと、

$$\Box G(x^*, X^*) = \dfrac{1}{(2\pi)^4}\int_{全領域} d^4k\ \left((k^0)^2 - |\vec{k}|^2\right) G(k^*) e^{+ik_\mu x^\mu} \tag{11.67}$$

がわかる。この式の右辺が $\delta^4(x^* - X^*)$ になることから、$G(k^*) = \dfrac{1}{(k^0)^2 - |\vec{k}|^2}$ と決まり、以下が求められた。

$$G(x^*, 0) = \dfrac{1}{(2\pi)^4}\int_{全領域} d^4k\ \dfrac{1}{(k^0)^2 - |\vec{k}|^2}\ e^{+ik_\mu x^\mu} \tag{11.68}$$

11.3.3 遅延 Green 関数

「これで Green 関数が計算できた」と言いたいところであるが、(11.68) は分母 $(k^0)^2 - |\vec{k}|^2$ が 0 になるところを考慮してないのでこの式をもって「計算できた」とは言い難い。具体的にどのように「分母が 0 になるところ」を処理するかを見るために、まず k^0 による積分を実行してみよう。(11.68) のままでは、$\boxed{k^0 = \pm\sqrt{|\vec{k}|^2}}$ の 2 点で分母は 0 になる。そこで正の実数の微小パラメータ ϵ を導入し[†27]分母を $(k^0 \pm i\epsilon)^2 - |\vec{k}|^2$ に変更する。後で $\boxed{\epsilon \to 0}$ の極限を取る。

$$G_{\pm}(x^*, 0) = \frac{1}{(2\pi)^4} \int_{\text{全領域}} d^4k \, \frac{1}{(k^0 \pm i\epsilon)^2 - |\vec{k}|^2} e^{+ik_\mu x^\mu} \tag{11.69}$$

この積分を複素積分を使って実施する。被積分関数は因子 $e^{+ik_\mu x^\mu}$ を含むが、この中には $e^{-ik^0 x^0}$ が入っている。まず複号 + の $G_+(x^*, 0)$ を考えると、

$$\frac{1}{(2\pi)^4} \oint dk^0 \int_{\text{全領域}} d^3\vec{k} \, \overbrace{\frac{1}{2|\vec{k}|}\left(\frac{1}{k^0 + i\epsilon - |\vec{k}|} - \frac{1}{k^0 + i\epsilon + |\vec{k}|}\right)}^{\frac{1}{(k^0+i\epsilon)^2-|\vec{k}|^2}} e^{-ik^0 x^0 + i\vec{k}\cdot\vec{x}} \tag{11.70}$$

となり、被積分関数の分母が 0 になるのは $\boxed{k^0 = \pm|\vec{k}| - i\epsilon}$ のところである。k^0 の積分は次の図のような経路のどちらかでの複素積分を使って評価する。

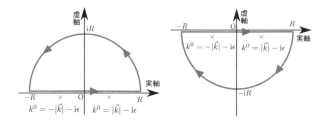

二つの積分のどちらを使うかは「半円部分の積分が $\boxed{R \to \infty}$ の極限で消えるように」というルールで選択する。半円部分では $\boxed{k^0 = Re^{i\theta}}$ (θ は 0 から π か、0 から $-\pi$ か) である。$\boxed{x^0 > 0}$ のときは $R^{i\theta}$ が負の虚数部を持つように (つま

[†27] 微小パラメータの導入方法は他にもある。

り、θ を 0 から $-\pi$ まで積分するように）経路を取る。こうすると $\mathrm{e}^{-\mathrm{i}R\mathrm{e}^{\mathrm{i}\theta}x^0}$ が $\boxed{R \to \infty}$ の極限で消えるからである。つまり $\boxed{x^0 > 0}$ のときは経路を選ぶ。これで半円部の積分は 0 となるので、一周積分の結果と直線部分の積分の結果が等しくなる（もちろん、$\boxed{R \to \infty}$ の極限を取った後である）。(11.70) の括弧内第 1 項については $\boxed{k^0 = |\vec{k}| - \mathrm{i}\epsilon}$ の留数を、第 2 項については $\boxed{k^0 = -|\vec{k}| - \mathrm{i}\epsilon}$ の留数を拾う。複素周回積分の結果は中に含まれる留数 $\times (-2\pi\mathrm{i})$ である[28] から、k^0 積分が終わると

$$G_{+(x^*,0)} = \frac{-\mathrm{i}}{(2\pi)^3} \int_{\text{全領域}} \mathrm{d}^3\vec{k} \, \frac{1}{2|\vec{k}|} \left(\mathrm{e}^{-\mathrm{i}|\vec{k}|x^0 + \mathrm{i}\vec{k}\cdot\vec{x}} - \mathrm{e}^{\mathrm{i}|\vec{k}|x^0 + \mathrm{i}\vec{k}\cdot\vec{x}} \right) \tag{11.71}$$

となる（積分が終わったので $\boxed{\epsilon \to 0}$ とした）。後は $\mathrm{d}^3\vec{k}$ の積分を実行し、

$$G_{+(x^*,0)} = -\frac{1}{4\pi|\vec{x}|} \left(\delta(x^0 - |\vec{x}|) - \delta(x^0 + |\vec{x}|) \right) \tag{11.72}$$

となる。

----------------------------練習問題----------------------------

【問い 11-3】 (11.71) から (11.72) を求めよ。　　ヒント → p320 へ　解答 → p335 へ

今は $\boxed{x^0 > 0}$ の範囲で考えているので、$\boxed{\delta(x^0 + |\vec{x}|) = 0}$ である。よって

$$G_{+(x^*,0)} = -\frac{1}{4\pi|\vec{x}|} \delta(x^0 - |\vec{x}|)$$

$(x \to x - X$ の平行移動を行って$)$

$$G_{+(x^*,X^*)} = -\frac{1}{4\pi|\vec{x} - \vec{X}|} \delta(x^0 - X^0 - |\vec{x} - \vec{X}|) \tag{11.73}$$

となる。これは $\boxed{x^0 > X^0}$ の場合の解となっている。

一方、$\boxed{x^0 < X^0}$ のときはの方を選ぶ。この場合には積分路内に極は無いので、積分結果は 0 となる。$\boxed{x^0 > X^0}$ $\boxed{x^0 < X^0}$ の二つの場合を合わせる

---

[28] $2\pi\mathrm{i}$ ではなく $-2\pi\mathrm{i}$ なのは、極の周りを反時計回りではなく時計回りに回っているから。

と、(11.73)に階段関数$\theta(x^0 - X^0)$を掛けた

$$G_+(x^*, X^*) = -\frac{1}{4\pi|\vec{x} - \vec{X}|}\theta(x^0 - X^0)\delta(x^0 - X^0 - |\vec{x} - \vec{X}|) \tag{11.74}$$

が結果となる[†29]。(11.74)は（0成分のみのデルタ関数があったり、分母に$|\vec{x} - \vec{X}|$があったりするので）Lorentz不変な式に見えないかもしれないが、デルタ関数の公式(B.33)を思い出すと、

$$\delta\left((x^0 - |\vec{x}|)(x^0 + |\vec{x}|)\right) = \frac{1}{2|\vec{x}|}\left(\delta(x^0 - |\vec{x}|) + \delta(x^0 + |\vec{x}|)\right) \tag{11.75}$$

が言えて、$\theta(x^0)$を掛けておくと右辺括弧内第2項は消せるので、

$$G_+(x^*, X^*) = -\frac{1}{2\pi}\theta(x^0 - X^0)\delta\left((x^0 - X^0)^2 - |\vec{x} - \vec{X}|^2\right) \tag{11.76}$$

のように明白にLorentz不変な形に書き直せる[†30]。

このGreen関数は「波は過去から未来へ向かう方向に伝播する」条件を満たす関数であるので「遅延Green関数 (retarded Green function)」と呼ぶ。

$i\epsilon$の前の符号が$-$になると状況が完全にひっくり返り、波が未来から過去へと伝播する。こちらの関数G_-は「先進Green関数 (advanced Green function)」と呼ばれる[†31]。

以上から、ϵの符号に応じて「遅延／先進Green関数」のどちらかが現れることになる。同じ微分方程式(11.64)を解いた結果、2種類の解が出てきたことになるが、これは別に不思議なことではない。境界条件が違うだけのことである。

$\begin{cases} \text{遅延Green関数は「過去では0」という境界条件で} \\ \text{先進Green関数は「未来では0」という境界条件で} \end{cases}$ (11.64)を解いているのだと思えばよい（境界条件の取り方は他にもある）。

[†29] 実は後ろのデルタ関数が $\boxed{x^0 - X^0 < 0}$ では0なので、$\theta(x^0 - X^0)$ は、あってもなくてもよい。

[†30] Lorentz変換は時間成分の符号を変えない（【問い6-3】を参照）ので、$\theta(x^0 - X^0)$は第0成分だけを含んでいるが、Lorentz不変な関数である。

[†31] 「普通、波は過去から未来へ伝わるのだから、先進Green関数は使えないのでは？」と思う人もいるかもしれないが、「未来においてこうなるためにはどんなことが過去と今に起こればよいか？」のように問題を考える場合（少ないかもしれないが、そういう場合もある）は先進Green関数の出番となる。

我々が解きたかった微分方程式は $\left(-\dfrac{1}{c^2}\dfrac{\partial^2}{\partial t^2}+\triangle\right)A^\mu = \underset{+\text{時}A_\mu}{-}\mu_0 j^\mu$ で[†32]、その解は遅延 Green 関数を使うことで以下のようになる。

$$A^\mu(x^*) = \underset{-\text{時}A_\mu}{+}\frac{\mu_0}{4\pi}\int_{\text{全領域}}\frac{\mathrm{d}^4 X}{|\vec{x}-\vec{X}|}\delta\bigl(x^0 - X^0 - |\vec{x}-\vec{X}|\bigr)j^\mu(X^*) \quad (11.77)$$

一般解には「同次方程式 $\left(-\dfrac{1}{c^2}\dfrac{\partial^2}{\partial t^2}+\triangle\right)A^\mu = 0$ の解 $A^\mu_{(0)}$」を足すことができる。$A^\mu_{(0)}$ は境界条件で決まる（もっとも簡単な選択は0にすることである）。

この結果に含まれているデルタ関数 $\delta\bigl(x^0 - X^0 - |\vec{x}-\vec{X}|\bigr)$ の意味を確認しておこう。このデルタ関数は、「時刻 $t = \dfrac{x^0}{c}$、場所 $\vec{x}$ の電磁場は、時刻 $t = \dfrac{x^0 - |\vec{x}-\vec{X}|}{c}$（この時刻を「遅延時間」と呼ぶ）、場所 $\vec{X}$ にある電流密度に依存する」という意味を持っている。

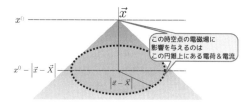

これはまさに光円錐条件である。つまり「電磁場は（相対論的因果律を満たすように）光速で伝播する」ことが表現されている。

11.3.4　運動する荷電粒子の作るベクトルポテンシャル

粒子が一般的な経路 $X^*_{\text{粒子}}(\tau)$ に沿って運動しているときの4元ポテンシャルを計算してみよう。計算すべきは

$$A^\mu(x^*) = \underset{-\text{時}A_\mu}{+}\frac{\mu_0}{4\pi}\int_{\text{全領域}}\mathrm{d}^4 X \frac{1}{|\vec{x}-\vec{X}|}\delta\bigl(x^0 - X^0 - |\vec{x}-\vec{X}|\bigr)$$

$$\times \underbrace{Qc\int_{-\infty}^{\infty}\mathrm{d}\tau\,\frac{\mathrm{d}X^\mu_{\text{粒子}}(\tau)}{\mathrm{d}\tau}\delta^4(X^* - X^*_{\text{粒子}}(\tau))}_{j^\mu(X^*)} \quad (11.78)$$

[†32] もともとの微分方程式には $\underset{+\text{時}A^\mu}{-}$ があり、$\partial_\mu\partial^\mu$ と $\Box$ の関係に $\underset{-\text{時}}{+}$ があったので、この式にはその積である $\underset{+\text{時}A_\mu}{-}$ が付いている。

である。ここで、4元電流密度は(9.48)の形を使った。$\dfrac{\mathrm{d}X^\mu_{粒子}(\tau)}{\mathrm{d}\tau}$ は粒子の4元速度だから、以後は $V^\mu_{粒子}(\tau)$ と書く。

d^4X 積分を終了すると、X^* が $X^*_{粒子(\tau)}$ に一致する部分だけが残り、

$$A^\mu(x^*) = \underset{一時A_\mu}{+}\frac{\mu_0 Qc}{4\pi}\int_{-\infty}^{\infty}\mathrm{d}\tau\,\frac{V^\mu_{粒子}(\tau)}{|\vec{x}-\vec{X}_{粒子}(\tau)|}\delta\big(\underbrace{x^0 - X^0_{粒子}(\tau) - |\vec{x}-\vec{X}_{粒子}(\tau)|}_{f(\tau)}\big) \tag{11.79}$$

となる。デルタ関数の引数を $f(\tau)$ と置く。

残るは τ 積分だが、デルタ関数のおかげで、時空点 x^*（あるいは $(x^0,\vec{x})$）から過去向きに伸びる光円錐を粒子の軌跡 $\vec{X}_{粒子}(\tau)$ が通り抜ける場所の寄与だけが τ 積分の結果に残る。その点は x^* を決めると一つ決まるか、存在しないかのどちらかである[†33]。その時空点を「x^* にある電磁場の源となる場所」という意味を込めて、添字「源」を付けて $X^\mu_{源}(x^*)$ と書く[†34]。また、そのときの固有時間を $\tau_{源}(x^*)$ とする[†35]。

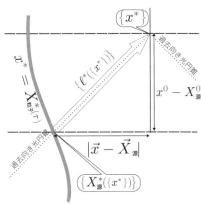

$X^\mu_{源}(x^*)$ と $X^\mu_{粒子}(\tau)$ の関係は

$$X^\mu_{源}(x^*) = \underbrace{X^\mu_{粒子}(\tau)}_{\tau=\tau_{源}(x^*)} \tag{11.80}$$

である。図中にも書いたように、「$X^*_{源}(x^*)$ から x^* への変位ベクトル」を

$$\ell^\mu(x^*) \equiv x^\mu - X^\mu_{源}(x^*) \tag{11.81}$$

で定義しておく。(11.79) の τ 積分が終わった結果は（(B.31)を使って）

$$\boxed{A^\mu(x^*) = \underset{一時A_\mu}{+}\frac{\mu_0 Qc}{4\pi}\frac{V^\mu_{源}(x^*)}{|\vec{x}-\vec{X}_{源}(x^*)|}\frac{1}{\underbrace{|f'(\tau)|}_{\tau=\tau_{源}}}}$$ となる。$\underbrace{f'(\tau)}_{\tau=\tau_{源}}$ を計算すると、

[†33] 「過去向き光円錐」と 2 回以上交わるためには、粒子が超光速で移動する必要があるがそれは有り得ないので、交わる回数は 0 か 1 のどちらかである。実は 1 度も交わらないのはかなりレアケースである。

[†34] どの場所が源になるかは x^* で決まるから、$X^\mu_{源}(x^*)$ は x^* の関数になる。「$X^\mu_{源}(x^*)$ の示す場所は時空点 x^* ではない」ことに注意しよう。

[†35] $\tau_{源}$ もまた、x^* の関数であることに注意。過去向き光円錐の起点を一つ決めると、粒子がその過去向き光円錐と交差した時空点が一つ決まり、そのときの粒子の固有時間が決まる。

$$\underbrace{f'(\tau)}_{\tau=\tau_{源}} = \frac{\underbrace{+(x-X_{源}(x^*))_\mu}_{-時} V^\mu_{源}(x^*)}{|\vec{x}-\vec{X}_{源}(x^*)|} = \frac{\underbrace{+\ell_\mu(x^*)}_{-時} V^\mu_{源}(x^*)}{|\vec{\ell}(x^*)|} \tag{11.82}$$

がわかる（次の練習問題をやってみよう）。

------練習問題------

【問い11-4】 (11.82)を計算せよ。　　　　ヒント→ p320 へ　解答→ p335 へ

結果に必要なのはこの量の絶対値なので、(11.82)の正負を判定しよう。右のように図を描く。今考えている時空点 $X^*_{粒子}(\tau_{源})$ は x^* から lightlike な線でつながっている。考えている粒子の位置と x^* をつなぐ線は（τ が増加するに従い）timelike→ lightlike → spacelike と変化する。それに従い、$x^0 - X^0_{粒子}(\tau) - |\vec{x}-\vec{X}_{粒子}(\tau)|$ という量は $\tau_{源}$ を境界に正から負へと変化していく[†36]。よって、この量の τ 微分は負となり、絶対値を取ることは符号を反転することに等しく、

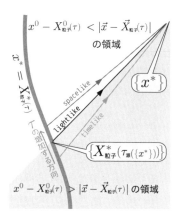

$$\left|\frac{d}{d\tau}\left(x^0 - X^0_{粒子}(\tau) - |\vec{x}-\vec{X}_{粒子}(\tau)|\right)\right| = \frac{\underbrace{-(x-X_{粒子}(\tau))_\mu}_{+時} V^\mu_{粒子}(\tau)}{|\vec{x}-\vec{X}_{粒子}(\tau)|} \tag{11.83}$$

がわかる。τ 積分の結果、$\boxed{\tau=\tau_{源}}$ が残ると、$X^*_{粒子}(\tau)$ が $X^*_{源}(x^*)$ になる（$V^*_{粒子}(\tau_{源})$ も $V^*_{源}(x^*)$ になる）。すると(11.79)の τ 積分の結果は

$$A^\mu(x^*) = \underbrace{+}_{-時 A_\mu}\frac{\mu_0 Qc}{4\pi}\frac{V^\mu_{源}(x^*)}{|\vec{x}-\vec{X}_{源}(x^*)|} \times \frac{|\vec{x}-\vec{X}_{源}(x^*)|}{\underbrace{-(x-X_{源}(x^*))_\mu}_{+時} V^\mu_{源}(x^*)} \tag{11.84}$$

のように計算できる。こうして結果は（$\underbrace{+}_{-時 A_\mu} \times \underbrace{-}_{+時} = \underbrace{-}_{+時 A^\mu}$ に注意）

[†36] この量は大雑把に言って（時間成分）−（空間成分）だからtimelike（時間成分が勝つ）からspacelike（空間成分が勝つ）に変化すれば正から負へと変化する。

11.3 電磁輻射

─── Liénard-Wiechert(リエナール・ヴィーヘルト) ポテンシャル ───

$$A^\mu(x^*) = \underset{+時A^\mu}{-}\frac{\mu_0 Q c}{4\pi} \frac{V^\mu_{源}(x^*)}{\underbrace{(x - X_{源}(x^*))_\nu}_{\ell(x^*)} V^\nu_{源}(x^*)} \tag{11.85}$$

となる[†37]。これが運動する荷電粒子の作る4元ポテンシャルである。

11.3.5 加速運動する電荷の作る電磁場

ポテンシャル (11.85) の 4 次元ローテーションで電磁場が得られる[†38]。

$$F_{\mu\nu} = \partial_\mu \left(\underset{+時A^\mu}{-} \frac{\mu_0 Q c}{4\pi} \frac{V_{源\nu}(x^*)}{\ell_\rho(x^*) V^\rho_{源}(x^*)} \right) - (\mu \leftrightarrow \nu) \tag{11.86}$$

ここに出てくる微分 ∂_μ は $X^\mu_{源}(x^*)$ も $V^\mu_{源}(x^*)$ も $\ell_\mu(x^*)$ も微分しなくてはいけない。微分の結果は

$$-\underset{+時A^\mu}{}\frac{\mu_0 Q c}{4\pi} \left(\frac{\partial_\mu V_{源\nu}(x^*)}{\ell_\rho(x^*) V^\rho_{源}(x^*)} - \frac{\overbrace{V_{源\nu}(x^*)\partial_\mu\left(\ell_\lambda(x^*) V^\lambda_{源}(x^*)\right)}^{(11.88)で計算する部分}}{(\ell_\rho(x^*) V^\rho_{源}(x^*))^2} \right) - (\mu \leftrightarrow \nu) \tag{11.87}$$

となるが、上の式の括弧内第 2 項の分子 $V_{源\nu}(x^*) \partial_\mu \left(\ell_\lambda(x^*) V^\lambda_{源}(x^*) \right)$ を、

$$= V_{源\nu}(x^*)(\partial_\mu \ell_\lambda(x^*)) V^\lambda_{源}(x^*) + V_{源\nu}(x^*) \ell_\lambda(x^*) \left(\partial_\mu V^\lambda_{源}(x^*) \right) \tag{11.88}$$

と計算し、$\boxed{\partial_\mu \ell_\lambda(x^*) = \partial_\mu (x_\lambda - X_{源\lambda}(x^*)) = \eta_{\mu\lambda} - \partial_\mu X_{源\lambda}(x^*)}$ を使うと、第 1 項の $V_{源\nu}(x^*)(\partial_\mu \ell_\lambda(x^*)) V^\lambda_{源}(x^*)$ は

$$\underbrace{V_{源\nu}(x^*) V_{源\mu}(x^*)}_{(11.87)の「-(\mu \leftrightarrow \nu)」で消える。} - V_{源\nu}(x^*) \partial_\mu X_{源\lambda}(x^*) V^\lambda_{源}(x^*) \tag{11.89}$$

となる。$\mu \leftrightarrow \nu$ 交換で対称な部分は消えるので、

$$F_{\mu\nu} = -\underset{+時A^\mu}{}\frac{\mu_0 Q c}{4\pi} \left(\frac{\partial_\mu V_{源\nu}}{\ell_\rho V^\rho_{源}} + \frac{V_{源\nu} \partial_\mu X_{源\lambda} V^\lambda_{源} - V_{源\nu} \ell_\lambda \partial_\mu V^\lambda_{源}}{(\ell_\rho V^\rho_{源})^2} \right) - (\mu \leftrightarrow \nu) \tag{11.90}$$

となる（省スペースのため、上の式では 源のついた量と $\ell(x^*)$ を省略した）。

[†37] この式の他の表現については、【演習問題11-2】を参照せよ。
→ p291

[†38] (11.86) の後ろの「$-(\mu \leftrightarrow \nu)$」は「第 1 項の μ と ν を交換した量を引け」を意味する。

$\partial_\mu X^\lambda_源(x^*)$ および $\partial_\mu V^\lambda_源(x^*)$ を計算するために、まず右の図のように、ポテンシャルを考える場所（過去向き光円錐の起点）の位置を $\{\Delta x^*\}$ だけずらしたときの、その源となる粒子の固有時間の変化 $\Delta\tau$ を考えよう。

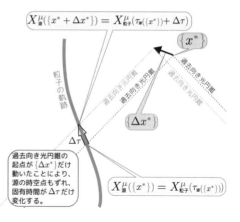

$\ell^*(x^*)$ は lightlike な4元ベクトルなので、$\boxed{\ell^\lambda(x^*)\ell_\lambda(x^*)=0}$ を満たす。$X^*_源(x^*)$ が存在する限り[†39]、任意の x^* でこの条件が成立するから、これを微分した式 $\boxed{2\ell^\lambda(x^*)\partial_\rho\ell_\lambda(x^*)=0}$ も成り立つ。ℓ_λ の微分は

$$\partial_\rho\ell_\lambda(x^*)=\partial_\rho\underbrace{(x_\lambda-X_{源\lambda}(x^*))}_{X_{粒子\lambda}(\tau_源(x^*))}=\eta_{\rho\lambda}-\underbrace{\frac{dX_{粒子\lambda}(\tau)}{d\tau}}_{\tau=\tau_源}\frac{\partial\tau_源(x^*)}{\partial x^\rho} \quad (11.91)$$

であるから、

$$\ell^\lambda(x^*)\partial_\rho\ell_\lambda(x^*)=\ell^\lambda(x^*)\left(\eta_{\rho\lambda}-V_{源\lambda}(x^*)\frac{\partial\tau_源(x^*)}{\partial x^\rho}\right)=0 \quad (11.92)$$

となって、$\boxed{\ell_\rho(x^*)=\ell^\lambda(x^*)V_{源\lambda}(x^*)\frac{\partial\tau_源(x^*)}{\partial x^\rho}}$ がわかる。これから、

$$\frac{\ell_\rho(x^*)}{\ell^\lambda(x^*)V_{源\lambda}(x^*)}=\frac{\partial\tau_源(x^*)}{\partial x^\rho} \quad (11.93)$$

のように $\tau_源(x^*)$ の微分が求められる。

以下の式では省スペースのため、源 のついた量と ℓ の (x^*) を省略する。

以上から、

$$\partial_\rho X^\lambda_源=\underbrace{\frac{dX^\lambda_{粒子}(\tau)}{d\tau}}_{\tau=\tau_源(x^*)}\frac{\ell_\rho}{\ell^\nu V_{源\nu}}=\frac{\ell_\rho V^\lambda_源}{\ell^\nu V_{源\nu}} \quad (11.94)$$

[†39] x^* を起点とする過去向き光円錐が粒子の軌跡と交差しない場合は存在しない。もっとも、交差しない状況はかなり稀である。

11.3 電磁輻射

が結論される。同様に、$V_{源}^\mu$ の微分を計算すると、4元加速度 α^* [†40] を使って

$$\partial_\rho V_{源}^\lambda = \underbrace{\frac{\mathrm{d}V_{粒子}^\lambda(\tau)}{\mathrm{d}\tau}}_{\tau=\tau_{源}(x^*)}\frac{\ell_\rho}{\ell^\nu V_{源\nu}} = \frac{\ell_\rho \alpha_{源}^\lambda}{\ell_\rho V_{源\rho}} \tag{11.95}$$

と表す事ができたので、これらを代入して、以下の式を得る。

$$F_{\mu\nu} = -\underbrace{\frac{\mu_0 Qc}{4\pi}}_{+\text{時}A^\mu}\left(\frac{\ell_\mu \alpha_{源\nu}}{(\ell_\lambda V_{源}^\lambda)^2} + \frac{V_{源\nu}\ell_\mu \left(V_{源\lambda}V^{源\lambda}\overbrace{}^{-c^2}_{+\delta} - \ell_\lambda \alpha_{源}^\lambda\right)}{(\ell_\lambda V_{源}^\lambda)^3} - (\mu \leftrightarrow \nu)\right)$$

$$= -\underbrace{\frac{\mu_0 Qc}{4\pi}}_{+\text{時}A^\mu}\left(\frac{\ell_\mu \alpha_{源\nu} - \ell_\nu \alpha_{源\mu}}{(\ell_\lambda V_{源}^\lambda)^2} - \frac{(\ell_\mu V_{源\nu} - \ell_\nu V_{源\mu})\left(\underbrace{+c^2}_{-\text{時}} + \ell_\lambda \alpha_{源}^\lambda\right)}{(\ell_\lambda V_{源}^\lambda)^3}\right) \tag{11.96}$$

------練習問題------

【問い 11-5】 (11.96) に含まれる $\vec{E}, \vec{B}$ には、$\vec{\ell}$ は ℓ^* の3次元部分として、

$$\vec{B} = \frac{1}{c|\vec{\ell}|}\vec{\ell} \times \vec{E} \tag{11.97}$$

の関係があることを示せ[†41]。

ヒント → p320 へ　解答 → p336 へ

(11.96) の電磁場テンソルは、4元加速度に関係する部分

$$F_{\mu\nu}^{\text{放射}} = -\underbrace{\frac{\mu_0 Qc}{4\pi}}_{+\text{時}A^\mu}\left(\frac{\ell_\mu \alpha_{源\nu} - \ell_\nu \alpha_{源\mu}}{(\ell_\lambda V_{源}^\lambda)^2} - \frac{(\ell_\mu V_{源\nu} - \ell_\nu V_{源\mu})\,\ell_\lambda \alpha_{源}^\lambda}{(\ell_\lambda V_{源}^\lambda)^3}\right) \tag{11.98}$$

と、関係しない部分

$$F_{\mu\nu}^{\text{Coul.}} = +\underbrace{\frac{\mu_0 Q c^3}{4\pi}}_{-\text{時}A_\mu}\frac{\ell_\mu V_{源\nu} - \ell_\nu V_{源\mu}}{(\ell_\lambda V_{源}^\lambda)^3} \tag{11.99}$$

に分かれる。$F_{\mu\nu}^{\text{Coul.}}$ の「Coul.」は Coulomb の略で、静電場およびそれを Lorentz 変換して得られる部分、という意味で名付けられている。

[†40] A^μ にするとベクトル・ポテンシャルとかぶるので α^μ を使うことにする。

[†41] この関係があるので、電場を求めれば $\frac{1}{c|\vec{\ell}|}\vec{\ell}$ と外積を取ることで磁場が求められる。

練習問題

【問い11-6】 (11.99)が「静電場（磁場はなし）を Lorentz 変換したもの」であることを確認せよ。　　　　　　　　　　　　ヒント→ p320へ　解答→ p336へ

【問い11-7】 $\ell^\nu F_{\mu\nu}^{放射} = 0$ を確認せよ。　　　　　　ヒント→ p320へ　解答→ p336へ

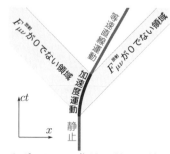

たとえば右の図（y, z方向は省略）のように荷電粒子が「静止→加速度運動→等速直線運動」という運動をすると、灰色に塗った領域でのみ $F_{\mu\nu}^{放射}$ は0ではなくなる。灰色の領域以外では $F_{\mu\nu}^{\text{Coul.}}$ しかない。灰色の領域を伝わって電磁場の放射が広がっていく。このように相対論的因果律に従った形で電磁場が時間変化する。

この電磁場が運び出すエネルギーを考察しよう。まず、$F_{\mu\nu}$ の分母に現れる量 $\ell_\lambda V_源^\lambda$ を考える。4元ベクトル ℓ^* は lightlike なので $\ell^0 = |\vec{\ell}|$ [†42] が成り立ち、

$$\ell_\lambda V_源^\lambda = -\underbrace{\ell^0 V_源^0}_{\substack{+時 \\ |\vec{\ell}|}} + \underbrace{\vec{\ell}_源 \cdot \vec{V}_源}_{\substack{-時 \\ |\vec{\ell}||\vec{V}_源|\cos\theta}} = -\underbrace{|\vec{\ell}|V_源^0}_{+時}\left(1 - |\vec{\beta}_源|\cos\theta\right) \tag{11.100}$$

のように計算できる。ただし $\vec{\beta}_源$ は源での粒子の $\dfrac{速度}{c}$、すなわち $\underbrace{\dfrac{1}{c}\dfrac{\mathrm{d}\vec{X}_{粒子}}{\mathrm{d}t}(\tau)}_{\tau=\tau_源}$ である[†43]。θ は $\vec{\ell}$ と $\vec{\beta}_源$ のなす角である。

上の式(11.98)と(11.99)を見ると、$F_{\mu\nu}^{\text{Coul.}}$ は $\mathcal{O}(|\vec{\ell}|^{-2})$、$F_{\mu\nu}^{放射}$ は $\mathcal{O}(|\vec{\ell}|^{-1})$ の量になっており、電磁場のエネルギー運動量テンソルは $F_{\mu\nu}$ の自乗に比例するので、遠方に届くエネルギーの流れ密度（単位時間に単位面積を通過するエネルギー）は $F_{\mu\nu}^{放射}$ に関しては $\mathcal{O}(|\vec{\ell}|^{-2})$、$F_{\mu\nu}^{\text{Coul.}}$ に関しては $\mathcal{O}(|\vec{\ell}|^{-4})$ である。源からの距離 $|\vec{\ell}|$ を覆う球面の面積は $\mathcal{O}(|\vec{\ell}|^2)$ だから、面積積分の結果として計算される、遠方に届く全エネルギーは、$F_{\mu\nu}^{放射}$ によるものは有限となる。これに比べ、$F^{\text{Coul.}}$ が運び出すエネルギーの方は $\mathcal{O}(|\vec{\ell}|^{-2})$ になってしまう[†44]ので遠方まで届かない。

[†42] 定義(11.81)より $\ell^0 = x^0 - X_源^0 > 0$ である（x^0 は $X_源^0$ より未来）。

[†43] $\dfrac{V_源^i(x^*)}{V_源^0(x^*)} = \left.\dfrac{\mathrm{d}X_{粒子}^i(\tau)}{\mathrm{d}\tau}\right|_{\tau=\tau_源} \Big/ \left.\dfrac{\mathrm{d}X_{粒子}^0(\tau)}{\mathrm{d}\tau}\right|_{\tau=\tau_源} = \left.\dfrac{1}{c}\dfrac{\mathrm{d}X_{粒子}^i(\tau)}{\mathrm{d}t}\right|_{\tau=\tau_源} = \left[\vec{\beta}_源(x^*)\right]^i$ のようにして出てくる。

[†44] 「F の自乗」がエネルギー密度なので、$F^{\text{Coul.}} \times F^{放射}$ のような積も考える必要があるが、これも遠方で0であることに変わりは無い。

$F_{\mu\nu}^{放射}$ によるエネルギーの流れ密度（Poyntingベクトル）を考えると、

$$\frac{1}{\mu_0}\left(\vec{E}\times\vec{B}\right) = \frac{1}{\mu_0}\left(\vec{E}\times\underbrace{\left(\frac{1}{c|\vec{\ell}|}\vec{\ell}\times\vec{E}\right)}_{(11.97)より}\right)$$

$$= \frac{1}{\mu_0 c|\vec{\ell}|}\left(\left|\vec{E}\right|^2\vec{\ell} - \underbrace{\left(\vec{\ell}\cdot\vec{E}\right)}_{0}\vec{E}\right) = c\varepsilon_0\left|\vec{E}\right|^2\frac{\vec{\ell}}{|\vec{\ell}|} \qquad (11.101)$$

となる[†45]。この式は「$\varepsilon_0|\vec{E}|^2$ の密度のエネルギー[†46]が光速で $X_{源}^*$ から流れ出していく」と解釈できる。

　この節で扱った荷電粒子による電磁輻射のような現象は、Lorentz 共変な形式を使うことで、電場と磁場をまとめて計算していくことができるのである。

11.4　章末演習問題

★【演習問題 11-1】
電荷が球内に一様に分布していたとしたら、$\frac{4}{3}$ 問題はどのように変わるだろうか？——運動量 ×c を計算して予想の何倍になるかを計算せよ。　　ヒント → p4wへ　解答 → p21wへ

★【演習問題 11-2】
Liénard-Wiechert ポテンシャルは、

$$A^0(x^*) = +_{-時A_\mu}\frac{\mu_0 Qc}{4\pi}\frac{1}{|\vec{x}-\vec{X}_{源}(x^*)|(1-\beta_{源}(x^*)\cos\theta)} \qquad (11.102)$$

$$\vec{A}(x^*) = +_{-時A_\mu}\frac{\mu_0 Qc}{4\pi}\vec{\beta}_{源}(x^*)\frac{1}{|\vec{x}-\vec{X}_{源}(x^*)|(1-\beta_{源}(x^*)\cos\theta)} \qquad (11.103)$$

のように書き直すことができる[†47]。(11.85)を (11.102) と (11.103) へと書き直せ。

ヒント → p5wへ　解答 → p21wへ

[†45] $\vec{\ell}\cdot\vec{E}=0$ は、【問い 11-7】の $\mu=0$ 成分からわかる。

[†46] 電場のエネルギー密度 $\frac{1}{2}\varepsilon_0|\vec{E}|^2$ の 2 倍なのは、磁場のエネルギーも勘定に入れたから。

[†47] この形はよく使われるが、(11.85)に比べて少し相対論的不変性が明白ではない。

おわりに

「特殊相対論って、うまくできているなぁ！」——そんな感想を持ってもらえるようにこの本を書いたつもりだが、どうだったろうか？

― 著者の思う「特殊相対論のうまくできているところ」―
(1) 光速不変を前提として時空図を描いて考えるだけでLorentz短縮、ウラシマ効果、同時の相対性などの「常識外れの現象」が見えてくる。
(2) 相対論を通じて4次元的な視点を身につけることで、物理屋としての視界が広がる。
(3) Maxwell方程式で記述された電磁気学という体系の中に特殊相対論が隠れていて、電磁気学を整合性の取れた理論にしている。

(1)の理解のために、最初にLorentz変換が登場する第4章や、パラドックスを扱った第7章では図解を多用して解説した。(2)の理解のために、Minkowski空間を扱った第6章だけではなく、随所に「4次元的に考えると」という視点を入れたつもりである。(3)の理解のためには電磁気学の問題を相対論的に解く作業が必要で、第10章と第11章ではそこを説明したが、少々（かなり？）面倒な計算が必要になってしまった。できればここもじっくり取り組んで、特殊相対論の醍醐味を味わって欲しい。

特殊相対論の学習を通じて「4次元的な広い視界」を手に入れた読者諸氏が、さらに深い物理の世界への探検を続けてくれることを願っている。

謝辞

本書の執筆中において、以下の方々から、内容について様々なる有益な御助言を頂けた。ここに記すとともに感謝の意を表明する。

大林由尚様、小笠原由佳様、K Ken 中村様、岸田守様、篠原俊一様、
杉岡新様、関根良紹様、田嶋大雅様、伊達俊太郎様、富田圭祐様、
堀井広伸様、松岡大輔様、松尾拓海様、安富律征様、余語宏文様、渡部博様

それでもなお本書に誤りが存在したとするならば、その全ては著者前野の責任である。

付録 A

Michelson-Morley の実験

A.1 実験の概要

Michelsonは以下で説明する原理の実験を、1881年に最初に行っている。以後、1887年からはMorleyと協同で装置を改良し、実験精度を上げながら実験を続けている。当時、光は「エーテル」なるものの振動であると考えられていた。実験の目的は、南北方向の光速と東西方向の光速を比較することでこの「エーテル」が地球から見て動いている(エーテルの風が吹いている)かどうかを知ることである。地球は南北方向より東西方向に大きく動いているであろう(太陽が静止していると考えて、太陽から地球の運動を見ていると考えればこれはもっともらしい)から、速度には差が出てきそうに思える。また、たとえそうでなく、たまたまエーテルの流れと地球の自転公転の速度が一致していたとしても、地球は約1日の間に1自転し、1年の間に1公転する。長い時間実験を行えば、ほとんどの場合エーテルの風は吹いているだろう。

当時の技術では目的に必要な精度で直接的に光速を測定することはできなかったので「二つの光の時間差があるかどうかを測定する」という方法を使っている。実験の概要を説明しよう。MichelsonとMorleyの実験では、右の図のように、同じ光をハーフミラーで二つに分けて、同じ長さの腕2本の上を光が往復する(南北と東西の経路の端に鏡があって反射させる)。

エーテルが実験装置に対して静止していると考える。実験装置の腕の長さを $\begin{cases} 南北方向は L_{南北} \\ 東西方向を L_{東西} \end{cases}$ [†1] とすると、帰ってくるまでにかかる時間は $\begin{cases} t_{南北} = 2L_{南北}/c \\ t_{東西} = 2L_{東西}/c \end{cases}$ となるだろう。二つの L が等しいなら、時間差は0であ

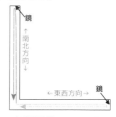

実験装置がエーテルに対し止まっている状態

[†1] 後で述べるように、実際の実験装置は水平に回転して、腕の方向が変えられるようになっていた。

る。しかし、$\begin{cases} \text{エーテルが静止していて、実験装置が右（東向き）に動いている場合} \\ \text{実験装置が静止していて、エーテルの風が左（西向き）に吹いている場合} \end{cases}$
（この二つは見方の違いで同じ現象である）を考えると、この時間差は0ではなくなる。

A.2　実験の目論見としての計算

　断っておくが、以下の計算は **Galilei** 変換が正しいと仮定した場合の計算である[†2]。この仮定のもとで、2種類の計算を行おう。一つはエーテルが静止して実験装置が右（東）に動いているという立場であり、もう一つは実験装置が静止してエーテルの風が西向きに吹いているという立場である。

エーテルが静止している立場： まず、エーテルが静止している立場で考えよう。この立場では、実験装置が右へ動いている。その立場で書いたのが右の図である。実験装置がエーテルに対して速度vで東（図で右）に運動しているとして、南北方向へ進む光について考える。

　中央から棒の北端まで光が進むのにtかかったとしよう。この間に光はctだけ、実験装置はvtだけ進む。

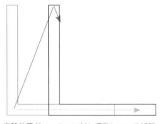

実験装置がエーテルに対し運動している状態

左の図に対し Pythagoras の定理を使うと $(ct)^2 = (vt)^2 + L^2$ が成立する。光が往復にかかる時間はtの2倍なので、

$$t_{南北} = \frac{2L_{南北}}{\sqrt{c^2 - v^2}} \tag{A.1}$$

となる。

　次に東西である。まず中央から棒の端まで光が進むのにt_1かかったとする。その間に棒もvt_1進んでいるので、光は$L+vt_1$進まねばならない。逆に棒の端から中央まで戻る時にt_2かかるとすると、進む距離は$L-vt_2$でよい。以上から

$$L_{東西} + vt_1 = ct_1 \tag{A.2}$$

$$L_{東西} - vt_2 = ct_2 \tag{A.3}$$

を解くことにより

$$t_{東西} = \frac{L_{東西}}{c-v} + \frac{L_{東西}}{c+v} = \frac{2cL_{東西}}{c^2-v^2} \tag{A.4}$$

が求まる。この立場では、光速はcである。実験装置が動いていることにより、光が到着する時間がずれることが、上の式の分母がcではなく$c\pm v$になるという効果として現れている。

[†2] 後でこう考えたのではいけないことがわかるのだが、それは「仮定」が間違っていたのであって、以下の計算自体は正しい。

A.2 実験の目論見としての計算

実験装置が静止している立場： この場合はエーテルの風に乗った方向（西行き）では光速が $c+v$ になり、逆風の方向（東行き）では光速が $c-v$ になると考えて計算する。

また、エーテルの風と直角の方向（北行きもしくは南行き）の光は、速度が $\sqrt{c^2-v^2}$ に減る（速さ c で斜めに進んだ光が、速さ v で東に流されると考えれば、Pythagoras の定理でこうなる）。

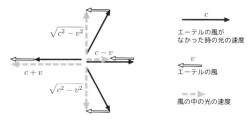

このように考えると、距離 L を速さ $c+v, c-v, \sqrt{c^2-v^2}$ でそれぞれ割って足し算するという計算で $t_{東西}$ や $t_{南北}$ が計算できる。結果は(A.1) と(A.4) と同じになるのはすぐにわかる。

以上、どちらの計算でも $t_{東西}$ と $t_{南北}$ が得られる。そして、この二つには差がある。v は c より十分小さいとして近似を行うと、

$$t_{南北} \simeq \frac{2L_{南北}}{c}\left(1+\frac{1}{2}\left(\frac{v}{c}\right)^2+\cdots\right), \quad t_{東西} \simeq \frac{2L_{東西}}{c}\left(1+\left(\frac{v}{c}\right)^2+\cdots\right) \quad (A.5)$$

になる。ここで、$t_{南北}$ も $t_{東西}$ も、速度 v の効果が $\mathcal{O}\left(\left(\frac{v}{c}\right)^2\right)$ で出ていることに注意しよう。これは往復する光の時間を考えているからで、たとえば(A.4) の行きの時間

$$\boxed{\frac{L_{東西}}{c-v} = \frac{L_{東西}}{c}\left(1+\frac{v}{c}+\cdots\right)}$$

のみ（帰りの時間のみでもよい）を間接的にでも測定することができれば、効果は $\mathcal{O}\left(\frac{v}{c}\right)$ になる。

二つの L が等しく $\boxed{L_{東西} = L_{南北} = L}$ が成り立つならば、$t_{南北}$ と $t_{東西}$ に $\frac{2L}{c} \times \frac{1}{2}\left(\frac{v}{c}\right)^2$ ぐらいの差が出る。c が自転（約 0.46 km/s）や公転（約 30 km/s）に比べて非常に大きい（約 30 万 km/s）ため、$\frac{v}{c}$ は公転速度をとったとしても 10^{-4} 程度の値になる。最初の実験では $\boxed{L = 3\text{ m}}$ ほどだったので、時間差は

$$\Delta t = \frac{2 \times 3\text{ m}}{3.0 \times 10^8 \text{ m/s}} \times \frac{1}{2}\left(10^{-4}\right)^2 \simeq 10^{-16}\text{ s} \quad (A.6)$$

となり、10^{-16} s 以上の精度での時間の測定が必要となる。

実際の実験では時間を直接測定するのではなく、光の干渉を用いて到着時間が変化する様子を見定めようとした。一つの光をハーフミラーなどを使って二つに分離したのち重ねてスクリーンにあてると、Young の実験や Newton リングの実験などと同様に、二つの光の光路差によって干渉が生じ、スクリーン上に縞模様ができる（実際に使う光はある程度の広がりがある）。エーテルの風が吹いている時と吹いてない時では光路差が違うので、干渉の条件（強め合うとか弱め合うとか）が変化する。10^{-16} s という時間は短いが、光路

差に直すと、$c = 3.0 \times 10^8$ m/s がかかって 3.0×10^{-8} m となる。光としてナトリウムランプを使ったとしたらその波長 6×10^{-7} m に比べ、だいたい20分の1となる。この光路差の違いは干渉縞の移動という形で感知できる。

実験装置は90度回転できるようになっており、回転しているうちに南北と東西が入れ替わる。光路差はプラスからマイナスへと、この倍変化するので、波長の10分の1程度光路差が変化する。ということは明線から明線までの距離の10分の1（明線から暗線までの距離の5分の1）の干渉縞の移動が見られるはずであった。実験で感知できるのはあくまで「光路差の違い」であって、「光路差」そのものがいくらかはわからないことに注意せよ（実際に実験によって測っているのは干渉縞の位置であって、干渉で強めあっているからと言って光路差0とは限らない）。実験装置を90度傾けるのは、他の状況を変えずにエーテル風の角度だけを変えて、その時の光路差の変化の様子を知るためである。

ところが、実際にはそのずれが観測されず、エーテルの風は吹いていない、という結論になった。MichelsonとMorley、あるいは別の人々が実験装置を大きくしたり、光を何度も反射させて L を大きくしたりして、いろんな実験を行ったが、結果は常に予想される移動量よりも小さく出た（この移動は誤差の範囲内）。

いくつか、この実験結果への反論（および反論の反論）を紹介しておこう。

【FAQ】運動しながら光を出せばその光の速さは c ではないのでは？

つまり「実験装置が動いている場合の計算で速度を c にしているのが間違いなのではないのか」ということだが、例えば音の場合、音源が動いているからと言って音速は変化しない。音速が変化するとしたら、風が吹く（つまり媒質が運動する）か、観測者が動くことによって見かけの音速が変化するか、どちらかであり、音源の運動により音速が変化することは無い[†3]。今は媒質が運動しているかどうかを観測する実験をやっている。$t_{東西}$ の計算では $c+v$ や $c-v$ が現れているが、これは光速が変化しているのを意味しているのではなく、棒の両端（光源ではなく、光を受ける方）が動いているために到達時間がのびたり縮んだりしていることのあらわれである。式(A.2)と式(A.3)の作り方をよく見てみよう。
→ p294　→ p294

【FAQ】たまたま、エーテルの移動と地球の移動が同じ方向だったのでは？

だとしたら、その6ヶ月後に同じ実験をしたら、公転速度の二倍分、エーテルに対して地球は移動しているはずである。しかし、そんなことはなかった。

[†3] 「光でも本当にそうか？」という疑問はあるかもしれないが、高速で公転している二重星から出る光が同じ時間差で到着しているかどうかの観測データなど、光速が光源速度に依らないことを示す証拠はある。

【FAQ】エーテルが地球といっしょに運動しているのでは？

この実験だけを説明するのなら、「エーテルは地球表面といっしょに運動しているので、地球上で実験してもエーテルの運動は検出できない」という考え方でも説明できる。しかし、そうだとすると地球表面でエーテルが渦巻くような流れを作っていることになり、外から地球にやってきた光は、地表面近くのエーテルの流れに流される。これでは、我々が見ている星の位置は、地上のエーテルの流れに流された分ずれることになってしまう。しかし、そんな現象は確認されていない。また、MichelsonとMorleyは屋外での実験も行っており、「部屋の中のエーテルは部屋と一緒に動いている」という考え方も正しくない。

【FAQ】実験の精度が悪かったのでは？

実験というのは、「これを判定するためにはこれだけの精度が必要である。ゆえにこのように実験装置を組み立てる」という計画を持って行うものである。Michelsonらも、上に書いたような「光の干渉縞はどれだけ移動するはず」という予想をもって、誤差の精度がその予想より小さくなるように注意して実験を行っている。正しい実験家は、精度が確保できないような実験は最初から行わない。だから「古い実験だから精度が悪い」ということは無い。また、この実験自体は現在でも（光にレーザーを用いるなど、さまざまな改良をしたうえで）行われているので、「古い実験だから」という反論は、そもそも成立しない。

A.3　古い意味の Lorentz 短縮

Michelson-Morley の実験でエーテルの速度が検出されなかったことは、物理学者たちに衝撃と困惑を与えた。FitzGerald（フィッツジェラルド）と Lorentz は $t_{東西}$ と $t_{南北}$ が $\sqrt{1-\left(\frac{v}{c}\right)^2}$ 倍違うことから、「東西方向の棒の長さは $\sqrt{1-\left(\frac{v}{c}\right)^2}$ 倍に縮んでいる」という説を唱えた。これが古い意味での「**Lorentz 短縮**」である[†4]。

Lorentz は、この短縮は観測できないと述べている[†5]。なぜなら、この短縮を観測しよ

[†4] 「Lorentz-FitzGerald 短縮」と呼ぶこともある。

[†5] そもそも、この短縮の割合は $\sqrt{1-\left(\frac{v}{c}\right)^2}$ であり、$\frac{v}{c}$ が 10^{-4} 程度だから、縮む割合は 10^{-8} 程度となる。この精度で長さを測定すること自体が難しい。だが、測定できないのは精度の問題ではない。

うとして物差しをあてると、その物差しも一緒に縮んでしまう。また、目で見ようとしても、見ようとする目自体も横に短縮している。よって地上で、同じ速さで走っている我々がLorentz短縮を測定することはできない。地球の外から見れば見えるだろう？ ——これには「見える」とは何かという問題がある（【演習問題4-3】およびその前を参照）。

本によっては、「Lorentz短縮」を特殊相対論の帰結である、と説明しているが、Lorentzはあくまで実験を説明するために ad hoc[†6] にこの短縮を導入したのであって、特殊相対論の帰結として理論的に導き出したわけではない。

もう一つ注意しておく。このLorentz短縮という考え方では、Michelson-Morleyの実験について説明することは可能だが、そのほかの実験を説明するにはこれでは足りない。「Lorentz変換」はその一部として「Lorentz短縮」と同様の現象を含んでいるが、より広い意味がある。

「Lorentz短縮」も「Lorentz変換」も、EinsteinではなくLorentzの名前がついている。どちらもEinsteinより前にLorentzが（短縮に関してはFitzGeraldも）提案しているからである。しかしLorentzおよびFitzGeraldは少なくとも提案した当初は、「Lorentz短縮」を、例えば「エーテルの圧力によって物体が縮む」というような、力学的な意味での短縮だと考えていた。「Lorentz変換」に関しても「こう考えればうまくいく」という提案であって、その意義を理解してはいない[†7]。

Michelson-Morleyの実験を解釈するには、単なるLorentz短縮では足りず、時間に関するもっと大胆な座標変換が必要となる。それがどんなものかは、本編の方で解説する。

A.4　章末演習問題

★【演習問題 A-1】

Michelson-Morleyの実験で、二つの腕の長さ $L_{南北}$ と $L_{東西}$ を変えたとしよう。このときはエーテル風が吹いていない状態でも時間差がある。エーテル理論の立場に立ち（つまりGalilei変換を用いて、光速は変化するという立場にたって）エーテル風が吹いていない場合の時間差と、エーテル風が吹いている場合の時間差を計算し、Lorentz短縮が起こったとしても、この二つが違う値を持つことを確認せよ。

（註：このような実験は1932年にKennedyとThorndikeによって行われている。「エーテル風の分だけ光速が変化しているがLorentz短縮が起こっているのでMichelson-Morleyの実験ではそれがわからない」という仮説が正しいなら、この時間差は測定できるはずであるが、できなかった。ということは、Lorentz短縮だけでは実験結果を説明することはできない。Lorentz変換ならば、この実験も含めて説明できる。）

ヒント → p5w へ　　解答 → p22w へ

[†6] 「その場しのぎ」という意味の言葉。科学でなにかの現象を説明するために急ごしらえで作った説を「ad hoc仮説」などと言う。
[†7] 特にLorentz変換に現れる時間に関して、Lorentzは「実際の時間とは関係ない架空のもの」と考えていたようである。

付録 B

計算技法の補足

B.1 ベクトルと行列

B.1.1 基底ベクトルとベクトルの表現

ベクトルの定義にはいろいろあるが、非常に広い定義として「足し算と定数倍（この二つをあわせたものを「線形結合」と呼ぶ）ができるものがベクトルである」を採用すると、任意のベクトルは「基底」と呼ばれる基本的なベクトルの線形結合で書ける。例えば我々がベクトルと言われて最初に思い浮かべるのは (a,b,c) のような「成分」を並べた書き方であろうが、これは $\vec{V} = a\vec{e}_x + b\vec{e}_y + c\vec{e}_z$ のように「基底ベクトル $\vec{e}_x, \vec{e}_y, \vec{e}_z$ の線形結合」としてベクトルを表現したときの、基底を省略した書き方である。

本書では、$\vec{A}$ の x, y, z 成分をそれぞれ $\vec{A}^x, \vec{A}^y, \vec{A}^z$ と表記[1]し、3次元ベクトルを $\vec{A} = \vec{A}^x \vec{e}_x + \vec{A}^y \vec{e}_y + \vec{A}^z \vec{e}_z$ のように書く[2]。

「$\vec{A}^x \vec{e}_x + \vec{A}^y \vec{e}_y + \vec{A}^z \vec{e}_z$」は座標系に依らない表現であることに注意しよう。座標変換すると $\vec{A}^x, \vec{A}^y, \vec{A}^z$ も $\vec{e}_x, \vec{e}_y, \vec{e}_z$ もそれぞれの変換則に従って変換され、結果として $\vec{A}$ 全体は不変になるのである。同じベクトルであっても、どんな基底で表現するかにより見かけは違うが、物理的内容は表現に関係無く存在しているはずである[3]。

B.1.2 行列の積

行列 $\mathbf{A} = \begin{bmatrix} a & b \\ c & d \end{bmatrix}$ と列ベクトル $\vec{x} = \begin{bmatrix} x \\ y \end{bmatrix}$ [4] の計算のルールは、

---

[1] 多くの本では A_x, A_y, A_z と書かれる。
[2] 4次元の場合の基底ベクトルについては p126 の補足を見よ。
[3] 相対論ではよく問題になる「共変ベクトルと反変ベクトルの違い」も、基底の違いである。
[4] 縦に並んでいるのを「列ベクトル」、横に並んでいるのを「行ベクトル」と呼ぶ。漢字「行」「列」は横線2本、縦線2本をそれぞれ含むので、「縦線が含まれている『列』が縦のベクトル」と覚えておくとよい。

$$\begin{bmatrix} a & b \\ c & d \end{bmatrix} \begin{bmatrix} x \\ y \end{bmatrix} = \begin{bmatrix} ax+by \\ cx+dy \end{bmatrix}, \quad \begin{bmatrix} a & b \\ c & d \end{bmatrix} \begin{bmatrix} x \\ y \end{bmatrix} = \begin{bmatrix} ax+by \\ cx+dy \end{bmatrix} \tag{B.1}$$

である。成分を添字で区別することにして、行列 $\mathbf{A}$ を $\begin{bmatrix} a^1{}_1 & a^1{}_2 \\ a^2{}_1 & a^2{}_2 \end{bmatrix}$、ベクトル $\vec{x}$ を $\begin{bmatrix} x^1 \\ x^2 \end{bmatrix}$ と添字を使って表現する。$a^{行}{}_{列}$ のように ($a^1{}_2$ が1行目の2列目) 添字がついている。

すると上の式は、

$$\begin{bmatrix} a^1{}_1 & a^1{}_2 \\ a^2{}_1 & a^2{}_2 \end{bmatrix} \begin{bmatrix} x^1 \\ x^2 \end{bmatrix} = \begin{bmatrix} a^1{}_1 x^1 + a^1{}_2 x^2 \\ a^2{}_1 x^1 + a^2{}_2 x^2 \end{bmatrix}$$

$$\begin{bmatrix} a^1{}_1 & a^1{}_2 \\ a^2{}_1 & a^2{}_2 \end{bmatrix} \begin{bmatrix} x^1 \\ x^2 \end{bmatrix} = \begin{bmatrix} a^1{}_1 x^1 + a^1{}_2 x^2 \\ a^2{}_1 x^1 + a^2{}_2 x^2 \end{bmatrix} \tag{B.2}$$

となる。左辺はEinsteinの規約を使った表現では、$a^i{}_j x^j$ と表す。行列を掛算するというのは、内積の計算の繰り返しだと考えることができる。

$\mathbf{A} = \begin{bmatrix} a^1{}_1 & a^1{}_2 \\ a^2{}_1 & a^2{}_2 \end{bmatrix}$ と $\mathbf{B} = \begin{bmatrix} b^1{}_1 & b^1{}_2 \\ b^2{}_1 & b^2{}_2 \end{bmatrix}$ の掛算の結果が $\mathbf{C} = \begin{bmatrix} c^1{}_1 & c^1{}_2 \\ c^2{}_1 & c^2{}_2 \end{bmatrix}$ になる、という行列の掛算も同様で

$$\begin{bmatrix} a^1{}_1 & a^1{}_2 \\ a^2{}_1 & a^2{}_2 \end{bmatrix} \begin{bmatrix} b^1{}_1 & b^1{}_2 \\ b^2{}_1 & b^2{}_2 \end{bmatrix} = \begin{bmatrix} a^1{}_1 b^1{}_1 + a^1{}_2 b^2{}_1 & a^1{}_1 b^1{}_2 + a^1{}_2 b^2{}_2 \\ a^2{}_1 b^1{}_1 + a^2{}_2 b^2{}_1 & a^2{}_1 b^1{}_2 + a^2{}_2 b^2{}_2 \end{bmatrix} = \begin{bmatrix} c^1{}_1 & c^1{}_2 \\ c^2{}_1 & c^2{}_2 \end{bmatrix}$$

$$\begin{bmatrix} a^1{}_1 & a^1{}_2 \\ a^2{}_1 & a^2{}_2 \end{bmatrix} \begin{bmatrix} b^1{}_1 & b^1{}_2 \\ b^2{}_1 & b^2{}_2 \end{bmatrix} = \begin{bmatrix} a^1{}_1 b^1{}_1 + a^1{}_2 b^2{}_1 & a^1{}_1 b^1{}_2 + a^1{}_2 b^2{}_2 \\ a^2{}_1 b^1{}_1 + a^2{}_2 b^2{}_1 & a^2{}_1 b^1{}_2 + a^2{}_2 b^2{}_2 \end{bmatrix} = \begin{bmatrix} c^1{}_1 & c^1{}_2 \\ c^2{}_1 & c^2{}_2 \end{bmatrix} \tag{B.3}$$

B.1 ベクトルと行列

のように計算される。添字を使った表現では、

$$a^i{}_j b^j{}_k = c^i{}_k \tag{B.4}$$

となる。左にある行列 $a^{行}{}_{列}$ の後ろの添字である「列」と、右にある行列 $b^{行}{}_{列}$ の「行」が、同じ j というダミーの添字になり、等しい値を取るようにして和を取る操作が実行される。こうなってないと $\mathbf{AB}$ という行列計算と一致しない。

以上のように、行列計算と添字付き量の計算の間の翻訳をする時には、添字の付き方に注意することが必要である。「前の量の＜後ろの添字＞と後ろの量の＜前の添字＞で和が取られている」時、素直に行列の掛算に書き直せる。それ以外の時は転置などをとることが必要である。

添字付きの表現も行列の表現も大事なので、どれも使えるようになって欲しい。例えば、行列で書いて

$$\begin{bmatrix} x_1 & x_2 \end{bmatrix} \begin{bmatrix} a^1{}_1 & a^1{}_2 \\ a^2{}_1 & a^2{}_2 \end{bmatrix} \begin{bmatrix} X^1 \\ X^2 \end{bmatrix} \tag{B.5}$$

となる式は、和記号を使った書き方およびEinsteinの規約を使った書き方では、
$\to$ p29

$$\sum_{i,j} x_i a^i{}_j X^j \quad \text{または} \quad x_i a^i{}_j X^j \tag{B.6}$$

となる。ここでも添字のどことどこを揃えるかというルールがあるが、足し上げる添字に線を引いて示す時「揃えて足し上げる添字をつないだ線が交差しないように」足し上げると行列やベクトルの掛算と一致する。

行列で書いた時は、「 $\boxed{\mathbf{AB} \neq \mathbf{BA}}$ なので順番を変えてはいけない！」と言われる。添字を使った記法で書くと、
$$\begin{cases} \mathbf{AB} \text{は} i \text{行} k \text{列成分が } a^i{}_j b^j{}_k \text{である行列} \\ \mathbf{BA} \text{は} i \text{行} k \text{列成分が } b^i{}_j a^j{}_k \text{である行列} \end{cases} \text{である。}$$
この二つはあきらかに違う。しかし、$\boxed{a^i{}_j b^j{}_k = b^j{}_k a^i{}_j}$ は正しい[†5]。

行列の時の「掛算の順序」という情報は「どっちの添字が足し上げられているか」という点に込められている。$a^i{}_j$ とか $b^j{}_k$ とかは一つの成分であるから、順番はどうでもいい（この「順番を気にしなくてもよい」というのはテンソルのありがたいところ）。その代わり、「添字のついている場所を変えると別の量 $\boxed{a^i{}_j \neq a^j{}_i}$ である」ことに注意。

添字を揃えての和である $a^j{}_i b^j{}_k$ は、行列で表現すると $\begin{bmatrix} a^1{}_1 & a^2{}_1 \\ a^1{}_2 & a^2{}_2 \end{bmatrix} \begin{bmatrix} b^1{}_1 & b^1{}_2 \\ b^2{}_1 & b^2{}_2 \end{bmatrix}$ になる計算をしている（添字の違いに注意せよ！）から、行列としては $\mathbf{A}^\top \mathbf{B}$ である。

[†5] 「順番を変えてはいけない」とルールを覚えるのではなく、「なぜこの場合は順番を変えてはいけないのか（あるいは、いいのか）」まで、把握しておくことが大事である。

B.1.3 直交座標と極座標の関係

3次元直交座標 (x, y, z) と3次元極座標 (r, θ, ϕ) の関係は

$$x = r\sin\theta\cos\phi, \quad y = r\sin\theta\sin\phi, \quad z = r\cos\theta \tag{B.7}$$

となる。それぞれの方向の単位ベクトルの間の関係は

$$\begin{aligned}
\vec{e}_r(\vec{x}) &= \sin\theta\cos\phi\ \vec{e}_x + \sin\theta\sin\phi\ \vec{e}_y + \cos\theta\ \vec{e}_z \\
\vec{e}_\theta(\vec{x}) &= \cos\theta\cos\phi\ \vec{e}_x + \cos\theta\sin\phi\ \vec{e}_y - \sin\theta\ \vec{e}_z \\
\vec{e}_\phi(\vec{x}) &= -\sin\phi\ \vec{e}_x + \cos\phi\ \vec{e}_y
\end{aligned} \tag{B.8}$$

である。$\vec{e}_r$ は「r が増える方向への単位ベクトル」である（$\vec{e}_\theta, \vec{e}_\phi$ も同様）[†6]。行列では

$$\begin{bmatrix} \vec{e}_r(\vec{x}) \\ \vec{e}_\theta(\vec{x}) \\ \vec{e}_\phi(\vec{x}) \end{bmatrix} = \underbrace{\begin{bmatrix} \sin\theta\cos\phi & \sin\theta\sin\phi & \cos\theta \\ \cos\theta\cos\phi & \cos\theta\sin\phi & -\sin\theta \\ -\sin\phi & \cos\phi & 0 \end{bmatrix}}_{\mathbf{R}} \begin{bmatrix} \vec{e}_x \\ \vec{e}_y \\ \vec{e}_z \end{bmatrix} \tag{B.9}$$

と表現される。直交変換なので逆変換は

$$\begin{bmatrix} \vec{e}_x \\ \vec{e}_y \\ \vec{e}_z \end{bmatrix} = \underbrace{\begin{bmatrix} \sin\theta\cos\phi & \cos\theta\cos\phi & -\sin\phi \\ \sin\theta\sin\phi & \cos\theta\sin\phi & \cos\phi \\ \cos\theta & -\sin\theta & 0 \end{bmatrix}}_{\mathbf{R}^\top} \begin{bmatrix} \vec{e}_r(\vec{x}) \\ \vec{e}_\theta(\vec{x}) \\ \vec{e}_\phi(\vec{x}) \end{bmatrix} \tag{B.10}$$

となる。このときベクトルの成分は

$$\begin{bmatrix} \vec{A}^{\,r} \\ \vec{A}^{\,\theta} \\ \vec{A}^{\,\phi} \end{bmatrix} = \underbrace{\begin{bmatrix} \sin\theta\cos\phi & \sin\theta\sin\phi & \cos\theta \\ \cos\theta\cos\phi & \cos\theta\sin\phi & -\sin\theta \\ -\sin\phi & \cos\phi & 0 \end{bmatrix}}_{\mathbf{R}} \begin{bmatrix} \vec{A}^{\,x} \\ \vec{A}^{\,y} \\ \vec{A}^{\,z} \end{bmatrix} \tag{B.11}$$

のように、同じ $\mathbf{R}$ で変換される。

$$\begin{bmatrix} \vec{A}^{\,r} \\ \vec{A}^{\,\theta} \\ \vec{A}^{\,\phi} \end{bmatrix} = \begin{bmatrix} \mathbf{R} \end{bmatrix} \begin{bmatrix} \vec{A}^{\,x} \\ \vec{A}^{\,y} \\ \vec{A}^{\,z} \end{bmatrix}$$

の転置は

$$\begin{bmatrix} \vec{A}^{\,r} & \vec{A}^{\,\theta} & \vec{A}^{\,\phi} \end{bmatrix} = \begin{bmatrix} \vec{A}^{\,x} & \vec{A}^{\,y} & \vec{A}^{\,z} \end{bmatrix} \begin{bmatrix} \mathbf{R}^\top \end{bmatrix}$$

なので、

[†6] $\vec{e}_r$ は場所によって違う方向を向くので、$(\vec{x})$ をつけて $\vec{e}_r(\vec{x})$ と書く。実は r, θ, ϕ のうち r には依らないので、$\vec{e}_r(\theta, \phi)$ と書く方が正しいかもしれない。

B.1 ベクトルと行列

$$\begin{bmatrix} \vec{A}^{\,r} & \vec{A}^{\,\theta} & \vec{A}^{\,\phi} \end{bmatrix} \begin{bmatrix} \vec{e}_r(\vec{x}) \\ \vec{e}_\theta(\vec{x}) \\ \vec{e}_\phi(\vec{x}) \end{bmatrix} = \begin{bmatrix} \vec{A}^{\,x} & \vec{A}^{\,y} & \vec{A}^{\,z} \end{bmatrix} \underbrace{\begin{bmatrix} \mathbf{R}^\top \end{bmatrix} \begin{bmatrix} \mathbf{R} \end{bmatrix}}_{\mathbf{I}} \begin{bmatrix} \vec{e}_x \\ \vec{e}_y \\ \vec{e}_z \end{bmatrix}$$

$$= \begin{bmatrix} \vec{A}^{\,x} & \vec{A}^{\,y} & \vec{A}^{\,z} \end{bmatrix} \begin{bmatrix} \vec{e}_x \\ \vec{e}_y \\ \vec{e}_z \end{bmatrix} \tag{B.12}$$

が成り立つ。$\vec{A} = \vec{A}^{\,x} \vec{e}_x + \vec{A}^{\,y} \vec{e}_y + \vec{A}^{\,z} \vec{e}_z = \vec{A}^{\,r} \vec{e}_r + \vec{A}^{\,\theta} \vec{e}_\theta + \vec{A}^{\,\phi} \vec{e}_\phi$ は座標系に依存しない量であることが確認できた。

B.1.4 極座標における運動方程式

「極座標では運動方程式 $\vec{F} = m\dfrac{\mathrm{d}^2 \vec{x}}{\mathrm{d}t^2}$ は成り立たなくなるのではなかろうか？」という疑問について考えておこう。直交座標系では運動方程式が

$$\vec{F}^{\,x} = m\frac{\mathrm{d}^2 x}{\mathrm{d}t^2} = m\ddot{x}, \quad \vec{F}^{\,y} = m\frac{\mathrm{d}^2 y}{\mathrm{d}t^2} = m\ddot{y}, \quad \vec{F}^{\,z} = m\frac{\mathrm{d}^2 z}{\mathrm{d}t^2} = m\ddot{z} \tag{B.13}$$

と分解できる（表記を短くするため、以下では X の時間微分を $\dot{X}$、時間の二階微分を $\ddot{X}$ で表す表記を使う）が、3次元極座標系では

$$\vec{F}^{\,r} = m\left(\ddot{r} - r(\dot{\theta})^2 - r(\dot{\phi})^2 \sin^2\theta\right) \tag{B.14}$$

$$\vec{F}^{\,\theta} = m\left(r\ddot{\theta} + 2\dot{r}\dot{\theta} - r(\dot{\phi})^2 \sin\theta\cos\theta\right) \tag{B.15}$$

$$\vec{F}^{\,\phi} = m\left(r\ddot{\phi}\sin\theta + 2\dot{r}\dot{\phi}\sin\theta + 2r\dot{\theta}\dot{\phi}\cos\theta\right) \tag{B.16}$$

というややこしい式になる。これは二つの座標系で位置ベクトルが

$$\vec{x} = \underbrace{x\vec{e}_x + y\vec{e}_y + z\vec{e}_z}_{\text{直交座標}} = \underbrace{r\,\vec{e}_r(\vec{x})}_{\text{極座標}} \tag{B.17}$$

のように別々の表現になることから来ている。ここで $\vec{e}_r(\vec{x})$ は(B.8) の一つめの式のように $\vec{e}_x, \vec{e}_y, \vec{e}_z$ と関係しているので、$\vec{e}_r(\vec{x})$ の時間微分は

$$\frac{\mathrm{d}}{\mathrm{d}t}\vec{e}_r(\vec{x}) = \dot{\theta}\underbrace{\frac{\partial \vec{e}_r(\vec{x})}{\partial \theta}}_{\cos\theta\cos\phi\,\vec{e}_x + \cos\theta\sin\phi\,\vec{e}_y - \sin\theta\,\vec{e}_z = \vec{e}_\theta} + \dot{\phi}\underbrace{\frac{\partial \vec{e}_r(\vec{x})}{\partial \phi}}_{-\sin\theta\sin\phi\,\vec{e}_x + \sin\theta\cos\phi\,\vec{e}_y = \sin\theta\,\vec{e}_\phi}$$

$$= \dot{\theta}\,\vec{e}_\theta + \dot{\phi}\sin\theta\,\vec{e}_\phi \tag{B.18}$$

になる。同様に、

$$
\frac{\mathrm{d}}{\mathrm{d}t}\vec{\mathbf{e}}_\theta(\vec{x}) = \dot{\theta}\underbrace{\frac{\partial \vec{\mathbf{e}}_\theta(\vec{x})}{\partial \theta}}_{-\sin\theta\cos\phi\,\vec{\mathbf{e}}_x - \sin\theta\sin\phi\,\vec{\mathbf{e}}_y - \cos\theta\,\vec{\mathbf{e}}_z = -\vec{\mathbf{e}}_r} + \dot{\phi}\underbrace{\frac{\partial \vec{\mathbf{e}}_\theta(\vec{x})}{\partial \phi}}_{-\cos\theta\sin\phi\,\vec{\mathbf{e}}_x + \cos\theta\cos\phi\,\vec{\mathbf{e}}_y = \cos\theta\,\vec{\mathbf{e}}_\phi}
$$

$$
= -\dot{\theta}\,\vec{\mathbf{e}}_r + \dot{\phi}\cos\theta\,\vec{\mathbf{e}}_\phi \tag{B.19}
$$

$$
\frac{\mathrm{d}}{\mathrm{d}t}\vec{\mathbf{e}}_\phi(\vec{x}) = \dot{\phi}\underbrace{\frac{\partial \vec{\mathbf{e}}_\phi(\vec{x})}{\partial \phi}}_{-\cos\phi\,\vec{\mathbf{e}}_x - \sin\phi\,\vec{\mathbf{e}}_y = -\sin\theta\vec{\mathbf{e}}_r - \cos\theta\vec{\mathbf{e}}_\theta} = -\dot{\phi}\sin\theta\,\vec{\mathbf{e}}_r - \dot{\phi}\cos\theta\,\vec{\mathbf{e}}_\theta \tag{B.20}
$$

と計算できる。以上の結果を使って $\vec{x}$ を時間で二階微分するという操作を極座標で行えば、

$$
\frac{\mathrm{d}\vec{x}}{\mathrm{d}t} = \dot{r}\,\vec{\mathbf{e}}_r + r\frac{\mathrm{d}\vec{\mathbf{e}}_r(\vec{x})}{\mathrm{d}t} = \dot{r}\,\vec{\mathbf{e}}_r + r\dot{\theta}\,\vec{\mathbf{e}}_\theta + r\dot{\phi}\sin\theta\,\vec{\mathbf{e}}_\phi \tag{B.21}
$$

$$
\frac{\mathrm{d}^2\vec{x}}{\mathrm{d}t^2} = \ddot{r}\,\vec{\mathbf{e}}_r + \overbrace{\left(\dot{r}\dot{\theta} + r\ddot{\theta}\right)}^{\frac{\mathrm{d}}{\mathrm{d}t}(r\dot{\theta})}\vec{\mathbf{e}}_\theta + \overbrace{\left(\dot{r}\dot{\phi}\sin\theta + r\ddot{\phi}\sin\theta + r\dot{\phi}\dot{\theta}\cos\theta\right)}^{\frac{\mathrm{d}}{\mathrm{d}t}(r\dot{\phi}\sin\theta)}\vec{\mathbf{e}}_\phi
$$

$$
+ \dot{r}\overbrace{\left(\dot{\theta}\,\vec{\mathbf{e}}_\theta + \dot{\phi}\sin\theta\,\vec{\mathbf{e}}_\phi\right)}^{\frac{\mathrm{d}\vec{\mathbf{e}}_r}{\mathrm{d}t}} + r\dot{\theta}\overbrace{\left(-\dot{\theta}\,\vec{\mathbf{e}}_r + \dot{\phi}\cos\theta\,\vec{\mathbf{e}}_\phi\right)}^{\frac{\mathrm{d}\vec{\mathbf{e}}_\theta}{\mathrm{d}t}}
$$

$$
+ r\dot{\phi}\sin\theta\overbrace{\left(-\dot{\phi}(\sin\theta\,\vec{\mathbf{e}}_r + \cos\theta\,\vec{\mathbf{e}}_\theta)\right)}^{\frac{\mathrm{d}\vec{\mathbf{e}}_\phi}{\mathrm{d}t}}
$$

$$
= \left(\ddot{r} - r(\dot{\theta})^2 - r(\dot{\phi})^2\sin^2\theta\right)\vec{\mathbf{e}}_r + \left(r\ddot{\theta} + 2\dot{r}\dot{\theta} - r(\dot{\phi})^2\sin\theta\cos\theta\right)\vec{\mathbf{e}}_\theta
$$

$$
+ \left(r\ddot{\phi}\sin\theta + 2\dot{r}\dot{\phi}\sin\theta + 2r\dot{\theta}\dot{\phi}\cos\theta\right)\vec{\mathbf{e}}_\phi \tag{B.22}
$$

となって、少々複雑な結果である(B.14)〜(B.16)が出てくる。加速度の計算式 $\frac{\mathrm{d}^2\vec{x}}{\mathrm{d}t^2}$ は座標系に依らない表現である。

B.2 デルタ関数

電磁気学や量子力学でもおなじみだが、本書の計算でもあちこちでデルタ関数を使うので、ここで定義や性質などをまとめておく。

B.2.1 定義

―― 1次元のデルタ関数の定義 ――

$x=a$ で連続な任意の関数 $f(x)$ に $\delta(x-a)$ を掛けて x で積分すると

$$\int_{x_1}^{x_2} dx\, f(x)\delta(x-a) = \begin{cases} f(a) & x_1 < a < x_2 \text{の場合} \\ -f(a) & x_2 < a < x_1 \text{の場合} \\ 0 & \text{それ以外の場合} \end{cases} \quad (B.23)$$

のように $x=a$ での値が積分結果（ただし、積分が 下端 $x_1 >$ 上端 x_2 となるように行われた場合には符号を反転）になる関数 $\delta(x-a)$ を1次元デルタ関数と呼ぶ。

符号が反転するのは積分方向が逆になっていると考えれば当然であろう。

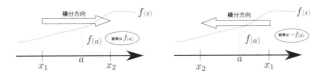

上ではデルタ関数が0でなくなる点 $x=a$ が積分の端点でない場合を考えたが、端点である場合

$$\int_a^{x_2} dx\, f(x)\delta(x-a) = \frac{1}{2}f(a) \quad \text{ただし}\ \ a < x_2$$
$$\int_{x_1}^a dx\, f(x)\delta(x-a) = \frac{1}{2}f(a) \quad \text{ただし}\ \ x_1 < a \quad (B.24)$$

のように積分結果は $\frac{1}{2}$ と考える。以下で示す極限操作を使って定義した場合はそうなる。

デルタ関数は、値としては引数が0となる点を除く全ての場所で0であり、引数が0である点の値は定義されない[7]。実際にはこんな関数は無いので、以下に示すような極限操作（以下の例は $\delta(x)$ を示したが、平行移動すれば $\delta(x-a)$ も得られる）の結果として取り扱うことが多い。

―― 矩形関数の極限としてのデルタ関数 ――

$$\delta(x) = \lim_{\Delta x \to 0} \begin{cases} \dfrac{1}{2\Delta x} & -\Delta x < x < \Delta x \\ 0 & \text{それ以外} \end{cases} \quad (B.25)$$

---

[7] 強いて言えば $\delta(0)=\infty$ になるが、これは定義したとは言えない。

─── くさび型関数の極限としてのデルタ関数 ───

$$\delta(x) = \lim_{\Delta x \to 0} \begin{cases} \dfrac{1}{(\Delta x)^2}(x + \Delta x) & -\Delta x < x < 0 \\ -\dfrac{1}{(\Delta x)^2}(x - \Delta x) & 0 \leq x < \Delta x \\ 0 & \text{それ以外} \end{cases} \qquad (B.26)$$

─── Gauss関数の極限としてのデルタ関数 ───

$$\delta(x) = \lim_{\Delta x \to 0} \frac{1}{\sqrt{\pi}\Delta x} e^{-\frac{x^2}{(\Delta x)^2}} \qquad (B.27)$$

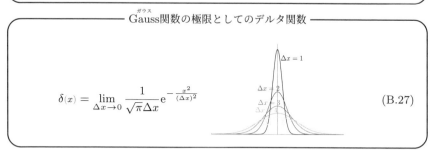

他にも、「階段関数」

$$\theta(x) = \begin{cases} 1 & x > 0 \\ 0 & x < 0 \end{cases} \qquad (B.28)$$

を [8] 使って

$$\delta(x) = \frac{\mathrm{d}}{\mathrm{d}x}\theta(x) \qquad (B.29)$$

のように「定義」する場合もある。また、以下もよく使われる。

─── Fourier変換で定義するデルタ関数 ───

$$\delta(x) = \frac{1}{2\pi}\int_{-\infty}^{\infty} \mathrm{d}k\, \mathrm{e}^{ikx} \qquad (B.30)$$

B.2.2 性質と公式

─── 引数に関数が入ったデルタ関数 ───

$$\delta(f(x)) = \sum_{\substack{f(x)=0 \\ \text{となる点}\, x_n}} \frac{1}{|f'(x_n)|} \delta(x - x_n) \qquad (B.31)$$

という式およびこれから派生した式がよく使われる。

---

[8] 階段関数の $x = 0$ での値は定義しないか、$\theta(0) = \dfrac{1}{2}$ にする。たいていの場合この値は最終結果に影響しない。

B.2 デルタ関数

この式の意味を図解で説明しよう。関数 $\delta_{(f(x))}$ とは、右図に吹き出しで書いたように、「x を決めると $f_{(x)}$ が決まり、それに応じて $\delta_{(f(x))}$ が決まる」という一連の写像である。図では矩形関数の極限としてのデルタ関数(B.25)を採用している[†9]。$\boxed{x \to \delta_{(f(x))}}$ という関数を見ると（横軸 x 縦軸 δ のグラフを考えて欲しい）、x 軸方向に底辺 $2\Delta x$、$\delta_{(f(x))}$ 軸方向

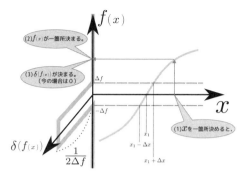

に高さ $\dfrac{1}{2\Delta f}$ の長方形ができている[†10]。この長方形の面積 $\boxed{2\Delta x \times \dfrac{1}{2\Delta f} = \dfrac{\Delta x}{\Delta f}}$ が関数 $\delta_{(f(x))}$ の x 積分の結果である。すなわち、$\boxed{\displaystyle\int_{\substack{f(x)=0 \\ \text{を含む範囲}}} \mathrm{d}x\, \delta_{(f(x))} = \dfrac{\Delta x}{\Delta f}}$ であり、$\boxed{\Delta x \to 0}$ の極限を取れば $\boxed{\dfrac{\mathrm{d}x}{\mathrm{d}f} = \dfrac{1}{f'_{(x_1)}}}$ と書くことができる。$f'_{(x_1)}$ が大きくなれば（グラフの傾きが急になり）Δx が小さくなる。このことから $f'_{(x_1)}$ が分母に来ることが納得できる。

上の図で描いたのは $\boxed{\Delta x > 0, \Delta f > 0}$ の場合、つまり $\boxed{\dfrac{\mathrm{d}f}{\mathrm{d}x} > 0}$ の場合

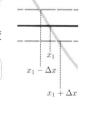

である。$\boxed{\dfrac{\mathrm{d}f}{\mathrm{d}x} < 0}$ の場合はグラフの $\boxed{x = x_1}$ の部分が右の図のように変わる。この場合 $\boxed{\Delta f < 0}$ となり、出来上がる関数は $\boxed{-|\Delta f| < f < |\Delta f|}$ の範囲で高さ $\dfrac{1}{2|\Delta f|}$ の長方形になり、積分結果は $\dfrac{1}{|f'_{(x_1)}|}$ となる。

以上の二つのケースを考えて、かつ $\boxed{x = x_1}$ 以外にも $f_{(x)}$ が 0 になる場所があることも考慮して考えると、(B.31)が結論できる。この式から

引数に係数があるデルタ関数

a を定数として $\qquad \delta_{(ax)} = \dfrac{1}{|a|}\delta_{(x)} \qquad\qquad$ (B.32)

[†9] $\boxed{f \to \delta_{(f)}}$ という関数を見れば、底辺 $2\Delta f$ で高さ $\dfrac{1}{2\Delta f}$ の長方形（面積 1）ができている。

[†10] ここで x の範囲を $\boxed{x_1 - \Delta x < x < x_1 + \Delta x}$ にしている。「左右対称な領域とは限らないのでは？（$\boxed{x_1 - \Delta x' < x < x_1 + \Delta x}$ としなくてはいけないのでは？）」と思うかもしれないが、この $\Delta x'$ と Δx の差は $(\Delta x)^2$ のオーダーになるので、結果に効かない。Δx をどんどん小さくしていけばその範囲内で $f_{(x)}$ は直線とみなしてよいということである。なので、最終結果に $f''_{(x_1)}$ 以上が現れない。

が成り立つ[11]。また、以下の式もよく使われる。

--- 引数が2次関数のデルタ関数 ---
$$\delta((x-a)(x-b)) = \frac{1}{|a-b|}\delta(x-a) + \frac{1}{|a-b|}\delta(x-b) \quad \text{ただし、} a \neq b \tag{B.33}$$

B.2.3 デルタ関数の微分

デルタ関数の微分は、以下をもって定義とする。

--- デルタ関数の微分と関数の積の積分 ---
$$\int_{x_0}^{x_1} dx\, f(x)\delta'(x) = \begin{cases} -f'(0) & x_0 < 0 < x_1 \\ f'(0) & x_1 < 0 < x_0 \\ 0 & \text{それ以外} \end{cases} \tag{B.34}$$

つまり、$\boxed{\int_{x_0}^{x_1} dx\, f(x)\delta'(x) = -\int_{x_0}^{x_1} dx\, f'(x)\delta(x)}$ （部分積分）[12] が成り立つように定義する。

矩形関数（階段関数の差で表現できる）の極限としてのデルタ関数を微分すると、

$$\frac{d}{dx}\delta(x) = \lim_{\Delta x \to 0} \frac{d}{dx} \frac{1}{2\Delta x} \left(\theta(x+\Delta x) - \theta(x-\Delta x)\right) \quad \left(\underset{\to \text{p306}}{\text{(B.29)}} \delta(x) = \frac{d}{dx}\theta(x) \right)$$
$$= \lim_{\Delta x \to 0} \frac{1}{2\Delta x} \left(\delta(x+\Delta x) - \delta(x-\Delta x)\right) \tag{B.35}$$

となる。これに $f(x)$ を掛けて積分すると、

$$\int_{x_0}^{x_1} dx\, f(x) \lim_{\Delta x \to 0} \frac{1}{2\Delta x} \left(\delta(x+\Delta x) - \delta(x-\Delta x)\right)$$
$$= \lim_{\Delta x \to 0} \frac{1}{2\Delta x} \left(f(-\Delta x) - f(\Delta x)\right) = -f'(0) \tag{B.36}$$

となり、定義通りである。

---

[11] うっかり $\boxed{\delta(ax) = a\delta(x)}$ とかやってしまいそうだが、x が長さの次元を持っているなら $\delta(x)$ は $\frac{1}{長さ}$ の次元を持っている（なぜなら $\boxed{\int_{x=0\text{を含む範囲}} dx\, \delta(x) = 1}$ が成り立つから）ことを考えると、$\frac{1}{|a|}$ が出てくるのが正しい。

[12] 部分積分は公式通りなら表面項 $[f(x)\delta(x)]_{x_0}^{x_1}$ が必要だが、$\delta(x)$ は $\boxed{x=0}$ 以外では0なので消える（$\boxed{x=0}$ が端点に来るときは注意が必要）。

B.2 デルタ関数

――― デルタ関数の微分の連鎖律 ―――
$$\frac{\mathrm{d}}{\mathrm{d}x}\delta(f(x)) = \frac{\mathrm{d}f(x)}{\mathrm{d}x}\underbrace{\frac{\mathrm{d}\delta(f)}{\mathrm{d}f}}_{f=f(x)} = f'(x)\delta'(f(x)) \tag{B.37}$$

という公式もある。この式については(B.31)と見比べて「前に付くのは $\frac{1}{|f'(x)|}$ でなくていいの？」と不安に思う人がいるかもしれないので、一例で計算しておこう。

くさび型関数の極限としてのデルタ関数(B.26)の微分は

$$\delta'(x) = \lim_{\Delta x \to 0} \begin{cases} \dfrac{1}{(\Delta x)^2} & -\Delta x < x < 0 \\ -\dfrac{1}{(\Delta x)^2} & 0 \leq x < \Delta x \\ 0 & \text{それ以外} \end{cases} \tag{B.38}$$

となる。一方(B.26)の x に ax を代入して

$$\delta(ax) = \lim_{\Delta x \to 0} \begin{cases} \dfrac{1}{(\Delta x)^2}(ax + \Delta x) & -\Delta x < ax < 0 \\ -\dfrac{1}{(\Delta x)^2}(ax - \Delta x) & 0 \leq ax < \Delta x \\ 0 & \text{それ以外} \end{cases} \tag{B.39}$$

を微分すると

$$\delta'(ax) = \lim_{\Delta x \to 0} \begin{cases} \dfrac{a}{(\Delta x)^2} & -\Delta x < ax < 0 \\ -\dfrac{a}{(\Delta x)^2} & 0 \leq ax < \Delta x \\ 0 & \text{それ以外} \end{cases} \tag{B.40}$$

となるが、これは(B.38)の a 倍であるから、$\boxed{\delta'(ax) = a\delta'(x)}$ が成立している。

B.2.4　3次元のデルタ関数

――― 3次元直交座標でのデルタ関数 ―――
$$\delta^3(\vec{x}) = \delta(x)\delta(y)\delta(z) \tag{B.41}$$

と定義しておけば、$\boxed{\iiint_{\text{原点を含む領域}} \mathrm{d}^3\vec{x}\, \delta^3(\vec{x}) = 1}$ となる。

座標変換 $X = X(\vec{x}), Y = Y(\vec{x}), Z = Z(\vec{x})$ を行った場合はどうなるべきであろうか。このとき、積分要素の方は $d^3\vec{X} = \left|\dfrac{\partial(X,Y,Z)}{\partial(x,y,z)}\right| d^3\vec{x}$ のように、ヤコビアン

$$\frac{\partial(X,Y,Z)}{\partial(x,y,z)} = \det\begin{pmatrix} \frac{\partial X}{\partial x} & \frac{\partial X}{\partial y} & \frac{\partial X}{\partial z} \\ \frac{\partial Y}{\partial x} & \frac{\partial Y}{\partial y} & \frac{\partial Y}{\partial z} \\ \frac{\partial Z}{\partial x} & \frac{\partial Z}{\partial y} & \frac{\partial Z}{\partial z} \end{pmatrix} \tag{B.42}$$

が掛かることが知られている。これから

───── デルタ関数の座標変換 ─────

$$\delta^3(\vec{X}) = \frac{1}{\left|\frac{\partial(X,Y,Z)}{\partial(x,y,z)}\right|}\delta^3(\vec{x}) = \left|\frac{\partial(x,y,z)}{\partial(X,Y,Z)}\right|\delta^3(\vec{x}) \tag{B.43}$$

となる（これで、$\iiint_{原点を含む領域} d^3\vec{X}\,\delta^3(\vec{X}) = 1$ と $\iiint_{原点を含む領域} d^3\vec{x}\,\delta^3(\vec{x}) = 1$ が両立する）[†13]。

4次元時空であるならば、変数 ct が一つ増えるだけで、話はだいたい同じである。4次元時空体積要素と4次元のデルタ関数を考えて、それを Lorentz 変換すると、ヤコビアンに現れる行列は Lorentz 変換の行列そのものであり、

$$\det\begin{bmatrix} \gamma & -\beta\gamma & 0 & 0 \\ -\beta\gamma & \gamma & 0 & 0 \\ 0 & 0 & 1 & 0 \\ 0 & 0 & 0 & 1 \end{bmatrix} = \gamma^2 - \beta^2\gamma^2 = 1 \tag{B.44}$$

となるので4次元体積要素も4次元デルタ関数も Lorentz 変換で不変となる。(B.44) で確認したのは x 方向の Lorentz 変換だが、任意の方向の場合は行列に座標軸の空間回転の行列が（前後に）掛かるだけで、空間回転の行列の行列式は1であるから、やはり行列式は1となる。

3次元空間のデルタ関数を x 軸方向に Lorentz ブーストすると

$$\underbrace{\delta(\tilde{x})\delta(\tilde{y})\delta(\tilde{z})}_{\delta^3(\vec{\tilde{x}})} = \frac{1}{\gamma}\underbrace{\delta(x - \vec{v}^x t)\delta(y - \vec{v}^y t)\delta(z - \vec{v}^z t)}_{\delta^3(\vec{x} - \vec{v}t)} \tag{B.45}$$

となる（【演習問題4-4】を参照）。

───────────────

[†13] 直交座標から極座標への変換を考えると $\delta(x)\delta(y)\delta(z) = \dfrac{1}{r^2 \sin\theta}\delta(r)\delta(\theta)\delta(\phi)$ という式になって、原点 $r = 0$ と北極と南極 $\sin\theta = 0$ が計算上「危ない」場所であることがわかる。

B.3 Levi-Civitaの記号

B.3.1 定義

N次元の空間（時空間を含む）において、

$$\epsilon_{i_1 i_2 \cdots i_N} = \begin{cases} 1 & i_1, i_2, \cdots, i_N \text{が} 1, 2, \cdots, N \text{の偶置換}^{†14} \\ -1 & i_1, i_2, \cdots, i_N \text{が} 1, 2, \cdots, N \text{の奇置換} \\ 0 & \text{それ以外} \end{cases} \tag{B.46}$$

と定義された記号がLevi-Civita（レヴィ・チビタ）の記号である。普通のギリシャ文字ϵはちょっと小さいので、Levi-Civita記号は大きいサイズにしてϵと書いている。

2次元では

$$\epsilon_{12} = 1, \epsilon_{21} = -1, \epsilon_{11} = 0, \epsilon_{22} = 0 \tag{B.47}$$

であり、3次元では

$$\epsilon_{123} = \epsilon_{231} = \epsilon_{312} = 1, \quad \epsilon_{132} = \epsilon_{213} = \epsilon_{321} = -1, \quad \text{それ以外} = 0 \tag{B.48}$$

である。

B.3.2 公式

Levi-Civita記号の積は

$$\epsilon_{i_1 i_2 \cdots i_N} \epsilon_{j_1 j_2 \cdots j_N} = \text{sgn} \begin{pmatrix} i_1, i_2, \cdots, i_N \\ j_1, j_2, \cdots, j_N \end{pmatrix} \tag{B.49}$$

と書くことができる。ただし、右辺のsgn関数の定義は

$$\begin{cases} 1 & i_1, i_2, \cdots, i_N \text{に重なる数が無く、} j_1, j_2, \cdots, j_N \text{がその偶置換である場合} \\ -1 & i_1, i_2, \cdots, i_N \text{に重なる数が無く、} j_1, j_2, \cdots, j_N \text{がその奇置換である場合} \\ 0 & \text{それ以外の場合} \end{cases} \tag{B.50}$$

である。この関数は

$$\delta_{i_1 j_1} \delta_{i_2 j_2} \cdots \delta_{i_N j_N} + (\text{第1項から} j_1, j_2, \cdots, j_N \text{を偶置換したものすべて}) \\ - (\text{第1項から} j_1, j_2, \cdots, j_N \text{を奇置換したものすべて}) \tag{B.51}$$

と書いてもよい。2次元なら、奇置換の結果が1通りしか無く、

$$\epsilon_{i_1 i_2} \epsilon_{j_1 j_2} = \delta_{i_1 j_1} \delta_{i_2 j_2} - \delta_{i_1 j_2} \delta_{i_2 j_1} \tag{B.52}$$

---

†14 時空を表現する場合には、添字は$0, 1, 2, \cdots, N-1$になる。

3次元なら、偶置換が2通り、奇置換が3通りあって、

$$\epsilon_{i_1 i_2 i_3} \epsilon_{j_1 j_2 j_3} = \delta_{i_1 j_1} \delta_{i_2 j_2} \delta_{i_3 j_3} + \delta_{i_1 j_2} \delta_{i_2 j_3} \delta_{i_3 j_1} + \delta_{i_1 j_3} \delta_{i_2 j_1} \delta_{i_3 j_2}$$
$$- \delta_{i_1 j_3} \delta_{i_2 j_2} \delta_{i_3 j_1} - \delta_{i_1 j_2} \delta_{i_2 j_1} \delta_{i_3 j_3} - \delta_{i_1 j_1} \delta_{i_2 j_3} \delta_{i_3 j_2} \tag{B.53}$$

である。これを縮約することにより、

$$\epsilon_{i_1 i_2 i_3} \epsilon_{i_1 j_2 j_3} = 3\delta_{i_2 j_2} \delta_{i_3 j_3} + \delta_{i_3 j_2} \delta_{i_2 j_3} + \delta_{i_2 j_3} \delta_{i_3 j_2}$$
$$- \delta_{i_3 j_3} \delta_{i_2 j_2} - \delta_{i_2 j_2} \delta_{i_3 j_3} - 3\delta_{i_2 j_3} \delta_{i_3 j_2}$$
$$= \delta_{i_2 j_2} \delta_{i_3 j_3} - \delta_{i_2 j_3} \delta_{i_3 j_2} \tag{B.54}$$

という公式も作ることができる。この式は、「$\epsilon_{i_1 i_2 i_3} \epsilon_{i_1 j_2 j_3}$ は、$i_2 = j_2$ で $i_3 = j_3$ の時は 1 になり、$i_2 = j_3$ で $i_3 = j_2$ の時は -1 になる。ただし、$i_2 = i_3$ ならば 0」を意味する。さらに縮約すると

$$\epsilon_{i_1 i_2 i_3} \epsilon_{i_1 i_2 j_3} = 2\delta_{i_3 j_3} \tag{B.55}$$

である。

B.3.3 Levi-Civita 記号の用途

Levi-Civita 記号の使い道の一つは外積を

$$\left[\vec{A} \times \vec{B}\right]^i = \epsilon_{ijk} \left[\vec{A}\right]^j \left[\vec{B}\right]^k \tag{B.56}$$

のように表現することである。これを使うと、外積の div を

$$\mathrm{div}\left(\vec{A} \times \vec{B}\right) = \partial_i \left(\epsilon_{ijk} \left[\vec{A}\right]^j \left[\vec{B}\right]^k\right) = \epsilon_{ijk} \left(\left(\partial_i \left[\vec{A}\right]^j\right) \left[\vec{B}\right]^k + \left[\vec{A}\right]^j \left(\partial_i \left[\vec{B}\right]^k\right)\right)$$

$$= \left(\epsilon_{ijk} \partial_i \left[\vec{A}\right]^j\right) \left[\vec{B}\right]^k + \left[\vec{A}\right]^j \left(\epsilon_{ijk} \partial_i \left[\vec{B}\right]^k\right) \tag{B.57}$$

とすることで、

$$\mathrm{div}\left(\vec{A} \times \vec{B}\right) = \left(\mathrm{rot}\, \vec{A}\right) \cdot \vec{B} - \vec{A} \cdot \left(\mathrm{rot}\, \vec{B}\right) \tag{B.58}$$

という式を作ることができる。

微分演算子である rot は $\left[\mathrm{rot}\, \vec{V}\right]^i = \epsilon_{ijk} \partial^j \left[\vec{V}\right]^k$ と表現できる。これを使って rot に関する公式をいくつか作ることができる。

$$\left[\mathrm{rot}\left(\vec{A} \times \vec{B}\right)\right]^i = \epsilon_{ijk} \partial_j \epsilon_{kmn} \left[\vec{A}\right]^m \left[\vec{B}\right]^n \tag{B.59}$$

B.3 Levi-Civita の記号

に (B.54) を使うと、$\epsilon_{ijk}\epsilon_{kmn} = \delta_{im}\delta_{jn} - \delta_{in}\delta_{jm}$ となるので、

$$\begin{aligned}\left[\operatorname{rot}\left(\vec{A}\times\vec{B}\right)\right]^i &= \partial_j\left(\left[\vec{A}\right]^i\left[\vec{B}\right]^j\right) - \partial_j\left(\left[\vec{A}\right]^j\left[\vec{B}\right]^i\right) \\ &= \left(\partial_j\left[\vec{A}\right]^i\right)\left[\vec{B}\right]^j + \left[\vec{A}\right]^i\partial_j\left[\vec{B}\right]^j - \left(\partial_j\left[\vec{A}\right]^j\right)\left[\vec{B}\right]^i - \left[\vec{A}\right]^j\partial_j\left[\vec{B}\right]^i \\ &= \left[(\vec{B}\cdot\vec{\nabla})\vec{A} + \vec{A}(\vec{\nabla}\cdot\vec{B}) - \vec{B}(\vec{\nabla}\cdot\vec{A}) - (\vec{A}\cdot\vec{\nabla})\vec{B}\right]^i \end{aligned} \tag{B.60}$$

が出る（どの量が微分されるかを明示するため、微分の掛からない量は $\vec{\nabla}$ より前に出した）。

同様にして、$\left[\operatorname{rot}\left(\operatorname{rot}\vec{V}\right)\right]^i = \epsilon_{ijk}\partial_j\epsilon_{kmn}\partial_m\left[\vec{V}\right]^n$ から

$$\left[\operatorname{rot}\left(\operatorname{rot}\vec{V}\right)\right]^i = \partial_i\partial_j\left[\vec{V}\right]^j - \partial_j\partial_j\left[\vec{V}\right]^i = \left[\operatorname{grad}\left(\operatorname{div}\vec{V}\right) - \triangle\vec{V}\right]^i \tag{B.61}$$

を導くことができる。

Levi-Civita 記号は以下のように、$N\times N$ 行列の行列式を表すのにも使われる。

$$\begin{aligned}\det\mathbf{A} &= \epsilon_{i_1 i_2\cdots i_N}A_{1 i_1}A_{2 i_2}\cdots A_{N i_N} = \epsilon_{i_1 i_2\cdots i_N}A_{i_1 1}A_{i_2 2}\cdots A_{i_N N} \\ &= \frac{1}{N!}\epsilon_{i_1 i_2\cdots i_N}\epsilon_{j_1 j_2\cdots j_N}A_{i_1 j_1}A_{i_2 j_2}\cdots A_{i_N j_N}\end{aligned} \tag{B.62}$$

B.3.4 変換性

Levi-Civita 記号はテンソルのように見えるが、実はテンソルではない。テンソルだとするとちょっと困ったことが起こることを以下で示そう。$x\to\widetilde{x}$ の座標変換をする。Levi-Civita 記号がテンソルなら、(6.22) の変換行列 $\left(\mathbf{M}^{-1}\right)^{\nu}{}_{\widetilde{\mu}} = \dfrac{\partial x^\nu}{\partial\widetilde{x}^{\widetilde{\mu}}}$ を使って

> これは間違い
> $$\widetilde{\epsilon}_{\widetilde{\mu}\widetilde{\nu}\cdots\widetilde{\lambda}} = \epsilon_{\mu\nu\cdots\lambda}\left(\mathbf{M}^{-1}\right)^{\mu}{}_{\widetilde{\mu}}\left(\mathbf{M}^{-1}\right)^{\nu}{}_{\widetilde{\nu}}\cdots\left(\mathbf{M}^{-1}\right)^{\lambda}{}_{\widetilde{\lambda}}$$

のように変換が行われることになる。ここで、$\widetilde{\mu},\widetilde{\nu},\cdots,\widetilde{\lambda}$ の中に一致する組があると 0 であることは添字の対称性からあきらかである。$\widetilde{\mu}=1,\widetilde{\nu}=2,\cdots,\widetilde{\lambda}=N$ とすると（この場合は 0 ではなく）

> これは間違い
> $$\widetilde{\epsilon}_{12\cdots N} = \epsilon_{\mu\nu\cdots\lambda}\left(\mathbf{M}^{-1}\right)^{\mu}{}_{1}\left(\mathbf{M}^{-1}\right)^{\nu}{}_{2}\cdots\left(\mathbf{M}^{-1}\right)^{\lambda}{}_{N}$$

となる。右辺は行列 $\mathbf{M}^{-1}$ の行列式そのものであるから、一般に 1 ではない（Levi-Civita 記号の定義からすると 1 であってほしい）。

そこで、ϵ は座標変換の際には $\det \mathbf{M}$ が掛かる変換

$$\widetilde{\epsilon}^{(-1)}_{\widetilde{\mu}\widetilde{\nu}\cdots\widetilde{\lambda}} = \det \mathbf{M} \, \epsilon^{(-1)}_{\mu\nu\cdots\lambda} (\mathbf{M}^{-1})^{\mu}{}_{\widetilde{\mu}} (\mathbf{M}^{-1})^{\nu}{}_{\widetilde{\nu}} \cdots (\mathbf{M}^{-1})^{\lambda}{}_{\widetilde{\lambda}} \tag{B.63}$$

を受ける量だとする[†15]。ここで、「座標変換の際に $(\det \mathbf{M})^{-n}$ が掛かる変換」を受ける量を「ウェイト n のテンソル密度」と呼ぶことにする。ここでの $\epsilon^{(-1)}_{\mu\nu\cdots\lambda}$ はウェイト -1 である。このことを表現するため、ϵ の上に (-1) をつけた。

こうして、「ウェイト -1 のテンソル密度」として定義された $\epsilon^{(-1)}_{\mu\nu\cdots\lambda}$ は Lorentz 変換に対して不変であるという面白い性質を持つ。すべて上付きの添字を持つ Levi-Civita 記号 $\epsilon^{\mu\nu\cdots\lambda}_{(1)}$ を定義することもできるが、こちらはウェイト 1 の密度量すなわち、「$(\det \mathbf{M})^{-1}$ が掛かる変換」を受ける量である。$\epsilon^{\mu\nu\cdots\lambda}_{(1)}$ を変換するときは $\mathbf{M}^{-1}$ ではなく $\mathbf{M}$ が N 個掛けられるので、最後に $\det \mathbf{M}$ で割らなくてはいけない。

B.3.5　4次元の Levi-Civita 記号

4次元時空の場合について、上付きと下付き、二つの Levi-Civita 記号を説明しておこう。

──── 4次元の Levi-Civita 記号（上付き）────

$$\epsilon^{\mu\nu\rho\lambda}_{(1)} = \begin{cases} 1 & \mu,\nu,\rho,\lambda\,\text{が}\,0,1,2,3\,\text{の偶置換} \\ -1 & \mu,\nu,\rho,\lambda\,\text{が}\,0,1,2,3\,\text{の奇置換} \\ 0 & \text{それ以外} \end{cases} \tag{B.64}$$

──── 4次元の Levi-Civita 記号（下付き）────

$$\epsilon^{(-1)}_{\mu\nu\rho\lambda} = \begin{cases} 1 & \mu,\nu,\rho,\lambda\,\text{が}\,0,1,2,3\,\text{の偶置換} \\ -1 & \mu,\nu,\rho,\lambda\,\text{が}\,0,1,2,3\,\text{の奇置換} \\ 0 & \text{それ以外} \end{cases} \tag{B.65}$$

この二つの関係は

$$\epsilon^{\mu\nu\rho\lambda}_{(1)} \eta_{\mu\alpha} \eta_{\nu\beta} \eta_{\rho\tau} \eta_{\lambda\sigma} = -\epsilon^{(-1)}_{\alpha\beta\tau\sigma} \tag{B.66}$$

であることに注意しよう[†16]。すなわち、$\epsilon_{(1)}$ の添字を下げた結果は $\epsilon^{(-1)}$ ではなく、その逆符号である。これは4次元時空では奇数回 $\eta_{\mu\nu}$ にマイナス符号が現れることに依っている。

[†15] この変換をすれば、直交座標→極座標のような変換でも ϵ が不変になるので便利だ。
[†16] μ,ν,ρ,λ に $0,1,2,3$ を、α,β,τ,σ にも $0,1,2,3$ を代入すると、両辺が -1 になってこの式が成り立つ。

付録 C

練習問題のヒントと解答

C.1 ヒント

【問い 2-1】のヒント .... (問題は p21、解答は p320)

フリーフォールの静止系の座標を $\widetilde{y}$ とすれば $\boxed{\widetilde{y} = y + \dfrac{1}{2}gt^2}$ が成立する。

【問い 2-2】のヒント .... (問題は p25、解答は p320)

補助線は、右図のように引く。$\boxed{\widetilde{x} = \mathrm{AB} + \mathrm{DE},\ \widetilde{y} = \mathrm{AO} - \mathrm{AC}}$ である。

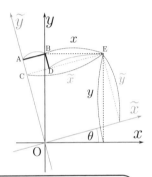

【問い 3-1】のヒント .... (問題は p40、解答は p321)

---- Stokesの定理 ----

任意のベクトル場 $\vec{V}$ に対し
$$\int_S \mathrm{d}\vec{S} \cdot \mathrm{rot}\ \vec{V} = \oint_{\partial S} \mathrm{d}\vec{x} \cdot \vec{V} \qquad (\mathrm{C.1})$$

が成り立つ。ただし左辺の積分はある面積 S の面積積分で、右辺の積分はその面積の境界線（記号 ∂S）上の線積分である。

【問い 3-2】のヒント .... (問題は p41、解答は p321)

パラメータが λ から $\lambda + \mathrm{d}\lambda$ までの微小区間の動きをまず考える。微小時間 $\mathrm{d}t$ の間に $\vec{x}_{回路}(\lambda, t)$ にあった回路の一部が $\vec{x}_{回路}(\lambda, t + \mathrm{d}t)$ に移動したと考えると、回路のこの部分は $\dfrac{\partial \vec{x}_{回路}(\lambda, t)}{\partial t}$ の速度を持つ。この場所にあった仮想電子の受ける力は、$-e\dfrac{\partial \vec{x}_{回路}(\lambda, t)}{\partial t} \times \vec{B}(\vec{x}_{回路}(\lambda, t))$ である。電子を $\vec{x}_{回路}(\lambda, t)$ から $\vec{x}_{回路}(\lambda + \mathrm{d}\lambda, t)$ へと仮想的に移動させると、移動の変位は $\dfrac{\partial \vec{x}_{回路}(\lambda, t)}{\partial \lambda}\mathrm{d}\lambda$ と考えていいので、

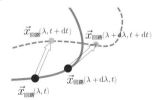

磁場が荷電粒子に対してする仕事は $-e\left(\dfrac{\partial \vec{x}_{回路}(\lambda, t)}{\partial t} \times \vec{B}(\vec{x}_{回路}(\lambda, t))\right) \cdot \dfrac{\partial \vec{x}_{回路}(\lambda, t)}{\partial \lambda}\mathrm{d}\lambda$ である。この

仕事はベクトルの公式 $(\vec{A}\times\vec{B})\cdot\vec{C}=(\vec{C}\times\vec{A})\cdot\vec{B}$ を使うと

$$-e\left(\frac{\partial\vec{x}_{回路}(\lambda,t)}{\partial t}\times\vec{B}\left(\vec{x}_{回路}(\lambda,t)\right)\right)\cdot\frac{\partial\vec{x}_{回路}(\lambda,t)}{\partial\lambda}d\lambda$$

$$=-e\left(\frac{\partial\vec{x}_{回路}(\lambda,t)}{\partial\lambda}d\lambda\times\frac{\partial\vec{x}_{回路}(\lambda,t)}{\partial t}\right)\cdot\vec{B}\left(\vec{x}_{回路}(\lambda,t)\right) \tag{C.2}$$

と書き直すことができる。

この式に現れた外積に dt を掛けた量 $\frac{\partial\vec{x}_{回路}(\lambda,t)}{\partial\lambda}d\lambda\times\frac{\partial\vec{x}_{回路}(\lambda,t)}{\partial t}dt$ は、$\frac{\partial\vec{x}_{回路}(\lambda,t)}{\partial\lambda}d\lambda$ と $\frac{\partial\vec{x}_{回路}(\lambda,t)}{\partial t}dt$ という二つのベクトルの作る面積ベクトル（右の図の $d\vec{S}$）である。

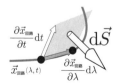

【問い3-3】のヒント .... (問題は p47、解答は p321)

$\boxed{\mathrm{rot}\,\vec{E}=-\frac{\partial\vec{B}}{\partial t}-(\vec{v}\cdot\vec{\nabla})\vec{B}}$ の rot を取ると、$\boxed{\mathrm{rot}\,(\mathrm{rot}\,\vec{E})=-\left(\frac{\partial}{\partial t}+\vec{v}\cdot\vec{\nabla}\right)\mathrm{rot}\,\vec{B}}$ と

なる。これと以下を使う。

$$\mathrm{rot}\,(\mathrm{rot}\,\vec{E})=-\triangle\vec{E}+\mathrm{grad}\,\underbrace{(\mathrm{div}\,\vec{E})}_{0} \tag{C.3}$$

$$\mathrm{rot}\,\vec{B}=\frac{1}{c^2}\frac{\partial\vec{E}}{\partial t}+\frac{1}{c^2}(\vec{v}\cdot\vec{\nabla})\vec{E} \tag{C.4}$$

【問い3-4】のヒント .... (問題は p52、解答は p322)

電流の次元を [I] とする。この力に関係しそうな変数は電荷 Q（次元 [IT]）、速度 v（次元 [LT^{-1}]）、距離 L（次元 [L]）、最後に真空の透磁率 μ_0（単位は N/A^2 なので、次元は [MLT^{-2}I^{-2}]）である。これから力（次元は [MLT^{-2}]）を作る。計算の最後で $\boxed{\mu_0=\frac{1}{\varepsilon_0 c^2}}$ を使う。

【問い4-3】のヒント .... (問題は p81、解答は p322)

光線の方程式 $\boxed{x=-ct+x_0}$ が

$\begin{cases}\text{電車の後端の世界線}\;\boxed{x=\beta ct}\\ \text{電車の先端の世界線}\;\boxed{x=\beta ct+\dfrac{L}{\gamma}}\end{cases}$ と交わる点を求め、x 座

標の差を計算する。

右側にいる場合は右のような図を描いて、今度は光線の方程式を $\boxed{x=ct+x_0}$ にして計算を実行する。

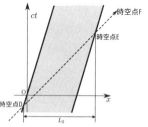

【問い5-1】のヒント .... (問題は p99、解答は p324)

$$\frac{u+v}{1+\frac{uv}{c^2}}-c=\frac{u+v-c-\frac{uv}{c}}{1+\frac{uv}{c^2}}\quad\text{と}\quad\frac{u+v}{1+\frac{uv}{c^2}}+c=\frac{u+v+c+\frac{uv}{c}}{1+\frac{uv}{c^2}} \tag{C.5}$$

を計算する。この式の分子は因数分解できる。

C.1 ヒント

【問い 5-3】のヒント .... (問題は p102、解答は p324)

一般方向の Lorentz 変換の式 (4.35) と (4.36) の逆変換の式で $\boxed{\vec{\beta} = \dfrac{1}{c}\vec{v}}$ として、
$$ct = \gamma_{(\vec{v})}\left(\widetilde{ct} + \frac{1}{c}\vec{v}\cdot\vec{\widetilde{x}}\right) \tag{C.6}$$
$$\vec{x} = \vec{v}\gamma_{(\vec{v})}\widetilde{t} + \vec{\widetilde{x}} + \frac{\gamma_{(\vec{v})}-1}{|\vec{v}|^2}\vec{v}(\vec{v}\cdot\vec{\widetilde{x}}) \tag{C.7}$$

という式を作る。これに $\boxed{\vec{\widetilde{x}} = \vec{u}\widetilde{t}}$ を代入しよう。

【問い 5-5】のヒント .... (問題は p108、解答は p325)

変換は以下の通り。
$$\overbrace{\widetilde{x} + \beta c\widetilde{t}}^{x} = -\overbrace{\widetilde{ct}}^{ct}\cos\theta, \qquad \overbrace{\widetilde{y}}^{y} = -\overbrace{\widetilde{ct}}^{ct}\sin\theta, \qquad \overbrace{\widetilde{z}}^{z} = 0 \tag{C.8}$$

【問い 6-1】のヒント .... (問題は p116、解答は p325)

$\boxed{x^2 - (ct)^2 = \text{正の一定値}}$ となるグラフを描けばよい。

【問い 6-2】のヒント .... (問題は p116、解答は p325)

不変な量は $\boxed{x^2 - (ct)^2 = L^2}$ だが、これは $\boxed{(x-ct)(x+ct) = L^2}$ と因数分解できる。
$\dfrac{1}{\sqrt{2}}(x \pm ct)$ は図上で「ここの長さ」と示すことができる量である。

【問い 6-5】のヒント .... (問題は p136、解答は p326)

【問い 6-4】の行列による変換を式で書くと $\boxed{\widetilde{ct} = \gamma(ct - \beta x), \;\; \widetilde{x} = \gamma(x - \beta ct), \;\; \widetilde{y} = y, \;\; \widetilde{z} = z}$
で、逆変換は $\boxed{ct = \gamma(\widetilde{ct} + \beta\widetilde{x}), \;\; x = \gamma(\widetilde{x} + \beta\widetilde{ct}), \;\; y = \widetilde{y}, \;\; z = \widetilde{z}}$ である。$\boxed{\dfrac{\partial}{\partial\widetilde{x}^\mu} = \dfrac{\partial x^\nu}{\partial\widetilde{x}^\mu}\dfrac{\partial}{\partial x^\nu}}$
を使って微分の変換則を作ればよい。

【問い 7-3】のヒント .... (問題は p149、解答は p327)

車とガレージの時空図を描いてみると次のようになる。

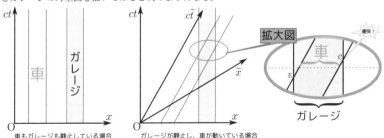

これを見るとガレージに車は入るように思われる。
一方、車が静止している系でグラフを描くと次ページの図になる。今度は車の方が"横幅"が大きいので、入らないように思われる。しかし、ここで「入らない」の意味をよく考えなくてはいけない。

車の先端がガレージの壁に衝突する事象は、図の時空点Cで起こる。また、車の後端がガレージに入ってしまうのは図の時空点Eである[†1]。CとEの時間順序は、ガレージ静止系と車静止系では逆になっている。CとEはspacelikeに離れているので、そうなることは別段不思議なことは無い。

ガレージ静止系で考えると「まず車がガレージに入った（E）後、壁にぶつかる（C）」が起こるが、車の静止系では「壁にぶつかった（C）後、車がガレージに入る（E）」が起こる（同時の相対性）。

ここで「CとEがspacelikeに離れている」ということがパラドックスを解く鍵なのである。spacelikeに離れているということは、光より速い信号（もちろん存在しない）を使わないかぎり、C（衝突）の情報はEまで伝わらない。

【問い8-1】のヒント..（問題はp160、解答はp328）

x^* 座標系での物体の速度 $\vec{V}$ の成分は速度の合成則により

$$\left(\frac{[\vec{u}]^x + v}{1 + \frac{[\vec{u}]^x v}{c^2}}, \quad [\vec{u}]^y \frac{\sqrt{1 - \frac{v^2}{c^2}}}{1 + \frac{[\vec{u}]^x v}{c^2}}, \quad [\vec{u}]^z \frac{\sqrt{1 - \frac{v^2}{c^2}}}{1 + \frac{[\vec{u}]^x v}{c^2}} \right) \tag{C.9}$$

と変化する。この速度の自乗を計算すると、

$$V^2 = \frac{([\vec{u}]^x + v)^2 + (([\vec{u}]^y)^2 + ([\vec{u}]^z)^2)\left(1 - \frac{v^2}{c^2}\right)}{\left(1 + \frac{[\vec{u}]^x v}{c^2}\right)^2} \tag{C.10}$$

になる。これに対応する $\sqrt{1 - \frac{V^2}{c^2}}$ を計算していく。

【問い9-1】のヒント..（問題はp197、解答はp328）

(9.36)の左辺を計算すると、行列での表現は以下の通り。
→ p197

$$+_{\text{一部略}} \begin{bmatrix} \partial_0 & \partial_x & \partial_y & \partial_z \end{bmatrix} \begin{bmatrix} 0 & [\vec{B}]^x & [\vec{B}]^y & [\vec{B}]^z \\ -[\vec{B}]^x & 0 & -[\vec{E}]^z/c & [\vec{E}]^y/c \\ -[\vec{B}]^y & [\vec{E}]^z/c & 0 & -[\vec{E}]^x/c \\ -[\vec{B}]^z & -[\vec{E}]^y/c & [\vec{E}]^x/c & 0 \end{bmatrix}$$

$$= +_{\text{一部略}} \Big[\underbrace{-\partial_i B^i}_{\text{div}\vec{B}} \quad \underbrace{\partial_0 [\vec{B}]^x + \partial_y [\vec{E}]^z/c - \partial_z [\vec{E}]^y/c}_{\frac{1}{c}\frac{\partial \vec{B}}{\partial t} + \text{rot}\vec{E}]^x} \quad \underbrace{\cdots}_{y, z \text{成分省略}} \Big] \tag{C.11}$$

【問い9-3】のヒント..（問題はp206、解答はp329）

$\frac{\partial \rho}{\partial t}$ を計算する時には、ρ に含まれるデルタ関数の微分が

$$\frac{\partial}{\partial t}\delta^3(\vec{x} - \vec{v}t) = \overbrace{\frac{\partial}{\partial t}\left(\delta(x - [\vec{v}]^x t)\delta(y - [\vec{v}]^y t)\delta(z - [\vec{v}]^z t) \right)} \tag{C.12}$$

[†1] CはClash（衝突）の頭文字、EはEnter（入る）の頭文字。

のように3箇所あるtをそれぞれ微分した三つの微分になる。それらにデルタ関数の微分の連鎖律 (B.37)から作られる式 $\boxed{\dfrac{\mathrm{d}}{\mathrm{d}t}\delta(x-at) = \underbrace{\dfrac{\mathrm{d}(x-at)}{\mathrm{d}t}}_{-a}\underbrace{\dfrac{\mathrm{d}}{\mathrm{d}(x-at)}\delta(x-at)}_{\delta'(x-at)} = -a\delta'(x-at)}$ を使うと

$$\begin{aligned}\dfrac{\partial}{\partial t}\delta^3(\vec{x}-\vec{v}t) = &-[\vec{v}]^x \delta'(x-[\vec{v}]^x t)\delta(y-[\vec{v}]^y t)\delta(z-[\vec{v}]^z t) \\ &+ \delta(x-[\vec{v}]^x t)\left(-[\vec{v}]^y \delta'(y-[\vec{v}]^y t)\right)\delta(z-[\vec{v}]^z t) \\ &+ \delta(x-[\vec{v}]^x t)\delta(y-[\vec{v}]^y t)\left(-[\vec{v}]^z \delta'(z-[\vec{v}]^z t)\right)\end{aligned} \tag{C.13}$$

【問い9-5】のヒント .... (問題はp216、解答はp330)

(9.100)をベクトルの式でまとめて

$$\vec{E} = [\vec{E}]^x \vec{e}_x + \gamma\left([\vec{E}]^y - v[\vec{B}]^z\right)\vec{e}_y + \gamma\left([\vec{E}]^z + v[\vec{B}]^y\right)\vec{e}_z \tag{C.14}$$

と書くと「$[\vec{B}]^z$の後ろに$\vec{e}_y$があったりして、変な式だな」と感じるだろう。しかし「vはx方向のベクトルを表すから$v\vec{e}_x$の形で式中に現れるべきだ」と考えると、

$$\vec{E} = [\vec{E}]^x \vec{e}_x + \gamma\Big([\vec{E}]^y \vec{e}_y + \overbrace{v\vec{e}_x \times [\vec{B}]^z \vec{e}_z}^{-v[\vec{B}]^z \vec{e}_y}\Big) + \gamma\Big([\vec{E}]^z \vec{e}_z + \overbrace{v\vec{e}_x \times [\vec{B}]^y \vec{e}_y}^{v[\vec{B}]^y \vec{e}_z}\Big) \tag{C.15}$$

と書くことができるとわかる(磁場の方も同様)。$[\vec{E}]^x \vec{e}_x + [\vec{E}]^y \vec{e}_y + [\vec{E}]^z \vec{e}_z$と$x,y,z$成分が揃うとまとめて$\vec{E}$に直せるので、その形にしていく。

【問い10-5】のヒント .... (問題はp255、解答はp334)

(10.29)より、$\boxed{T^{xy} = -\varepsilon_0 [\vec{E}]^x [\vec{E}]^y - \dfrac{1}{\mu_0}[\vec{B}]^x [\vec{B}]^y}$である($xz$成分も同様)。磁束密度は$\vec{0}$で、電場は(10.65)なのでこれを代入する。

【問い11-1】のヒント .... (問題はp274、解答はp334)

$\theta(x)$を微分すれば$\delta(x)$となることを使うと、(11.43)の二つの項をz微分とx微分を使って

$$\begin{aligned}&\dfrac{qv}{2\Delta x}\vec{e}_x \left(\theta(x-vt+\Delta x) - \theta(x-vt-\Delta x)\right)\delta(y)\dfrac{\partial}{\partial z}\left(\theta(z-\Delta z) - \theta(z+\Delta z)\right) \\ &-\dfrac{qv}{2\Delta x}\vec{e}_z \dfrac{\partial}{\partial x}\left(\theta(x-vt-\Delta x) - \theta(x-vt+\Delta x)\right)\delta(y)\left(\theta(z+\Delta z) - \theta(z-\Delta z)\right)\end{aligned} \tag{C.16}$$

のように表すことができる。これで一つにまとめられる。

【問い11-2】のヒント .... (問題はp276、解答はp334)

$\dfrac{1}{\varepsilon c^2}\vec{v}\times$ (11.53)+(11.54)を計算すると、$\vec{E}_\perp$が消去できる。計算の中で$\vec{A}$を任意のベクトルとして公式 $\boxed{\vec{v}\times\left(\vec{v}\times\vec{A}\right) = \vec{v}(\vec{v}\cdot\vec{A}) - v^2\vec{A}}$ を使うが、ここで出てくる$\vec{A}$は$\vec{H}_\perp, \vec{B}_\perp$なので、$\boxed{\vec{v}\cdot\vec{A} = 0}$であり、$\boxed{\vec{v}\times\left(\vec{v}\times\vec{A}\right) = -v^2\vec{A}}$としてよい。

【問い11-3】のヒント .... (問題はp282、解答はp335)

$\vec{x}$ の方向が $\theta=0$ の方向（直交座標でなら z 軸に対応）になるようにして極座標を取る。

極座標での積分は $\int \mathrm{d}^3\vec{k} \to \int_0^\infty \mathrm{d}k\ k^2 \int_0^\pi \mathrm{d}\theta \sin\theta \int_0^{2\pi} \mathrm{d}\phi$ のように置き換える。

【問い11-4】のヒント .... (問題はp286、解答はp335)

$$f(\tau) = x^0 - X^0_{\text{粒子}}(\tau) - \overbrace{\sqrt{\left(\vec{x}-\vec{X}_{\text{粒子}}(\tau)\right)\cdot\left(\vec{x}-\vec{X}_{\text{粒子}}(\tau)\right)}}^{|\vec{x}-\vec{X}_{\text{粒子}}(\tau)|}$$

としてこれを τ で微分する。必要なのは $\tau=\tau_{\text{源}}$ になる場所だけで、そのときには $x^\mu - X^\mu_{\text{粒子}}(\tau_{\text{源}})$ が光円錐条件を満たすことを使う。

【問い11-5】のヒント .... (問題はp289、解答はp336)

$$F_{\mu\nu} = \underbrace{+\frac{\mu_0 Qc}{4\pi\left(\ell_\lambda V^\lambda_{\text{源}}\right)^2}(\ell_\mu \alpha_{\text{源}\nu} - \ell_\nu \alpha_{\text{源}\mu})}_{K_1} - \underbrace{\frac{\mu_0 Qc}{4\pi}\frac{\left(+c^2 + \ell_\lambda \alpha^\lambda_{\text{源}}\right)}{\left(\ell_\lambda V^\lambda_{\text{源}}\right)^3}(\ell_\mu V_{\text{源}\nu} - \ell_\nu V_{\text{源}\mu})}_{K_2} \quad (\text{C.17})$$

と書き直す。K_1, K_2 は μ, ν に依らない部分であるから、$(\ell_\mu \alpha_{\text{源}\nu} - \ell_\nu \alpha_{\text{源}\mu})$ と $(\ell_\mu V_{\text{源}\nu} - \ell_\nu V_{\text{源}\mu})$ の $(\mu,\nu)=(i,0)$ 成分と $(\mu,\nu)=(j,k)$ 成分を比較するとよい。

$\ell_i V_{\text{源}0} - \ell_0 V_{\text{源}i} = -\ell^i V^0_{\text{源}} + \ell^0 V^i_{\text{源}}$ と、$\epsilon_{ijk}(\ell_j V_{\text{源}k} - \ell_k V_{\text{源}j}) = 2\epsilon_{ijk}\ell_j V_{\text{源}k} = 2\left[\vec{\ell}\times\vec{V}_{\text{源}}\right]^i$

を使う（$\alpha_{\text{源}}$ に関しても同様）。

【問い11-6】のヒント .... (問題はp290、解答はp336)

$V^*_{\text{源}}$ が $(c,\vec{0})$ という成分を持つ座標系に Lorentz 変換することができる。この系での $X^*_{\text{源}}$ が $(X^0,\vec{X})$ という成分を持っているとして計算しよう。

【問い11-7】のヒント .... (問題はp290、解答はp336)

$\ell^\nu \ell_\nu = 0$ なので、$F^{\text{放射}}_{\mu\nu}$ のうち、ℓ_ν に比例する部分は 0。

C.2 解答

【問い2-1】の解答 .... (問題はp21、ヒントはp315)

ヒントより、
$$\widetilde{y} = y + \frac{1}{2}gt^2 \quad (\text{微分})$$
$$\frac{\mathrm{d}\widetilde{y}}{\mathrm{d}t} = \frac{\mathrm{d}y}{\mathrm{d}t} + gt \quad (\text{微分})$$
$$\frac{\mathrm{d}^2\widetilde{y}}{\mathrm{d}t^2} = \frac{\mathrm{d}^2 y}{\mathrm{d}t^2} + g$$

となり運動方程式は $m\frac{\mathrm{d}^2\widetilde{y}}{\mathrm{d}t^2} = \underbrace{m\frac{\mathrm{d}^2 y}{\mathrm{d}t^2}}_{-mg} + mg = 0$

のように、重力が無くなったかのごとき方程式となる。

【問い2-2】の解答 .... (問題はp25、ヒントはp315)

ヒントより、AB=$y\sin\theta$, DE=$x\cos\theta$, AO=$y\cos\theta$, AC=$x\sin\theta$ を代入して、

$\widetilde{x} = x\cos\theta + y\sin\theta,\ \widetilde{y} = -x\sin\theta + y\cos\theta$ を得る。

C.2 解答

【問い 3-1】の解答 .... (問題は p40、ヒントは p315)

ヒントの Stokes の定理を電場 $\vec{E}$ に適用する。面積の境界線 ∂S を考えている回路に取る。

$$\int_{\text{回路が囲む面積}} d\vec{S} \cdot \text{rot}\,\vec{E} = \oint_{\text{回路}} d\vec{x} \cdot \vec{E} \tag{C.18}$$

となるが、$\boxed{\text{rot}\,\vec{E} = -\dfrac{\partial \vec{B}}{\partial t}}$ により、$\boxed{-\displaystyle\int_{\text{回路が囲む面積}} d\vec{S} \cdot \dfrac{\partial \vec{B}}{\partial t} = \oint_{\text{回路}} d\vec{x} \cdot \vec{E}}$ となる。右辺は単位電荷を回路を一周する移動をさせたときになされる仕事、つまり起電力である。左辺については $\boxed{\displaystyle\int_{\text{回路が囲む面積}} d\vec{S} \cdot \vec{B} = \Phi\,(\Phi \text{は回路を通る磁束})}$ の時間微分となるので $\boxed{V = -\dfrac{d\Phi}{dt}}$ がわかる。

【問い 3-2】の解答 .... (問題は p41、ヒントは p315)

ヒントより、パラメータ λ から $\lambda + d\lambda$ の部分については仮想的電子に対してされる仕事に dt を掛けた量が $-e$(面積ベクトル)$\cdot \vec{B}$ となることがわかった。ここの(面積ベクトル)はヒントに書いた 2 本のベクトルの外積であり、図で示せば $\dfrac{\partial \vec{x}_{\text{回路}}}{\partial t}dt$ と $\dfrac{\partial \vec{x}_{\text{回路}}}{\partial \lambda}d\lambda$ の $d\vec{S}$ である。起電力はこれを単位電荷あたりにしたものだから、$-e$ で割る。割り算の結果は「この微小部分の起電力 $\times dt$」であり、$d\vec{S} \cdot \vec{B}_{(\vec{x}_{\text{回路}}(\lambda,t))}$ となる。これはこの微小面積を通り抜ける磁束に等しい。

一周分($\boxed{\lambda=0}$ から $\boxed{\lambda=2\pi}$ まで)を足し上げる(積分する)と、「一周分の起電力 $\times dt$」は、右の図の(円筒をぐにゃっと歪ませたような立体の)側面の面積を通る磁束を計算していることになる。これは時刻 t で回路を通り抜けていた磁束と時刻 $t + dt$ で回路を通り抜けた磁束の差を取っていることになるから、$-d\Phi$ である[†2]。上で計算したのは「起電力 $\times dt$」だから、最後に dt で割ることにより起電力が $-\dfrac{d\Phi}{dt}$ だとわかる。

【問い 3-3】の解答 .... (問題は p47、ヒントは p316)

ヒントの計算の結果は $\boxed{-\triangle \vec{E} = -\dfrac{1}{c^2}\left(\dfrac{\partial}{\partial t} + \vec{v} \cdot \vec{\nabla}\right)^2 \vec{E}}$ となる。この方程式の解として平面波 $\boxed{\vec{E}_{(\vec{x},t)} = \vec{E}_0 e^{i(\vec{k} \cdot \vec{x} - \omega t)}}$ を仮定すると

$$|\vec{k}|^2 = \dfrac{1}{c^2}\left(\omega - \vec{v} \cdot \vec{k}\right)^2 \tag{C.19}$$

となって、$\boxed{\omega = \vec{v} \cdot \vec{k} \pm c|\vec{k}|}$ を満たす。波の位相速度は $\boxed{\dfrac{\omega}{|\vec{k}|} = \vec{v} \cdot \left(\dfrac{\vec{k}}{|\vec{k}|}\right) \pm c}$ となる。左辺は正で $\boxed{|\vec{v}| < c}$ なので複号は $+$ を取り、$\boxed{\dfrac{\omega}{|\vec{k}|} = \vec{v} \cdot \left(\dfrac{\vec{k}}{|\vec{k}|}\right) + c}$ となる。$\vec{k}$ と $\vec{v}$ が同じ向きなら速度は $v + c$ に、逆なら $-v + c$ になる。$\vec{v}$ と $\vec{k}$ が直交する場合をのぞき、速度は c とは異なる。

[†2] マイナスがつくのは、これが「磁束の減少」に対応しているから。

【問い3-4】の解答..（問題はp52、ヒントはp316）

質量の次元を持つのは μ_0 だけなので μ_0 （次元は $[\mathrm{MLT^{-2}I^{-2}}]$）の1次式である。電流の次元 $[\mathrm{I}]$ を消すため Q^2（次元 $[\mathrm{I^2T^2}]$）を掛けると、$\mu_0 Q^2$ の次元が $[\mathrm{ML}]$ となる。時間の次元を $v^2[\mathrm{L^2T^{-2}}]$ を掛けて合わせると $\mu_0 Q^2 v^2$ の次元が $[\mathrm{ML^3T^{-2}}]$。L^2 で割って $\dfrac{\mu_0 Q^2 v^2}{L^2}$ が力の次元となる。ここで $\boxed{\mu_0 = \dfrac{1}{\varepsilon_0 c^2}}$ を使うと、$\dfrac{Q^2 v^2}{\varepsilon_0 c^2 L^2}$ となり、静電気力 $\dfrac{Q^2}{4\pi\varepsilon_0 (2L)^2}$ の $\dfrac{v^2}{c^2}$ 倍（定数を除く）である。

【問い4-1】の解答..（問題はp77）

代入の結果は
$$A_{(v)}\overbrace{(x - \beta ct)}^{\widetilde{x}} + B_{(v)}\overbrace{(ct - \beta x)}^{\widetilde{ct}} = 一定$$
$$(A_{(v)} - \beta B_{(v)})x + (B_{(v)} - \beta A_{(v)})ct = 一定 \tag{C.20}$$

となるが、この式が $\boxed{x + ct = 一定}$ とならなくてはいけないから、
$$A_{(v)} - \beta B_{(v)} = B_{(v)} - \beta A_{(v)}$$
$$A_{(v)}(1 + \beta) = B_{(v)}(1 + \beta) \tag{C.21}$$

となって（$\boxed{1 + \beta \neq 0}$ なので）$\boxed{A_{(v)} = B_{(v)}}$ がわかる。

【問い4-2】の解答..（問題はp78）

そのまま代入して、
$$\widetilde{x} = A_{(v)}\left(A_{(-v)}\overbrace{(\widetilde{x} + \beta\widetilde{ct})}^{x} - \beta A_{(-v)}\overbrace{(\widetilde{ct} + \beta\widetilde{x})}^{ct}\right)$$
$$\widetilde{x} = A_{(v)}A_{(-v)}(1 - \beta^2)\widetilde{x} \tag{C.22}$$

なので、$\boxed{A_{(v)}A_{(-v)} = \dfrac{1}{1 - \beta^2}}$ となる。$\boxed{A_{(v)} = A_{(-v)}}$ を仮定すれば、$\boxed{A_{(v)} = \dfrac{1}{\sqrt{1 - \beta^2}}}$ がわかる（複号は $\boxed{A_{(0)} = 1}$ を満たすように＋を選ぶ）。結果として逆 Lorentz 変換は以下の通りとなる。

$$\begin{aligned}x &= \gamma(\widetilde{x} + \beta\widetilde{ct}) \\ ct &= \gamma(\widetilde{ct} + \beta\widetilde{x})\end{aligned} \tag{C.23}$$

【問い4-3】の解答..（問題はp81、ヒントはp316）

光線の式から $\boxed{ct = x_0 - x}$ となるのでこれを代入し、先端では $\boxed{x = \beta(x_0 - x)}$ より $\boxed{x = \dfrac{\beta}{1 + \beta}x_0}$ で、後端では $\boxed{x = \beta(x_0 - x) + \dfrac{L}{\gamma}}$ より $\boxed{x = \dfrac{\beta}{1 + \beta}x_0 + \dfrac{L}{(1 + \beta)\gamma}}$。差は

$$L_1 = \dfrac{L}{(1 + \beta)\gamma} = L\dfrac{\sqrt{1 - \beta^2}}{1 + \beta} = L\sqrt{\dfrac{1 - \beta}{1 + \beta}} \;\; < \sqrt{1 - \beta^2} \tag{C.24}$$

となる。つまり Lorentz 短縮よりもさらに短くなる。

右から観測した場合は光線の方程式が $ct = x - x_0$ に変わり、その後は同様に計算して

$$L_2 = \frac{L}{(1-\beta)\gamma} = L\frac{\sqrt{1-\beta^2}}{1-\beta} = L\sqrt{\frac{1+\beta}{1-\beta}} > 1 \tag{C.25}$$

となり、むしろ長くなる。「Lorentz 短縮して短く見える」という考えは実は正しくない。

【問い 4-4】の解答 .... (問題は p92)

(1)
$$c\widetilde{t} = \gamma(ct - \beta\vec{\mathbf{e}}_{\widetilde{x}} \cdot \vec{x}) \tag{C.26}$$

$$\vec{\mathbf{e}}_{\widetilde{x}} \cdot \vec{\widetilde{x}} = \gamma(\vec{\mathbf{e}}_{\widetilde{x}} \cdot \vec{x} - \beta ct), \quad \vec{\mathbf{e}}_{\widetilde{y}} \cdot \vec{\widetilde{x}} = \vec{\mathbf{e}}_{\widetilde{y}} \cdot \vec{x}, \quad \vec{\mathbf{e}}_{\widetilde{z}} \cdot \vec{\widetilde{x}} = \vec{\mathbf{e}}_{\widetilde{z}} \cdot \vec{x} \tag{C.27}$$

この時点で (C.26) に $\vec{\mathbf{e}}_{\widetilde{x}} = \frac{1}{\beta}\vec{\beta}$ を代入すれば $c\widetilde{t} = \gamma(ct - \vec{\beta} \cdot \vec{x})$ は出る。

(2)
$$\vec{\widetilde{x}} = (\vec{\mathbf{e}}_{\widetilde{x}} \cdot \vec{\widetilde{x}})\vec{\mathbf{e}}_{\widetilde{x}} + (\vec{\mathbf{e}}_{\widetilde{y}} \cdot \vec{\widetilde{x}})\vec{\mathbf{e}}_{\widetilde{y}} + (\vec{\mathbf{e}}_{\widetilde{z}} \cdot \vec{\widetilde{x}})\vec{\mathbf{e}}_{\widetilde{z}}$$

$$= \gamma(\vec{\mathbf{e}}_{\widetilde{x}} \cdot \vec{x} - \beta ct)\vec{\mathbf{e}}_{\widetilde{x}} + (\vec{\mathbf{e}}_{\widetilde{y}} \cdot \vec{x})\vec{\mathbf{e}}_{\widetilde{y}} + (\vec{\mathbf{e}}_{\widetilde{z}} \cdot \vec{x})\vec{\mathbf{e}}_{\widetilde{z}}$$

$$\underbrace{\gamma(\vec{\mathbf{e}}_{\widetilde{x}} \cdot \vec{x})\vec{\mathbf{e}}_{\widetilde{x}}}_{}$$

$$= \underbrace{(\gamma-1)(\vec{\mathbf{e}}_{\widetilde{x}} \cdot \vec{x})\vec{\mathbf{e}}_{\widetilde{x}} + (\vec{\mathbf{e}}_{\widetilde{x}} \cdot \vec{x})\vec{\mathbf{e}}_{\widetilde{x}}}_{\text{これと、}} - \beta\gamma ct\vec{\mathbf{e}}_{\widetilde{x}} + \underbrace{(\vec{\mathbf{e}}_{\widetilde{y}} \cdot \vec{x})\vec{\mathbf{e}}_{\widetilde{y}} + (\vec{\mathbf{e}}_{\widetilde{z}} \cdot \vec{x})\vec{\mathbf{e}}_{\widetilde{z}}}_{\text{これを足すと}\vec{x}}$$

$$= \vec{x} - \beta\gamma ct\vec{\mathbf{e}}_{\widetilde{x}} + (\gamma-1)(\vec{\mathbf{e}}_{\widetilde{x}} \cdot \vec{x})\vec{\mathbf{e}}_{\widetilde{x}} \tag{C.28}$$

(3)
$$\vec{\widetilde{x}} = \vec{x} + \frac{\gamma-1}{\beta^2}(\vec{\beta} \cdot \vec{x})\vec{\beta} - \gamma ct\vec{\beta} \tag{C.29}$$

【問い 4-5】の解答 .... (問題は p92)

$$\widetilde{x} = x - \beta ct \tag{C.30}$$
$$c\widetilde{t} = ct - \beta x \tag{C.31}$$

を逆に解く。(C.30)+$\beta \times$(C.31) を計算すると、

$$\widetilde{x} + \beta c\widetilde{t} = x - \beta^2 x \tag{C.32}$$

となる。同様に ct の方も計算して、

$$x = \frac{1}{1-\beta^2}\left(\widetilde{x} + \beta c\widetilde{t}\right) \tag{C.33}$$
$$ct = \frac{1}{1-\beta^2}\left(c\widetilde{t} + \beta\widetilde{x}\right) \tag{C.34}$$

が逆変換となる。

【問い 4-6】の解答 .... (問題は p93)

(1) $\begin{aligned}\vec{\widetilde{x}} &= \vec{x} - \vec{v}t \\ \widetilde{t} &= t\end{aligned}$ の鏡像反転は $\begin{aligned}-\vec{\widetilde{x}} &= -\vec{x} - \vec{v}t \\ \widetilde{t} &= t\end{aligned}$ となる。また、時間反転は $\begin{aligned}\vec{\widetilde{x}} &= \vec{x} + \vec{v}t \\ -\widetilde{t} &= -t\end{aligned}$ となる。どちらも、$\begin{aligned}\vec{\widetilde{x}} &= \vec{x} - \vec{v}t \\ \widetilde{t} &= t\end{aligned}$ を $\begin{aligned}\vec{\widetilde{x}} &= \vec{x} + \vec{v}t \\ \widetilde{t} &= t\end{aligned}$ にする変換である。

(2) $\begin{aligned}\vec{\widetilde{x}} &= \vec{x} - \vec{v}t \\ \widetilde{t} &= t\end{aligned}$ に $\begin{aligned}\vec{x} &= \vec{\widetilde{x}} + \vec{v}\widetilde{t} \\ t &= \widetilde{t}\end{aligned}$ を代入すると、確かに $\begin{aligned}\vec{\widetilde{x}} &= \vec{\widetilde{x}} \\ \widetilde{t} &= \widetilde{t}\end{aligned}$ になる。

【問い 5-1】の解答 .... (問題は p99、ヒントは p316)

ヒントより、

$$\frac{u+v}{1+\frac{uv}{c^2}} - c = \frac{c(u+v) - c^2 - uv}{c + \frac{uv}{c}} = -\frac{(c-u)(c-v)}{c + \frac{uv}{c}} \tag{C.35}$$

と因数分解できて、$\boxed{\begin{array}{c} u < c \\ v < c \end{array}}$ ならこれは負。$\boxed{\dfrac{u+v}{1+\frac{uv}{c^2}} < c}$。同様に

$$\frac{u+v}{1+\frac{uv}{c^2}} + c = \frac{c(u+v) + c^2 + uv}{c + \frac{uv}{c}} = \frac{(c+u)(c+v)}{c + \frac{uv}{c}} \tag{C.36}$$

と因数分解できて、$\boxed{\begin{array}{c} -c < u \\ -c < v \end{array}}$ ならこれは正。$\boxed{-c < \dfrac{u+v}{1+\frac{uv}{c^2}}}$。

【問い 5-2】の解答 .... (問題は p100)

まず $\widetilde{\widetilde{x}}$ を x,t で表すと

$$\widetilde{\widetilde{x}} = \frac{1}{\sqrt{1-(\beta_2)^2}} \left(\overbrace{\frac{1}{\sqrt{1-(\beta_1)^2}}(x - \beta_1 ct)}^{\widetilde{x}} - \beta_2 \overbrace{\frac{1}{\sqrt{1-(\beta_1)^2}}(ct - \beta_1 x)}^{c\widetilde{t}} \right)$$

$$= \frac{1}{\sqrt{1-(\beta_2)^2}\sqrt{1-(\beta_1)^2}} \left((1+\beta_1\beta_2)x - (\beta_1+\beta_2)ct\right)$$

$$= \frac{1+\beta_1\beta_2}{\sqrt{1-(\beta_2)^2}\sqrt{1-(\beta_1)^2}} \left(x - \frac{\beta_1+\beta_2}{1+\beta_1\beta_2}ct \right) \tag{C.37}$$

になる。この式が $\boxed{\dfrac{速度}{c} = \beta_3 = \dfrac{\beta_1+\beta_2}{1+\beta_1\beta_2}}$ の Lorentz 変換になるためには、前についた因子 $\dfrac{1+\beta_1\beta_2}{\sqrt{1-(\beta_2)^2}\sqrt{1-(\beta_1)^2}}$ が速度 β_3 に対する γ 因子 $\dfrac{1}{\sqrt{1-(\beta_3)^2}}$ に一致すればよい。計算すると、

$$\frac{1}{\sqrt{1-(\beta_3)^2}} = \frac{1}{\sqrt{1 - \left(\frac{\beta_1+\beta_2}{1+\beta_1\beta_2}\right)^2}} = \frac{1+\beta_1\beta_2}{\sqrt{(1+\beta_1\beta_2)^2 - (\beta_1+\beta_2)^2}}$$

$$= \frac{1+\beta_1\beta_2}{\sqrt{1 + 2\beta_1\beta_2 + (\beta_1)^2(\beta_2)^2 - (\beta_1)^2 - 2\beta_1\beta_2 - (\beta_2)^2}}$$

$$= \frac{1+\beta_1\beta_2}{\sqrt{1 + (\beta_1)^2(\beta_2)^2 - (\beta_1)^2 - (\beta_2)^2}} = \frac{1+\beta_1\beta_2}{\sqrt{(1-(\beta_1)^2)(1-(\beta_2)^2)}} \tag{C.38}$$

となり一致する。$c\widetilde{t}$ に関しても同様の計算。

【問い 5-3】の解答 .... (問題は p102、ヒントは p317)

ヒントの (C.6) と (C.7) に $\boxed{\vec{\widetilde{x}} = \vec{u}\widetilde{t}}$ を代入すると、$\boxed{\begin{aligned} ct &= \gamma(\vec{v})\left(c\widetilde{t} + \frac{1}{c}(\vec{v}\cdot\vec{u})\widetilde{t}\right) \\ \vec{x} &= \vec{v}\gamma(\vec{v})\widetilde{t} + \vec{u}\widetilde{t} + \frac{\gamma(\vec{v})-1}{|\vec{v}|^2}\vec{v}(\vec{v}\cdot\vec{u})\widetilde{t} \end{aligned}}$ と

なり、下の式を上の式で割って $\boxed{\dfrac{\vec{x}}{ct} = \dfrac{\vec{v}\gamma(\vec{v}) + \vec{u} + \dfrac{\gamma(\vec{v})-1}{|\vec{v}|^2}\vec{v}(\vec{v}\cdot\vec{u})}{\gamma(\vec{v})\left(c + \dfrac{\vec{v}\cdot\vec{u}}{c}\right)}}$ となり、(5.12) を得る。

C.2 解答   325

【問い5-4】の解答..（問題はp107）

$$\overbrace{\left(-\frac{\cos\theta+\beta}{1+\beta\cos\theta}c\widetilde{t}\right)^2}^{\widetilde{x}^2}+\overbrace{\left(-\frac{\sqrt{1-\beta^2}\sin\theta}{1+\beta\cos\theta}c\widetilde{t}\right)^2}^{\widetilde{y}^2}+\overbrace{0^2}^{\widetilde{z}^2}$$

$$=(c\widetilde{t})^2\left(\frac{\cos^2\theta+2\beta\cos\theta+\beta^2}{(1+\beta\cos\theta)^2}+\frac{1-\beta^2}{(1+\beta\cos\theta)^2}\sin^2\theta\right)$$

$$=(c\widetilde{t})^2\left(\frac{\overbrace{\cos^2\theta+\sin^2\theta}^{1}+2\beta\cos\theta+\beta^2\overbrace{(1-\sin^2\theta)}^{\cos^2\theta}}{(1+\beta\cos\theta)^2}\right)=(c\widetilde{t})^2 \quad (C.39)$$

【問い5-5】の解答..（問題はp108、ヒントはp317）

$\boxed{\tan\widetilde{\theta}=\frac{\widetilde{y}}{\widetilde{x}}=\frac{\sin\theta}{\beta+\cos\theta}}$ となる。因子 $\sqrt{1-\beta^2}$ がない分だけ、(5.23) とは違う。

光行差という現象自体はどちらの変換でも起きる。地球の公転速度 $\boxed{\text{約30 km/s}\simeq 10^{-4}c}$ に対しては

$\boxed{\sqrt{1-10^{-8}}\simeq 1-\frac{1}{2}\times 10^{-8}}$ 倍という、小さな違いしかない。

【問い6-1】の解答...................（問題はp116、ヒントはp317）

図としては双曲線になる。$\boxed{x^2-(ct)^2=L^2}$ として描くと右の図のようになる。$\boxed{ct=0}$ のとき $\boxed{x=\pm L}$ で、ct が x 軸から離れるとともに $|x|$ が増加していくグラフになっている。

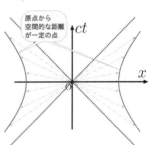

【問い6-2】の解答...................（問題はp116、ヒントはp317）

ヒントに書いた $\frac{1}{\sqrt{2}}(x\pm ct)$ は右のグラフの45度の傾きを持った線の長さである。この二つの積は図に描いた斜め45度の長方形の面積である。それは $\boxed{\frac{1}{\sqrt{2}}(x+ct)\times\frac{1}{\sqrt{2}}(x-ct)=\frac{L^2}{2}}$

となって一定となる。グラフ上の、この長方形の面積が4次元距離の自乗に比例した量になっていて、この曲線上では一定である。

【問い6-3】の解答............................（問題はp116）

$\boxed{c\widetilde{t}=\gamma(ct-\beta x)}$ だが、$\boxed{\gamma>0}$ だから $\widetilde{t}$ の正負は $ct-\beta x$ の正負で決まる。timelike なら、$\boxed{|x|<|ct|}$ である。

$\boxed{-1<\beta<1}$ だから、$\boxed{|x|<|ct|}$ の小さい方である $|x|$ に $|\beta|$ を掛けても不等号の向きは変わらず $\boxed{|\beta x|<|ct|}$ である。絶対値が小さい量を足したり引いたりしても、符号は変わらないから、ct の正負と $ct-\beta x$ の正負は変わらない。

【問い6-4】の解答.. (問題は p136)

(1)
$$\begin{bmatrix} -1 & 0 & 0 & 0 \\ 0 & 1 & 0 & 0 \\ 0 & 0 & 1 & 0 \\ 0 & 0 & 0 & 1 \end{bmatrix} \begin{bmatrix} \gamma & -\beta\gamma & 0 & 0 \\ -\beta\gamma & \gamma & 0 & 0 \\ 0 & 0 & 1 & 0 \\ 0 & 0 & 0 & 1 \end{bmatrix} \begin{bmatrix} -1 & 0 & 0 & 0 \\ 0 & 1 & 0 & 0 \\ 0 & 0 & 1 & 0 \\ 0 & 0 & 0 & 1 \end{bmatrix} = \begin{bmatrix} \gamma & \beta\gamma & 0 & 0 \\ \beta\gamma & \gamma & 0 & 0 \\ 0 & 0 & 1 & 0 \\ 0 & 0 & 0 & 1 \end{bmatrix} \quad (C.40)$$

(2)
$$\begin{bmatrix} \gamma & \beta\gamma & 0 & 0 \\ \beta\gamma & \gamma & 0 & 0 \\ 0 & 0 & 1 & 0 \\ 0 & 0 & 0 & 1 \end{bmatrix} \begin{bmatrix} \gamma & -\beta\gamma & 0 & 0 \\ -\beta\gamma & \gamma & 0 & 0 \\ 0 & 0 & 1 & 0 \\ 0 & 0 & 0 & 1 \end{bmatrix} = \begin{bmatrix} \gamma^2(1-\beta^2) & 0 & 0 & 0 \\ 0 & \gamma^2(1-\beta^2) & 0 & 0 \\ 0 & 0 & 1 & 0 \\ 0 & 0 & 0 & 1 \end{bmatrix} = \mathbf{I} \quad (C.41)$$

【問い6-5】の解答.. (問題は p136、ヒントは p317)

(1)
$$\frac{\partial}{\partial(c\widetilde{t})} = \frac{\partial\overbrace{\left(\gamma(c\widetilde{t}+\beta\widetilde{x})\right)}^{ct}}{\partial(c\widetilde{t})} \frac{\partial}{\partial(ct)} + \frac{\partial\overbrace{\left(\gamma(\widetilde{x}+\beta c\widetilde{t})\right)}^{x}}{\partial(c\widetilde{t})} \frac{\partial}{\partial x} = \gamma\frac{\partial}{\partial(ct)} + \beta\gamma\frac{\partial}{\partial x} \quad (C.42)$$

$$\frac{\partial}{\partial\widetilde{x}} = \frac{\partial\overbrace{\left(\gamma(c\widetilde{t}+\beta\widetilde{x})\right)}^{ct}}{\partial\widetilde{x}} \frac{\partial}{\partial(ct)} + \frac{\partial\overbrace{\left(\gamma(\widetilde{x}+\beta c\widetilde{t})\right)}^{x}}{\partial\widetilde{x}} \frac{\partial}{\partial x} = \beta\gamma\frac{\partial}{\partial(ct)} + \gamma\frac{\partial}{\partial x} \quad (C.43)$$

$$\frac{\partial}{\partial\widetilde{y}} = \frac{\partial}{\partial y}, \quad \frac{\partial}{\partial\widetilde{z}} = \frac{\partial}{\partial z} \quad (C.44)$$

$$\begin{bmatrix} \dfrac{\partial}{\partial(c\widetilde{t})} \\ \dfrac{\partial}{\partial\widetilde{x}} \\ \dfrac{\partial}{\partial\widetilde{y}} \\ \dfrac{\partial}{\partial\widetilde{z}} \end{bmatrix} = \begin{bmatrix} \gamma & \beta\gamma & 0 & 0 \\ \beta\gamma & \gamma & 0 & 0 \\ 0 & 0 & 1 & 0 \\ 0 & 0 & 0 & 1 \end{bmatrix} \begin{bmatrix} \dfrac{\partial}{\partial(ct)} \\ \dfrac{\partial}{\partial x} \\ \dfrac{\partial}{\partial y} \\ \dfrac{\partial}{\partial z} \end{bmatrix} \quad (C.45)$$

(2)
$$\underbrace{\frac{\partial}{\partial(c\widetilde{t})}}_{\left(\gamma\frac{\partial}{\partial(ct)} + \beta\gamma\frac{\partial}{\partial x}\right)} \overbrace{(\gamma(ct-\beta x))}^{c\widetilde{t}} = \gamma^2 - \beta^2\gamma^2 = 1 \quad (C.46)$$

$$\underbrace{\frac{\partial}{\partial(c\widetilde{t})}}_{\left(\gamma\frac{\partial}{\partial(ct)} + \beta\gamma\frac{\partial}{\partial x}\right)} \overbrace{(\gamma(x-\beta ct))}^{\widetilde{x}} = -\beta\gamma^2 + \beta\gamma^2 = 0 \quad (C.47)$$

$$\underbrace{\frac{\partial}{\partial\widetilde{x}}}_{\left(\beta\gamma\frac{\partial}{\partial(ct)} + \gamma\frac{\partial}{\partial x}\right)} \overbrace{(\gamma(ct-\beta x))}^{c\widetilde{t}} = \beta\gamma^2 - \beta\gamma^2 = 0 \quad (C.48)$$

$$\underbrace{\frac{\partial}{\partial\widetilde{x}}}_{\left(\beta\gamma\frac{\partial}{\partial(ct)} + \gamma\frac{\partial}{\partial x}\right)} \overbrace{(\gamma(x-\beta ct))}^{\widetilde{x}} = -\beta^2\gamma^2 + \gamma^2 = 1 \quad (C.49)$$

C.2 解答

【問い 7-1】の解答 .... (問題は p140)

$\boxed{O \to B}$ が垂直になるように図を描き直すと右のようになる。この図では兄の同時刻線は水平なので、B 点と C 点が同じ水平線上にある。この図では見かけ上 $\boxed{OB < OC}$ (これは間違い) に見えるが、4次元距離で考えればもちろん $\boxed{OB > OC}$ である。

【問い 7-2】の解答 .... (問題は p147)

$$
\begin{array}{lll}
\text{ロケット } A \text{ の加速前} & \gamma(\underbrace{\tilde{x} + \beta c\tilde{t}}_{x}) = 0 & \text{より } \tilde{x} = -\beta c\tilde{t} \quad (\text{C.50}) \\[6pt]
\text{ロケット } B \text{ の加速前} & \gamma(\underbrace{\tilde{x} + \beta c\tilde{t}}_{x}) = L & \text{より } \tilde{x} = \dfrac{L}{\gamma} - \beta c\tilde{t} \quad (\text{C.51}) \\[6pt]
\text{ロケット } A \text{ の加速後} & \gamma(\tilde{x} + \beta c\tilde{t}) = \beta\gamma(\underbrace{c\tilde{t} + \beta \tilde{x}}_{ct}) & \text{より } \tilde{x} = 0 \quad (\text{C.52}) \\
& \text{相殺} & \\[6pt]
\text{ロケット } B \text{ の加速後} & \gamma(\tilde{x} + \beta c\tilde{t}) = L + \beta\gamma(c\tilde{t} + \beta \tilde{x}) & \text{より } \tilde{x} = \dfrac{L}{\gamma} + \beta^2 \tilde{x} \\
& & (1 - \beta^2)\tilde{x} = \dfrac{L}{\gamma} \\
& & \underbrace{}_{\frac{1}{\gamma^2}} \tilde{x} = L\gamma \quad (\text{C.53})
\end{array}
$$

となる。これを見ると $(c\tilde{t}, \tilde{x})$ 座標系では 2 台のロケットの世界線は、加速前は $\boxed{\dfrac{L}{\gamma} = L\sqrt{1 - \beta^2}}$ 離れていて、加速後は $L\gamma$ 離れていることがわかる。

【問い 7-3】の解答 .... (問題は p149、ヒントは p317)

次の図は、二つの系での衝突の時空図を並べたものである。

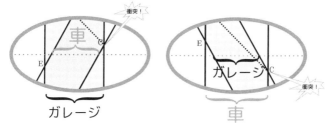

衝突(C)の情報が光速で伝わる様子を破線で描いている。この情報が伝わるまでは、

{ ガレージの静止系なら車は
{ 車の静止系ならガレージは   } 直前の運動を続ける。よってどちらにせよ車はガレージ内に入る。

ここまでは車とガレージが突き抜けるような図を描いていたが、実際には壁にぶつかった車はこわれて、壁と車の先端部分は一体となってしまうだろう。そのように図を描き直すと次のようになる。

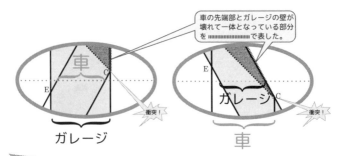

上の図で のように点々模様にした部分が「車が壊れたという情報が伝わり得る部分」である。

日常の「常識」に囚われていると、「ぶつかるとすぐ車はとまる」と思ってしまうので、右図のような間違った時空図を頭に思い描いてしまう。しかしこれは相対論的因果律から有り得ない状況なのである。
→ p103
実際のところ「車が壊れた」情報が伝わる速度は固体中の音速であるから、(日常生活的には速いが) 光速に比べればかなり遅い。

【問い8-1】の解答..(問題は p160、ヒントは p318)

ヒントの式で V^2 まで計算したので、まず $1 - \dfrac{V^2}{c^2}$ を計算すると、

$$\frac{c^2\left(1+\frac{[\vec{u}]^x v}{c^2}\right)^2 - ([\vec{u}]^x + v)^2 - (([\vec{u}]^y)^2 + ([\vec{u}]^z)^2)\left(1-\frac{v^2}{c^2}\right)}{c^2\left(1+\frac{[\vec{u}]^x v}{c^2}\right)^2}$$

$$= \frac{c^2 + 2[\vec{u}]^x v + \left(\frac{[\vec{u}]^x v}{c}\right)^2 - v^2 - 2[\vec{u}]^x v - ([\vec{u}]^x)^2 - (([\vec{u}]^y)^2 + ([\vec{u}]^z)^2)\left(1-\frac{v^2}{c^2}\right)}{c^2\left(1+\frac{[\vec{u}]^x v}{c^2}\right)^2}$$

$$= \frac{c^2 - v^2 - \overbrace{\left(([\vec{u}]^x)^2 + ([\vec{u}]^y)^2 + ([\vec{u}]^z)^2\right)}^{u^2}\left(1-\frac{v^2}{c^2}\right)}{c^2\left(1+\frac{[\vec{u}]^x v}{c^2}\right)^2} = \frac{\left(1-\frac{u^2}{c^2}\right)\left(1-\frac{v^2}{c^2}\right)}{\left(1+\frac{[\vec{u}]^x v}{c^2}\right)^2}$$

(C.54)

となるので、$\boxed{\vec{f}'^i = \dfrac{\sqrt{1-\frac{u^2}{c^2}}\sqrt{1-\frac{v^2}{c^2}}}{1+\frac{[\vec{u}]^x v}{c^2}} F^i}$ となる。

【問い9-1】の解答..(問題は p197、ヒントは p318)

ヒントより、磁荷がある場合の (9.36) の左辺は
→ p197

$$+_{-\text{般}A^\mu}\left[-\text{div}\,\vec{B} \quad \frac{1}{c}\frac{\partial \vec{B}}{\partial t} + \text{rot}\vec{E}\Big|^x \quad *\quad *\atop{y,z\text{成分省略}}\right] = +_{-\text{般}A^\mu}\left[-\rho_{磁} \quad -\frac{1}{c}[\vec{j}_{磁}]^x \quad -\frac{1}{c}[\vec{j}_{磁}]^y \quad -\frac{1}{c}[\vec{j}_{磁}]^z\right]$$

(C.55)

となる。ゆえに $\boxed{c\rho_{磁} = j_{磁}^0}$ として、$\boxed{\partial_\mu {}^*F^{\mu\nu} = -\dfrac{1}{c}j_{磁}^\nu}_{+\text{前}A^\mu}$ となる。

C.2 解答

【問い9-2】の解答.. (問題は p202)

新しい座標系を $\boxed{\bar{x} = \gamma_{(V)}\left(x - \dfrac{V}{c}ct\right), c\bar{t} = \gamma_{(V)}\left(ct - \dfrac{V}{c}x\right)}$ として

$$\begin{aligned}\bar{\rho}(\bar{x}^*) &= \gamma_{(V)}\left(\rho - \frac{V}{c^2}j^1\right) = Q\gamma_{(V)}\left(1 - \frac{Vv}{c^2}\right)\delta\Big(\overbrace{\gamma_{(V)}(\bar{x} + V\bar{t})}^{x} - v\overbrace{\gamma_{(V)}\left(\bar{t} + \frac{V}{c^2}\bar{x}\right)}^{t}\Big)\delta(\bar{y})\delta(\bar{z})\\ &= Q\gamma_{(V)}\left(1 - \frac{Vv}{c^2}\right)\delta\Big(\underbrace{\gamma_{(V)}}_{\delta関数の外に}\left((\bar{x} + V\bar{t}) - v\left(\bar{t} + \frac{V}{c^2}\bar{x}\right)\right)\Big)\delta(\bar{y})\delta(\bar{z})\\ &= Q\left(1 - \frac{Vv}{c^2}\right)\delta\Big(\underbrace{\left(1 - \frac{Vv}{c^2}\right)}_{\leftarrow \delta関数の外に}\bar{x} + (V - v)\bar{t}\Big)\delta(\bar{y})\delta(\bar{z}) = Q\delta\left(\bar{x} - \frac{v - V}{1 - \frac{Vv}{c^2}}\bar{t}\right)\delta(\bar{y})\delta(\bar{z})\end{aligned}$$ (C.56)

となる。これはつまり、$\dfrac{v - V}{1 - \frac{Vv}{c^2}}$ で運動する電荷の電荷密度である。速度の合成則からして、これは正しい。電流密度は、$\boxed{\bar{j}^{\bar{1}}(\bar{x}^*) = \gamma_{(V)}\left(j^1(x^*) - V\rho(x^*)\right)}$ を使って計算することにより、同様に、

$$\begin{aligned}\bar{j}^{\bar{1}}(\bar{x}^*) &= Q\gamma_{(V)}(v - V)\delta\Big(\overbrace{\gamma_{(V)}(\bar{x} + V\bar{t})}^{x} - v\overbrace{\gamma_{(V)}\left(\bar{t} + \frac{V}{c^2}\bar{x}\right)}^{t}\Big)\delta(\bar{y})\delta(\bar{z})\\ &= Q\frac{v - V}{1 - \frac{Vv}{c^2}}\delta\left(\bar{x} - \frac{v - V}{1 - \frac{Vv}{c^2}}\bar{t}\right)\delta(\bar{y})\delta(\bar{z})\end{aligned}$$ (C.57)

を得る。これは合成速度 $\dfrac{v - V}{1 - \frac{Vv}{c^2}}$ で運動する電荷の電流密度である。

【問い9-3】の解答... (問題は p206、ヒントは p318)

ヒントの(C.13)より、
→ p319

$$\begin{aligned}\frac{\partial \rho}{\partial t} = &-Q\lfloor\vec{v}\rfloor^x \delta'(x - \lfloor\vec{v}\rfloor^x t)\delta(y - \lfloor\vec{v}\rfloor^y t)\delta(z - \lfloor\vec{v}\rfloor^z t)\\ &-Q\lfloor\vec{v}\rfloor^y \delta(x - \lfloor\vec{v}\rfloor^x t)\delta'(y - \lfloor\vec{v}\rfloor^y t)\delta(z - \lfloor\vec{v}\rfloor^z t)\\ &-Q\lfloor\vec{v}\rfloor^z \delta(x - \lfloor\vec{v}\rfloor^x t)\delta(y - \lfloor\vec{v}\rfloor^y t)\delta'(z - \lfloor\vec{v}\rfloor^z t)\\ = &-Q\left(\lfloor\vec{v}\rfloor^x\frac{\partial}{\partial x} + \lfloor\vec{v}\rfloor^y\frac{\partial}{\partial y} + \lfloor\vec{v}\rfloor^z\frac{\partial}{\partial z}\right)\delta(x - \lfloor\vec{v}\rfloor^x t)\delta(y - \lfloor\vec{v}\rfloor^y t)\delta(z - \lfloor\vec{v}\rfloor^z t)\end{aligned}$$ (C.58)

となる[†3]が、(9.45)を見ると、この式の右辺は $-\partial_i j^i$ である。
→ p201

【問い9-4】の解答.. (問題は p216)

x 成分に関しては自明。y 成分に関して $\lfloor\vec{\bar{E}}\rfloor^{\bar{y}} + v\lfloor\vec{\bar{B}}\rfloor^{\bar{z}}$ を計算すると、

$$\lfloor\vec{\bar{E}}\rfloor^{\bar{y}} + v\lfloor\vec{\bar{B}}\rfloor^{\bar{z}} = \gamma\left(\lfloor\vec{E}\rfloor^y - v\lfloor\vec{B}\rfloor^z\right) + v\gamma\left(\lfloor\vec{B}\rfloor^z - \frac{v}{c^2}\lfloor\vec{E}\rfloor^y\right) = \gamma\underbrace{\left(1 - \frac{v^2}{c^2}\right)}_{1/\gamma}\lfloor\vec{E}\rfloor^y$$

[†3] $\delta'(X)$ の意味は $\dfrac{\mathrm{d}}{\mathrm{d}X}\delta(X)$ なので $\delta'(x - \lfloor\vec{v}\rfloor^x t)$ は「$\delta(x - \lfloor\vec{v}\rfloor^x t)$ の変数 $(x - \lfloor\vec{v}\rfloor^x t)$ による微分」だが、x と $x - \lfloor\vec{v}\rfloor^x t$ は平行移動の差なので、$\dfrac{\partial}{\partial x}$ と $\dfrac{\partial}{\partial (x - \lfloor\vec{v}\rfloor^x t)}$ は同じである。y, z 成分も同様。

$$\gamma\left(\lfloor\vec{E}\rfloor^{\tilde{y}}+v\lfloor\vec{B}\rfloor^{\tilde{z}}\right)=\lfloor\vec{E}\rfloor^{y} \tag{C.59}$$

となって逆変換がわかる（z 成分も同様）。同様のことを磁束密度についても繰り返すとよい。

【問い 9-5】の解答 .... (問題は p216、ヒントは p319)

ヒントの(C.15)から、

$$\vec{E}=\overbrace{(1-\gamma)\lfloor\vec{E}\rfloor^{x}\vec{e}_{x}}^{\lfloor\vec{E}\rfloor^{x}\vec{e}_{x}}+\gamma\Bigg[\bigg(\underbrace{\lfloor\vec{E}\rfloor^{x}\vec{e}_{x}}_{\text{入れても0}}+\lfloor\vec{E}\rfloor^{y}\vec{e}_{y}+\lfloor\vec{E}\rfloor^{z}\vec{e}_{z}\bigg)$$
$$+v\vec{e}_{x}\times\bigg(\lfloor\vec{B}\rfloor^{x}\vec{e}_{x}+\lfloor\vec{B}\rfloor^{y}\vec{e}_{y}+\lfloor\vec{B}\rfloor^{z}\vec{e}_{z}\bigg)\Bigg] \tag{C.60}$$

のように変形する（$\vec{e}_x\times\vec{e}_x=\vec{0}$ なので、$\vec{e}_x\times$ の後ろに $\lfloor\vec{B}\rfloor^x\vec{e}_x$ を付け加えても結果は変わらないことに注意）。さらに $\lfloor\vec{E}\rfloor^x=\vec{e}_x\cdot\vec{E}$ としたのち、$\vec{e}_x=\dfrac{\vec{v}}{v}$ と置き換えれば

$$\vec{E}=(1-\gamma)\dfrac{1}{v}\overbrace{\left(\vec{v}\cdot\vec{E}\right)}^{\lfloor\vec{E}\rfloor^{x}}\overbrace{\dfrac{\vec{v}}{v}}^{\vec{e}_{x}}+\gamma\left[\vec{E}+v\vec{e}_{x}\times\vec{B}\right] \tag{C.61}$$

となり、(9.101)の電場の部分を得る（磁場に関しても同様である）。

【問い 9-6】の解答 .... (問題は p216)

(9.101)に $\vec{E}=\vec{E}_{\parallel}+\vec{E}_{\perp},\ \vec{B}=\vec{B}_{\parallel}+\vec{B}_{\perp}$ を代入すると、

$$\begin{aligned}\vec{\tilde{E}}_{\parallel}+\vec{\tilde{E}}_{\perp}&=\dfrac{1-\gamma}{v^{2}}\left(\vec{v}\cdot\left(\vec{E}_{\parallel}+\vec{E}_{\perp}\right)\right)\vec{v}+\gamma\left(\vec{E}_{\parallel}+\vec{E}_{\perp}+\vec{v}\times\left(\vec{B}_{\parallel}+\vec{B}_{\perp}\right)\right)\\ \vec{\tilde{B}}_{\parallel}+\vec{\tilde{B}}_{\perp}&=\dfrac{1-\gamma}{v^{2}}(\vec{v}\cdot\left(\vec{B}_{\parallel}+\vec{B}_{\perp}\right))\vec{v}+\gamma\left(\vec{B}_{\parallel}+\vec{B}_{\perp}-\dfrac{1}{c^{2}}\vec{v}\times\left(\vec{E}_{\parallel}+\vec{E}_{\perp}\right)\right)\end{aligned} \tag{C.62}$$

となる（内積を取ると⊥成分が、外積を取ると∥成分が消える）。$\vec{v}$ に垂直な成分を取り出せば

$$\vec{\tilde{E}}_{\perp}=\gamma\left(\vec{E}_{\perp}+\vec{v}\times\vec{B}_{\perp}\right),\quad\vec{\tilde{B}}_{\perp}=\gamma\left(\vec{B}_{\perp}-\dfrac{1}{c^{2}}\vec{v}\times\vec{E}_{\perp}\right) \tag{C.63}$$

となり、$\vec{v}$ に平行な成分を取り出せば

$$\vec{\tilde{E}}_{\parallel}=\dfrac{1-\gamma}{v^{2}}\left(\vec{v}\cdot\vec{E}_{\parallel}\right)\vec{v}+\gamma\vec{E}_{\parallel},\quad\vec{\tilde{B}}_{\parallel}=\dfrac{1-\gamma}{v^{2}}(\vec{v}\cdot\vec{B}_{\parallel})\vec{v}+\gamma\vec{B}_{\parallel} \tag{C.64}$$

となる。ここで、$\vec{v}$ と $\vec{E}_{\parallel}$ は平行なので、$\vec{v}\cdot\vec{E}_{\parallel}=v|\vec{E}_{\parallel}|$ であり、$|\vec{E}_{\parallel}|\vec{v}=v\vec{E}_{\parallel}$ が成り立つ（磁場に関しても同様）。これから $\dfrac{1}{v^{2}}(\vec{v}\cdot\vec{E}_{\parallel})\vec{v}=\vec{E}_{\parallel}$ と置けるので、以下がわかる。

$$\vec{\tilde{E}}_{\parallel}=\vec{E}_{\parallel},\quad\vec{\tilde{B}}_{\parallel}=\vec{B}_{\parallel} \tag{C.65}$$

C.2 解答

【問い 9-7】の解答.. (問題は p218)

$$\vec{E}^{\ x} = +\underbrace{c\,(\partial_0 A_1 - \partial_1 A_0)}_{-\text{成分}}$$
$$= \frac{-Q\beta\gamma \times \left(-\frac{1}{2}\right) \times (-2\beta)\gamma^2(x-\beta ct)}{4\pi\varepsilon_0 \left(\gamma^2(x-\beta ct)^2 + y^2 + z^2\right)^{\frac{3}{2}}} - \frac{Q\gamma \times \left(-\frac{1}{2}\right) \times 2\gamma^2(x-\beta ct)}{4\pi\varepsilon_0 \left(\gamma^2(x-\beta ct)^2 + y^2 + z^2\right)^{\frac{3}{2}}}$$

$$= \frac{Q\gamma^3\underbrace{\left(1-\beta^2\right)}_{\gamma^{-2}}(x-\beta ct)}{4\pi\varepsilon_0 \left(\gamma^2(x-\beta ct)^2 + y^2 + z^2\right)^{\frac{3}{2}}} = \frac{Q\gamma(x-\beta ct)}{4\pi\varepsilon_0 \widetilde{r}^3} \tag{C.66}$$

$$\vec{E}^{\ y} = +\underbrace{c\,(\partial_0 A_2 - \partial_2 A_0)}_{-\text{成分}} = \frac{-Q\gamma \times \left(-\frac{1}{2}\right) 2y}{4\pi\varepsilon_0 \left(\gamma^2(x-\beta ct)^2 + y^2 + z^2\right)^{\frac{3}{2}}} = \frac{Q\gamma y}{4\pi\varepsilon_0 \widetilde{r}^3} \tag{C.67}$$

$$\vec{E}^{\ z} = +\underbrace{c\,(\partial_0 A_3 - \partial_3 A_0)}_{-\text{成分}} = \frac{-Q\gamma \times \left(-\frac{1}{2}\right) 2z}{4\pi\varepsilon_0 \left(\gamma^2(x-\beta ct)^2 + y^2 + z^2\right)^{\frac{3}{2}}} = \frac{Q\gamma z}{4\pi\varepsilon_0 \widetilde{r}^3} \tag{C.68}$$

$$\vec{B}^{\ x} = +\underbrace{(\partial_2 A_3 - \partial_3 A_2)}_{+\text{成分}} = 0 \tag{C.69}$$

$$\vec{B}^{\ y} = -\underbrace{(\partial_3 A_1 - \partial_1 A_3)}_{+\text{成分}} = \frac{Q\beta\gamma \times \left(-\frac{1}{2}\right) \times 2z}{4\pi\varepsilon_0 c\left(\gamma^2(x-\beta ct)^2 + y^2 + z^2\right)^{\frac{3}{2}}} = \frac{-Q\beta\gamma z}{4\pi\varepsilon_0 c\widetilde{r}^3} \tag{C.70}$$

$$\vec{B}^{\ z} = -\underbrace{(\partial_1 A_2 - \partial_2 A_1)}_{+\text{成分}} = \frac{-Q\beta\gamma \times \left(-\frac{1}{2}\right) \times 2y}{4\pi\varepsilon_0 c\left(\gamma^2(x-\beta ct)^2 + y^2 + z^2\right)^{\frac{3}{2}}} = \frac{Q\beta\gamma y}{4\pi\varepsilon_0 c\widetilde{r}^3} \tag{C.71}$$

【問い 9-8】の解答.. (問題は p222)
まず div $\vec{E}$ を計算してみよう。外側、すなわち $\boxed{r > R}$ では

$$\frac{\partial}{\partial y}\Big(\overbrace{\beta c\gamma \frac{\mu_0 I}{2\pi r^2}y}^{\vec{E}^{\,y}}\Big) + \frac{\partial}{\partial z}\Big(\overbrace{\beta c\gamma \frac{\mu_0 I}{2\pi r^2}z}^{\vec{E}^{\,z}}\Big)$$
$$= \beta c\gamma \frac{\mu_0 I}{2\pi}\left(-y \times \frac{2y}{(y^2+z^2)^2} + \frac{1}{y^2+z^2} - z \times \frac{2z}{(y^2+z^2)^2} + \frac{1}{y^2+z^2}\right)$$
$$= \beta c\gamma \frac{\mu_0 I}{2\pi}\left(-2 \times \frac{y^2+z^2}{(y^2+z^2)^2} + \frac{2}{y^2+z^2}\right) = 0 \tag{C.72}$$

となって 0 である。内側、すなわち $\boxed{r \leq R}$ では

$$\frac{\partial}{\partial y}\Big(\overbrace{\beta c\gamma \frac{\mu_0 I}{2\pi R^2}x}^{\vec{E}^{\,y}}\Big) + \frac{\partial}{\partial z}\Big(\overbrace{\beta c\gamma \frac{\mu_0 I}{2\pi R^2}y}^{\vec{E}^{\,z}}\Big) = \beta c\gamma \frac{\mu_0 I}{2\pi R^2} \times 2 = \beta c\gamma \frac{\mu_0 I}{\pi R^2} \tag{C.73}$$

となる。これは、(9.119)を $c\varepsilon_0$ で割った
$\scriptstyle\to\text{p221}$

$$\frac{\rho}{\varepsilon_0} = \frac{\beta\gamma}{\varepsilon_0 c}\frac{I}{\pi R^2}\theta_{(r-R)} \tag{C.74}$$

に一致する（$\boxed{\varepsilon_0\mu_0 = \frac{1}{c^2}}$ より、$\boxed{c\mu_0 = \frac{1}{\varepsilon_0 c}}$ である）。

次にrotである。$\boxed{\text{rot}\,\vec{E}}^y = \partial_z \boxed{\vec{E}}^x - \partial_x \boxed{\vec{E}}^z$ だが、$\boxed{\vec{E}}^x$ は0だし $\boxed{\vec{E}}^z$ は x に依存しないのでこれは0。同様に $\boxed{\text{rot}\,\vec{E}}^z$ も 0。計算すべきは x 成分で、$\boxed{r > R}$ では

$$\begin{aligned}\left[\text{rot}\,\vec{E}\right]^x &= \partial_y \overbrace{\left(v\gamma \frac{\mu_0 I}{2\pi r^2} z\right)}^{[\vec{E}]^z} - \partial_z \overbrace{\left(v\gamma \frac{\mu_0 I}{2\pi r^2} y\right)}^{[\vec{E}]^y} \\ &= v\gamma \frac{\mu_0 I}{2\pi}\left(\partial_y\left(\frac{1}{r^2}\right)z - \partial_z\left(\frac{1}{r^2}\right)y\right) = v\gamma\frac{\mu_0 I}{2\pi}\left(\underbrace{\frac{-2}{r^3}\frac{\partial r}{\partial y}}_{\frac{y}{r}}z - \underbrace{\frac{-2}{r^3}\frac{\partial r}{\partial z}}_{\frac{z}{r}}y\right) = 0\end{aligned} \quad (\text{C.75})$$

$\boxed{r \leq R}$ では

$$\left[\text{rot}\,\vec{E}\right]^x = \partial_y \overbrace{\left(v\gamma\frac{\mu_0 I}{2\pi R^2}z\right)}^{[\vec{E}]^z} - \partial_z \overbrace{\left(v\gamma\frac{\mu_0 I}{2\pi R^2}y\right)}^{[\vec{E}]^y} = 0 \quad (\text{C.76})$$

【問い10-1】の解答 .... (問題は p237)

括弧内を計算しよう。

$$\partial_\alpha \overbrace{(\partial_\nu A_\beta - \partial_\beta A_\nu)}^{F_{\nu\beta}} - \frac{1}{2}\partial_\nu \overbrace{(\partial_\alpha A_\beta - \partial_\beta A_\alpha)}^{F_{\alpha\beta}} = \frac{1}{2}\partial_\alpha \partial_\nu A_\beta - \partial_\alpha \partial_\beta A_\nu + \frac{1}{2}\partial_\nu \partial_\beta A_\alpha \quad (\text{C.77})$$

この答は $\boxed{\alpha \leftrightarrow \beta}$ の交換で対称なので、後ろにある $F^{\alpha\beta}$ と縮約を取ると消える。

【問い10-2】の解答 .... (問題は p240)

$$\begin{aligned}T^{11} &\underset{一時}{=} + \frac{1}{\mu_0} F^1{}_\lambda F^{1\lambda} - \frac{1}{4\mu_0} F_{\alpha\beta} F^{\alpha\beta} \\ &= \frac{1}{\mu_0}\Big(-\underbrace{F^{10}F^{10}}_{([\vec{E}]^x/c)^2} + \underbrace{F^{12}F^{12}}_{([\vec{B}]^z)^2} + \underbrace{F^{13}F^{13}}_{([\vec{B}]^y)^2}\Big) + \frac{\varepsilon_0}{2}|\vec{E}|^2 - \frac{1}{2\mu_0}|\vec{B}|^2 \\ &= \frac{\varepsilon_0}{2}\left[-\left([\vec{E}]^x\right)^2 + \left([\vec{E}]^y\right)^2 + \left([\vec{E}]^z\right)^2\right] + \frac{1}{2\mu_0}\left[-\left([\vec{B}]^x\right)^2 + \left([\vec{B}]^y\right)^2 + \left([\vec{B}]^z\right)^2\right]\end{aligned} \quad (\text{C.78})$$

となり、同様に、

$$T^{22} = \frac{\varepsilon_0}{2}\left[\left([\vec{E}]^x\right)^2 - \left([\vec{E}]^y\right)^2 + \left([\vec{E}]^z\right)^2\right] + \frac{1}{2\mu_0}\left[\left([\vec{B}]^x\right)^2 - \left([\vec{B}]^y\right)^2 + \left([\vec{B}]^z\right)^2\right] \quad (\text{C.79})$$

$$T^{33} = \frac{\varepsilon_0}{2}\left[\left([\vec{E}]^x\right)^2 + \left([\vec{E}]^y\right)^2 - \left([\vec{E}]^z\right)^2\right] + \frac{1}{2\mu_0}\left[\left([\vec{B}]^x\right)^2 + \left([\vec{B}]^y\right)^2 - \left([\vec{B}]^z\right)^2\right] \quad (\text{C.80})$$

となる。つまり、T^{ii} は、T^{00} の、$([\vec{E}]^i)^2$ と $([\vec{B}]^i)^2$ の符号をひっくり返したものである。

$$T^{12} \underset{一時}{=} + \frac{1}{\mu_0} F^1{}_\lambda F^{2\lambda} = \frac{1}{\mu_0}\left(-F^{10}F^{20} + F^{13}F^{23}\right) = -\varepsilon_0 [\vec{E}]^x [\vec{E}]^y - \frac{1}{\mu_0}[\vec{B}]^x [\vec{B}]^y \quad (\text{C.81})$$

C.2 解答

同様にして以下を得る。

$$\boxed{\begin{aligned} T^{13} &= -\varepsilon_0 \left[\vec{E}\right]^x \left[\vec{E}\right]^z - \frac{1}{\mu_0} \left[\vec{B}\right]^x \left[\vec{B}\right]^z \\ T^{23} &= -\varepsilon_0 \left[\vec{E}\right]^y \left[\vec{E}\right]^z - \frac{1}{\mu_0} \left[\vec{B}\right]^y \left[\vec{B}\right]^z \end{aligned}}$$

【問い 10-3】の解答 .... (問題は p240)

$$\overbrace{\partial_0 \left(\frac{1}{\mu_0 c} \left(\left[\vec{E}\right]^y \left[\vec{B}\right]^z - \left[\vec{E}\right]^z \left[\vec{B}\right]^y \right) \right)}^{T^{01}_{電磁}}$$

$$+ \partial_1 \overbrace{\left[\frac{\varepsilon_0}{2} \left\{ -\left(\left[\vec{E}\right]^x\right)^2 + \left(\left[\vec{E}\right]^y\right)^2 + \left(\left[\vec{E}\right]^z\right)^2 \right\} + \frac{1}{2\mu_0} \left\{ -\left(\left[\vec{B}\right]^x\right)^2 + \left(\left[\vec{B}\right]^y\right)^2 + \left(\left[\vec{B}\right]^z\right)^2 \right\} \right]}^{T^{11}_{電磁}}$$

$$+ \partial_2 \overbrace{\left(-\varepsilon_0 \left[\vec{E}\right]^x \left[\vec{E}\right]^y - \frac{1}{\mu_0} \left[\vec{B}\right]^x \left[\vec{B}\right]^y \right)}^{T^{12}_{電磁}} + \partial_3 \overbrace{\left(-\varepsilon_0 \left[\vec{E}\right]^x \left[\vec{E}\right]^z - \frac{1}{\mu_0} \left[\vec{B}\right]^x \left[\vec{B}\right]^z \right)}^{T^{13}_{電磁}} \quad \text{(C.82)}$$

第 1 項の時間微分が磁場の方に掛かった項を取り出す。$\boxed{\text{rot}\,\vec{E} = -\dfrac{\partial \vec{B}}{\partial t}}$ と $\boxed{\partial_0 = \dfrac{1}{c}\partial_t}$ を使って、

$$\frac{1}{\mu_0 c^2} \left(\left[\vec{E}\right]^y \partial_t \left[\vec{B}\right]^z - \left[\vec{E}\right]^z \partial_t \left[\vec{B}\right]^y \right)$$

$$= \varepsilon_0 \left(\left[\vec{E}\right]^y \overbrace{\left(-\partial_x \left[\vec{E}\right]^y + \partial_y \left[\vec{E}\right]^x\right)}^{\frac{\partial \vec{B}}{\partial t} = -\text{rot}\,\vec{E}^z} - \left[\vec{E}\right]^z \overbrace{\left(-\partial_z \left[\vec{E}\right]^x + \partial_x \left[\vec{E}\right]^z\right)}^{\frac{\partial \vec{B}}{\partial t} = -\text{rot}\,\vec{E}^y} \right)$$

$$= \frac{\varepsilon_0}{2} \partial_x \left(\left(\left[\vec{E}\right]^y\right)^2 + \left(\left[\vec{E}\right]^z\right)^2 \right) + \varepsilon_0 \left(\left[\vec{E}\right]^y \partial_y \left[\vec{E}\right]^x + \left[\vec{E}\right]^z \partial_z \left[\vec{E}\right]^x \right)$$

$$= \frac{\varepsilon_0}{2} \partial_x \left(\left(\left[\vec{E}\right]^y\right)^2 + \left(\left[\vec{E}\right]^z\right)^2 \right)$$

$$\quad + \varepsilon_0 \left(\partial_y \left(\left[\vec{E}\right]^y \left[\vec{E}\right]^x\right) + \partial_z \left(\left[\vec{E}\right]^z \left[\vec{E}\right]^x\right) - \underbrace{\left(\partial_y \left[\vec{E}\right]^y + \partial_z \left[\vec{E}\right]^z\right)}_{-\partial_x \left[\vec{E}\right]^x + \frac{\rho}{\varepsilon_0}} \left[\vec{E}\right]^x \right)$$

$$= \frac{\varepsilon_0}{2} \partial_x \left(-\left(\left[\vec{E}\right]^x\right)^2 + \left(\left[\vec{E}\right]^y\right)^2 + \left(\left[\vec{E}\right]^z\right)^2 \right) + \varepsilon_0 \left(\partial_y \left(\left[\vec{E}\right]^y \left[\vec{E}\right]^x\right) + \partial_z \left(\left[\vec{E}\right]^z \left[\vec{E}\right]^x\right) \right)$$

$$- \rho \left[\vec{E}\right]^x \quad \text{(C.83)}$$

となる。この式の最後の $-\rho \left[\vec{E}\right]^x$ 以外の項は、(C.82) の第 2 項、第 3 項、第 4 項の電場に関係する部分をちょうど打ち消す。ここまでの計算で

$$\partial_\mu T^{\mu 1}_{電磁} = -\rho \left[\vec{E}\right]^x + \varepsilon_0 \left(\partial_t \left[\vec{E}\right]^y \left[\vec{B}\right]^z - \partial_t \left[\vec{E}\right]^z \left[\vec{B}\right]^y \right)$$

$$+ \frac{1}{2\mu_0} \partial_1 \left(-\left(\left[\vec{B}\right]^x\right)^2 + \left(\left[\vec{B}\right]^y\right)^2 + \left(\left[\vec{B}\right]^z\right)^2 \right)$$

$$+ \partial_2 \left(-\frac{1}{\mu_0} \left[\vec{B}\right]^x \left[\vec{B}\right]^y \right) + \partial_3 \left(-\frac{1}{\mu_0} \left[\vec{B}\right]^x \left[\vec{B}\right]^z \right) \quad \text{(C.84)}$$

となるので、次に電場の時間微分を書き直していくと、同様に後ろの項との打消しが起こる。ただし、$\boxed{\partial_t \vec{E} = \dfrac{1}{\varepsilon_0 \mu_0}\,\mathrm{rot}\,\vec{B} - \dfrac{1}{\varepsilon_0}\vec{j}}$ に含まれる $-\dfrac{1}{\varepsilon_0}[\vec{j}]^{\,i}$ の部分だけは消えないので、

$$\partial_\mu T^{\mu 1}_{\text{電磁}} = -\rho\,[\vec{E}]^{\,x} - [\vec{j}]^{\,y}[\vec{B}]^{\,z} + [\vec{j}]^{\,z}[\vec{B}]^{\,y} \tag{C.85}$$

が結果である。これは(10.22)と同じで、(10.14)の右辺の $\boxed{\nu = 1}$ 成分である。
→ p238　　→ p235

【問い 10-4】の解答 .... (問題は p251)

$$\dfrac{\mathrm{d}}{\mathrm{d}\tau}(x^\mu P^\nu - x^\nu P^\mu) = \underbrace{\dfrac{\mathrm{d}x^\mu}{\mathrm{d}\tau}}_{\frac{P^\mu}{m}} P^\nu + x^\mu \dfrac{\mathrm{d}P^\nu}{\mathrm{d}\tau} - \underbrace{\dfrac{\mathrm{d}x^\nu}{\mathrm{d}\tau}}_{\frac{P^\nu}{m}} P^\mu - x^\nu \dfrac{\mathrm{d}P^\mu}{\mathrm{d}\tau} = x^\mu \dfrac{\mathrm{d}P^\nu}{\mathrm{d}\tau} - x^\nu \dfrac{\mathrm{d}P^\mu}{\mathrm{d}\tau} \tag{C.86}$$

より、$\boxed{N^{\mu\nu} = x^\mu F^\nu - x^\nu F^\mu}$。

【問い 10-5】の解答 .... (問題は p255、ヒントは p319)

xy 成分をまず計算する。ヒントより、$\boxed{T^{xy} = -\varepsilon_0\left(E_{外} + \dfrac{Qx}{4\pi\varepsilon_0 r^3}\right)\dfrac{Qy}{4\pi\varepsilon_0 r^3}}$ だが、これは y に関して奇関数なので、$\displaystyle\int_{-\infty}^{\infty}\mathrm{d}y$ と積分すれば0になる。xz 成分も同様である。

【問い 11-1】の解答 .... (問題は p274、ヒントは p319)

ヒントの(C.16)をまとめて、
→ p319

$$\dfrac{qv}{2\Delta x}\left(-\vec{e}_x \dfrac{\partial}{\partial z} + \vec{e}_z \dfrac{\partial}{\partial x}\right)(\theta(x - vt + \Delta x) - \theta(x - vt - \Delta x))\,\delta(y)\,(\theta(z + \Delta z) - \theta(z - \Delta z)) \tag{C.87}$$

と書くことができる[†4]。これは

$$\vec{M} = \dfrac{qv}{2\Delta x}(\theta(x - vt + \Delta x) - \theta(x - vt - \Delta x))\,\delta(y)\,(\theta(z + \Delta z) - \theta(z - \Delta z))\,\vec{e}_y \tag{C.88}$$

としたとき、$\boxed{\mathrm{rot}\,\vec{M} = -\vec{e}_x \dfrac{\partial [\vec{M}]^{\,y}}{\partial z} + \vec{e}_z \dfrac{\partial [\vec{M}]^{\,y}}{\partial x}}$ である。この式は

$$\vec{M} = qv(2\Delta z)\left(\dfrac{\theta(x - vt + \Delta x) - \theta(x - vt - \Delta x)}{2\Delta x}\right)\delta(y)\left(\dfrac{\theta(z + \Delta z) - \theta(z - \Delta z)}{2\Delta z}\right)\vec{e}_y \tag{C.89}$$

としてから極限を取れば(11.44) $\boxed{\vec{M} = q(2\Delta z)v\,\vec{e}_y\,\delta(x - vt)\delta(y)\delta(z)}$ となる。
→ p273

【問い 11-2】の解答 .... (問題は p276、ヒントは p319)

ヒントより、

$$\dfrac{1}{\varepsilon c^2}\left(\vec{v} \times \vec{D}_\perp + \dfrac{1}{c^2}\underbrace{\vec{v} \times (\vec{v} \times \vec{H}_\perp)}_{-v^2 \vec{H}_\perp}\right) + \mu\left(\vec{H}_\perp - \vec{v} \times \vec{D}_\perp\right)$$

[†4] 階段関数が、どちらも $\theta(?+\Delta?) - \theta(?-\Delta?)$ の形で出てくるようにしてまとめた。

$$= \frac{1}{c^2}\left(\vec{v}\times\vec{E}_\perp + \vec{v}\times\left(\vec{v}\times\vec{B}_\perp\right)\right) + \vec{B}_\perp - \frac{1}{c^2}\vec{v}\times\vec{E}_\perp \tag{C.90}$$

$$\underbrace{\phantom{\vec{v}\times(\vec{v}\times\vec{B}_\perp)}}_{-v^2\vec{B}_\perp}$$

となり、

$$\frac{1}{\varepsilon c^2}\left(\vec{v}\times\vec{D}_\perp - \frac{v^2}{c^2}\vec{H}_\perp\right) + \mu\left(\vec{H}_\perp - \vec{v}\times\vec{D}_\perp\right) = \underbrace{\left(1 - \frac{v^2}{c^2}\right)}_{\gamma^{-2}}\vec{B}_\perp \quad (\times\gamma^2)$$

$$\gamma^2\left(\left(\mu - \frac{1}{\varepsilon c^2}\frac{v^2}{c^2}\right)\vec{H}_\perp + \left(\frac{1}{\varepsilon c^2} - \mu\right)\vec{v}\times\vec{D}_\perp\right) = \vec{B}_\perp \tag{C.91}$$

が導かれる。

【問い 11-3】の解答 . . . . (問題は p282、ヒントは p320)

ヒントのように極座標を取ることにより、以下のように計算できる。

$$\frac{-\mathrm{i}}{2(2\pi)^3}\int_0^\infty \mathrm{d}k\, k\int_0^\pi \mathrm{d}\theta\, \sin\theta\int_0^{2\pi}\mathrm{d}\phi\,\left(\mathrm{e}^{-\mathrm{i}kx^0+\mathrm{i}k|\vec{x}|\cos\theta} - \mathrm{e}^{\mathrm{i}kx^0+\mathrm{i}k|\vec{x}|\cos\theta}\right)$$

$$= \frac{-\mathrm{i}}{2(2\pi)^2}\int_0^\infty \mathrm{d}k\, k\int_{-1}^1 \mathrm{d}s\,\left(\mathrm{e}^{-\mathrm{i}kx^0+\mathrm{i}k|\vec{x}|s} - \mathrm{e}^{\mathrm{i}kx^0+\mathrm{i}k|\vec{x}|s}\right) \quad (\text{置換 } s = \cos\theta)$$

$$= \frac{-\mathrm{i}}{2(2\pi)^2}\int_0^\infty \mathrm{d}k\, k\left[\frac{\mathrm{e}^{-\mathrm{i}kx^0+\mathrm{i}k|\vec{x}|s} - \mathrm{e}^{\mathrm{i}kx^0+\mathrm{i}k|\vec{x}|s}}{\mathrm{i}k|\vec{x}|}\right]_{-1}^1 \quad \substack{\text{積分変数を}\\ \text{置き換える部分}}$$

$$= \frac{-1}{2(2\pi)^2|\vec{x}|}\int_0^\infty \mathrm{d}k\,\left(\mathrm{e}^{-\mathrm{i}kx^0+\mathrm{i}k|\vec{x}|} - \mathrm{e}^{\mathrm{i}kx^0+\mathrm{i}k|\vec{x}|}\boxed{-\mathrm{e}^{-\mathrm{i}kx^0-\mathrm{i}k|\vec{x}|} + \mathrm{e}^{\mathrm{i}kx^0-\mathrm{i}k|\vec{x}|}}\right) \tag{C.92}$$

ここで、括弧内第3項と第4項の積分変数を $\boxed{k\to -k}$ と置き換える。するとこの部分に関しては積分範囲が $\boxed{(0,\infty)\to(0,-\infty)}$ に変更されるが、同時に $\boxed{\mathrm{d}k\to-\mathrm{d}k}$ の置き換えもあるので、さらに $\boxed{(0,-\infty)\to(-\infty,0)}$ と積分範囲を反転させて $-\mathrm{d}k$ の前の符号を消す。こうして計算を続けると、

$$\overset{\text{(C.92) の括弧内第3, 第4項から}}{= \frac{-1}{2(2\pi)^2|\vec{x}|}}\underbrace{\left(\int_0^\infty + \int_{-\infty}^0\right)}_{\int_{-\infty}^\infty}\mathrm{d}k\,\left(\mathrm{e}^{-\mathrm{i}kx^0+\mathrm{i}k|\vec{x}|} - \mathrm{e}^{\mathrm{i}kx^0+\mathrm{i}k|\vec{x}|}\right) \quad \left(\int_{-\infty}^\infty \mathrm{d}k\,\mathrm{e}^{\mathrm{i}kX} = 2\pi\delta(X)\right)$$

$$= -\frac{1}{4\pi|\vec{x}|}\left(\delta(x^0-|\vec{x}|) - \delta(x^0+|\vec{x}|)\right) \tag{C.93}$$

【問い 11-4】の解答 . . . . (問題は p286、ヒントは p320)

$$\frac{\mathrm{d}}{\mathrm{d}\tau}\left(x^0 - X^0_{\text{粒子}}(\tau) - \left|\vec{x}-\vec{X}_{\text{粒子}}(\tau)\right|\right) = -\underbrace{\frac{\mathrm{d}X^0_{\text{粒子}}(\tau)}{\mathrm{d}\tau}}_{V^0_{\text{粒子}}(\tau)} - \frac{1}{2}\frac{\frac{\mathrm{d}}{\mathrm{d}\tau}\left(\left(\vec{x}-\vec{X}_{\text{粒子}}(\tau)\right)\cdot\left(\vec{x}-\vec{X}_{\text{粒子}}(\tau)\right)\right)}{\sqrt{\left(\vec{x}-\vec{X}_{\text{粒子}}(\tau)\right)\cdot\left(\vec{x}-\vec{X}_{\text{粒子}}(\tau)\right)}}$$

$$\underbrace{}_{\sqrt{(\vec{x}-\vec{X}_{\text{粒子}}(\tau))\cdot(\vec{x}-\vec{X}_{\text{粒子}}(\tau))}}$$

$$= -V^0_{\text{粒子}}(\tau) - \frac{\left(\vec{x}-\vec{X}_{\text{粒子}}(\tau)\right)\cdot\frac{\mathrm{d}}{\mathrm{d}\tau}\left(\vec{x}-\vec{X}_{\text{粒子}}(\tau)\right)}{|\vec{x}-\vec{X}_{\text{粒子}}(\tau)|}$$

$$= \frac{-|\vec{x} - \vec{X}_{粒子}(\tau)|V^0_{粒子}(\tau) + \left(\vec{x} - \vec{X}_{粒子}(\tau)\right) \cdot \vec{V}_{粒子}(\tau)}{|\vec{x} - \vec{X}_{粒子}(\tau)|} \tag{C.94}$$

ここまで来たところで、$\boxed{\tau = \tau_{遅}(x^*)}$ を代入しよう。(C.94) の最後の式の分子第 1 項にある $|\vec{x} - \vec{X}_{粒子}(\tau)|$ は（最終結果では光円錐上の値しか残らないので）$\boxed{|\vec{x} - \vec{X}_{遅}(x^*)| = x^0 - X^0_{遅}(x^*)}$ に等しい。

以上から、(C.94) の最後の式の分子は $-(x^0 - X^0_{遅}(x^*))V^0_{遅}(x^*) + \left(\vec{x} - \vec{X}_{遅}(x^*)\right) \cdot \vec{V}_{遅}(x^*)$ となるが、これは 4 元ベクトルの内積の形で $+(x - X_{遅}(x^*))_\mu V^\mu_{遅}(x^*)$ とまとめることができる。よって、

$$\frac{d}{d\tau}\left(x^0 - X^0_{粒子}(\tau) - |\vec{x} - \vec{X}_{粒子}(\tau)|\right)\Big|_{\tau=\tau_{遅}} = \frac{+(x - X_{遅}(x^*))_\mu V^\mu_{遅}(x^*)}{|\vec{x} - \vec{X}_{遅}(x^*)|} \tag{C.95}$$

を得る。これは (11.82) である。
→ p286

【問い 11-5】の解答 .... (問題は p289、ヒントは p320)

ヒントより、K_1, K_2 を係数として、

$$\left[\vec{E}\right]^i = + cF_{i0} = + cK_1\left(-\left[\vec{\ell}\right]^i \alpha^0_{遅} + \ell^0 \left[\vec{\alpha}_{遅}\right]^i\right) + cK_2\left(-\left[\vec{\ell}\right]^i V^0_{遅} + \ell^0 \left[\vec{V}_{遅}\right]^i\right) \tag{C.96}$$

$$\left[\vec{B}\right]^i = +\frac{1}{2}\epsilon_{ijk}F_{jk} = + K_1 \left[\vec{\ell} \times \vec{\alpha}_{遅}\right]^i + K_2 \left[\vec{\ell} \times \vec{V}_{遅}\right]^i \tag{C.97}$$

と書くことができる。$\vec{\ell} \times \vec{E}$ を計算すると、$\vec{E}$ の中の $\vec{\ell}$ は消えて、

$$\vec{\ell} \times \vec{E} = + cK_1\left(\ell^0 \vec{\ell} \times \vec{\alpha}_{遅}\right) - cK_2\left(-\ell^0 \vec{\ell} \times \vec{V}_{遅}\right) = c\,\ell^0 \vec{B} \tag{C.98}$$

となり、ℓ^* が lightlike なので $\boxed{\ell^0 = |\vec{\ell}|}$ となり (11.97) $\boxed{\vec{B} = \frac{1}{c|\vec{\ell}|}\vec{\ell} \times \vec{E}}$ が導かれた。
→ p289

【問い 11-6】の解答 .... (問題は p290、ヒントは p320)

$\boxed{V^i_{遅} = 0}$ なので、この系では $F^{\text{Coul.}}_{ij}$ は 0 になる。$F^{\text{Coul.}}_{0i}$ $\left(= -\left[\vec{E}\right]^i/c\right)$ は

$$F^{\text{Coul.}}_{0i} = +\frac{\mu_0 Qc^3}{4\pi}\frac{\ell_0 V_{遅 i} - \left(+(x^i - X^i)\right)(-c)}{\left(-\ell^0 c\right)^3} = -\frac{\mu_0 Q}{4\pi}\frac{(x^i - X^i)c}{|\vec{x} - \vec{X}|^3}$$

となり、電場が $\boxed{\vec{E} = \frac{Q}{4\pi\varepsilon_0}\frac{\vec{x} - \vec{X}}{|\vec{x} - \vec{X}|^3}}$ と求められる。これは静電場と同じ式である。

【問い 11-7】の解答 .... (問題は p290、ヒントは p320)

$$\ell^\nu F^{\text{放射}}_{\mu\nu} = -\frac{\mu_0 Qc}{4\pi}\left(\frac{\ell_\mu \ell^\lambda \alpha_{遅\lambda}}{(\ell_\lambda V^\lambda_{遅})^2} - \frac{(\ell_\lambda V^\lambda_{遅})\ell_\mu \alpha^\lambda_{遅}}{(\ell_\lambda V^\lambda_{遅})^2}\right) = 0 \tag{C.99}$$

索 引

【数字】
$\frac{4}{3}$ 問題, 264
4元運動量 (four-momentum), 155
4元加速度 (four-acceleration), 155
4元速度 (four-velocity), 153
4元電流密度 (four-current), 197
4元ベクトル (four-vector), 133
4元力 (four-force), 159
4次元距離, 114

【英字】
advanced Green function(先進 Green 関数), 283

Cartesian coordinate, 11
Cartesian座標, 11
comoving frame(共動系), 202
contraction(縮約), 124
contravariant vector(反変ベクトル), 122
coordinate system(座標系), 11
Copernicus的転回, 1
Coulombゲージ, 229
covariant(共変), 33
covariant vector(共変ベクトル), 122

Doppler効果, 108
dual(双対), 196

$E = mc^2$, 170
Einstein convention(Einsteinの規約), 30
energy momentum tensor of electromagnetic field(電磁場のエネルギー運動量テンソル), 237
Euclidean metric(Euclid計量), 117
event(事象), 13

Fizeauの実験, 50, 102
four-acceleration(4元加速度), 155
four-current(4元電流密度), 197
four-force(4元力), 159
four-momentum(4元運動量), 155
four-vector(4元ベクトル), 133
four-velocity(4元速度), 153
Fresnelの随伴係数, 51

Galilean transformation(Galilei変換), 16
γ因子, 67

Hertzの方程式, 46

Hodgeスター演算子, 196
hyper surface(超表面), 14

inertial frame(慣性系), 20

KennedyとThorndikeの実験, 298
Kroneckerのデルタ, 31

Liénard-Wiechertポテンシャル, 287
light-cone(光円錐), 23
lightlike(光的), 115
line element(線素), 114
Lorentz boost(Lorentzブースト), 114
Lorentz transformation(Lorentz変換), 62
Lorentz短縮, 78
Lorentz力, 210
Lorenzゲージ, 229

Mach原理, 22
mass-shell condition(質量殻条件), 158
Maxwell方程式, 44
Maxwell方程式（真空中の）, 37
Maxwell方程式（源のある真空中の）, 187
Michelson-Morleyの実験, 293
Minkowski metric(Minkowski計量), 117
Minkowski space(Minkowski空間), 117

nulllike(ヌル的), 115

Poincaré応力, 265
Poynting vector(Poyntingベクトル), 233
proper length(固有長さ), 81
proper time(固有時間), 119

reference frame(基準系), 11
rest length(静止長さ), 81
retarded Green function(遅延 Green 関数), 283
Röntgen-Eichenwaldの実験, 49, 276

spacelike(空間的), 115

timelike(時間的), 115
Trouton-Nobleの実験, 51, 161

worldline(世界線), 18

【あ行】
Einsteinの規約 (Einstein convention), 30
ウラシマ効果, 83
エーテル, 47
x方向のLorentz変換, 68

【か行】
Cartesian座標, 11
階段関数, 306
Galilei変換 (Galilean transformation), 16
ガレージのパラドックス, 148
慣性系 (inertial frame), 20
γ因子, 67
基準系 (reference frame), 11
共動系 (comoving frame), 202
共変 (covariant), 33
共変ベクトル (covariant vector), 122
空間的 (spacelike), 115
Coulombゲージ, 229
Kroneckerのデルタ, 31
ゲージ変換, 228
KennedyとThorndikeの実験, 298
光円錐 (light-cone), 23
Copernicus的転回, 1
固有時間 (proper time), 119
固有長さ (proper length), 81

【さ行】
座標系 (coordinate system), 11

$\frac{4}{3}$問題, 264
時間的 (timelike), 115
事象 (event), 13
質量殻条件 (mass-shell condition), 158
質量の増大, 162
縮約 (contraction), 124
静止長さ (rest length), 81
世界線 (worldline), 18
絶対空間, 1
先進 Green 関数 (advanced Green function), 283
線素 (line element), 114
双曲線運動, 183
双対 (dual), 196
速度の合成則, 98

【た行】
縦質量, 164
ダミーの添字, 30
遅延 Green 関数 (retarded Green function), 283
遅延時間, 284
超表面 (hyper surface), 14
デカルト座標, 11
電磁場のエネルギー運動量テンソル (energy momentum tensor of electromagnetic field), 237
同時の相対性, 66
特殊相対性原理, 22
Doppler効果, 108
Trouton-Nobleの実験, 51, 161

【な行】
ヌル的 (nulllike), 115

【は行】
反変ベクトル (contravariant vector), 122
光的 (lightlike), 115
Fizeauの実験, 50, 102
双子のパラドックス, 137
Fresnelの随伴係数, 51
ベクトルポテンシャル, 187
Hertzの方程式, 46
Poincaré応力, 265
Poyntingベクトル(Poynting vector), 233
Hodgeスター演算子, 196

【ま行】
Michelson-Morleyの実験, 293
Maxwell方程式, 44
Maxwell方程式（真空中の）, 37
Maxwell方程式（源のある真空中の）, 187
Mach原理, 22
Minkowski空間 (Minkowski space), 117
Minkowski計量 (Minkowski metric), 117

【や行】
Euclid計量 (Euclidean metric), 117
横質量, 164

【ら行】
Liénard-Wiechertポテンシャル, 287
Röntgen-Eichenwaldの実験, 49, 276
Lorenzゲージ, 229
Lorentz短縮, 78
Lorentzブースト (Lorentz boost), 114
Lorentz変換 (Lorentz transformation), 62
Lorentz力, 210

著者紹介

前野 昌弘
（まえの まさひろ）

1985年　神戸大学理学部物理学科卒業
1990年　大阪大学大学院理学研究科博士後期課程修了
1995年より琉球大学理学部教員
現　在　琉球大学理学部物質地球科学科准教授
著　書　『よくわかる電磁気学』『よくわかる初等力学』
　　　　『よくわかる解析力学』『よくわかる量子力学』『よくわかる熱力学』
　　　　『ヴィジュアルガイド物理数学〜1変数の微積分と常微分方程式』
　　　　『ヴィジュアルガイド物理数学〜多変数関数と偏微分』
　　　　（以上7冊は東京図書）
　　　　『今度こそ納得する物理・数学再入門』（技術評論社）
　　　　『量子力学入門』（丸善出版）

ネット上のハンドル名は「いろもの物理学者」
ホームページは http://irobutsu.a.la9.jp
twitter(X) は http://twitter.com/irobutsu
本書のサポートページは http://irobutsu.a.la9.jp/mybook/ykwkrSR/

装丁（カバー・表紙）高橋　敦

よくわかる特殊相対論（とくしゅそうたいろん）　　　　Printed in Japan
2024年10月25日　第1刷発行　　　　　　　Ⓒ Masahiro Maeno 2024

著　者　前野　昌弘
発行所　東京図書株式会社
〒102-0072 東京都千代田区飯田橋3-11-19
振替 00140-4-13803 電話 03(3288)9461
http://www.tokyo-tosho.co.jp

ISBN 978-4-489-02432-0